혼자서도 잘 할 수 있는 PCB 설계

홍춘선 지음

光文閣
www.kwangmoonkag.co.kr

근래에 정보화 시대, 4차 산업혁명 시대, AI 시대 등 시대적 변화에 따라 우리 주변에 일상화되어 있는 용어들을 쉽게 접할 수 있다. 이러한 것들을 실현하기 위한 것으로 여러 가지가 있겠지만, 그중 반도체 설계 기술과 우수한 반도체 설계 인력 양성의 필요성으로 인하여 많은 사람이 이 분야로의 진로 선택을 하고 있다. 이러한 반도체 관련 산업과 더불어 가고 있는 분야 중 하나가 PCB 설계 분야이며, 이 분야는 예전부터 지금까지 꾸준히 산업사회의 중요한 부분을 차지하고 있다.

PCB 설계에 사용되는 Software는 여러 종류가 있고 시대적 변화에 빠르고 쉽게 적용할 수 있는 Software들이 요구되고 있다. 이는 회로의 상태에 따라 설계자의 입장에서 선택하여 사용하는 경향이 있지만, 근래에 들어 시대의 요구에 따른 복잡한 회로의 설계와 신속하고 편리한 사용자 인터페이스를 제공하며 회로의 수정 및 검증 작업에 필요한 완벽한 작업 환경이 탑재된 Cadence OrCAD Software의 사용 빈도가 점진적으로 확대되고 있다.

필자가 1990년에 PCB 설계에 입문하여 직접 상용화되는 제품의 실무 경험을 하였고 이후 교육 분야로 오게 되면서 자연스럽게 이 분야의 과목을 담당하여 강의를 하게 되었다. 물론 그 당시의 PCB 분야와 지금의 PCB 분야는 여러 가지 측면에서 비교할 수 없을 정도의 많은 발전이 있었다. 그러던 중 학생들의 입장에서 PCB 설계를 쉽게 접할 수 있는 방법을 고민하다 직접 집필하여 교재로 사용하게 되었는데, 필자의 의도에 맞게 학생들도 교재의 구성에 대부분 만족하고 있고, 교재 학습 후 PCB 설계에 대한 자신감을 갖게 되었다는 것을 알게 되었다. 현재 사용하고 있는 Software의 버전이 과거에 집필한 교재의 것과 맞지 않는 등 여러 가지 불편함이 있어 그 문제를 해결하고 학생들의 학습에 도움을 주고자 이번에 다시 집필하게 되었다.

필자는 그간 PCB 설계용 Software의 종류와 버전에 따라 교재를 집필하여 사용하고 있으며, 교재의 특징은 교재의 내용에 따라 스스로 학습하여 PCB 설계의 기초와 실무에 대하여 적응할 수 있는 능력을 갖게 하도록 구성되어 있는 것이다. 본 교재 도입부에는 아주 기본적인 Software의 사용법으로 구성하였고, 이를 바탕으로 Software에서 기본적으로 제공되는 Library를 사용하여 따라 하면서 자연스럽게 회로도 작성 및 PCB 설계 그리고 Gerber 파일을 출력하며 PCB 설계에 대하여 일련의 과정을 익힌 후 이를 바탕으로 직접 필요한 Library를 만들어 사용하는 능력과 평면도면, 계층도면 등 다양한 종류의 도면을 사용하여 설계할 수 있도록 구성하였다. 또한, 이전에 집필한 교재에서 다루지 않았던 SMD 부품이 포함된 PCB 설계에 대한 내용을 추가하여 자격시험을 준비하는 학생들이나 일반인에게도 도움을 주려고 노력하였다. 사실 PCB 설계를 한다는 것은 어떤 Tool을 사용하는가에 대한 문제인데 본 교재는 현재 사용하고 있는 OrCAD V17.2를 중심으로 집필되었다. 차분하게 순서에 따라 진행하다 보면 조금씩 PCB 설계에 대한 자신감이 생길 것이다. 또한, 버전이 낮거나 높은 Software를 사용하는 경우라도 이 교재를 활용하게 되면 다소의 메뉴에 대한 차이만 있을 뿐 PCB 설계의 목적을 달성하는 것에는 무리가 없을 것이라고 본다.

본 교재가 학교나 산업 현장에서 PCB용 Tool을 처음으로 접한 초보 학습자나 설계자에게 정말 소중하게 사용될 것으로 기대한다. 또한, 이 교재 학습 후 산업 현장에서 시대의 변화에 맞는 역할을 할 수 있기를 바란다. 마지막으로 이 책이 나오기까지 수고해 주신 광문각 관계자 여러분의 노고에 감사드리며, 매 강의시간마다 시간 가는 줄 모르게 잘 따라와 준 제자들과 늘 곁에서 묵묵히 내조하는 아내에게도 고마움을 전한다.

저자 씀

목차

CHAPTER 01 일반적인 PCB 설계 절차 9

CHAPTER 02 프로그램 시작 및 종료 13

2-1 OrCAD Capture의 시작 및 종료 15
2-2 OrCAD PCB Editor의 시작 및 종료 17

CHAPTER 03 분주 회로(양면 기판) 19

3-1 회로도 설계 과정 Over View 21
3-2 단위 체계 22
3-3 회로도 22
3-4 새로운 프로젝트 시작 23
3-5 환경 설정 26
3-6 회로도 작성 30
3-7 PCB Editor 사용 전 작업 48

CHAPTER 04 PCB 설계(양면 기판) 59

4-1 PCB 설계 과정 Over View 63
4-2 환경 설정 63
4-3 Board Outline 그리기 및 부품 배치 68
4-4 Net 속성 부여 78
4-5 Routing 82
4-6 부품 참조번호(RefDes) 크기 조정 및 이동 86
4-7 Text 추가 배치 88
4-8 Shape 생성 89
4-9 치수 보조선 작성 91
4-10 DRC(Design Rules Check) 93

CHAPTER 05 Gerber Data 생성 97

5-1 Drill Legend 생성 99
5-2 NC Drill 생성 102
5-3 Gerber 환경 설정 104

5-4 Shape의 Gerber Format 변경 및 Aperture 설정 105
5-5 Gerber Film 설정 106
5-6 Gerber Film 생성 116
5-7 Gerber File 출력 117

CHAPTER 06 다층 기판(4-Layer) 설계 119
6-1 환경 설정 122
6-2 Board Outline 그리기 및 부품 배치 128
6-3 Net 속성 부여 132
6-4 Routing 135
6-5 내층(VCC,GND)에 Shape(Copper) 배치 136
6-6 부품 참조번호(RefDes) 크기 조정 및 이동 140
6-7 DRC(Design Rules Check) 142

CHAPTER 07 Gerber Data 생성 143
7-1 Drill Legend 생성 145
7-2 NC Drill 생성 146
7-3 Gerber 환경 설정 147
7-4 Shape의 Gerber Format 변경 148
7-5 Gerber Film 설정 148

CHAPTER 08 Atmega128 응용 회로(양면 기판) 157
8-1 회로설계(Atmega128 응용 회로,Schematic) 159
8-2 부품 생성 162
8-3 부품 배치 167
8-4 Power/Ground Symbol 배치 169
8-5 배선 작업 170
8-6 Net Name 부여하기 171
8-7 부품 속성 수정 172
8-8 DRC(Design Rule Check) 175
8-9 PCB Footprint 설정 177
8-10 Netlist 생성 178

CHAPTER 09 Footprint 만들기 181

9-1 Atmega128 Footprint PAD 생성 183
9-2 C1 Footprint PAD 생성 187
9-3 R1~R19, C2~C3 Footprint PAD 생성 188
9-4 2Pin/6Pin 커넥터 Footprint PAD 생성 190
9-5 Tack_SW Footprint PAD 생성 193
9-6 Via Footprint PAD 생성 194
9-7 Y1 Crystal Footprint PAD 생성 199
9-8 U1(Atmega128) 생성 199
9-9 C1(ec) 생성 205
9-10 R1~R19, C2~C3(R1608,C1608) 생성 210
9-11 J1(con2_1) 생성 219
9-12 J2(con3_2) 생성 223
9-13 Y1(XTAL16MHz) 생성 227
9-14 SW1(t_sw) 생성 230
9-15 SW2~SW10(tact_sw) 생성 234

CHAPTER 10 PCB 설계 실습(Atmega128 응용 회로, 양면 기판) 239

10-1 PCB 설계 조건 241
10-2 PCB 설계를 위한 유용한 Tip 243

CHAPTER 11 PCB 설계 실습(평면도면) 247

11-1 회로도(99진 카운터 회로) 249
11-2 새로운 프로젝트 시작 250
11-3 환경 설정 250
11-4 평면도면 추가 251
11-5 회로도 작성(PAGE1) 251
11-6 Library 및 Part 만들기(Capture) 257
11-7 회로도 작성(PAGE2) 264

CHAPTER 12 7-Segment Display Part 만들기(PCB Symbol) 269

12-1 환경 설정 271
12-2 Pin 배치 272
12-3 Drawing 정보 작성 272
12-4 Footprint 경로 지정 273
12-5 PCB Editor 사용 전 작업 274

CHAPTER 13 PCB 설계 실습(counter_99 회로) 277

13-1 PCB 설계 조건 279

CHAPTER 14 병렬 4비트 가산기 회로(계층 도면) 281

14-1 회로도 283
14-2 새로운 프로젝트 시작 284
14-3 환경 설정 285
14-4 회로도 작성 285
14-5 PCB Footprint 292
14-6 Annotating 292
14-7 DRC(Design Rules Check) 292
14-8 Netlist 생성 293
14-9 PCB 설계 실습(p_4bit_adder) 293

부록 295

CHAPTER 01

일반적인 PCB 설계 절차

CHAPTER 01

일반적인 PCB 설계 절차

일반적으로 PCB를 설계한다는 것은 PCB를 설계하는 부서에서만 할 수 있는 것은 아니고 설계할 PCB가 궁극적으로 어떤 제품에 사용되는가에 대한 문제이므로 해당 제품과 관련된 부서의 구성원들과 충분한 사전 협의가 이루어져야 한다. 그렇게 함으로써 기판의 크기, 재질, 기판에 사용될 부품의 높이 등 여러 가지 사항을 결정하게 된다. 그 이후 검증된 회로도가 준비되면 본격적으로 PCB 설계 단계에 접어들게 된다.

CAD Software를 사용하여 검증된 회로도를 정확하게 그리는 과정이 그렇게 간단한 것은 아니다. 완성된 회로도를 이용하여 결국 레이아웃을 위한 Netlist를 추출하고 그 Netlist를 이용하여 레이아웃을 완성하게 된다. 물론 레이아웃 과정은 회로도를 그리는 과정보다 더욱 복잡하기 때문에 세심하게 작업을 해야 한다. 레이아웃이 완성되면 PCB 제작을 위한 Gerber Data를 추출하여 검토한 후에 이상이 없으면 PCB 제작 업체에 의뢰하여 샘플 PCB를 제작한다. 샘플 PCB에 필요한 부품들을 조립, 테스트를 한 후 수정 사항이 있으면 이전의 파일에 반영하여 다시 PCB를 제작하고 조립, 테스트를 하여 이상이 없을 경우 양산을 하게 되는 것이다. 회로도를 그리는 과정이나 레이아웃을 하는 과정에 여러 절차가 있어 어려움을 느낄 수 있지만, 본 교재는 초보자라도 순서에 맞게 따라 하다 보면 어느 덧 Gerber Data를 확인해 볼 수 있는 능력을 갖도록 구성되어 있다. 아쉬운 점은 PCB 설계를 위해 매우 중요한 부분인 전자파 대책 및 해결 문제 등은 본 교재의 집필 의도와는 거리가 있으므로 본 교재에서는 다루지 않았다는 것이다.

일반적으로는 회로도를 그리기 위해서는 회로도용 심벌(Part)을 직접 만들거나 또는 해당 Software에서 제공해 주는 심벌을 이용하기도 하지만, 본 교재는 처음에는 기본적으로 제공되는 Library를 사용하여 진행하고, 그 후 PCB 설계자가 직접 회로도나 레이아웃을 위한 심벌들을 만들 수 있도록 구성하였다. 현장에서는 일반적으로 회로도용 심벌의 경우 해당 소프트웨어에서 제공해 주는 심벌을 대부분 사용하고 예외의 심벌 등만 직접 그려서 사용한다. 레이아웃의 경우도 회로도의 경우와 마찬가지이긴 하지만, 일반적으로 사용하는 부품보다 고유한 부품 등을 사용하는 경우가 많기 때문에 직접 부품을 그려서 사용하는 경우가 많으므로 OrCAD 등을 사용하여 PCB를 설계하는 사람은 반드시 Footprint를 만들어 사용할 수 있는 능력을 갖추어야 할 것이다.

CHAPTER 02

프로그램 시작 및 종료

CHAPTER

02 프로그램 시작 및 종료

2-1 OrCAD Capture의 시작 및 종료

① 해당 프로그램이 설치되어 있는 컴퓨터를 기동한 후 OrCAD Capture를 시작하기 위하여 바탕화면에 오른쪽 그림의 위에 있는 Icon이 있을 경우 해당 Icon을 더블클릭하거나 바탕화면에 해당 Icon이 보이지 않을 경우에는 바탕화면 아래의 맨 왼쪽에 있는 시작 메뉴를 누른 후 그 위에 있는 모든 프로그램 목록에서 오른쪽 그림의 아래와 같이 경로를 찾아 들어가 해당 프로그램을 실행한다.

OrCAD Capture Icon

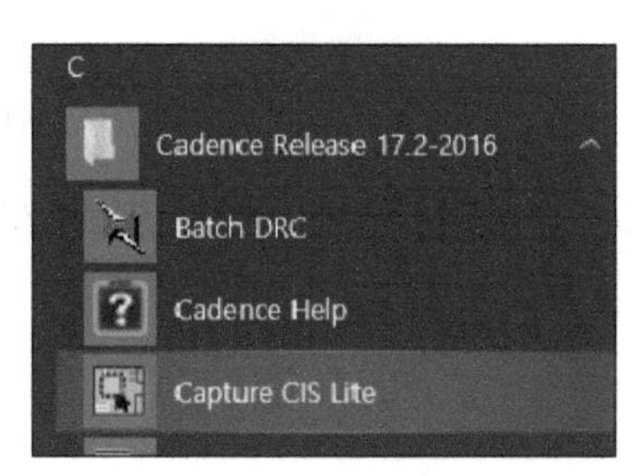

시작 메뉴 경로

- **프로그램 설치 위치 〉〉** C:\Cadence\SPB_17.2\tools\bin\Capture.exe

② 위에서 해당 프로그램을 실행하면 오른쪽 그림과 같이 초기 화면이 나타난다.

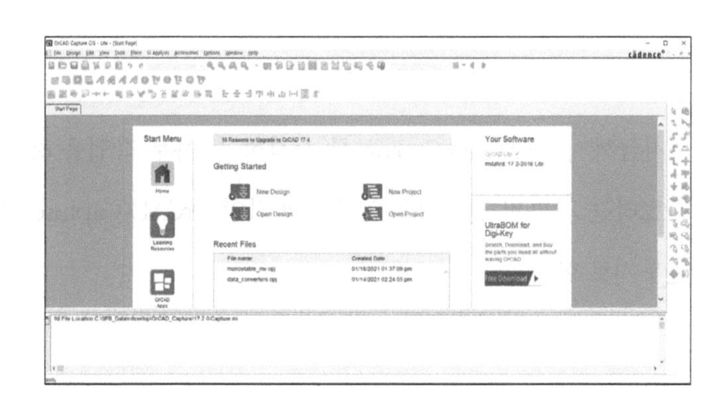

③ 오른쪽 그림과 같이 초기 화면의 왼쪽 윗부분에 있는 Start Page 위에서 Mouse의 오른쪽 Button(RMB)을 눌러 Close를 선택하여 Start Page를 닫는다.

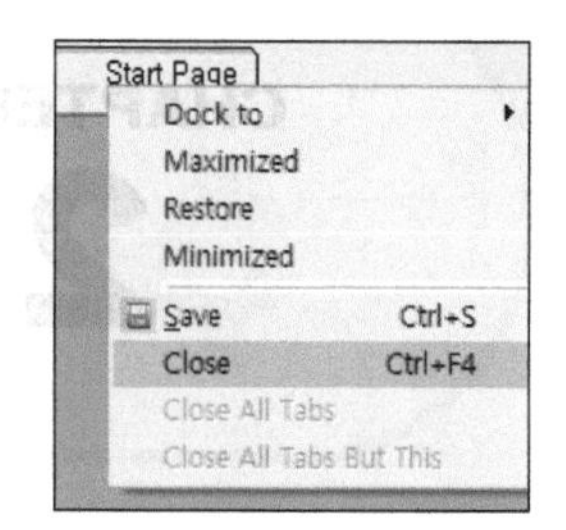

④ 위의 과정이 진행되면 오른쪽 그림과 같이 OrCAD Capture를 시작할 수 있는 상태로 된다.

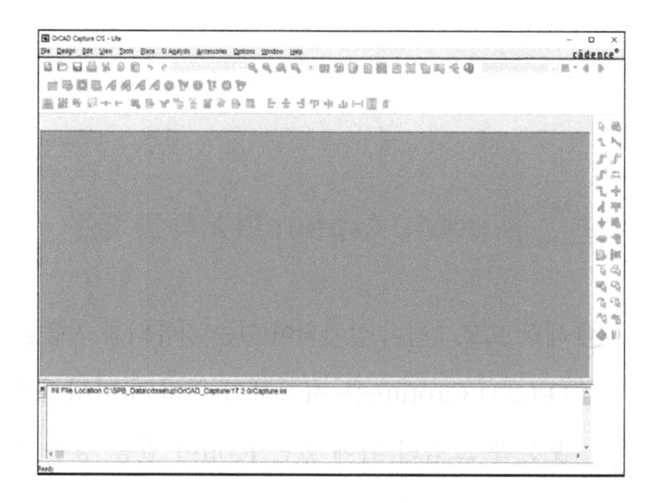

⑤ 오른쪽 그림과 같이 위의 화면 왼쪽 부분에 있는 File 메뉴를 열어 Exit를 선택하면 OrCAD Capture를 종료하게 된다.

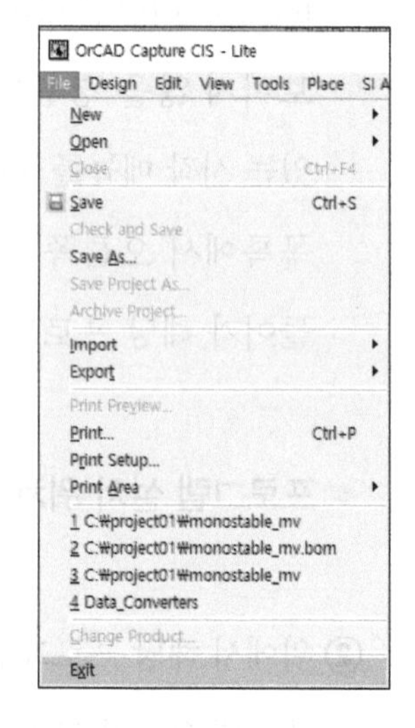

지금까지는 OrCAD Capture를 시작한 후 아무 작업을 하지 않은 상태로 단순히 프로그램을 종료하는 것까지 진행하였으며 구체적인 OrCAD Capture 사용법에 대한 내용은 뒷부분에서 다루기로 한다.

2-2 OrCAD PCB Editor의 시작 및 종료

① 해당 프로그램이 설치되어 있는 컴퓨터를 기동한 후 OrCAD PCB Editor를 시작하기 위하여 바탕화면에 오른쪽 그림의 왼쪽에 있는 Icon이 있을 경우 해당 Icon을 더블클릭하거나 바탕화면에 해당 Icon이 보이지 않을 경우에는 바탕화면 아래의 맨 왼쪽에 있는 시작 메뉴를 누른 후 그 위에 있는 모든 프로그램 메뉴를 선택한 후 오른쪽 그림의 아래와 같은 경로를 찾아 들어가서 해당 프로그램을 실행한다.

OrCAD PCB Editor Icon

시작 메뉴 경로

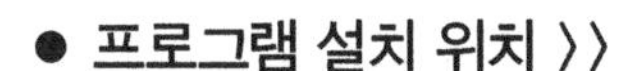

● **프로그램 설치 위치 〉〉**

C:\Cadence\SPB_17.2\tools\bin\allegro.exe

② 위에서 해당 프로그램을 실행하면 오른쪽 그림과 같이 OrCAD PCB Editor를 시작할 수 있는 상태로 된다. (실제로 나타나는 작업 창은 배경색이 검정이지만 편의상 배경색을 흰색으로 하였으니 참고하기 바란다. 배경색 지정 등에 관한 사항은 뒷부분에서 다루기로 한다.)

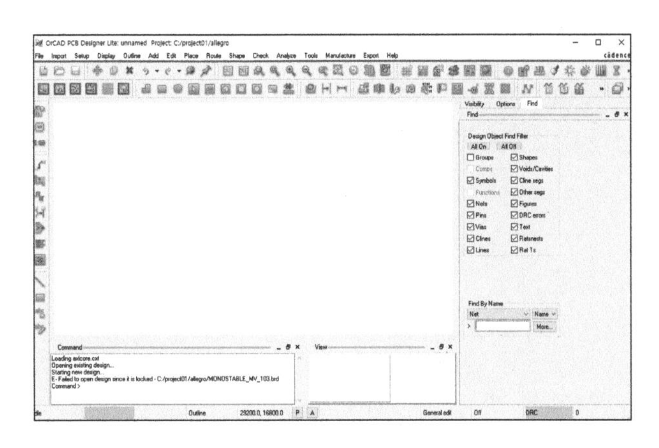

③ 오른쪽 그림과 같이 위의 화면 왼쪽 부분에 있는 File 메뉴를 열어 Exit를 선택하면 OrCAD PCB Editor를 종료하게 된다.

지금까지는 OrCAD PCB Editor를 시작한 후 아무 작업을 하지 않은 상태로 단순히 프로그램을 종료하는 것까지 진행하였으며, 구체적인 OrCAD PCB Editor 사용법에 대한 내용은 뒷부분에서 다루기로 한다.

CHAPTER 03

분주 회로(양면 기판)

CHAPTER 03

분주 회로(양면 기판)

이번 장에서는 간단하게 분주 회로를 가지고 시스템에서 기본적으로 제공되는 Parts를 이용하여 PCB 설계가 어떤 과정을 거쳐 진행되는지를 익힐 수 있도록 구성하였으므로 순서에 따라 진행해 보면 필자의 의도를 이해할 수 있으리라 본다.

3-1 회로도 설계 과정 Over View

회로도를 설계하는 과정에 대하여 오른쪽 그림을 참조하자. 오른쪽의 과정 중 Annotate 부분은 필요에 따라 진행 여부를 결정할 수 있다.

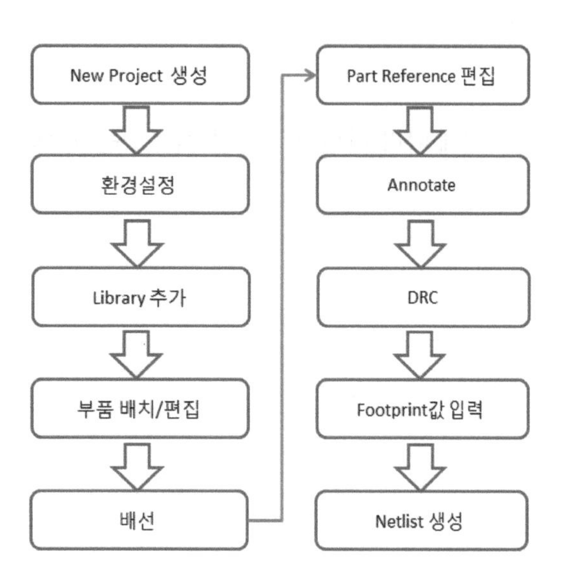

3-2 단위 체계

PCB 설계에 사용되는 단위는 Inch, mm, mils 등이 있고 단위 상호 간에는 아래와 같은 관계가 있으니 반드시 숙지하도록 한다.

1 Inch = 25.4 mm = 1,000 mils

일반적으로 PCB를 설계하는 사람이나 회사에 따라 선호하는 단위가 있으니 참고하기 바라며, 공부하는 단계에서 벗어나 현업에 종사하게 되면 그곳의 입장에 맞게 단위를 사용하게 될 것이므로 앞서 기술했듯이 단위 상호 간의 관계를 알고 있는 것이 중요하다고 할 수 있다. mils 단위를 사용하는 경우도 많지만, 최근에는 OrCAD 사용자들이 mm 단위를 사용하는 경향이 많으므로 본 교재에서도 mm 단위를 사용하고자 한다.

3-3 회로도

이번에 따라 하면서 진행할 회로도는 아래와 같으며 순서에 따라 진행하도록 한다.

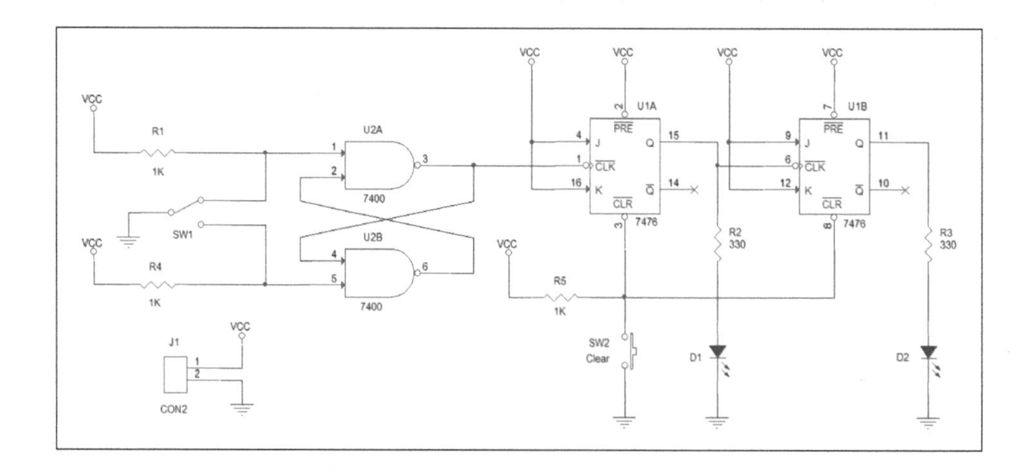

3-4 새로운 프로젝트 시작

① OrCAD Capture를 실행하여 초기 화면 상태로 들어간다.

② 오른쪽 그림과 같이 File 〉 New 〉 Project... 를 선택한다.

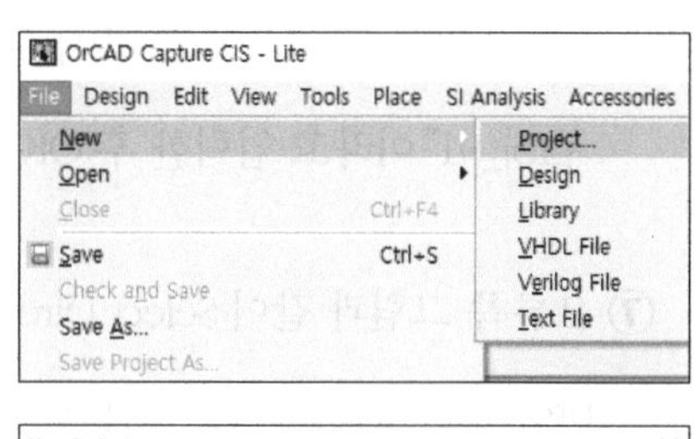

③ 오른쪽 그림과 같이 New Project 창이 나타나면 Name 칸에 "fre_div"라고 입력하고, Create a New Project Using에는 4가지 중 하나를 선택하게 되는데, 이 작업에서는 Schematic을 선택한다. 그리고 작성된 Project를 저장하기 위하여 오른쪽 그림에서 Browse... Button을 클릭한다.

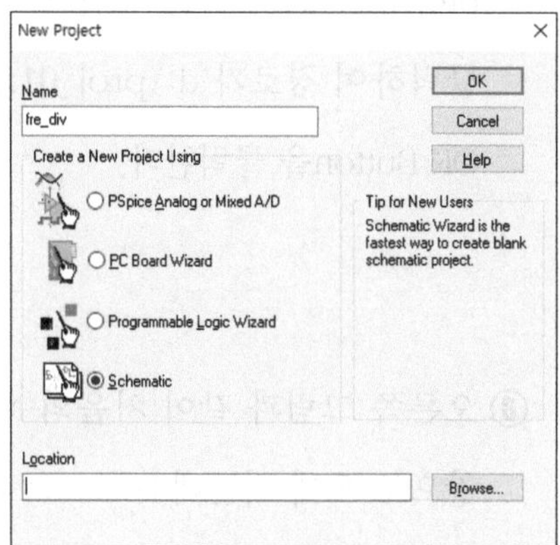

[주의 사항]

- **파일명은 영문, 숫자, Under Bar(_), hyphen(-)으로 작성한다.**
- **한글이나 그 외 특수문자(!, @, &, *, ...) 그리고 빈칸은 사용을 금지한다.**

④ 오른쪽 그림과 같이 Select Directory 창이 나오게 되는데 설계자의 시스템 환경에 맞게 저장 장소를 선택할 수 있지만 여기에서는 D 드라이브에 새로운 Directory(폴더)를 만들어 보도록 한다. (D 드라이브가 없는 경우 C 드라이브에 작업)

⑤ 위의 창에서 Drives: 아래의 콤보박스에서 D 드라이브로 지정하고 Create Dir… Button을 클릭한다.

⑥ 오른쪽 그림과 같이 Create Directory 창이 나오면 Current Directory: d:\를 다시 확인한 후 Name 칸에 "proj_01" 이라고 입력한 후 OK Button을 클릭한다.

⑦ 오른쪽 그림과 같이 Select Directory 창의 탐색기에 생성된 proj_01 Directory를 확인한 다음 해당 Directory를 더블 클릭하여 경로가 d:\proj_01로 된 것을 다시 확인한 후 OK Button을 클릭한다.

⑧ 오른쪽 그림과 같이 처음의 New Project 창으로 오게 되는데 Location 란에 위에서 지정한 경로 설정이 된 것을 확인한 후 OK Button을 클릭한다.

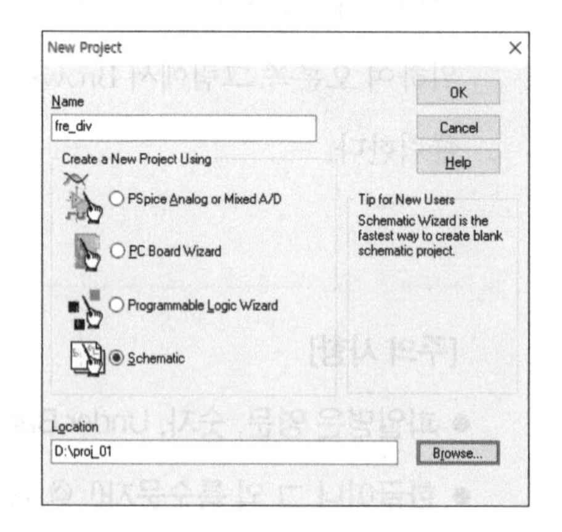

⑨ 오른쪽 그림과 같이 위에서 지정한 Project Manager와 회로도 작성을 위한 Page1이 기본 화면에 추가되어 나타나게 된다.

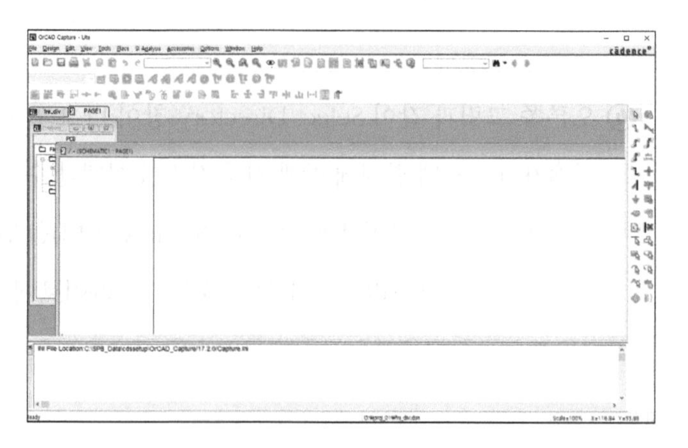

⑩ 오른쪽 그림과 같이 Project Manager로 이동하여 탐색기를 열어 보면 PAGE1이 보이는데 이것이 회로도를 설계하는 페이지이다.

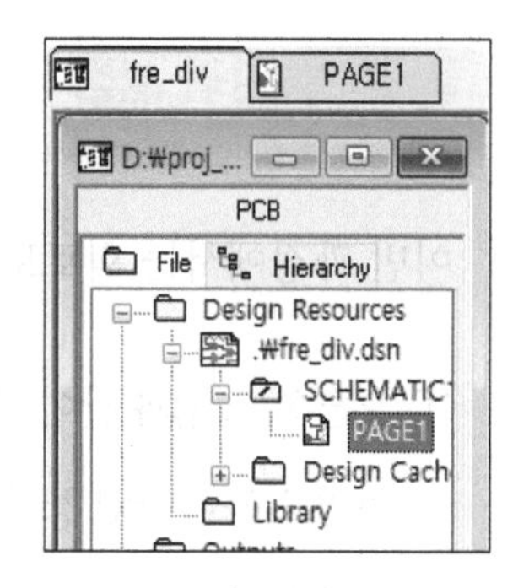

⑪ 아래 그림의 PAGE1 이름이 있는 창의 위쪽 적당한 곳을 더블클릭하여 작업 화면을 확장한다.

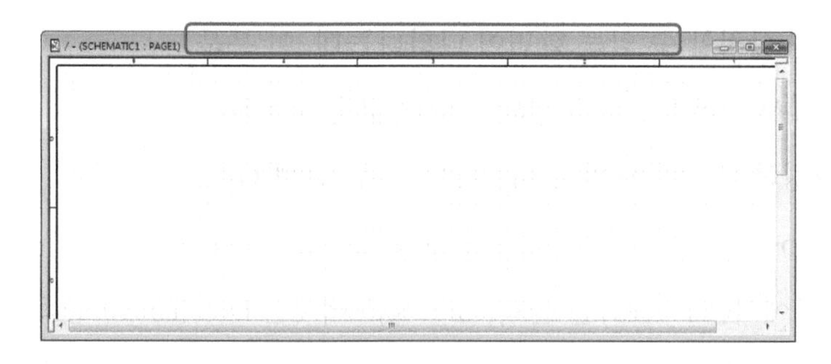

⑫ 이제 아래 그림과 같이 회로도를 그릴 수 있는 환경이 되었다. 작업을 진행하면서 필요시 Project Manager와 PAGE1을 선택하여 작업할 수 있다.

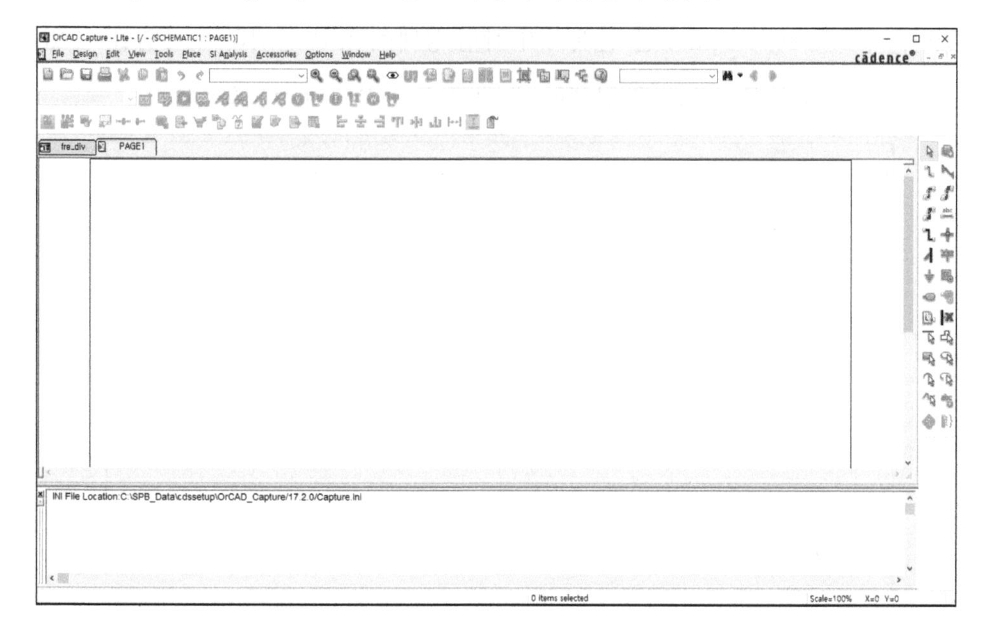

3-5 환경 설정

이번 과정에서는 회로도를 그리기 위해 필요한 요소들을 설정하도록 한다.

① 오른쪽 그림과 같이 사용자에 적합한 작업 환경을 설정하기 위하여 작업 창의 메뉴에서 Options〉Preference...를 선택한다.

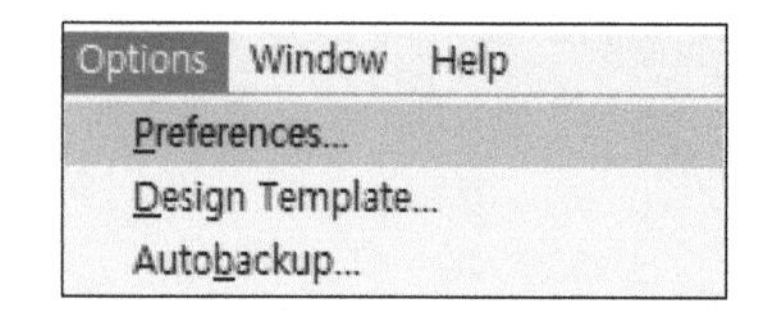

② 오른쪽 그림과 같이 Preference 창이 나타나면 기본적으로는 색상을 설정할 수 있는 화면이 나타나는데, 이 부분은 시스템에서 기본적으로 설정되어 있는 값을 사용하고 필요시 변경하여 사용하면 된다. 화면의 두 번째 Grid Display Tab을 클릭한 다음, Schematic Page Grid 쪽의 Visible 항목에서는 Display를 클릭, Grid Style에서는 Dots(Lines) 항목을 선택한 후 확인 Button을 클릭한다. (다른 여러 선택 사항들은 필요시 사용할 수 있다.)

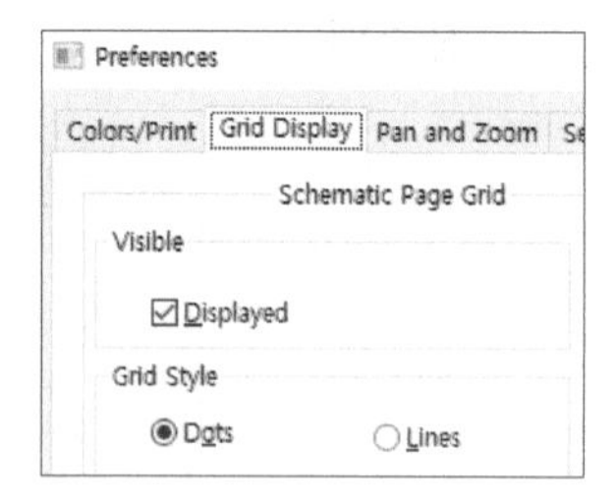

③ 아래 그림과 같이 편집 창의 Grid가 위에서 설정한 모양으로 되어 있는 것을 확인할 수 있다. 이 Grid Style Option은 설계자가 작업 상태에 따라 선택하여 작업할 수 있는 것으로 위에서와 다른 Option을 선택한 후 편집 창을 확인해 보도록 한다.

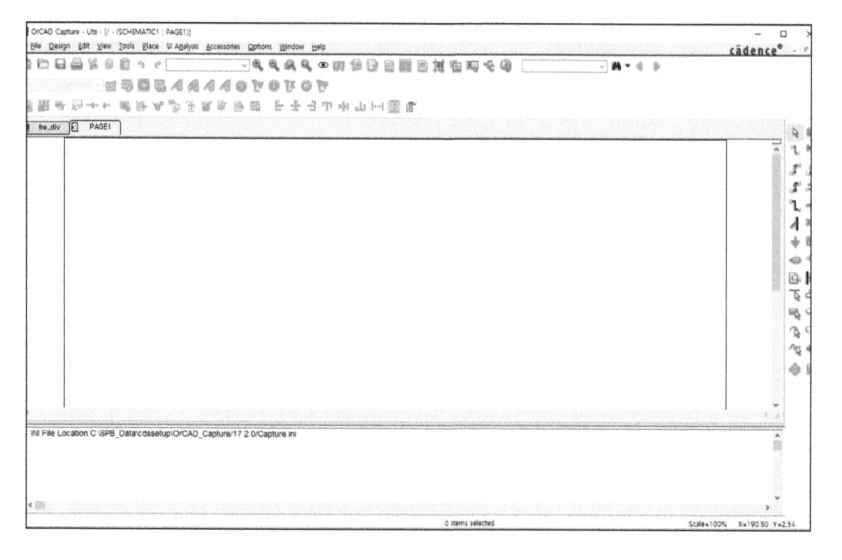

④ 오른쪽 그림과 같이 새로운 설계에 대한 기본 설정 값을 설정하기 위하여 작업 창의 메뉴에서 Options 〉 Design Template...를 선택한다.

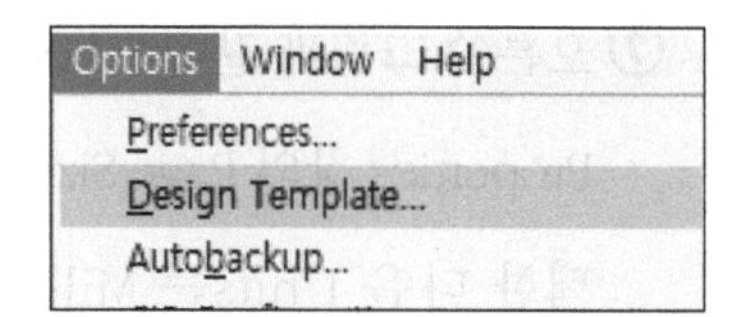

⑤ 아래 그림과 같이 Design Template 창이 나타나면 기본적으로 글꼴을 지정하는 화면이 나오는데 대부분 시스템에 기본적으로 설정되어 있는 값을 사용하고 현재 작업에 필요한 부분인 Page Size를 클릭한 후 Units는 Millimeters로 New Page Size는 A4 항목을 선택한 다음, 확인 Button을 클릭한다.

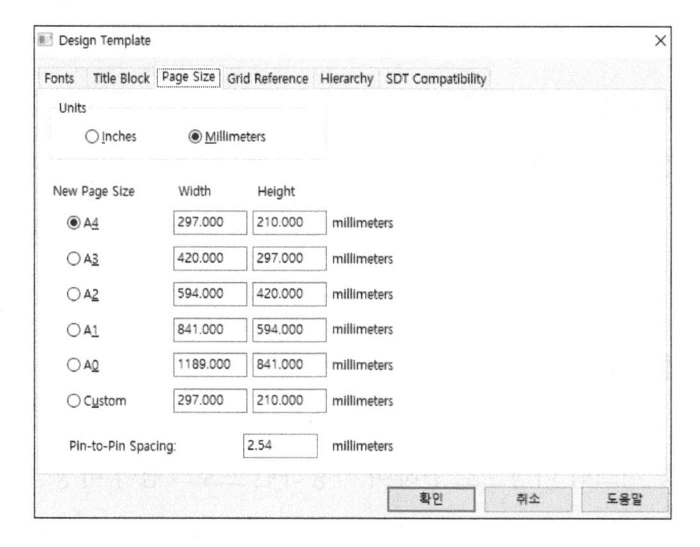

⑥ 아래 그림과 같이 작업 창의 PAGE1이 활성화된 상태(보통의 경우 활성화되어 있지만 Project Manager를 사용하고 있는 경우 등에는 확인이 필요함)에서 개별 회로 도면에서의 설곗값을 설정하기 위하여 메뉴의 Options 〉 Schematic Page Properties...를 선택한다.

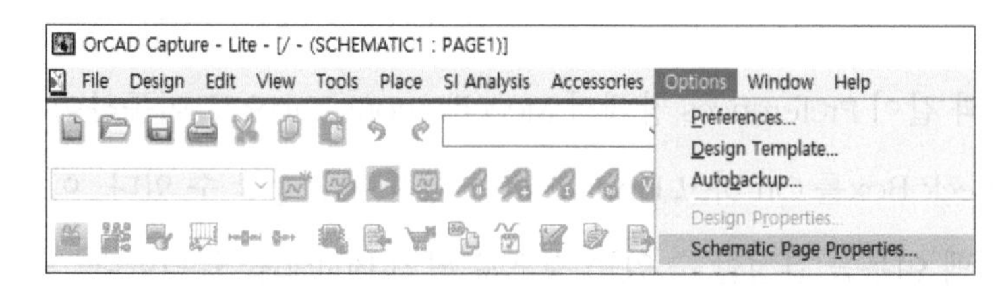

⑦ 오른쪽 그림과 같이 Schematic Page Properties 창의 Page Size Tab을 선택한 다음 Units는 Millimeters로 New Page Size는 A4 항목을 선택한 다음 확인 Button을 클릭하면 현재 작업 중인 PAGE1에 바로 적용된다.

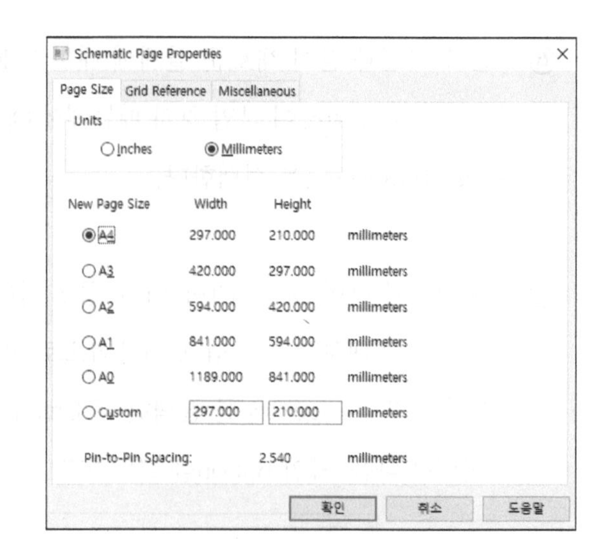

⑧ 환경 설정 후 작업 화면의 오른쪽 아래에서 설정값(A4)을 확인한다.

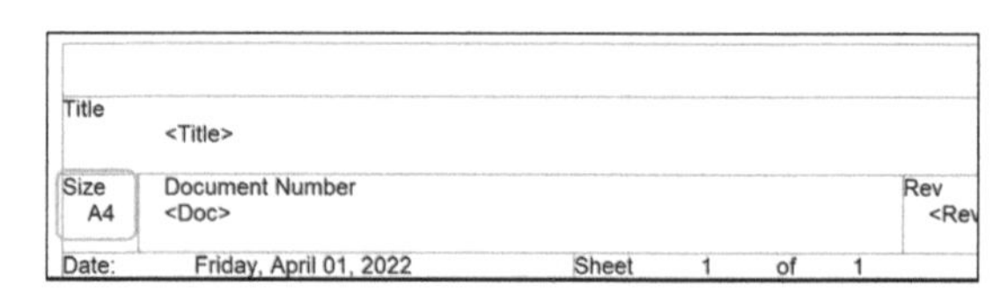

3-5-1 자동 복원 설정

설계자가 작업 중 시스템 이상으로 인하여 사용하던 프로그램이 비정상적으로 종료되는 경우 이를 복원할 수 있도록 설정하는 것으로 필요에 따라 사용할 수 있는 기능이다.

① 오른쪽 그림과 같이 작업 창의 메뉴에서 Options 〉 Preference...를 선택한다.

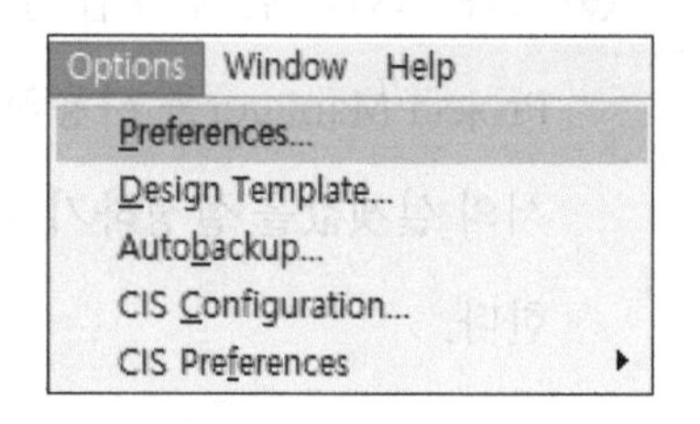

② 아래 그림과 같이 Preferences 창에서 Mecellaneous Tab으로 이동하여 Auto Recovery 항목의 Check Box를 On 하고 Update 되는 시간도 설정할 수 있다. 이는 설계자 취향에 따라 선택 여부를 결정할 수 있는 것으로 확인 Button을 클릭한다.

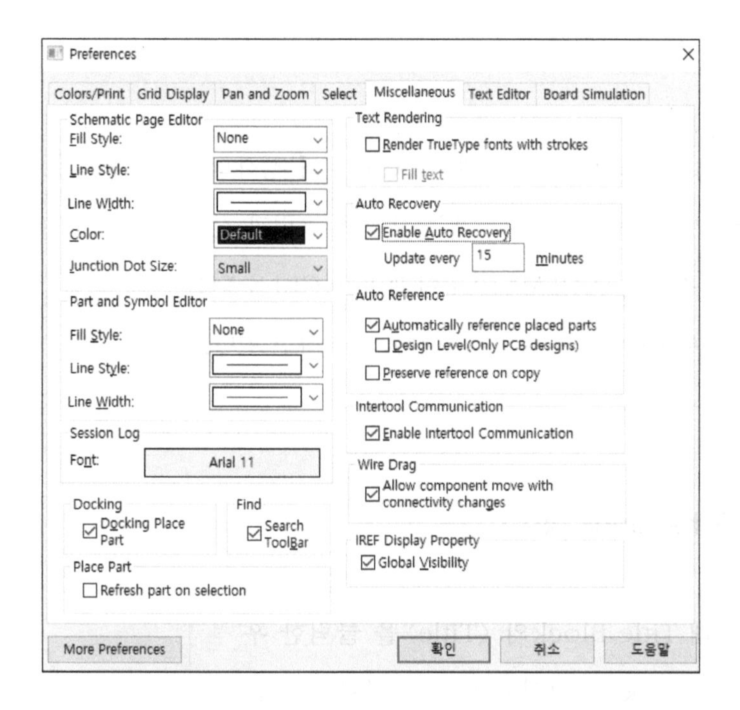

3-5-2 Auto Backup 설정

① 오른쪽 그림과 같이 작업 창의 메뉴에서 Options 〉 Autobackup...을 선택한다.

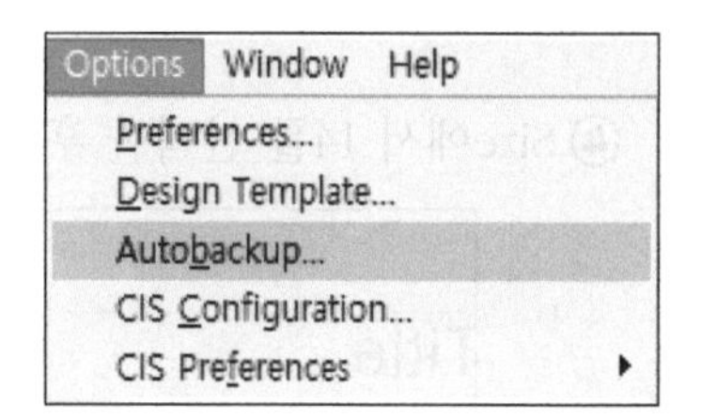

② 오른쪽 그림과 같이 기본적인 Backup을 사용하거나 설계자가 다시 지정할 수도 있고, Browse...Button을 클릭하여 Backup Directory를 지정한다. 이 경우는 10분마다 3개의 File을 Backup 하고 Backup Directory는 d:\project02 이다. OK Button을 클릭한다.

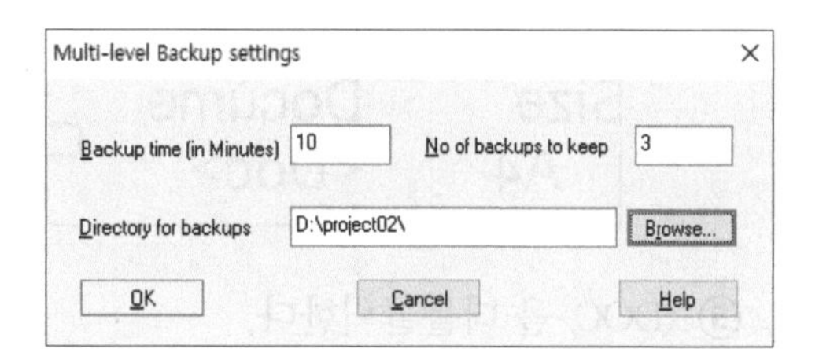

3-6 회로도 작성

회로도를 작성하기 위하여 작업 창에서 PAGE1이 활성화되어 있어야 하는데, PAGE1이 없는 경우에는 오른쪽 그림과 같이 Project Manager 창에서 SCHEMATIC1 아래의 PAGE1을 더블 클릭하면 되고, PAGE1이 있는 경우에는 창을 클릭하면 된다.

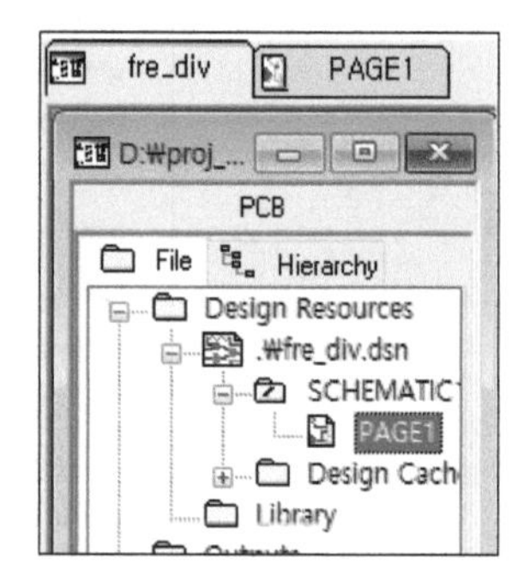

3-6-1 Title Block 작성

① 오른쪽 아래 Title Block의 〈Title〉을 클릭한 후 RMB-Edit Properties를 선택한다. (더블클릭도 가능)

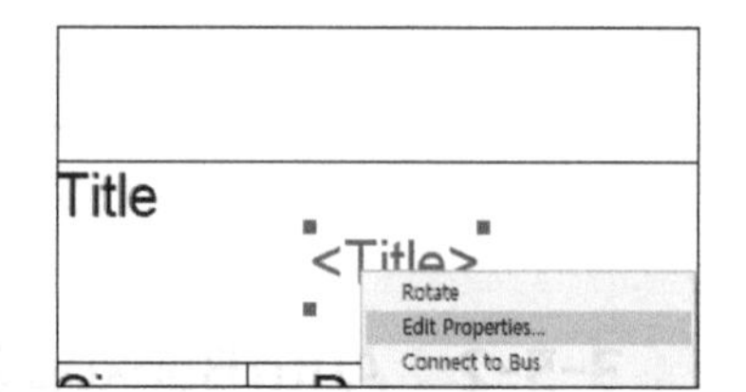

② Value에 Frequency Div.를 입력한다.

③ Font에서 Change를 클릭한다.

④ Size에서 14를 선택한 후 확인, OK Button을 순차적으로 클릭한다.

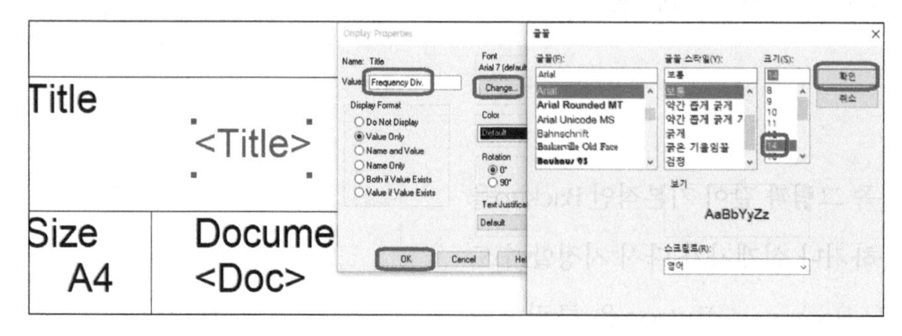

⑤ 〈DOC〉을 더블클릭한다.

⑥ Value에 E_CAD.2023.01.01.을 입력한다.

⑦ Font에서 Change를 클릭한다.

⑧ Size에서 12를 선택한 후 확인, OK Button을 순차적으로 클릭한다.

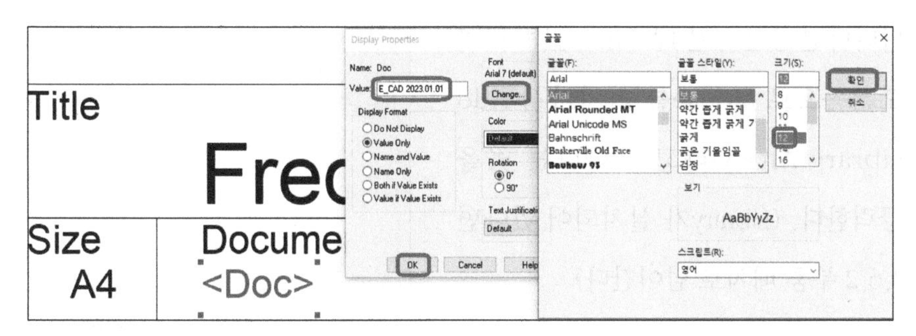

⑨ 위와 같은 방법으로 〈Rev〉를 더블클릭한 후 Value는 1.0, 크기는 7로 설정, 확인, OK Button을 클릭, 임의의 빈 곳을 클릭하면 아래 그림과 같게 된다.

Title	Frequency Div.	
Size A4	Document Number E_CAD 2023.01.01	Rev 1.0
Date: Tuesday, January 03, 2023	Sheet 1 of 1	

3-6-2 Library 추가

프로그램에서 기본적으로 제공하는 Library나 사용자가 필요에 의해 작성한 Library를 사용하기 위한 것으로 최초에 한 번만 추가해 놓으면 다음 작업에도 그대로 설정이 유지된다.

①-1 오른쪽 그림과 같이 작업 창의 메뉴에서 Place 〉 Part...를 선택한다.

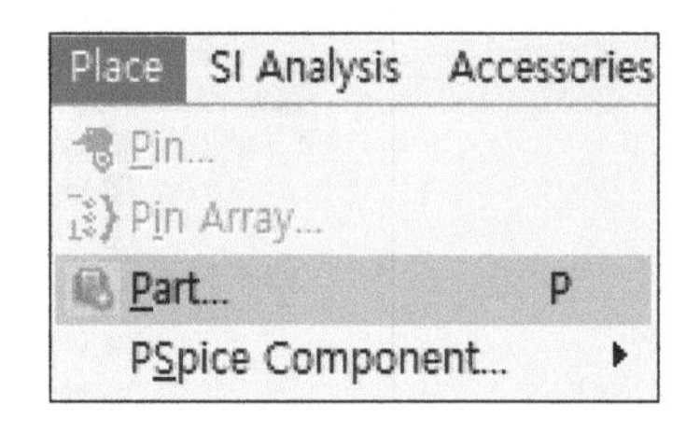

①-2 오른쪽 그림과 같이 툴 팔레트에서 Place Part (P) Icon을 선택해도 된다.

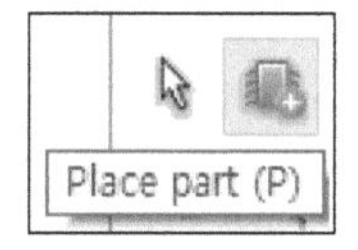

①-3 단축키로 P를 눌러도 된다. (익숙해지면 많이 사용된다.)

②-1 오른쪽 그림과 같이 Place Part 창이 나타나면 중간 부분 Libraries: 있는 곳의 오른쪽으로 Mouse를 가져가서 Add Library(Alt+A)라고 나타나는 곳을 클릭한다. (Library가 설치되어 있다면 3.6.2 부품 배치로 넘어간다)

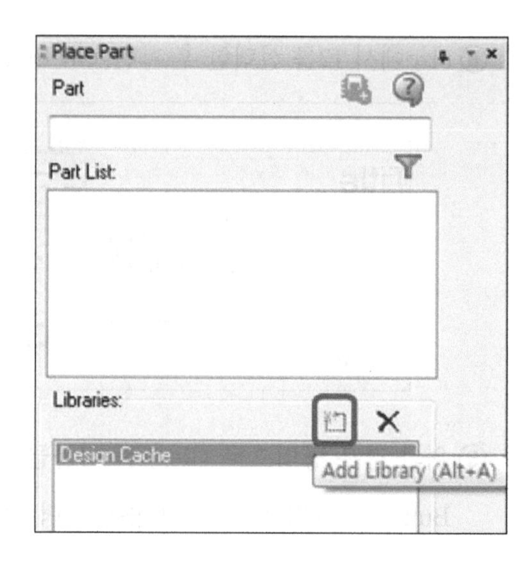

②-2 Browse File 팝업 창이 나타나면 임의의 파일을 선택한 다음 Alt+A(Alt Key를 누른 채로 A를 눌렀다 뗌)를 눌러 전체 항목을 선택한다.

③ 아래 그림과 같이 기본적으로 제공되는 library들이 선택되면 열기 Button을 클릭한다. 필요시 Library Directory 경로를 지정해 준다.
(C:\Cadence\SPB_17.2\tools\capture\library)

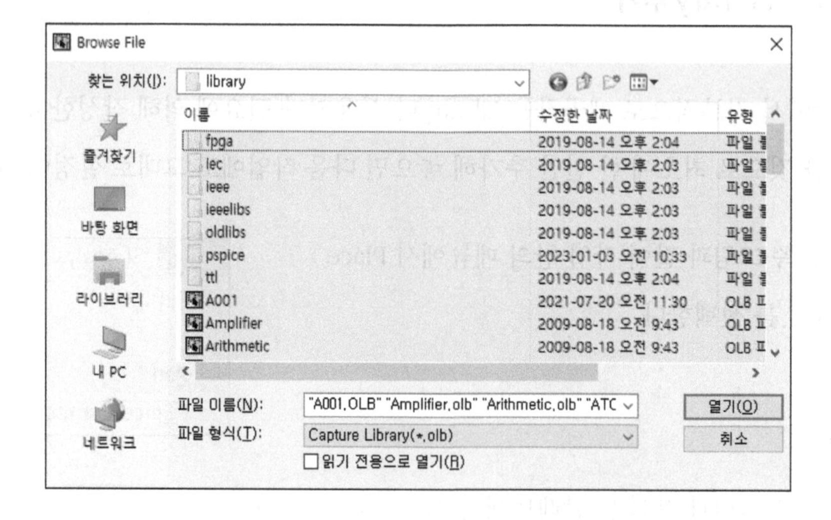

④ 오른쪽 그림과 같이 Library가 추가된 것을 볼 수 있다. 이제부터 회로도를 보면서 부품을 배치하는 과정으로 넘어간다.

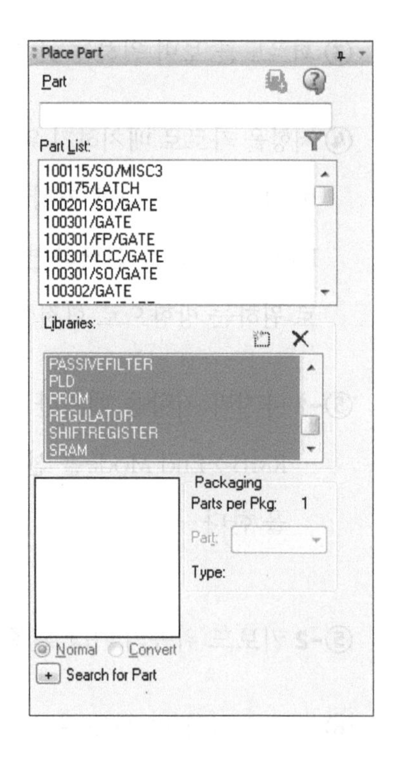

3-6-3 부품 배치

① 아래 그림과 같이 Place Part 창에서 Libraries: 항목이 모두 선택된 채로 저항을 배치하기 위해 Part 아래 빈칸에 영문자 r(대소문자 구분 없음)을 입력하면 자동으로 선택되고, 아래의 미리보기 창에 Part의 모양을 보여 준다.

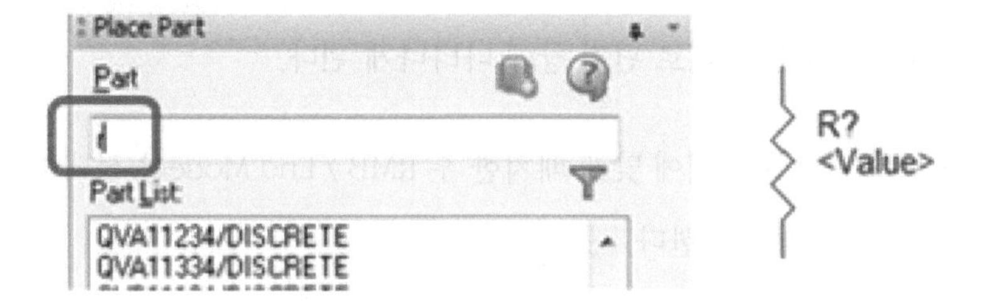

② r 입력 후 Enter Key를 치면 오른쪽 그림과 같이 Mouse 포인터에 저항 Part가 붙은 채로 편집 창에 나타나게 된다.

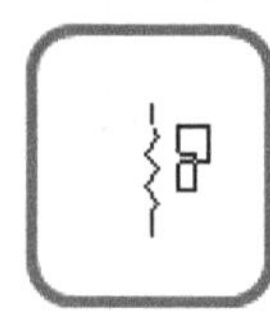

③ 회로도를 보며 원하는 곳에 Mouse를 클릭하여 배치한다.

④ 저항을 가로로 배치하기 위하여 오른쪽 그림과 같이 Mouse 포인터에 저항이 붙어 있는 상태에서 RMB 〉 Rotate를 선택하면 90도씩 회전하게 되므로 원하는 방향으로 회전한 후 작업한다.

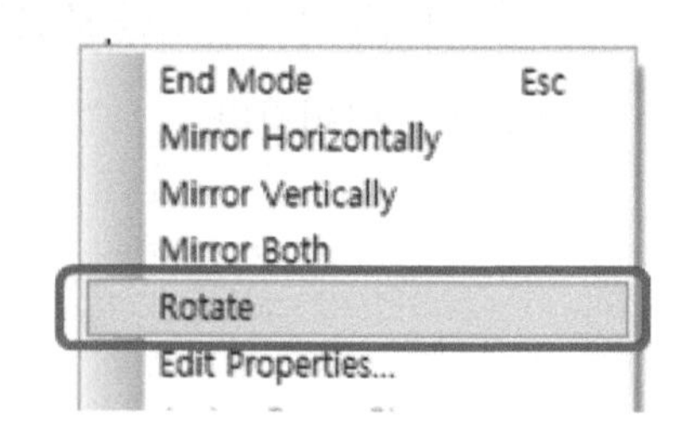

⑤-1 마지막 저항을 배치한 후 오른쪽 그림과 같이 RMB 〉 End Mode를 선택하여 배치 완료 명령을 한다.

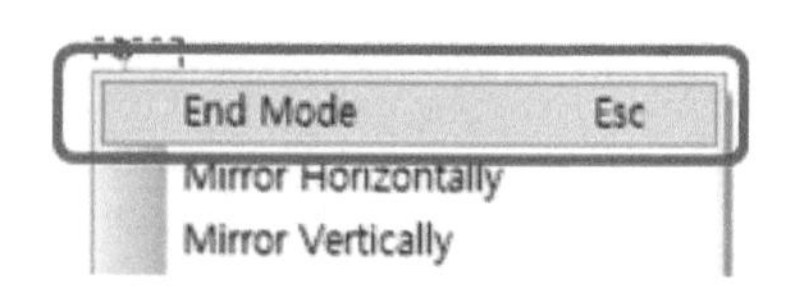

⑤-2 키보드 위쪽의 가장 왼쪽 부분에 있는 Esc Key를 눌러도 된다.

⑥ 토글 스위치(SW1)을 배치하기 위하여 오른쪽 그림과 같이 Part 아래 빈칸에 영문자 sw sp를 입력하면 자동으로 선택되고, 아래의 미리보기 창에 Part의 모양을 보여 준다.

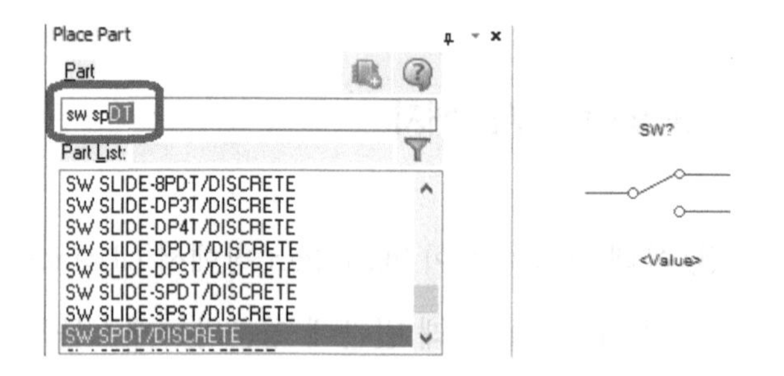

⑦ sw sp 입력 후 Enter Key를 치면 위에서 저항을 배치했던 것과 같이 Mouse 포인터에 토글 스위치 Part가 붙은 채로 편집 창에 나타나게 된다.

⑧ 회로도를 보며 적당한 위치에 맞게 배치한 후 RMB 〉 End Mode를 선택하든가 Esc Key를 눌러 배치 완료 명령을 한다.

⑨ LED를 배치하기 위하여 아래 그림과 같이 Part 아래 빈칸에 영문자 LED를 입력하면 자동으로 선택되고, 아래의 미리보기 창에 Part의 모양을 보여 준다.

⑩ LED 입력 후 Enter Key를 치면 위에서 저항 등을 배치했던 것과 같이 Mouse 포인터에 LED Part가 붙은 채로 편집 창에 나타나게 된다.

⑪ 회로도를 보며 위치에 맞게 배치한다. 이 경우는 Mouse 포인터에 LED Part가 붙은 상태에서 RMB 〉 Rotate를 한 후, 다시 RMB 〉 Mirror Vertically를 선택하여 배치해야 한다. (원래의 상태에서 90도 회전 후 다시 Y축으로 대칭하는 것이며, 물론 90도씩 여러 번 회전하여 원하는 방향이 되었을 때 배치해도 된다.)

⑫ LED를 모두 배치한 후 RMB 〉 End Mode를 선택하든가 Esc Key를 눌러 배치 완료 명령을 한다.

⑬ Pushbutton Switch를 배치하기 위하여 아래 그림과 같이 Part 아래 빈칸에 영문자 SW PU를 입력하면 SW PUSHBUTTON이 자동으로 채워지며 선택되고 아래의 미리보기 창에 Part의 모양을 보여 준다.

⑭ SW PUSHBUTTON 입력 후 Enter Key를 치면 위에서 저항 등을 배치했던 것과 같이 Mouse 포인터에 SW PUSHBUTTON Part가 붙은 채로 편집 창에 나타나게 된다.

⑮ 회로도를 보며 위치에 맞게 배치한다. 이 경우는 Mouse 포인터에 SW PUSHBUTTON Part가 붙은 상태에서 RMB 〉 Rotate, RMB 〉 Horizontally를 한 후 배치하면 된다.

⑯ SW PUSHBUTTON을 배치한 후 RMB 〉 End Mode를 선택하든가 Esc Key를 눌러 배치 완료 명령을 한다.

⑰ 2-Pin Connector를 배치하기 위하여 아래 그림과 같이 Part 아래 빈칸에 영문자 CON2를 입력하면 아래의 미리보기 창에 Part의 모양을 보여 준다.

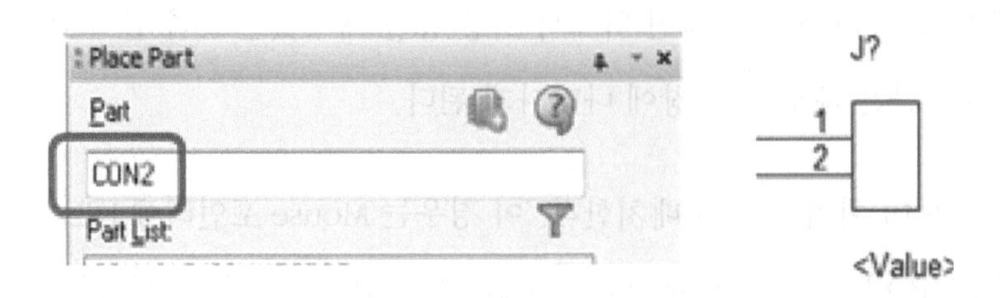

⑱ CON2 입력 후 Enter Key를 치면 위에서 저항 등을 배치했던 것과 같이 Mouse 포인터에 CON2 Part가 붙은 채로 편집 창에 나타나게 된다.

⑲ 회로도를 보며 위치에 맞게 배치한다. 이 경우는 Mouse 포인터에 CON2 Part가 붙은 상태에서 RMB 〉 Mirror Horizontally를 한 후 배치하면 된다.

⑳ CON2를 배치한 후 RMB 〉 End Mode를 선택하든가 Esc Key를 눌러 배치 완료 명령을 한다.

㉑ IC 7400 배치하기 위하여 오른쪽 그림과 같이 Part 아래 빈칸에 숫자 7400을 입력하면 7400이 선택되고 아래의 미리보기 창에 Part의 모양을 보여 준다.

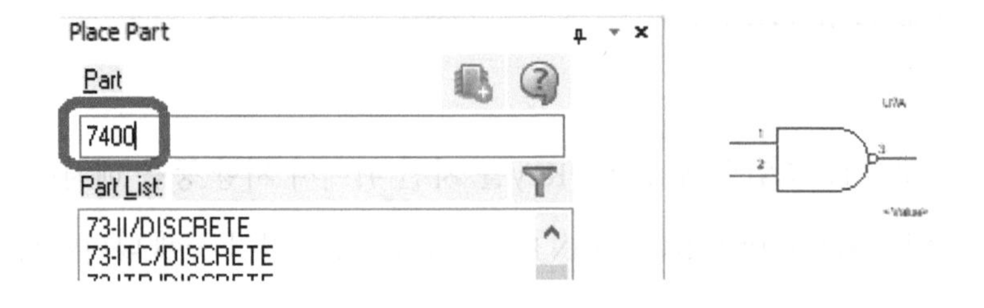

㉒ 7400 입력 후 Enter Key를 치면 위에서 저항 등을 배치했던 것과 같이 Mouse 포인터에 7400이 붙은 채로 편집 창에 나타나게 된다.

㉓ 회로도를 보며 위치에 맞게 배치한다.

㉔ 7400을 2개 배치한 후 RMB 〉 End Mode를 선택하든가 Esc Key를 눌러 배치 완료 명령을 한다.

㉕ 마지막으로 IC 7476 배치하기 위하여 아래 그림과 같이 Part 아래 빈 칸에 숫자 7476을 입력하면 7476이 선택되고 아래의 미리보기 창에 Part의 모양을 보여 준다.

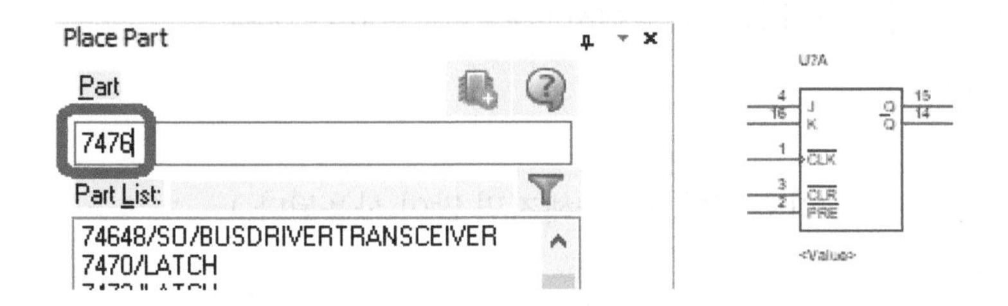

㉖ 7476 입력 후 Enter Key를 치면 위에서 저항 등을 배치했던 것과 같이 Mouse 포인터에 7476이 붙은 채로 편집 창에 나타나게 된다.

㉗ 회로도를 보며 위치에 맞게 배치한다.

㉘ 7476을 2개 배치한 후 RMB 〉 End Mode를 선택하든가 Esc Key를 눌러 배치 완료 명령을 한다.

㉙ 모든 부품들이 배치되었으면 배선 작업을 위해 Mouse로 부품을 클릭하여 선택한 후 드래그하여 아래 그림을 참조하면서 적당한 위치에 균형 있게 재배치한다.

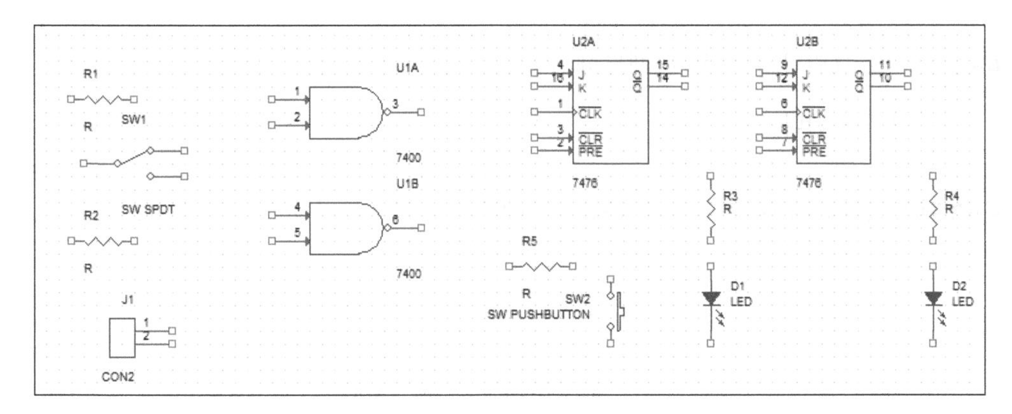

3-6-4 Power/Ground 심벌 배치

필요한 부품들을 배치한 후 회로도에 사용되는 전원 공급을 하기 위해 Power와 Ground 심벌을 배치하여야 한다.

①-1 작업 창의 메뉴에서 Place 〉 Power...를 선택한다.

①-2 오른쪽 그림과 같이 툴 팔레트에서 Place Power (F) Icon을 선택해도 된다.

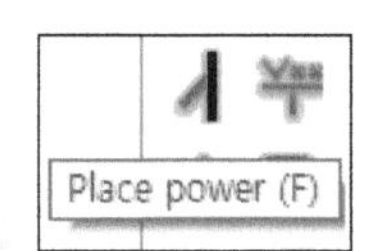

①-3 단축키로 F를 눌러도 된다. (익숙해지면 많이 사용된다.)

② 오른쪽 그림과 같이 Place Power 창이 나타나면 Symbol란에 VCC를 입력하고 그 아래에서 원하는 심벌을 클릭하여 바로 오른쪽 미리보기 창에서 심벌을 확인한 후 OK Button을 클릭한다.

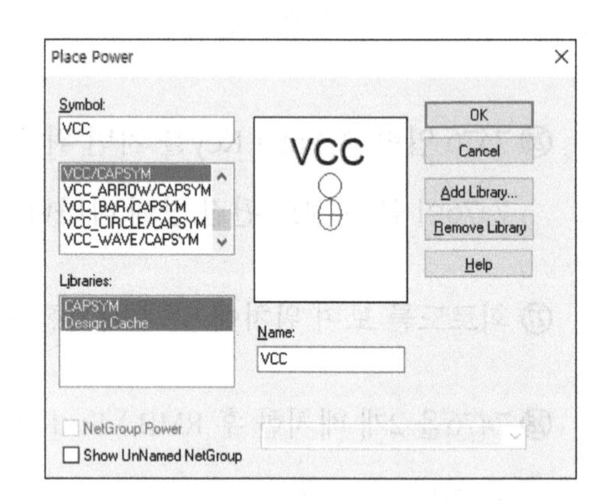

③ 회로도를 보며 적당한 위치에 Power 8개를 배치한 다음 Esc Key를 누른다.

④-1 작업 창의 메뉴에서 Place 〉 Ground...를 선택한다.

④-2 오른쪽 그림과 같이 툴 팔레트에서 Place Ground (G) Icon을 선택해도 된다.

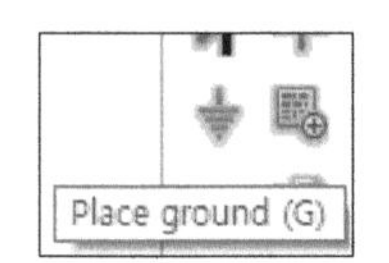

④-3 단축키로 G를 눌러도 된다. (익숙해지면 많이 사용된다.)

⑤ 오른쪽 그림과 같이 Place Ground 창이 나타나면 Symbol 란에 GND를 입력하고 그 아래에서 원하는 심벌을 클릭하여 바로 오른쪽 미리보기 창에서 심벌을 확인한 후 OK Button을 클릭한다.

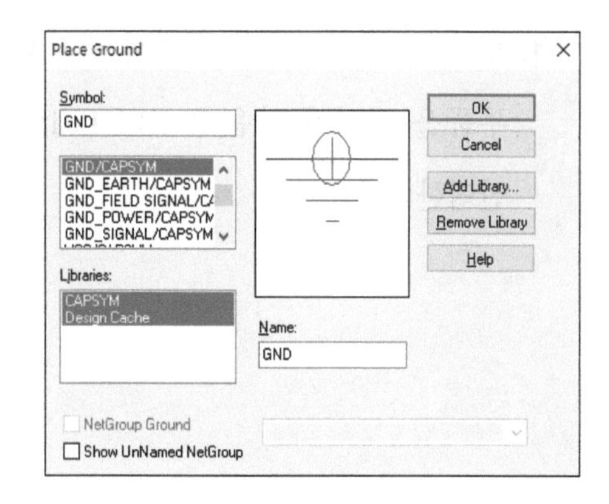

⑥ 회로도를 보며 적당한 위치에 Ground 5개를 배치한 다음 Esc Key를 누른다.

⑦ 회로도에 있는 모든 부품과 Power, Ground를 모두 배치한 모습은 아래 그림과 같다.

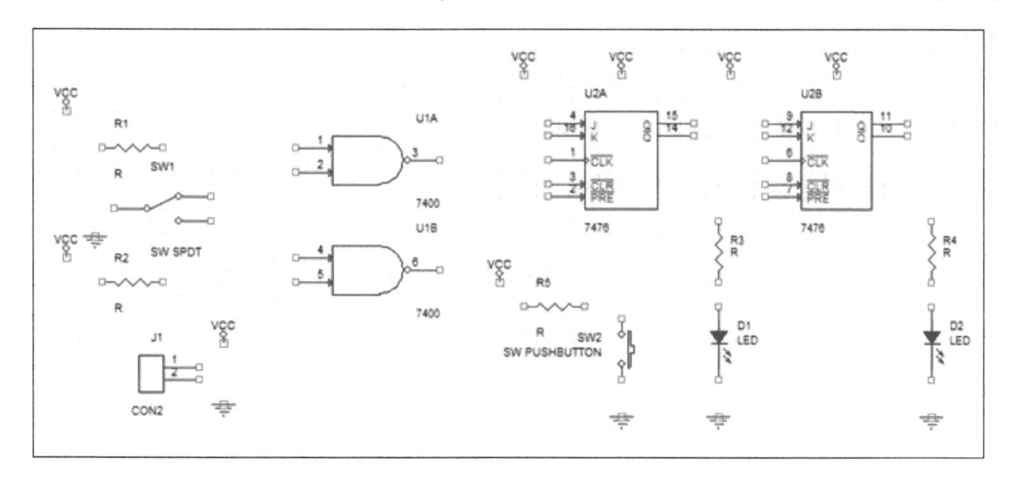

3-6-5 7476 부품 편집

시스템에서 제공되는 7476 부품의 Pin 위치와 Pin 모양 등을 Data Sheet에 있는 자료를 참고하여 회로도작성에 편리하도록 오른쪽 그림과 같이 부품을 편집한다.

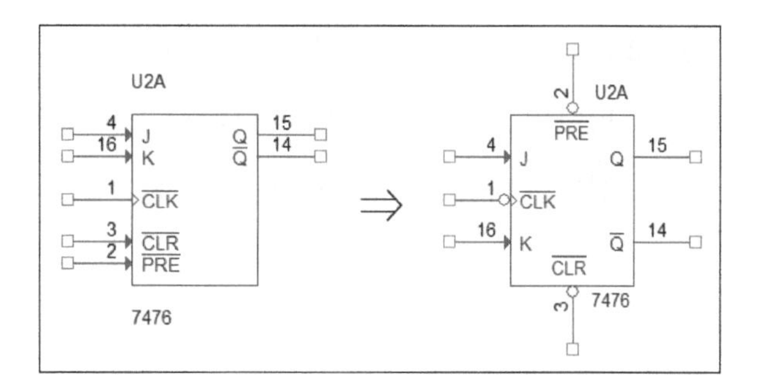

① 오른쪽 그림과 같이 위에서 배치한 7476 부품을 클릭한 다음 RMB 〉 Edit Part를 선택한다.

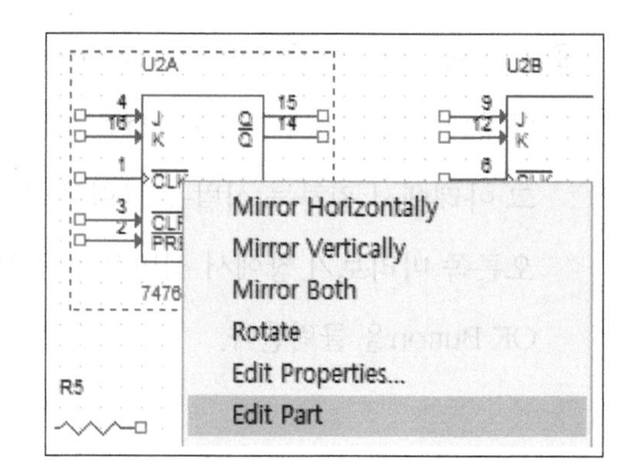

② 부품 편집 창이 나타나면 오른쪽 그림과 같이 툴 팔레트에서 Select Icon을 선택한다.

③ Mouse 휠을 스크롤하여 부품을 화면의 중간 부분으로 위치시킨다.

④ 오른쪽 그림과 같이 부품의 Pin 모양과 Pin 위치 그리고 Pin 이름을 클릭, 드래그하여 재배치한다.

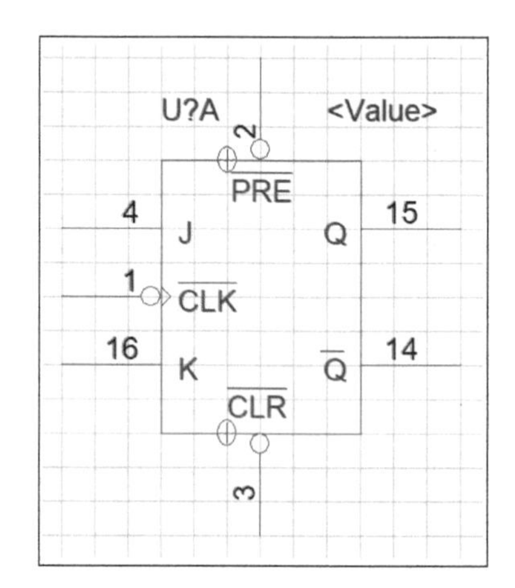

④-1 위 그림에서 CLR Pin 옆의 전원 Pin을 클릭, 드래그하여 왼쪽으로 이동하고 나머지 Pin들도 클릭, 드래그하여 적당한 위치에 재배치한다.

④-2 CLK Pin을 더블클릭하여 Pin Properties 창이 나타나면 오른쪽 그림과 같이 Shape 〉 Dot-Clock을 선택한 다음, OK Button을 누른다.

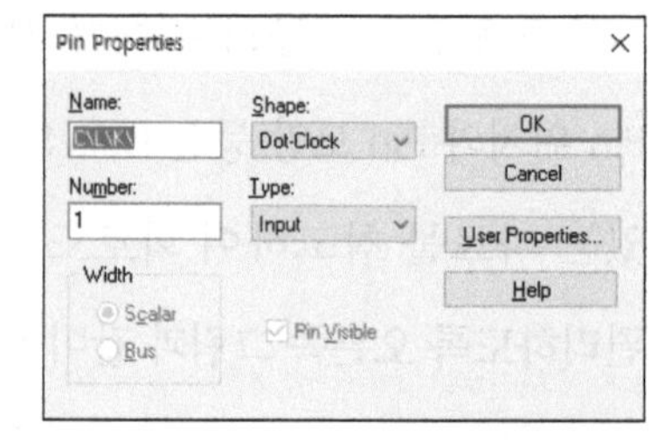

④-3 CLR과 PRE Pin은 위와 같은 요령으로 Shape 〉 Dot을 선택한 다음, OK Button을 각각 누른다.

④-4 CLR과 PRE Pin 이름은 클릭한 다음, MRB 〉 Rotate 메뉴를 이용하여 배치하고 미세한 배치를 위해 오른쪽 그림과 같이 화면 상단 부분의 Snap To grid Icon을 클릭하여 작업한 후 다시 Snap To grid Icon을 눌러 원래 상태로 전환한다.

⑤ 원하는 작업이 모두 되었으면 아래 그림과 같이 화면의 FRE_DIV Tab 위에서 RMB 〉 Close를 선택한다.

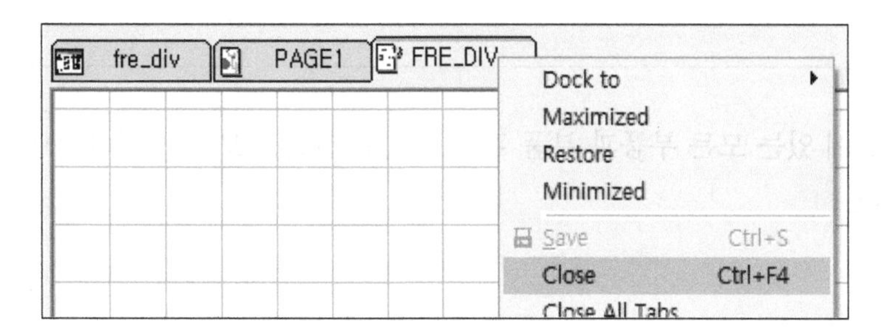

⑥ 아래 그림과 같이 Save Part Instance 팝업 창이 나타나면 Update All Button을 클릭하여 수정한 내용이 두 부품에 모두 반영되도록 한다.

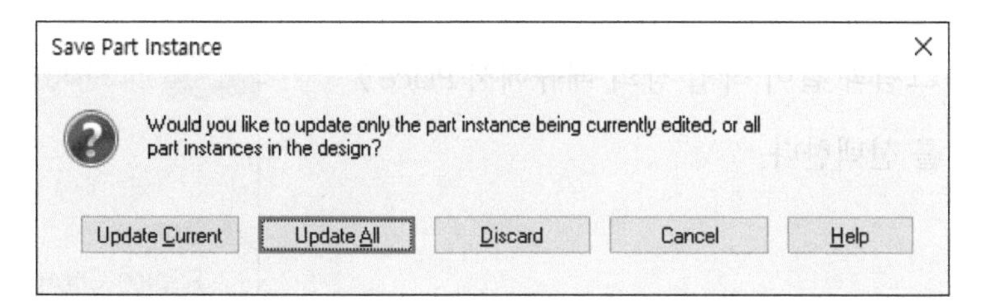

⑦ 오른쪽과 같이 팝업 창이 나타나면 예(Y) Button을 클릭한 후 Undo Warning 팝업 창이 나타나면 Yes Button을 클릭한다.

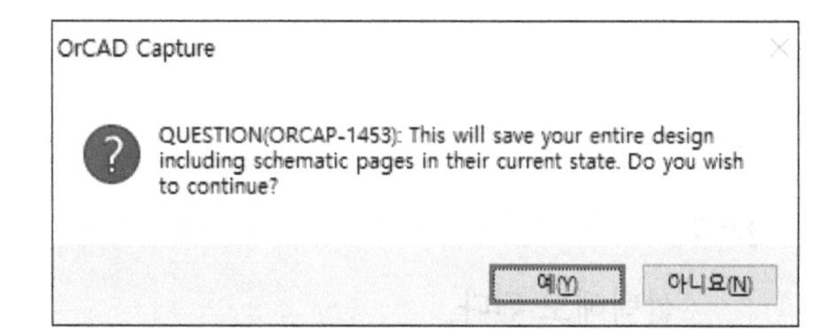

⑧ 아래 그림과 같이 편집된 부품을 확인하고 주변 부품들을 재배치한다. 이때 부품 간의 거리가 적당하게 떨어져 있는가 등을 점검한다.

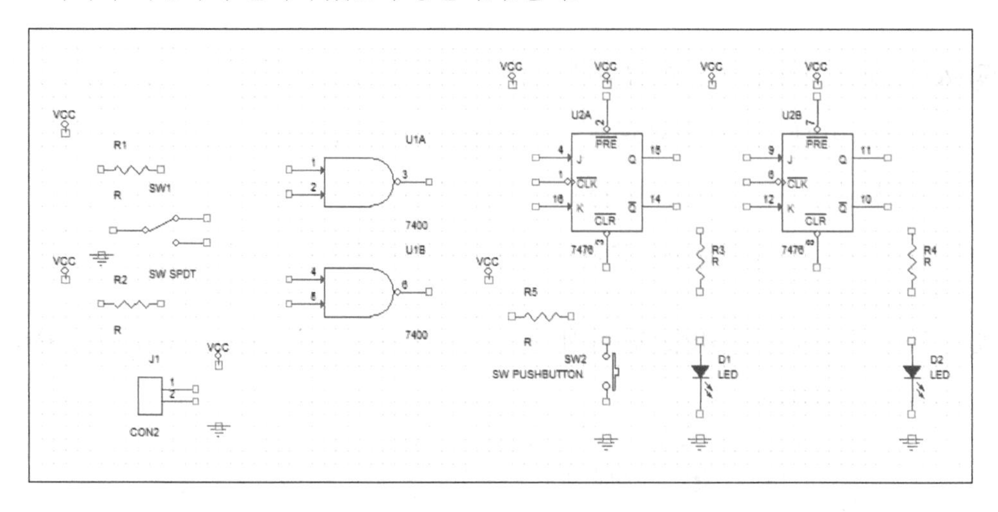

이제 회로도에 있는 모든 부품과 부품 편집 그리고 전원을 모두 배치하였으므로 배선 작업을 시작한다.

3-6-6 배선

①-1 오른쪽 그림과 같이 작업 창의 메뉴에서 Place 〉 Wire...를 선택한다.

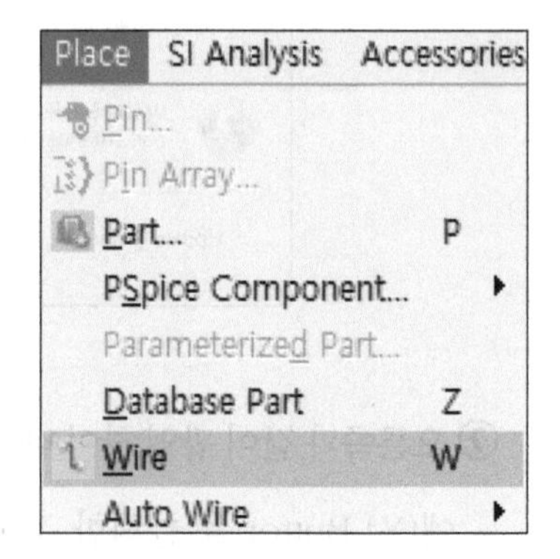

①-2 오른쪽 그림과 같이 툴 팔레트에서 Place Wire (W) Icon을 선택해도 된다.

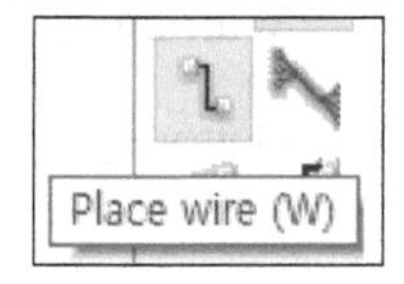

①-3 단축키로 W를 눌러도 된다. (익숙해지면 많이 사용된다.)

배선 명령이 수행되면 Mouse 포인터가 화살표에서 십자 모양 형태로 변하게 되니 확인하여 보도록 한다. 또한, 배선을 하는 방법은 심벌의 Pin 부분에서 Mouse를 클릭한 다음, 꺾이는 부분에서 클릭하는 등 원하는 곳에서 클릭한 후 최종 목적지에서 클릭하여 마무리한다. 배선 작업은 설계자마다 진행하는 방식이 다를 수 있다.

② 오른쪽 그림과 같이 Zoom to all Icon을 클릭하여 회로도 전체 보기로 한다.

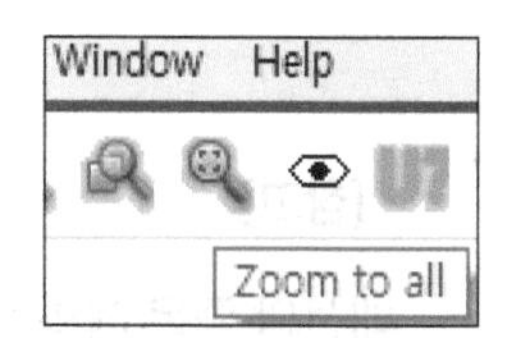

③ 오른쪽 그림과 같이 Zoom to region Icon을 클릭하여 회로도의 일부분 보기 설정 준비를 한다.

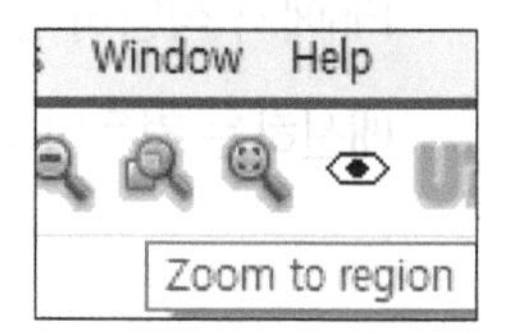

④ 아래 그림과 같이 R1의 왼쪽 위 사각형 부분에서 Mouse를 클릭 종료점으로 표시된 곳까지 드래그하면 사각형으로 표시된 부분을 중심으로 확대하여 볼 수 있다.

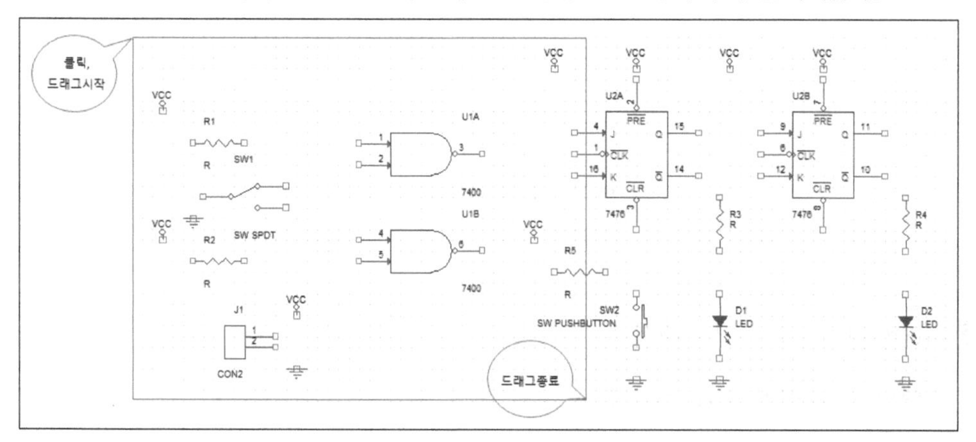

⑤ Esc를 누른 후 배선 명령이 해제되었으므로 영문 W를 눌러 배선 명령을 실행한다.

⑥ 오른쪽 그림의 배선 시작점에서 클릭한 후 배선 방법에 따라 가급적 같은 신호선끼리 연결한다.

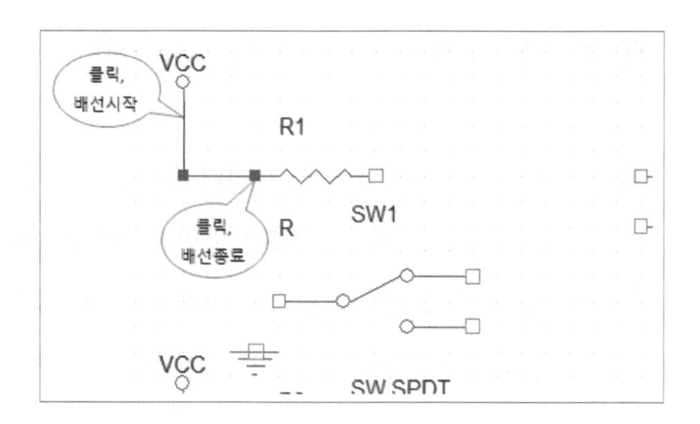

[참고]

배선의 좋은 예와 좋지 않은 예를 아래 그림에 나타내었다. 좋은 예는 배선을 할 때 부품의 Pin에서 적당히 인출한 후 배선을 하는 것이고, 좋지 않은 예는 부품의 Pin 끝에서 바로 배선하는 경우이다. 그러므로 배선을 할 때는 좋은 예에 따라 진행하도록 한다.

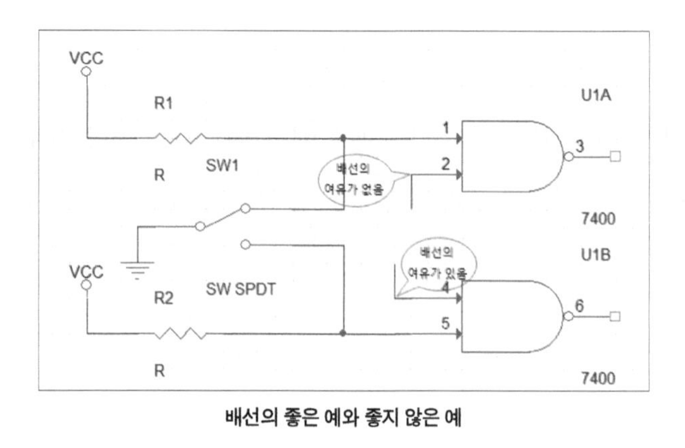

배선의 좋은 예와 좋지 않은 예

⑦ 이러한 방법으로 나머지 배선을 진행한다. 그리고 오른쪽 그림과 같이 사선이 있는 경우는 사선이 시작되는 곳에서 Shift Key를 누른 채로 Mouse를 클릭하여 배선할 수 있다.

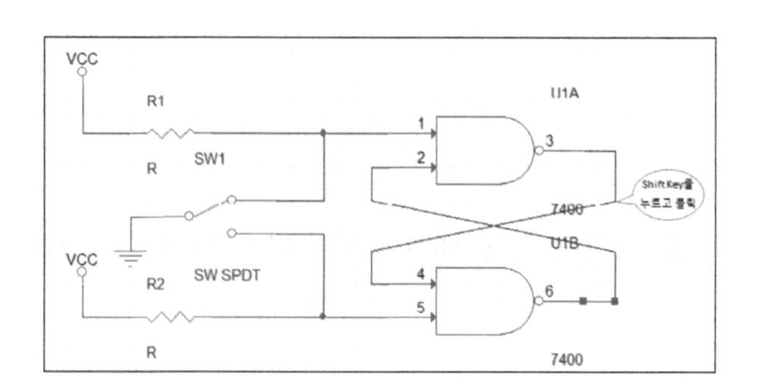

⑧ 사용하지 않는 Pin(U2의 14, 10)은 오른쪽 그림과 같이 화면 오른쪽 Icon을 클릭한 후 해당 Pin을 클릭하여 처리하고 Esc Key를 눌러 종료한다.

⑨ 최종 배선을 마친 회로도는 아래 그림을 참조하여 미완성 부분이 있으면 반드시 보완한 후 다음 단계로 넘어간다.

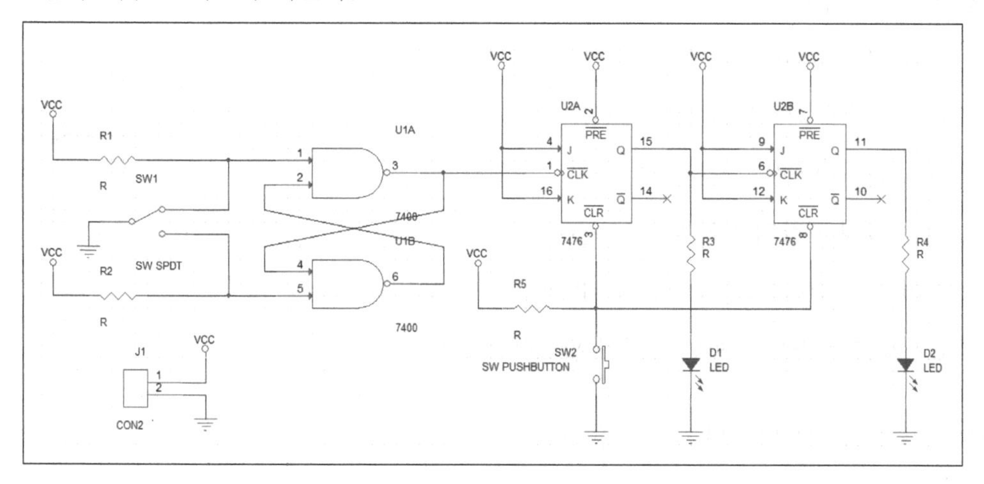

⑩ Save document(Ctrl+S) Icon을 눌러 저장한다.

3-6-7 부품값 편집

회로도 배선 작업이 완료되었으므로 각 부품들에 대한 값들을 회로도에 맞게 지정해 주어야 하는 과정이다. 오른쪽 그림에서 R은 초기 부품값(Value)이고 R1은 부품 참조번호(Reference)이다.

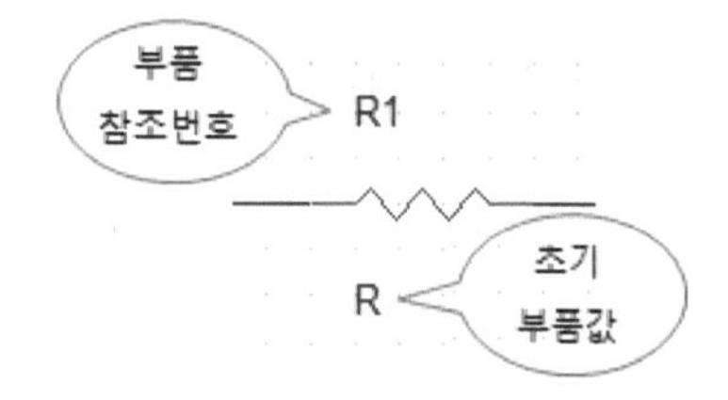

① R을 더블클릭하거나 오른쪽 그림과 같이 R을 클릭한 후 R 위에서 RMB > Edit Properties...를 선택한다.

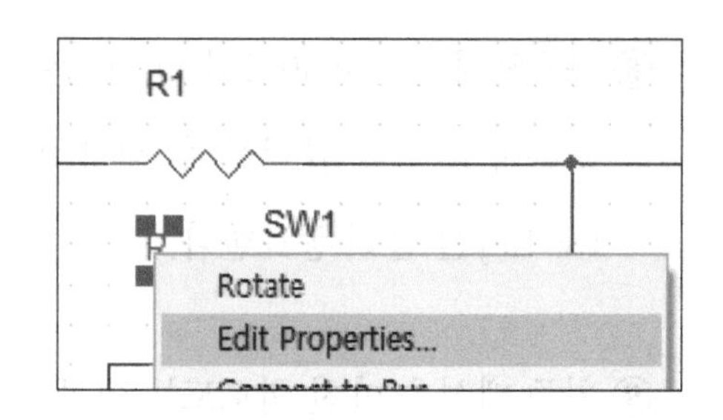

② 오른쪽 그림과 같이 Display Properties 팝업 창이 나타나면 Name: Value인 것을 반드시 확인한 다음, Value: 란에 회로도를 보며 값(1K)을 입력하고 OK Button을 클릭한다. (간혹 R을 가지고 작업하지 않고 R1을 가지고 작업을 하게 되는 경우가 있는데 R1을 가지고 작업하는 경우 Name: Part Reference로 표시되므로 반드시 확인 절차가 필요하다.)

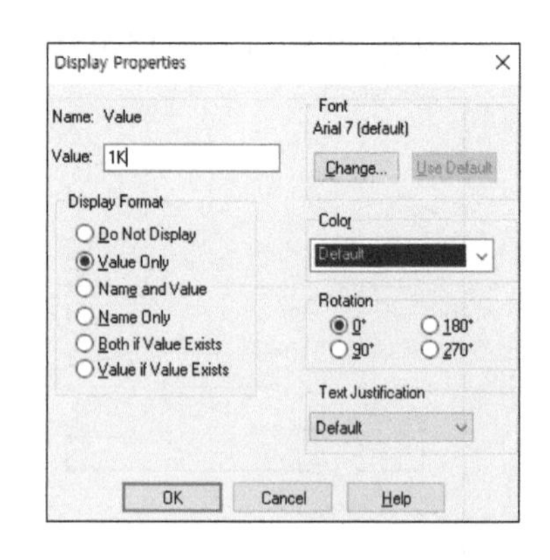

③ 오른쪽 그림에 변경된 값이 적용된 것을 보여 주고 있다.

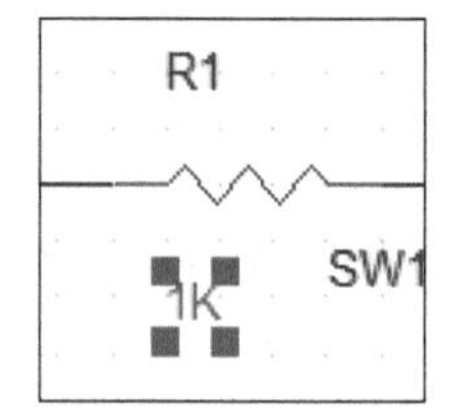

④ 위와 같은 방법으로 나머지 저항 부품들에 대하여 부품값을 지정한다.

⑤ LED 등 불필요한 값이 있을 경우 오른쪽 그림과 같이 Display Format에서 Do Not Display 옵션을 적용하여 처리한다.

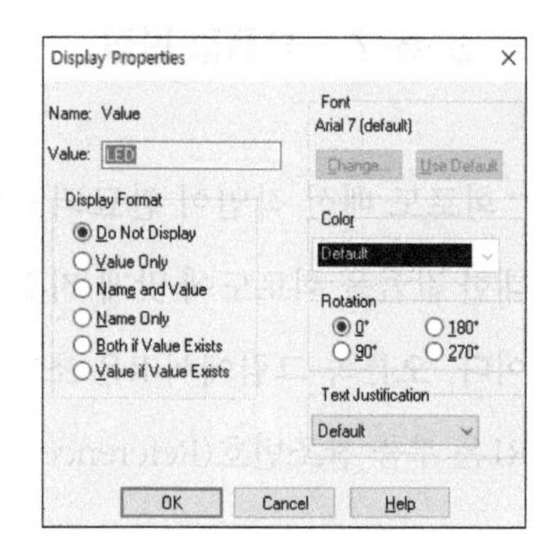

- 위의 ⑤번 작업을 되돌려야 할 경우 부품을 더블클릭한 다음, 나타난 화면에서 아래 그림과 같이 Value 〉 LED 위에서 RMB 〉 Display를 선택하여 팝업 창이 나타나면 처리한 후 저장하고 창을 닫음으로써 처리할 수 있다.

MNTYMXDLY	
Value	LED
Primitive	DEFAULT
Implementation	
Graphic	LED.Normal
Source Part	LED.Normal
Implementation Path	
Part Reference	D1
PCB Footprint	

Pivot
Edit...
Delete Property
Display...

⑥ 모든 부품에 대하여 부품값 지정이 완료되면 화면 상단의 Snap To grid Icon을 클릭하여 부품값과 참조번호를 적당한 위치로 옮긴 다음, 다시 상단의 Snap To grid Icon을 클릭한다.

⑦ 아래 그림을 참조하여 부족한 부분이 있으면 보완하고 완성이 되면 저장한다.

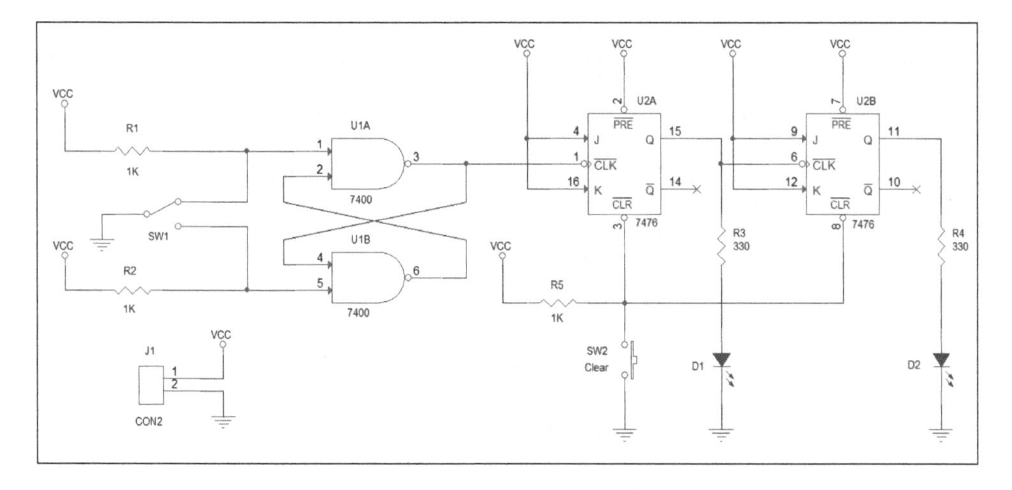

3-7 PCB Editor 사용 전 작업

3-7-1 PCB Footprint

이 작업은 PCB Editor를 사용하기 위하여 위에서 생성한 회로도에 대한 Netlist를 추출해야 하는데, 회로도에 있는 각 부품마다 PCB 완성 후 실제로 PCB에 실장될 물리적인 형태의 부품들을 연결시켜 주어야 하는 작업으로 아래 그림과 같이 카본 저항의 경우를 보고 이해하도록 하자.

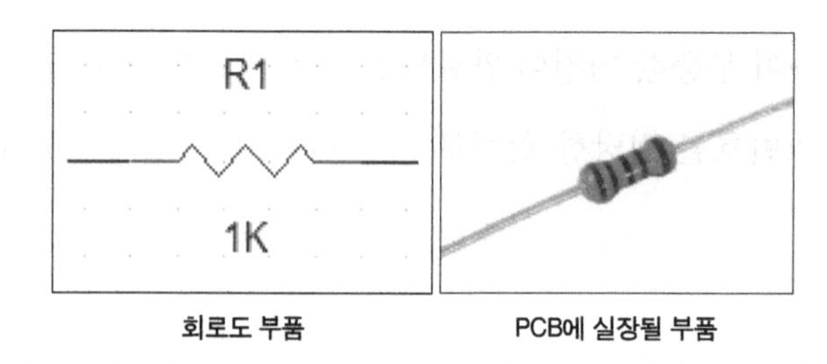

회로도 부품 PCB에 실장될 부품

아래의 표는 회로도의 각 부품에 대한 시스템에서 제공되는 Footprint 값을 나타낸 것이다.

순번	Capture Parts	PCB Editor Parts (Footprint)
1	색 저항(R)	RES400
2	IC(7400)	DIP14_3
3	IC(7476)	DIP16_3
4	토글스위치(SW SPDT)	JUMPER3
5	푸시 Button 스위치 (SW PUSH BUTTON)	JUMPER2
6	발광다이오드(LED)	CAP196
7	2Pin 콘넥터(CON2)	JUMPER2

① 2Pin 콘넥터(CON2) 부품 위에서 더블클릭한다.

② Property Editor 창이 열리면 PCB Footprint 항목을 찾아 오른쪽 그림과 같이 빈칸에 JUMPER2라고 Footprint 값을 입력한다.

Implementation Path	
Part Reference	J1
PCB Footprint	JUMPER2
Power Pins Visible	☐
Reference	J1

③ 아래 그림과 같이 Property Editor 창 위에서 RMB 〉 Save, RMB 〉 Close를 선택하여 창을 닫는다.

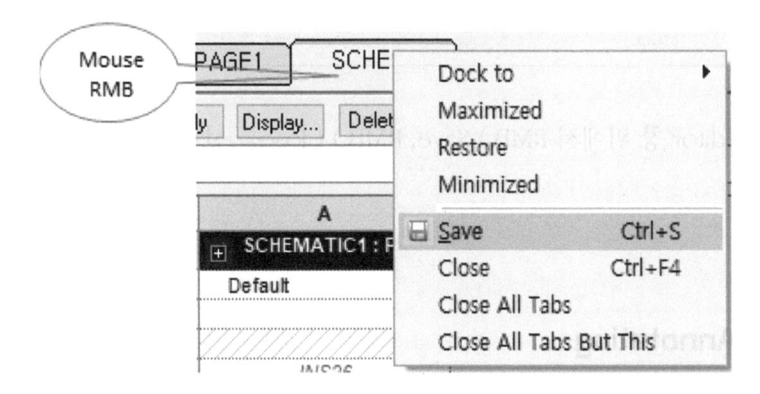

위의 경우는 각 부품에 대하여 한 개씩 값을 입력하는 경우이고, 다음의 경우는 한 번에 전체 창을 열어 놓고 입력하는 것으로 진행한다.

④ 오른쪽 그림과 같이 Project Manager 창을 선택한 후 fre_div.dsn 위에서 RMB 〉 Edit Object Properties를 선택한다.

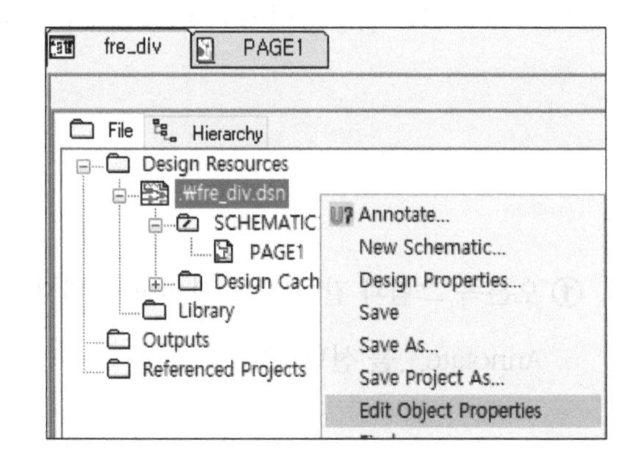

⑤ 아래 그림과 같이 Property Editor 창이 열리면 수평 Scroll Bar를 오른쪽으로 움직여 PCB Footprint 항목이 보이게 한 다음, 각 부품에 맞게 값을 입력한 후 창을 닫는다.

Footprint 값을 입력할 때는 Part Reference 값을 보고 입력하지 말고 Value 값을 보고 입력하도록 한다. (아래 그림과 같이 보이지 않을 경우 상단의 Pivot Button을 클릭한다.)

Value	Primitiv	Impleme	Graphic	Source Part	Implem	Part Reference	PCB Footprint
LED	DEFAUL		LED.Normal	LED.Normal	...	D1	CAP196
LED	DEFAUL		LED.Normal	LED.Normal	...	D2	CAP196
CON2	DEFAUL		CON2.Normal	CON2.Normal	...	J1	JUMPER2
1K	DEFAUL		R.Normal	R.Normal	...	R1	RES400
1K	DEFAUL		R.Normal	R.Normal	...	R2	RES400
330	DEFAUL		R.Normal	R.Normal	...	R3	RES400
330	DEFAUL		R.Normal	R.Normal	...	R4	RES400
1K	DEFAUL		R.Normal	R.Normal	...	R5	RES400
SW SPDT	DEFAUL		SW SPDT.Normal	SW SPDT.Normal	...	SW1	JUMPER3
Clear	DEFAUL		SW PUSHBUTTON.Normal	SW PUSHBUTTON.Normal	...	SW2	JUMPER2
7400	DEFAUL		7400.Normal	7400.Normal	...	U1B	DIP14_3
7400	DEFAUL		7400.Normal	7400.Normal	...	U1A	DIP14_3
7476	DEFAUL		7476_0.Normal	7476_0.Normal	...	U2A	DIP16_3
7476	DEFAUL		7476_0.Normal	7476_0.Normal	...	U2B	DIP16_3

⑥ Property Editor 창 위에서 RMB 〉 Save, RMB 〉 Close를 선택하여 창을 닫고 저장한다.

3-7-2 Annotating

이것은 회로도에 있는 부품들의 참조번호를 정렬하는 작업으로 어떻게 진행하는지 참고적으로 알아본다. 오른쪽 그림과 같이 Project Manager 창에서 PAGE1을 클릭한다.

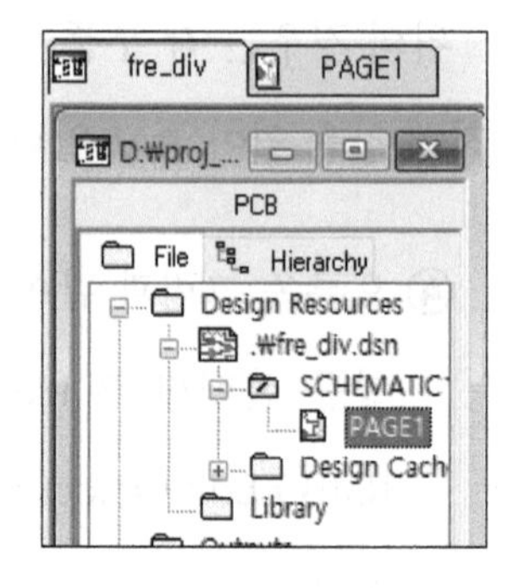

① 오른쪽 그림과 같이 작업 창의 메뉴에서 Tools 〉 Annotate...를 선택한다.

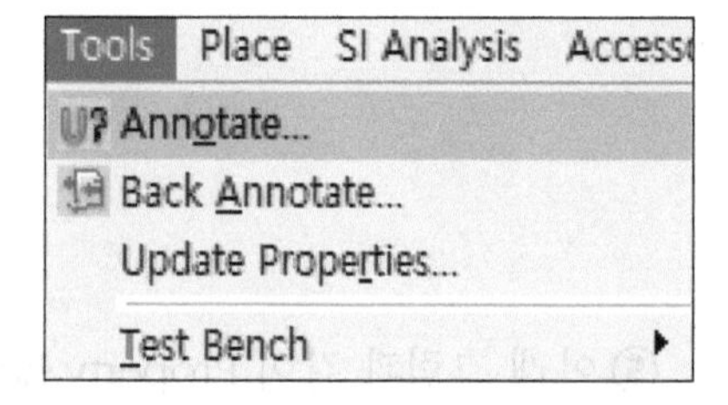

② 오른쪽 그림과 같이 Annotate 팝업 창이 나타나면 Packaging Tab을 선택한 다음, Action 항목들 중 Reset part reference to "?" 을 선택하고 확인 Button을 클릭한다.

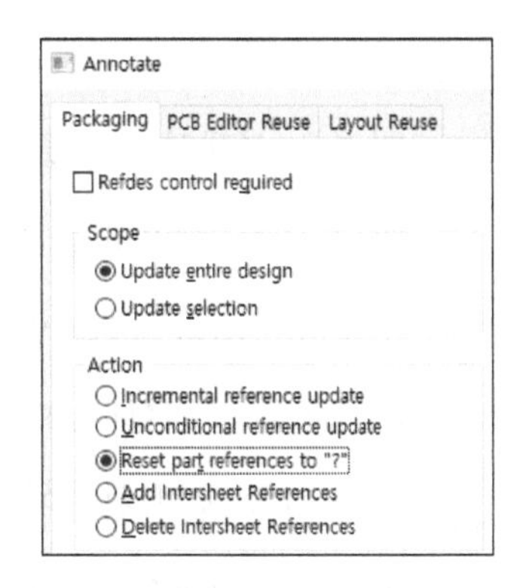

③ 위에서 확인 Button을 클릭하면 오른쪽 그림과 같이 경고 창이 나타나는데 그냥 Yes Button을 클릭한다.

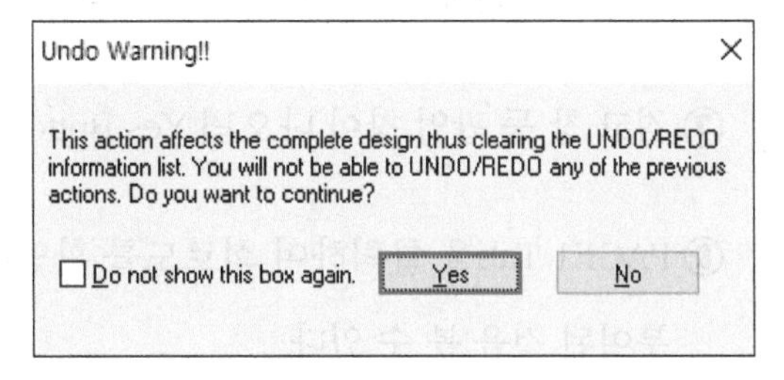

④ 위에서 Yes Button을 클릭하면 오른쪽 그림과 같은 창이 나타나는데 여기서도 그냥 확인 Button을 클릭하고 다른 팝업 창이 또 나타나면 예 Button을 클릭한다.

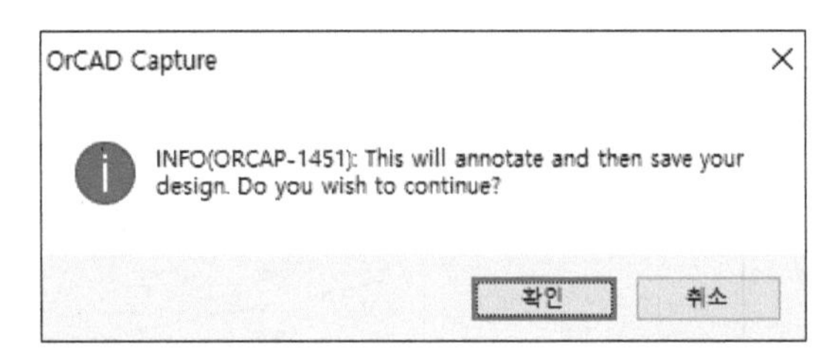

⑤ PAGE1 Tab을 클릭하여 회로도를 확인하여 보면 아래 그림과 같이 부품 참조번호가 모두 "?" 로 바뀌어 있다는 것을 볼 수 있다.

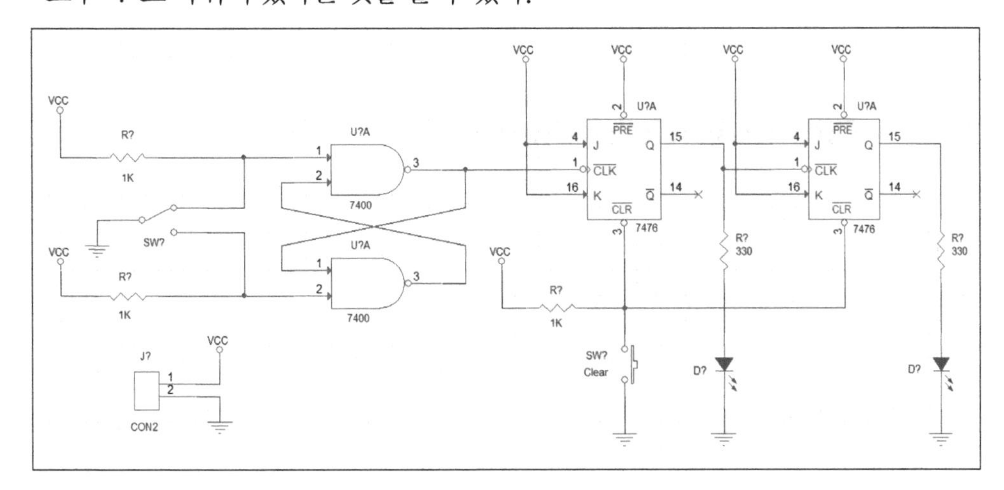

⑥ 다시 Project Manager 창을 클릭한 다음 Annotate 명령을 실행하여 오른쪽 그림과 같이 Annotate 창에서 Packaging Tab을 선택한 다음, Action 항목들 중 Incremental reference update를 선택하고 확인 Button을 클릭한다. 이 작업은 회로도의 부품 참조번호를 위쪽 줄의 왼쪽에서 오른쪽으로, 아래쪽 줄의 왼쪽에서 오른쪽으로 진행하면서 부여하게 된다.

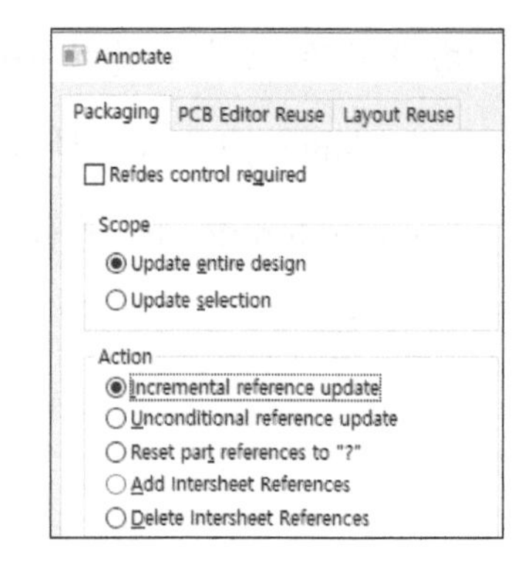

⑦ 경고 창 등 팝업 창이 나오면 Yes Button과 확인 Button을 각각 클릭한다.

⑧ PAGE1 Tab을 클릭하여 회로도를 확인하여 보면 아래 그림과 같이 부품 번호가 모두 부여된 것을 볼 수 있다.

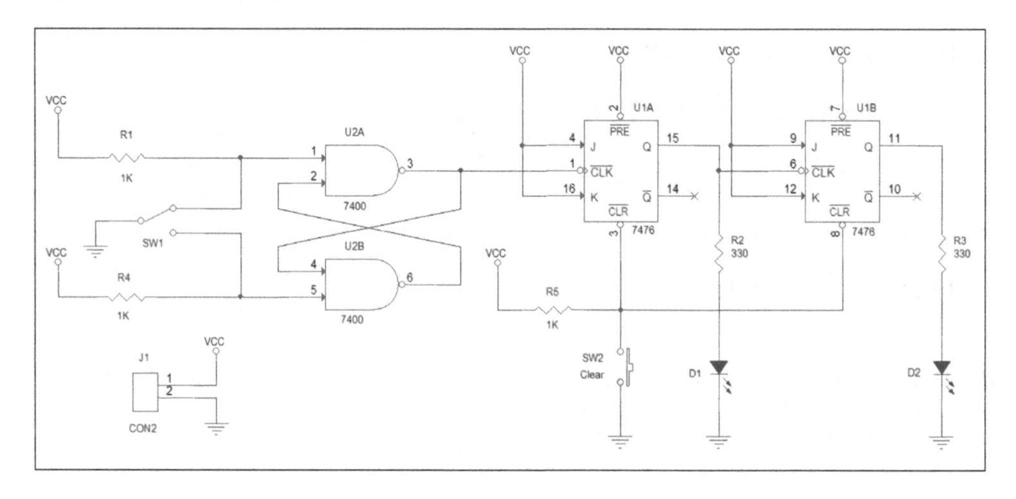

3-7-3 DRC (Design Rules Check)

이 작업은 회로도를 완성한 후 회로도 설계에 이상이 있는지 없는지를 점검해 주는 것으로 회로 자체의 동작 여부를 점검해 주는 것은 아니라는 것을 기억하자. 오른쪽 그림과 같이 Project Manager 창을 열고 PAGE1의 선택을 확인한다. (필요시 선택)

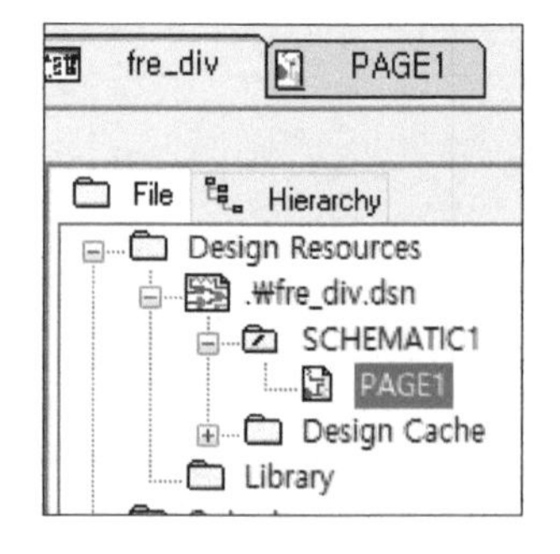

①-1 오른쪽 그림과 같이 작업 창의 메뉴에서 Tools 〉 Design Rules Check...를 선택한다.

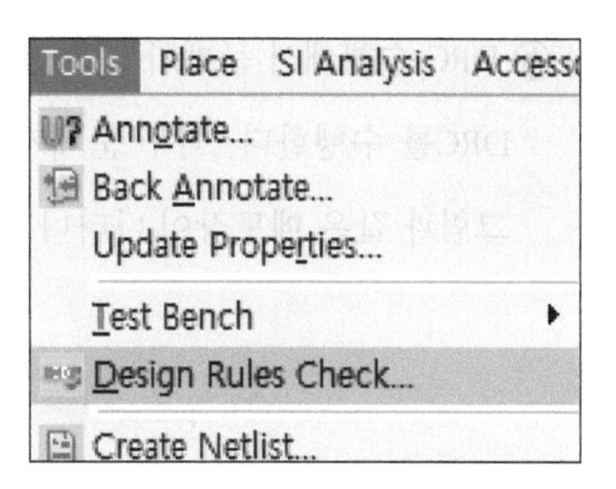

①-2 오른쪽 그림과 같이 툴 팔레트에서 Design Rules Check Icon을 선택해도 된다.

② 오른쪽 그림과 같이 경고 팝업 창이 나타나는 경우 그냥 Yes Button을 클릭한다.

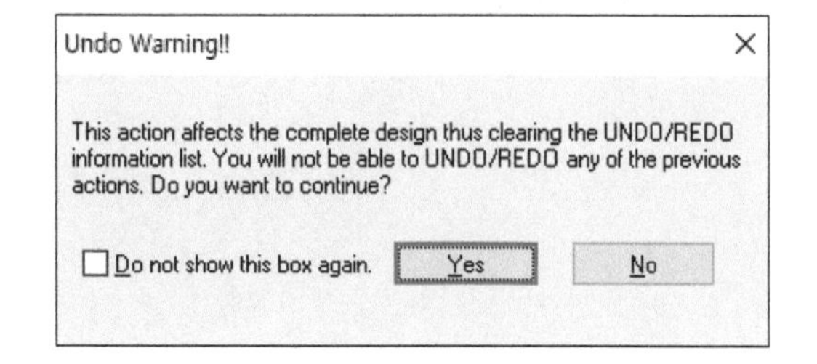

③ 오른쪽 그림과 같이 Design Rules Check 팝업 창이 나타나면 Design Rules Options Tab의 Action 항목에서 Create DRC markers for warnings 항목의 Check Box를 On 하고 나서 Report File: View Output 항목의 Check Box를 On 한 후 File 경로를 확인하고 OK Button을 클릭한다. 이는 DRC 수행 중 경고 메시지 등이 있을 경우 확인할 수 있도록 하는 것이다.

④ DRC 수행에서 문제가 있으면 수정한 후 다시 DRC를 수행한다. 아무 문제가 없으면 오른쪽 그림과 같은 메모장이 나타나게 된다.

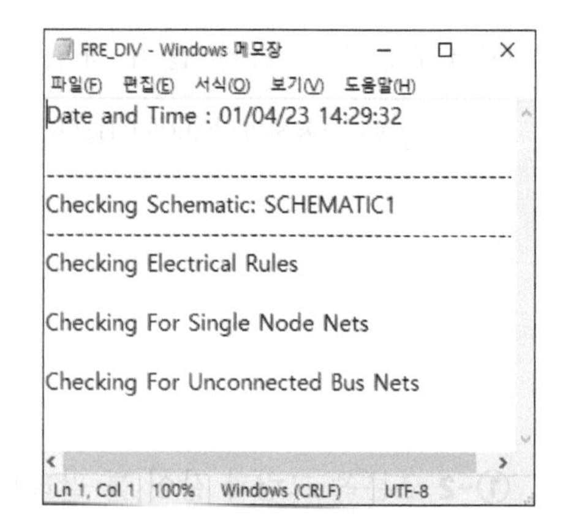

⑤ 이 보고서 파일은 오른쪽 그림과 같이 Project Manager 창을 통해서도 볼 수 있다.

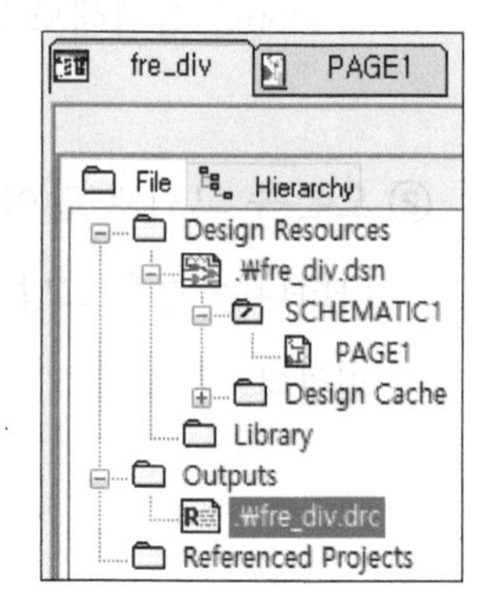

3-7-4 BOM(Bill of Materials)

이 기능은 회로도에 사용되는 부품 리스트를 생성하는 것으로 오른쪽 그림과 같이 Project Manager 창을 열고 PAGE1의 선택을 확인한다. (필요시 선택)

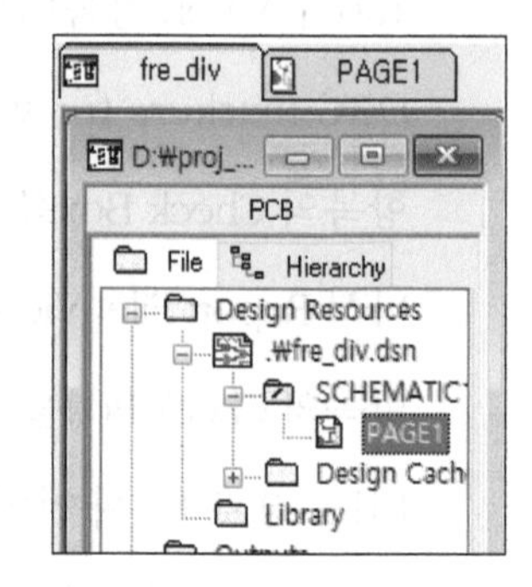

①-1 오른쪽 그림과 같이 작업 창의 메뉴에서 Tools 〉 Bill of Materials...를 선택한다.

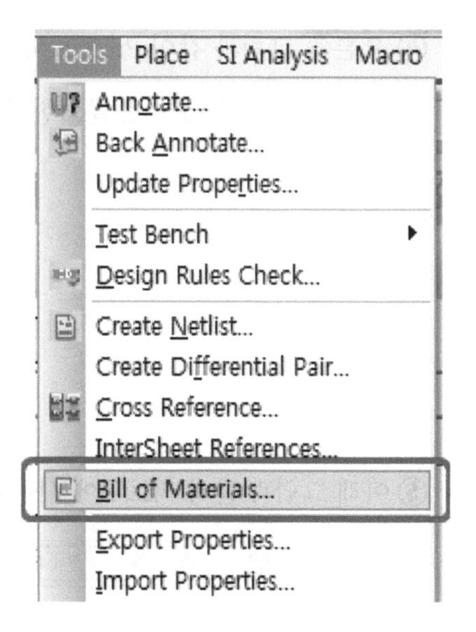

①-2 오른쪽 그림과 같이 툴 팔레트에서 Bill of materials Icon을 선택해도 된다.

② 오른쪽 그림과 같이 Bill of Materials 팝업 창이 나타나면 창 아래쪽 Report File: View Output 란의 Check Box를 On 한 다음, File의 저장 경로를 확인하고 OK Button을 클릭한다.

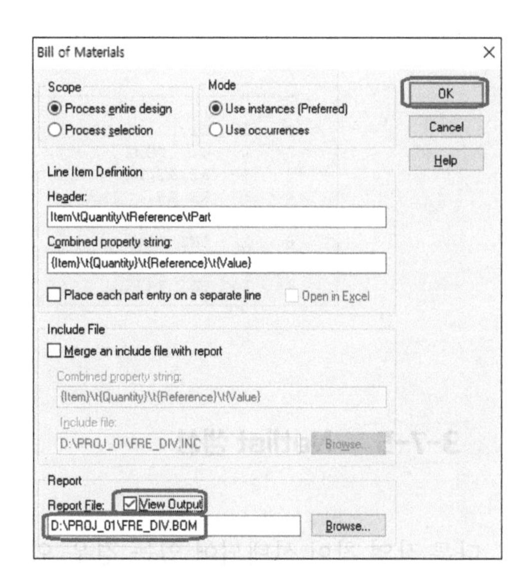

③ 정상적으로 진행되면 메모 창이 나타난다.

④ 오른쪽 그림과 같이 Project Manager 창으로 이동하여 해당 파일을 찾아 더블클릭한다.

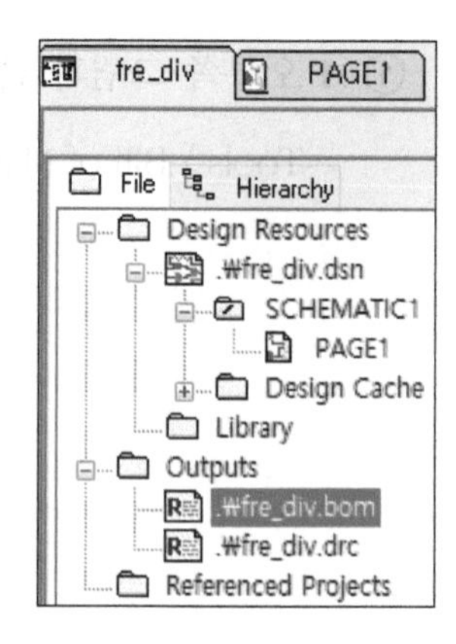

⑤ 아래 그림과 같이 회로도에 사용된 부품들의 리스트 등이 표시되는 것을 확인할 수 있다.

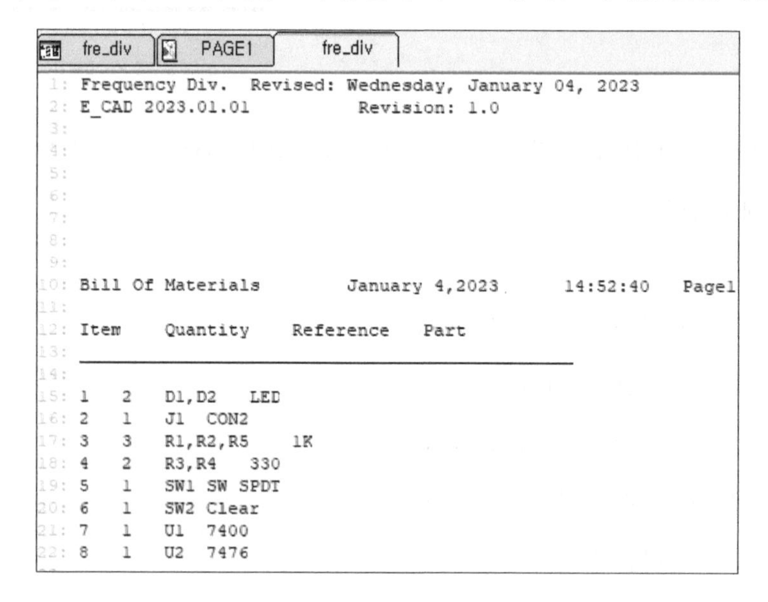

fre_div | PAGE1 | fre_div

```
 1: Frequency Div.  Revised: Wednesday, January 04, 2023
 2: E_CAD 2023.01.01          Revision: 1.0
 3:
 4:
 5:
 6:
 7:
 8:
 9:
10: Bill Of Materials        January 4,2023      14:52:40    Page1
11:
12: Item    Quantity    Reference    Part
13:
14: ______________________________________________
15: 1   2   D1,D2   LED
16: 2   1   J1   CON2
17: 3   3   R1,R2,R5    1K
18: 4   2   R3,R4    330
19: 5   1   SW1  SW SPDT
20: 6   1   SW2  Clear
21: 7   1   U1   7400
22: 8   1   U2   7476
```

3-7-5 Netlist 생성

다른 작업 창이 선택되어 있는 경우 오른쪽 그림과 같이 Project Manager 창을 열고 PAGE1의 선택을 확인한다. (필요시 선택)

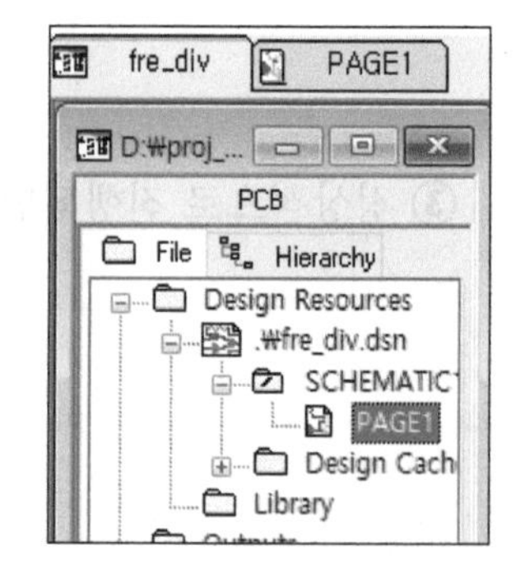

①-1 오른쪽 그림과 같이 작업 창의 메뉴에서 Tools 〉 Create Netlist...를 선택한다.

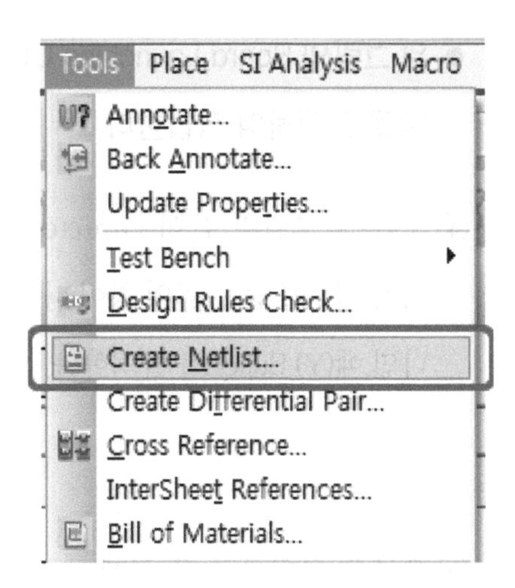

①-2 오른쪽 그림과 같이 툴 팔레트에서 Create netlist Icon을 선택해도 된다.

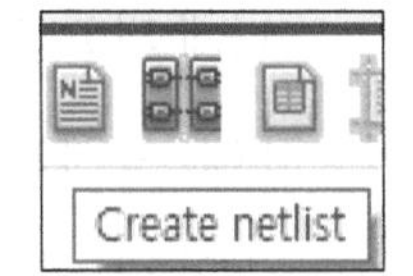

② 오른쪽 그림과 같이 Create Netlist 팝업 창이 나타나면 PCB Editor Tab이 활성화된 상태에서 Create or Update PCB Editor Board(Netrev) 항목의 Check Box를 On 하고 Place Changed 항목에서 Always를 클릭한 다음, Board Launching Option 항목에서는 Open Board in OrCAD PCB Editor(This option will not transfer any high-speed properties to the board)를 클릭한 후 확인 Button을 클릭한다.

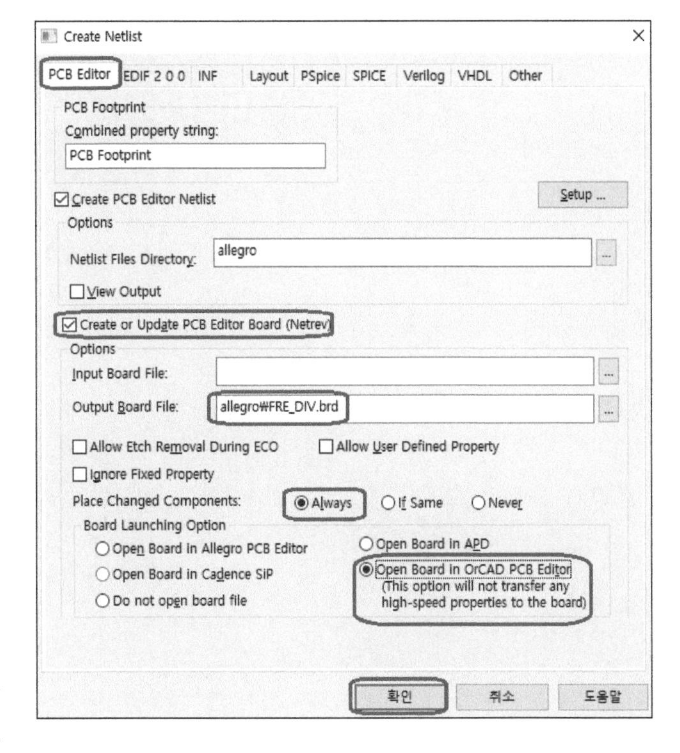

● 위 그림의 Board Launching Option에서 Netlist만 추출할 경우에는 Do not open board file을 선택하여 작업한다.

③ 오른쪽 그림과 같이 Directory 생성 여부를 묻는 팝업 창이 나타나면 예(Y) Button을 클릭한다.

④ 오른쪽 그림과 같은 진행 과정이 나타나게 되고 정상적으로 작업이 완료되면 PCB 설계를 할 수 있는 PCB Designer 창이 나타난다.

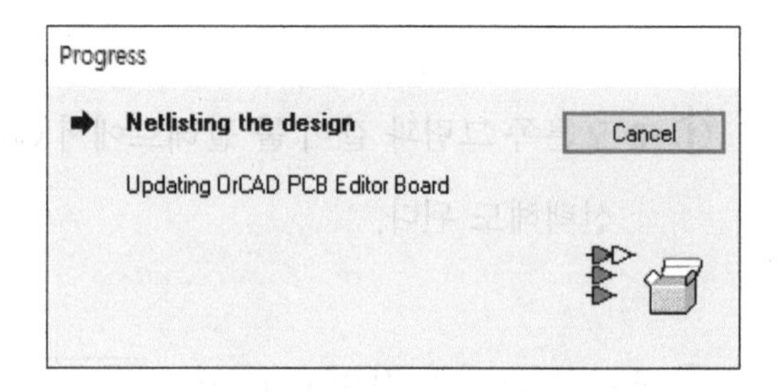

CHAPTER 04

PCB 설계 (양면 기판)

CHAPTER 04 PCB 설계 (양면 기판)

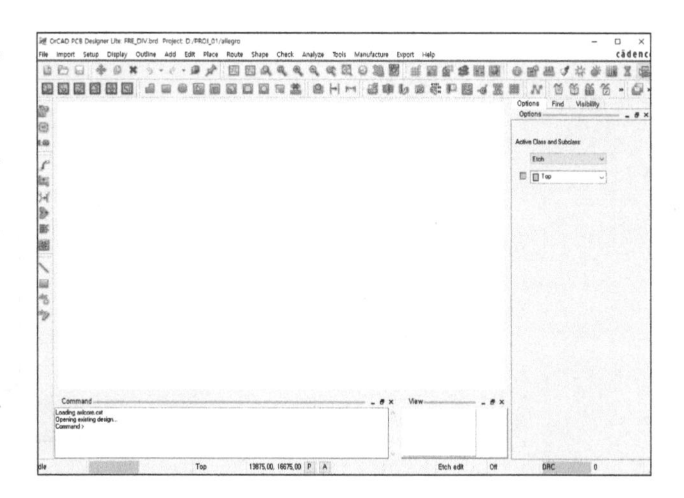

앞의 진행 과정에서 정상적으로 Netlist가 생성되면 오른쪽 그림의 위쪽 부분에 보이는 것처럼 확장자가 FRE_DIV.brd(Board)인 파일이 자동적으로 생성되며, 이것이 초기 화면이다. 배경색은 기본적으로 검정이지만 편의상 흰색으로 하였으니 참고하기 바란다.

- **위의 파일을 개별적으로 불러올 경우에는 PCB Editor를 실행한 후 File 〉 Open을 선택하여 Netlist에서 해당 파일을 생성할 때의 경로(D:\proj_01\allegro\FRE_DIV.brd)에 있는 파일을 선택하여 작업한다.**

자동으로 프로그램이 실행되면 부품 배치의 첫 번째 방법으로 아래 그림과 같이 작업 창의 메뉴에서 Place 〉 Components Manually...를 선택한다. 물론 툴 팔레트에서 Place Manual을 선택해도 된다.

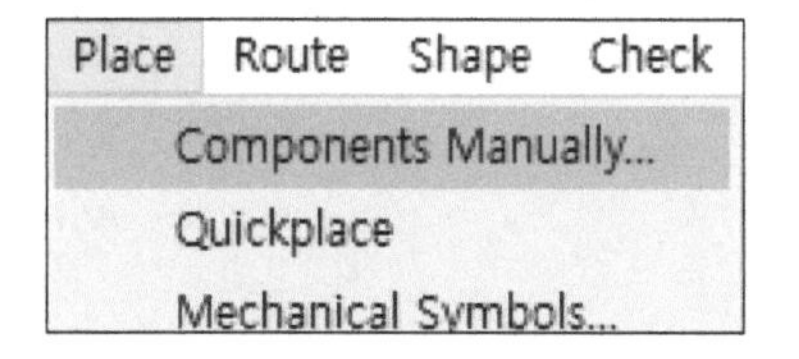

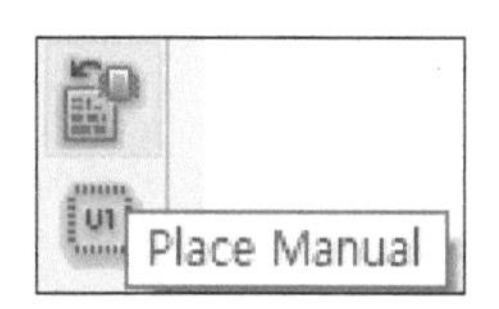

위의 과정을 거치면 아래 그림과 같이 Placement 창이 나타나는데 부품들이 모두 나타나는지 확인하고 각 부품들 앞의 Check Box를 하나씩 차례로 On 하며 Quick View에 Footprint가 제대로 나타나는지도 확인한다. Footprint가 나타나지 않는 부품이 있다면 Capture를 통해 점검한 후 문제를 해결한다. 모든 부품의 상태를 확인하였으면 오른쪽 Advanced Settings Tab으로 이동한다.

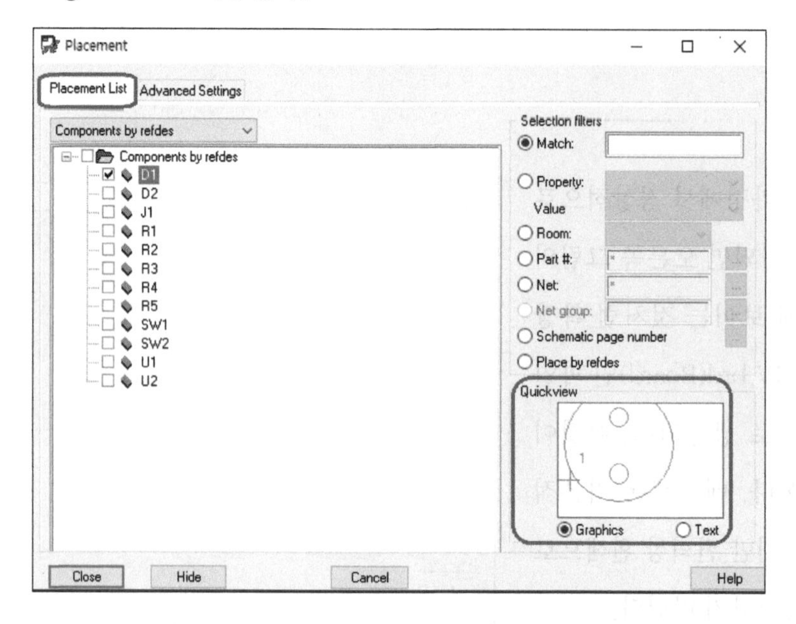

오른쪽 그림과 같이 Library Check Box 등을 On 하고 Close Button을 클릭한다.

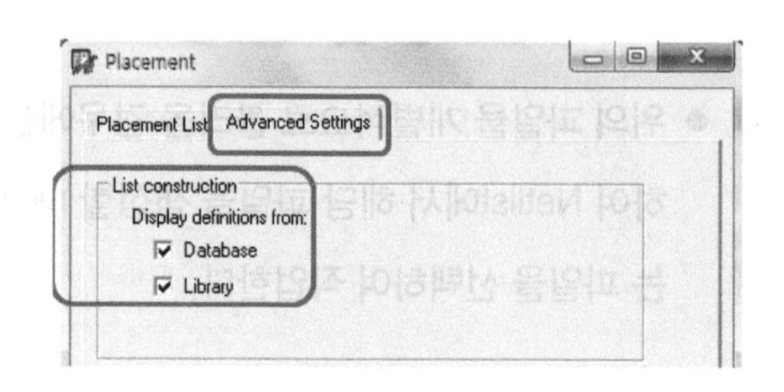

부품 배치의 두 번째 방법으로는 오른쪽 그림과 같이 Place 〉 QuickPlace...를 선택하여 하는 것이 있는데 이 방법은 뒷부분에서 설명한다.

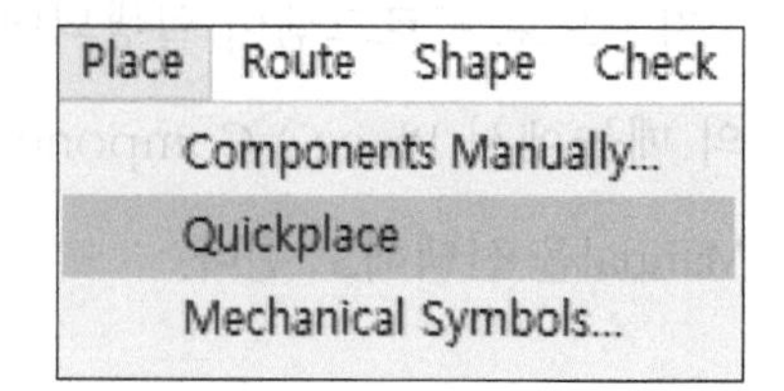

4-1 PCB 설계 과정 Over View

PCB를 설계하는 과정은 Netlist를 Import 하여 Gerber Data를 출력하는 것까지 오른쪽 그림을 참조하자.

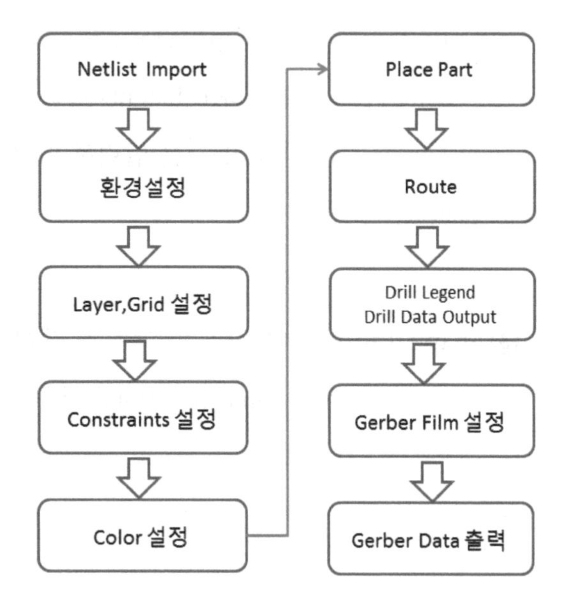

4-2 환경 설정

4-2-1 단위 및 도면 크기 설정

①-1 오른쪽 그림과 같이 작업 창의 메뉴에서 Setup 〉 Design Parameters...를 선택한다.

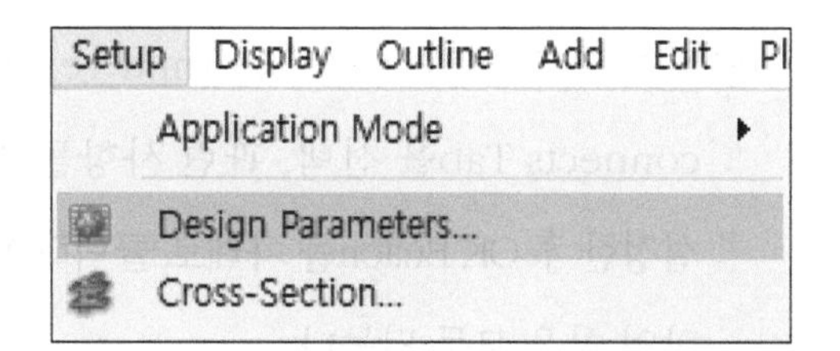

①-2 오른쪽 그림과 같이 툴 팔레트에서 Prmed Icon을 선택해도 된다.

② 오른쪽 그림과 같이 Design Parameter Editor 팝업 창이 나타나면 Design Tab으로 이동하여 User Units:는 Millmeter로, Size는 A4로, Accuracy는 4로 설정하고 Extents 항목의 Left X:와 Lower Y:는 각각 -25.4를 입력한 다음 Apply Button을 클릭한다.

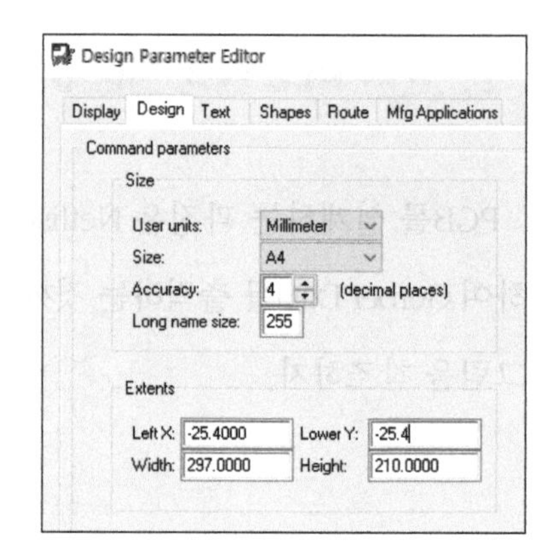

③ Shape Tab을 선택, 오른쪽 그림과 같이 Edit global dynamic shape parameter... Button을 클릭한다.

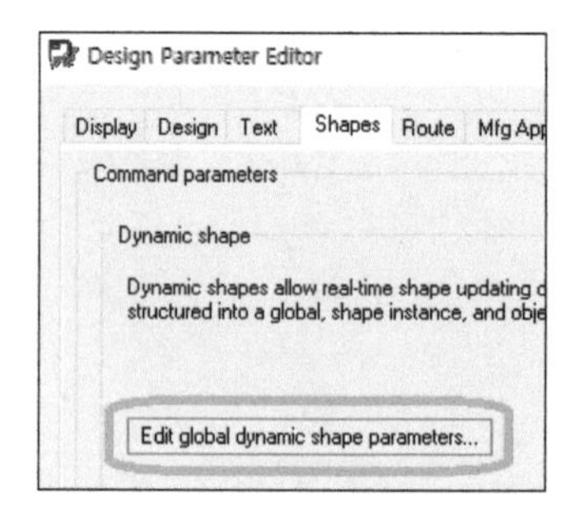

④ 오른쪽 그림과 같이 Void controls Tab을 선택, Artwork format을 확인한다.

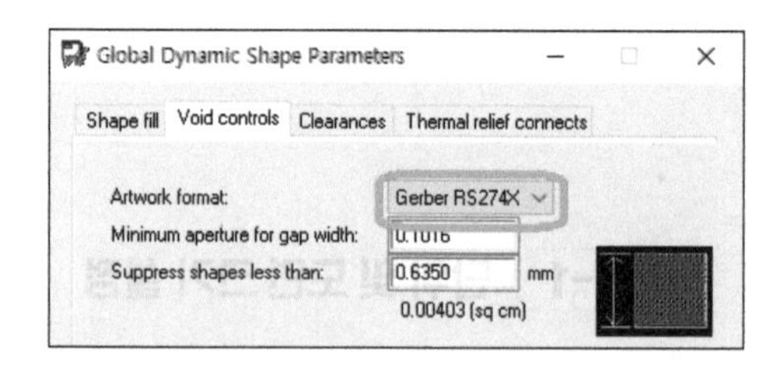

⑤ 오른쪽 그림과 같이 Thermal relief connects Tab을 선택, 관련 사항들은 설정한 후 OK Button을 차례로 클릭하여 팝업 창을 모두 닫는다.

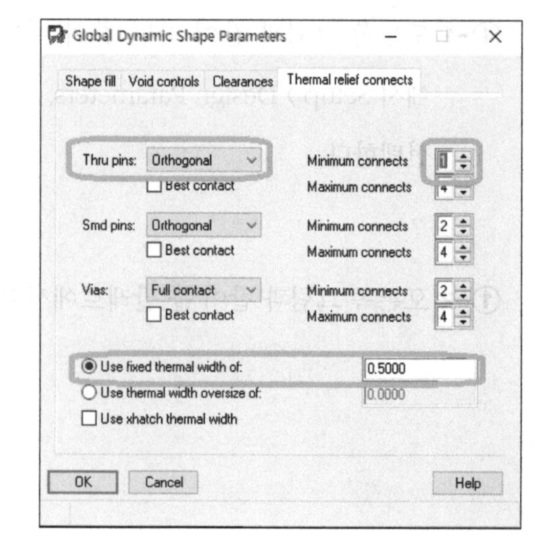

4-2-2 Layer 설정

①-1 오른쪽 그림과 같이 작업 창의 메뉴에서 Setup 〉 Cross-Section...을 선택한다.

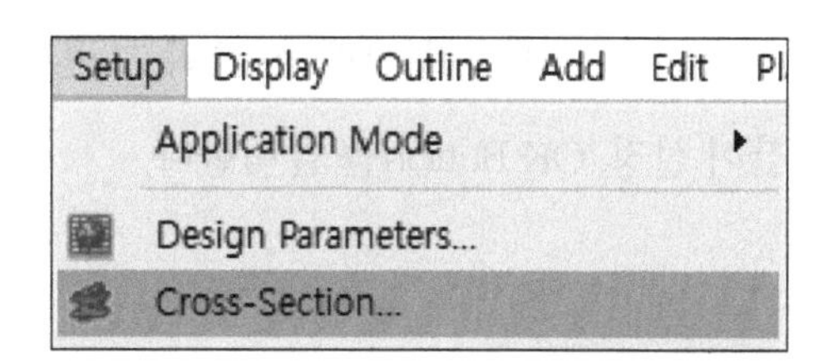

①-2 오른쪽 그림과 같이 툴 팔레트에서 Xsection Icon을 선택해도 된다.

② 오른쪽 그림과 같이 Cross Section Editor 팝업 창이 나타나면 Default 값으로 양면 기판 설계를 할 수 있게 설정되어 있는 것을 확인한 다음, Refresh Materials Tab을 선택한 후 All Values를 클릭, Refresh Materials Button을 클릭, OK Button을 클릭한다.

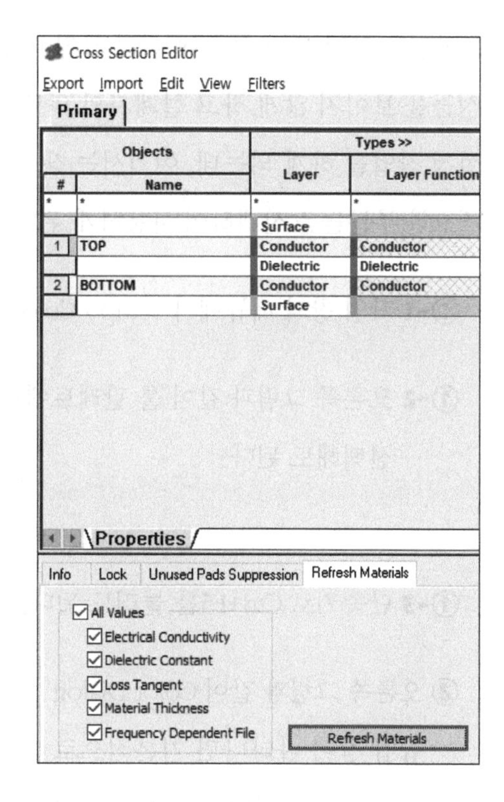

4-2-3 Grid 설정

Setup 〉 Grids...를 선택, 오른쪽 그림과 같이 설정, OK Button을 클릭한다.

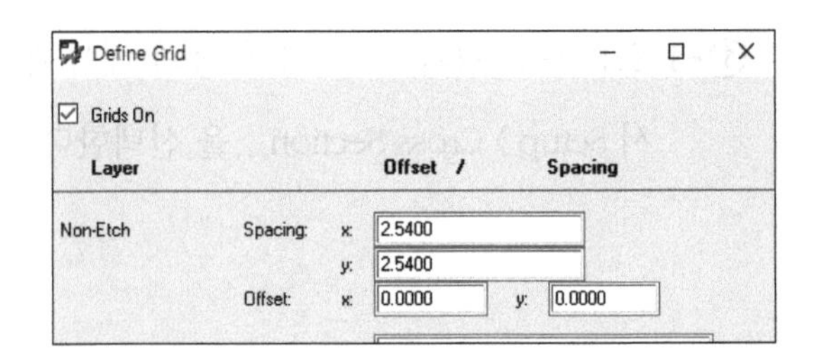

4-2-4 Color 설정

작업을 하게 되면 부품에 여러 가지 속성들이 표시되어 복잡하게 보이는 등 불필요한 속성들을 보이지 않게 하고 설계자의 의도에 맞는 필요한 속성들만 보이게 하기 위해 Color 설정 작업을 하게 되는데, 여기서는 색상 선택의 예를 보여 주고 있으며 작업 상태에 따라 필요한 부분들을 선택하여 사용하게 된다.

①-1 작업 창의 메뉴에서 Setup 〉 Colour...(Ctrl+F5)를 선택한다.

①-2 오른쪽 그림과 같이 툴 팔레트에서 Color192 Icon을 선택해도 된다.

①-3 단축키로 Ctrl+F5를 눌러도 된다. (익숙해지면 많이 사용된다.)

② 오른쪽 그림과 같이 Color Dialog 팝업 창이 나타나면 기본적으로 Layer Tab의 선택을 확인(필요시 선택)하고 창의 오른쪽 윗부분에 있는 Global Visibility: 항목에서 Off Button을 클릭한다.

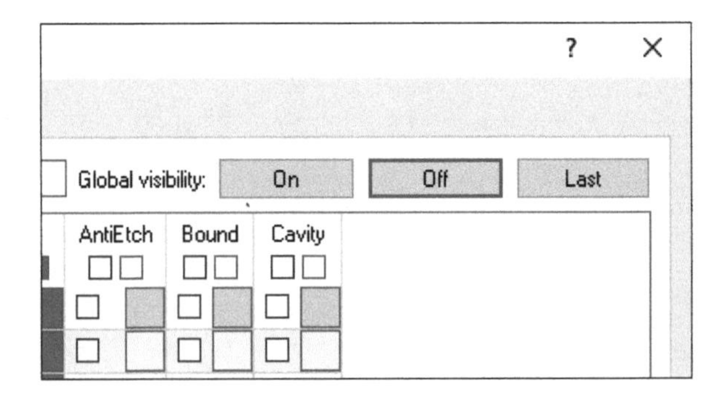

③ 오른쪽 그림에서 Geometry > Board Geometry 항목을 선택한 다음 아랫부분의 Color 지정 부분에서 노란색을 클릭하고, Design_Outline의 Check Box를 On 하고 그 오른쪽 색상 지정할 곳을 클릭한다. SilkScreen_Top은 흰색으로 설정하고 Dimension도 선택하고 Apply Button을 클릭한다. 이것은 Board에 관련된 항목을 보이게 하는 작업이다.

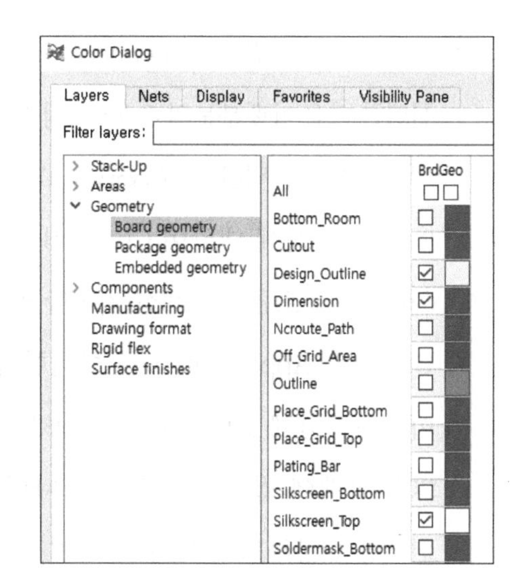

④ 오른쪽 그림과 같이 Stack-Up 항목을 선택한 다음, 오른쪽 부분에서 Pin, Via, Etch, Drc 항목에 대하여 All Check Box를 On 한 후 Apply Button을 클릭한다. 기본적으로 지정되어 있는 색상이며 설계자의 필요에 따라 변경하여 사용할 수 있다.

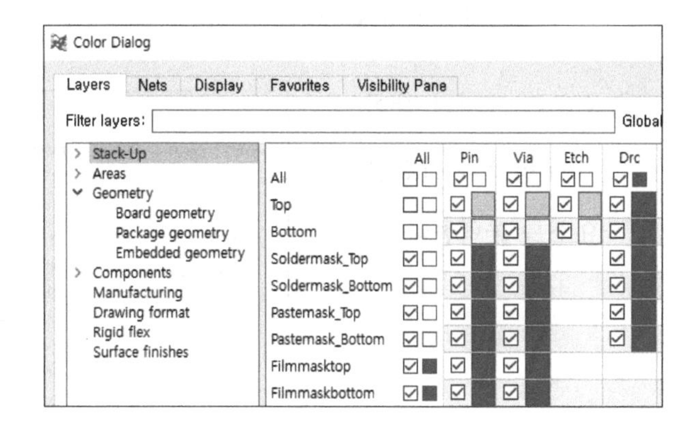

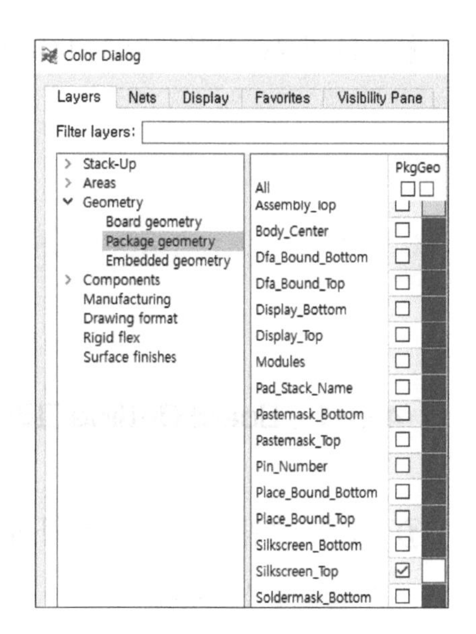

⑤ 오른쪽 그림에서 Geometry > Package Geometry 항목을 선택한 다음, 아랫부분의 Color 지정 부분에서 흰색을 클릭하고, Silkscreen_Top의 Check Box를 On 하고 그 오른쪽의 색상 지정할 곳을 클릭한 후 Apply Button을 클릭한다. (필요에 따라 Assembly_Top을 지정할 수 있다.)

⑥ 오른쪽 그림과 같이 Components 항목을 선택한 다음 아랫부분의 Color 지정 부분에서 흰색을 클릭하고, Silkscreen_Top의 RefDes 항목에 대하여 Check Box를 On 하고 그 오른쪽의 색상 지정할 곳을 클릭한 후 Apply Button을 클릭한다. 이것은 부품에 있는 여러 가지 속성 중 PCB 설계에 필요한 속성들을 나타나게 하는 것으로 이번 작업의 경우 부품을 Top 면에만 실장하므로 이에 맞게 지정을 한 것이며, 이는 설계자가 어떤 항목을 설정할 것인지를 판단하여야 한다.

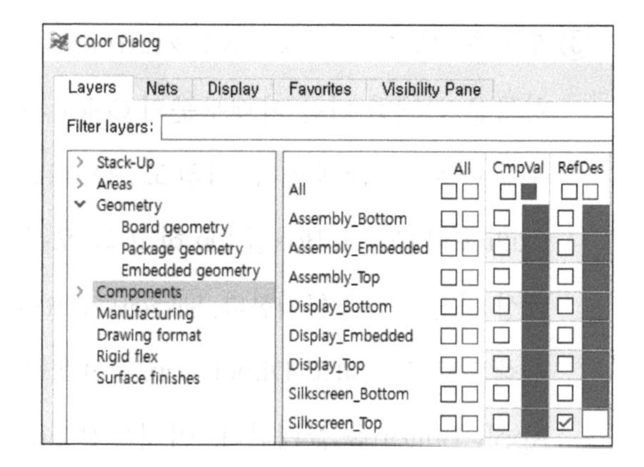

⑦ 오른쪽 그림과 같이 Area 항목과 필요한 요소를 클릭한다.

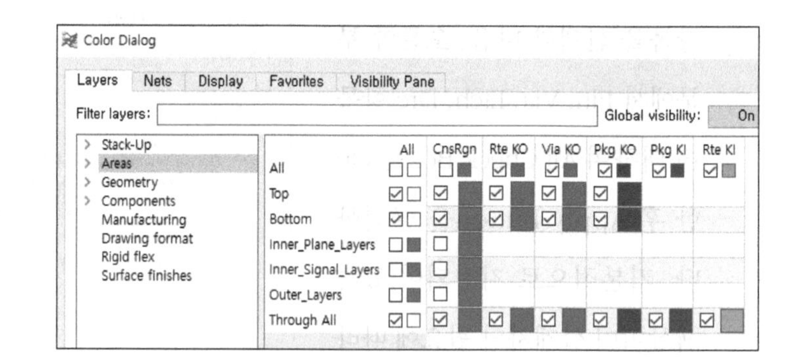

⑧ 다른 지정할 사항이 없으면 OK Button을 클릭한다.

4-3 Board Outline 그리기 및 부품 배치

4-3-1 Board Outline 그리기

① 오른쪽 그림과 같이 작업 창의 메뉴에서 Outline 〉 Design...을 선택한다.

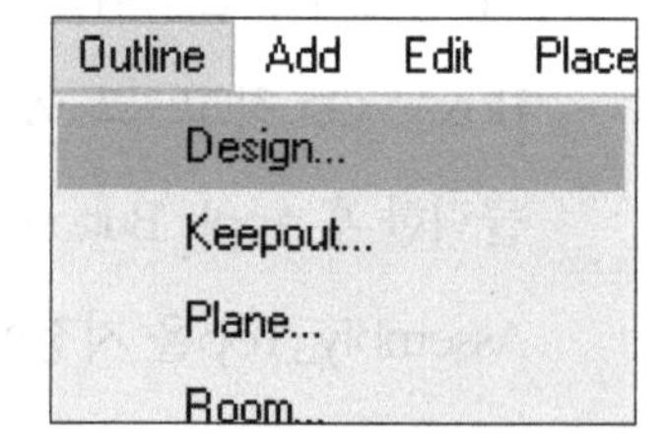

② 오른쪽 그림과 같이 Design Outline 팝업 창이 나타나면 Command Operations에는 Create를 선택, Board Edge Clearance:는 1.0MM, Create Options에는 Draw Rectangle을 선택하고 다음 순서를 진행한다.

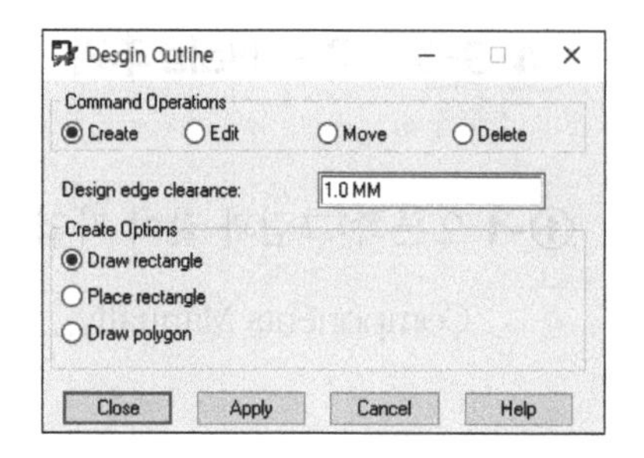

③ 위의 Design Outline 창이 열려 있는 상태에서 오른쪽 그림과 같이 Command〉 창에 영어 소문자로 x 0 0(x space bar 0 space bar 0)을 입력한 다음 Enter Key를 누른다. 또 Command〉 창에 x 55 45를 입력하고 Enter Key를 누른다.

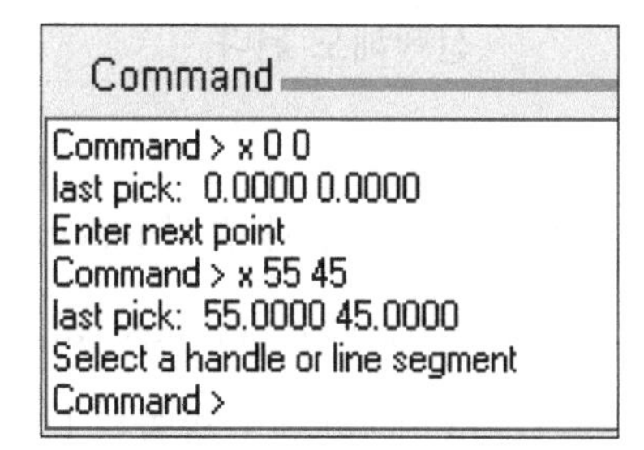

작업 창에는 Design Outline이 생성되고, Design Outline 창에서 Close Button을 클릭하면 오른쪽 그림과 같이 나타나게 된다. (Board Size는 55mm * 45mm)

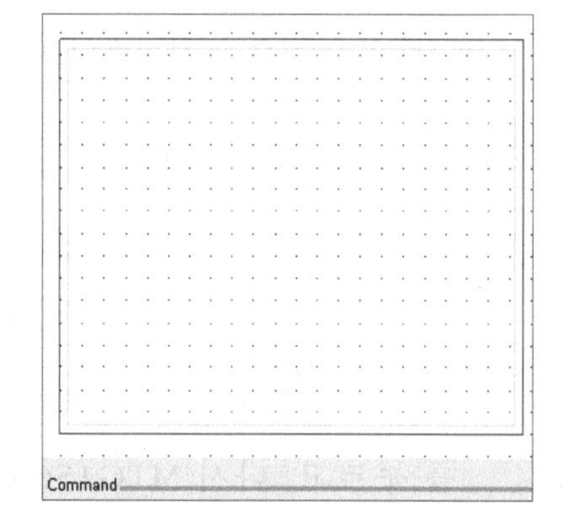

- **화면에 제대로 나타나지 않을 경우에는 Display 〉 Windows 〉 Show All을 선택, 작업 화면 오른쪽에서 Visibility Tab을 클릭한 후 Global visibility에서 On을 클릭한다.**

- **위의 순서 ②에서 Create Options을 Place Rectangle을 선택하고 가로와 세로의 값을 입력한 다음 Command〉 창에 영어 소문자로 x 0 0를 입력하여 진행하는 방법도 있다.**

4-3-2 기구 Hole 추가

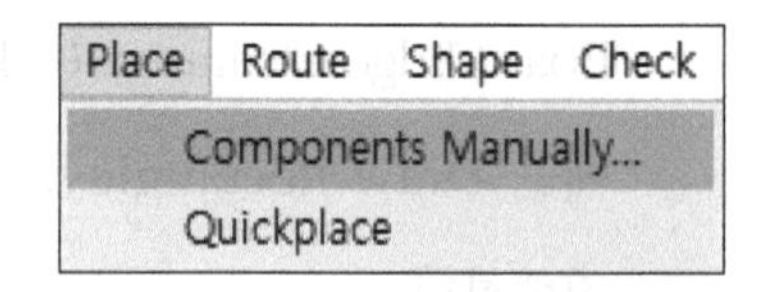

①-1 오른쪽 그림과 같이 작업 창의 메뉴에서 Place 〉 Components Manually...를 선택한다.

①-2 오른쪽 그림과 같이 툴 팔레트에서 Place Manual Icon을 선택해도 된다.

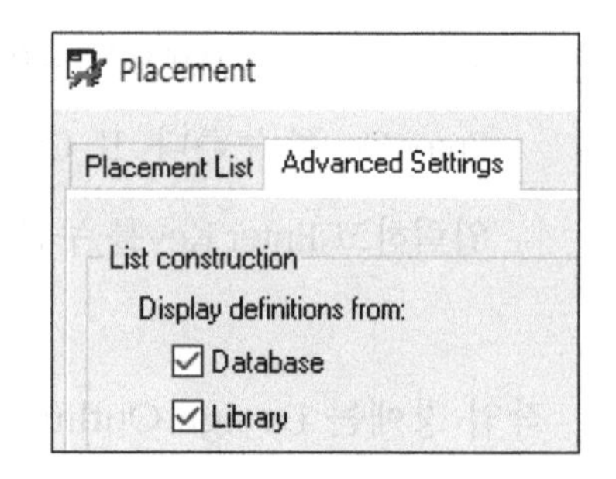

② 오른쪽 그림과 같이 Placement 팝업 창이 나타나면 Advanced Settings Tab으로 이동하여 Display definition from: 항목의 Library Check Box가 On 된 것을 확인하고 다음 순서를 진행한다. (필요시 아래의 설정값을 지정한다.)

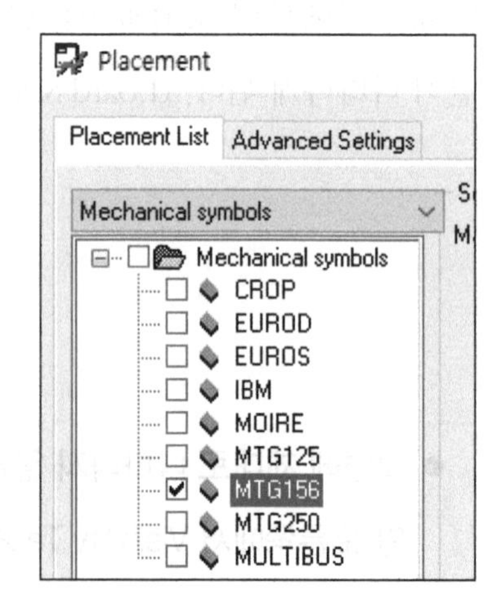

③ 오른쪽 그림과 같이 다시 Placement List Tab으로 이동하여 그 아래 콤보 상자를 열어 Mechnical symbols를 선택하고, 그 아래의 MTG156 Check Box를 On, Command〉 창에 x 5.08 5.08 Enter Key를 누르고, 다시 MTG156 Check Box를 On, Command〉 창에 x 49.92 5.08 Enter Key를 누르고, 다시 MTG156 Check Box를 On, Command〉 창에 x 49.92 39.92 Enter Key를 누르고, 다시 MTG156 Check Box를 On, Command〉 창에 x 5.08 39.92 Enter Key를 누른 후 Close Button을 클릭하여 마무리한다.

④ 위의 진행 과정은 아래 그림과 같다.

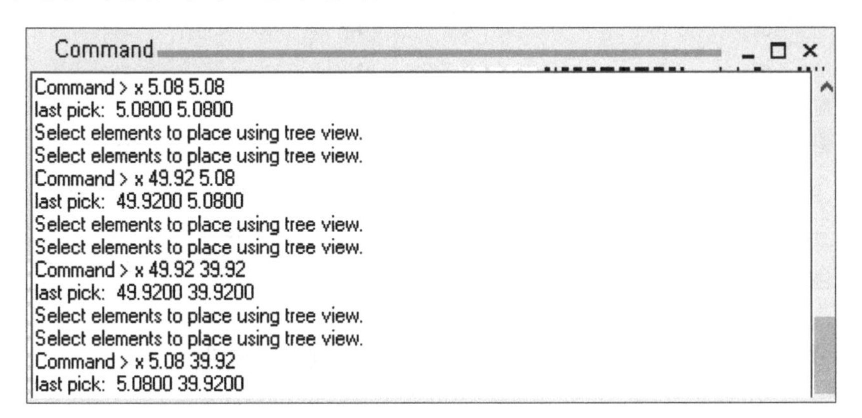

⑤ 오른쪽 그림은 기구 Hole이 배치된 Board의 모습이다.

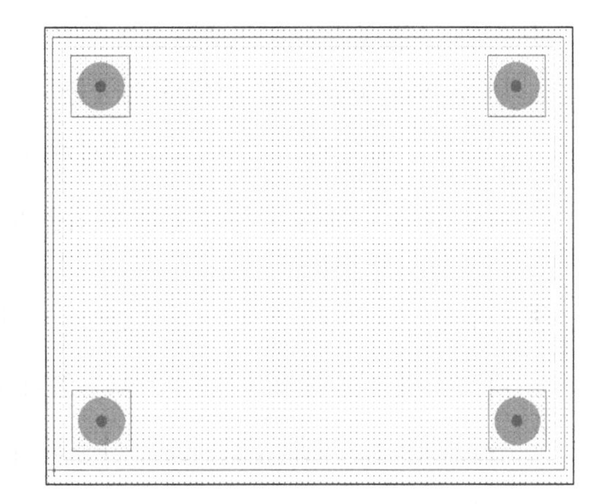

4-3-3 부품 배치(Quickplace)

균형 있는 부품 배치는 매우 중요한 부분이며 Grid 설정을 적절하게 하여 나중에 효율적인 배선이 될 수 있도록 해야 한다. 부품 배치의 방법으로는 앞서 설명했듯이 Quickplace와 Manually의 두 가지 방법이 있는데 우선 Quickplace 방법을 설명한다.

부품 배치에 앞서 작업 창을 필요에 따라 크게 하거나 작게 할 수 있는 방법이 있는데 아래의 각 메뉴를 보고 따라 해 본다.

Display 〉 Zoom 〉 In 등 각각의 메뉴를 진행해 본다. (이하 진행도 동일함.)

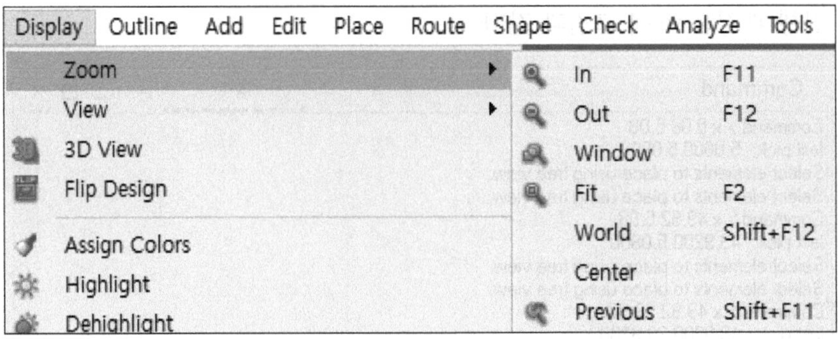

따라 하는데 크게 어려움이 없다고 생각되어 그림은 생략하였다.

① 위의 그림에서 Zoom Window 메뉴를 선택하고 작업 창에서 임의의 한 점을 클릭한 다음, Mouse를 다른 점으로 이동한 후 다시 클릭하면 그 영역만 확대되는 것을 알 수 있다. 이 메뉴는 작업 창에서 설계자가 원하는 영역만 확대할 때 사용하는 수 있는 메뉴로 간단히 메뉴 왼쪽에 있는 Icon을 툴 팔레트에서 클릭하여 사용할 수도 있다.

② 다음은 Zoom Fit 메뉴를 선택한다. 그러면 작업 창에 꽉 차게 확대되는 것을 알 수 있다. 이 메뉴는 설계자가 작업하는 영역 전체를 보기 위해서 사용하는 메뉴이다. 이 메뉴는 Function Key F2를 눌러 사용하거나 메뉴 왼쪽에 있는 Icon을 툴 팔레트에서 클릭하여 사용할 수도 있다.

③ 다음은 Zoom In 메뉴를 살펴보자. 이 메뉴를 작업 창을 확대할 때 사용하는 것으로 메뉴를 실행할 때마다 작업 창이 확대되는 것을 볼 수 있다. 연습으로 메뉴를 세 번 실행해 본다. 이 메뉴는 Function Key F11을 눌러 사용하거나 메뉴 왼쪽에 있는 Icon을 툴 팔레트에서 클릭하여 사용할 수도 있다.

④ 다음은 Zoom Out 메뉴를 살펴보자. 이 메뉴를 작업 창을 축소할 때 사용하는 것으로 메뉴를 실행할 때마다 작업 창이 축소되는 것을 볼 수 있다. 연습으로 메뉴를 세 번 실행해 본다. 이 메뉴는 Function Key F12를 눌러 사용하거나 메뉴 왼쪽에 있는 Icon을 툴 팔레트에서 클릭하여 사용할 수도 있다.

Zoom In과 Zoom Out 메뉴는 위에 설명한 것을 사용할 수 있고 아래에 설명하는 간단한 방법을 사용할 수도 있다.

⑤ 작업 창에서 Mouse 포인터를 임의의 점에 두고 Mouse 스크롤 휠(대부분의 경우 왼쪽 Button과 오른쪽 Button 사이에 있음)을 앞 혹은 뒤로 스크롤해 본다. 앞으로 스크롤 하면 확대, 뒤로 스크롤하면 축소되는 것을 확인할 수 있다. 작업 중 자주 사용하게 되는 기능이니 많은 연습을 통해 익히도록 한다.

⑥ 다음으로 자주 사용하는 메뉴인 Zoom Previous 메뉴를 살펴보자. 이 메뉴를 말 그대로 이전의 상태로 되돌려 주는 메뉴이다. 두 번 메뉴를 실행하고 변화를 확인한다. 이 메뉴는 Shift Key를 누른 채로 Function Key F11을 눌러 사용하거나 메뉴 왼쪽에 있는 Icon을 툴 팔레트에서 클릭하여 사용할 수도 있다.

이제 본 작업으로 들어가 부품을 배치하도록 한다.

① 위에서 익힌 메뉴 중에서 Zoom Fit(F2) 메뉴를 실행한다.

② 오른쪽 그림과 같이 작업 창의 메뉴에서 Place 〉 Quickplace... 를 선택한다.

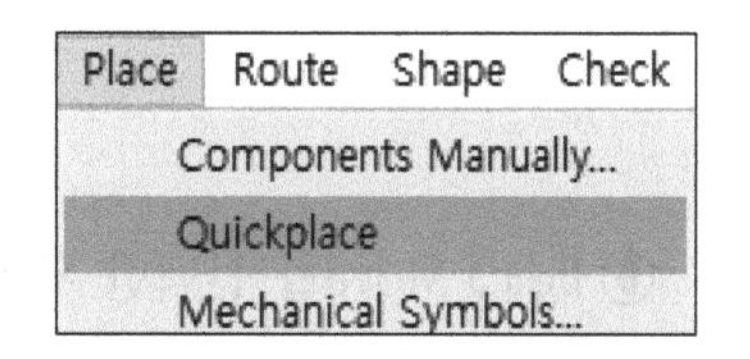

③ 오른쪽 그림과 같이 Quickplace 팝업 창이 나타나면 Edge 항목에서 Right Check Box를 On 하고, Place Button과 Close Button을 차례로 클릭한다.

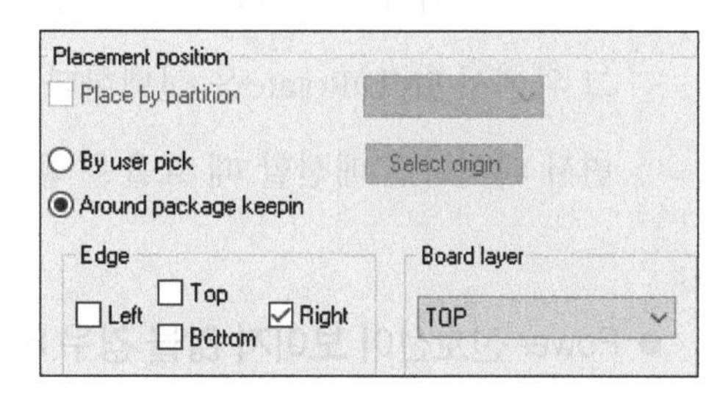

④ 아래 그림과 같이 Board 오른쪽으로 부품들이 모두 나타나는 것을 알 수 있다.

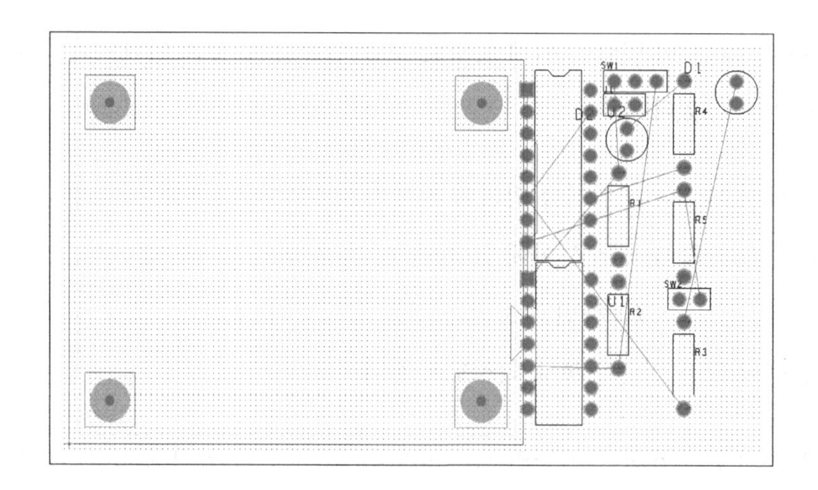

- **불필요한 정보가 나타날 경우 Setup 〉 Colors...를 선택하여 부품의 외형과 부품의 참조 번호 등 필요한 정보가 나타나도록 요소들을 설정한다.**

⑤ 오른쪽 그림과 같이 Mouse를 작업 창의 오른쪽 Find Tab으로 이동하여 All Off Button을 눌러 설정을 모두 해제한 다음, Symbols 항목만 설정한 후 작업 창으로 이동한다.

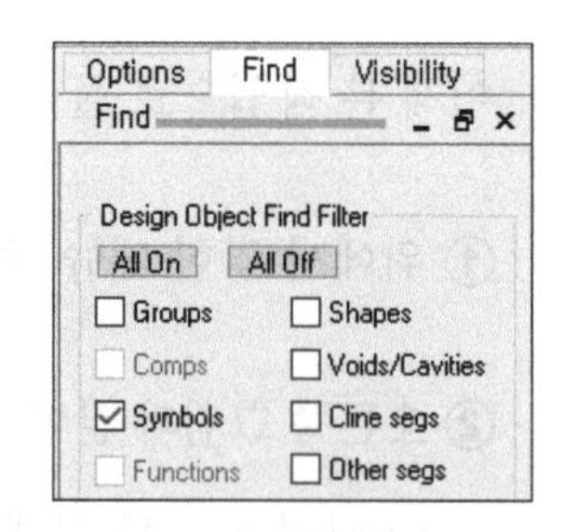

⑥ Edit 〉 Move를 선택한 후 J1 위에 Mouse를 가져가 클릭 & 드래그하여 좌표(5.0, 30.0) 근처에 놓고 오른쪽 그림과 같이 그 위에서 RMB〉Rotate을 선택한다. 연결된 신호선을 참고하면서 배치하면 배선할 때 효율을 좋게 할 수 있다.

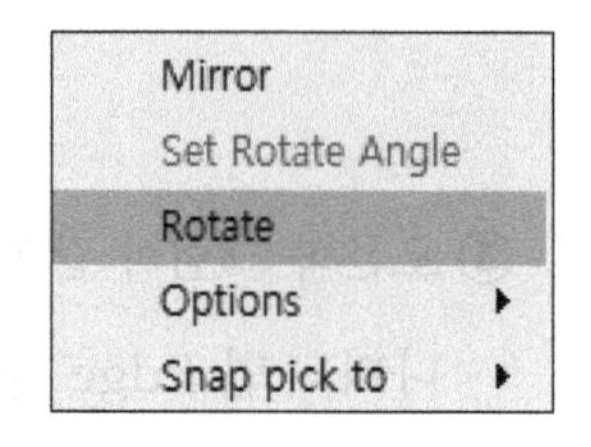

- **Power 신호선이 보이지 않을 경우 Setup 〉 Constraints...를 선택하여 Properties의 Net 〉 General Properties를 클릭, GND와 VCC Net의 No Rat 옵션을 On에서 Off로 변경한다.**

⑦ 오른쪽 그림과 같이 회전축을 중심으로 보조선이 붙어 나오는데 Mouse를 왼쪽, 오른쪽으로 원을 그리듯이 움직여 동작을 확인한 다음, 부품을 오른쪽 그림과 같이 세로 방향이 되었을 때 Mouse를 클릭한 후 이동하여 배치한다.

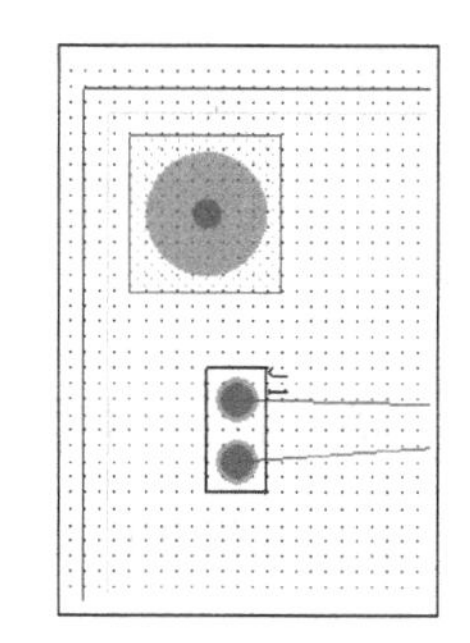

⑧ SW1, R1 등 나머지 부품들도 오른쪽 그림과 같이 모두 배치한다.

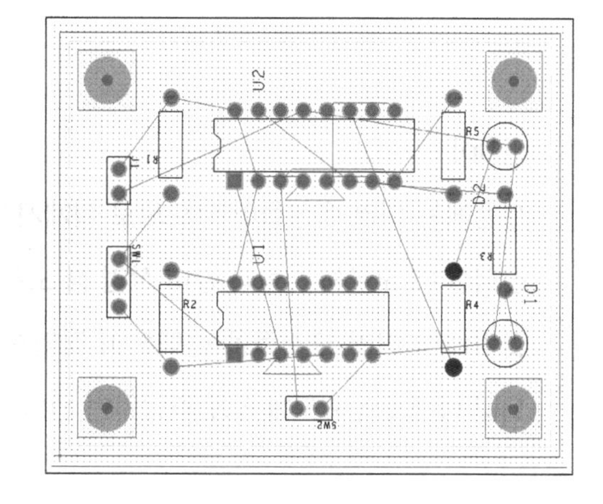

⑨-1 위의 그림처럼 배치가 되지 않았을 경우 작업 창의 메뉴에서 Edit 〉 Move...를 선택하여 부품을 클릭한 후 다시 배치한다.

⑨-2 오른쪽 그림과 같이 툴 팔레트에서 Move Icon을 선택해도 된다.

⑨-3 단축키로 Shift+F6를 눌러도 된다. (익숙해지면 많이 사용된다)

⑩ 부품을 다시 배치할 때 방향을 바꾸어야 할 경우가 있으면 부품을 선택한 후 오른쪽 그림과 같이 RMB 〉 Rotate를 선택하여 진행하도록 한다.

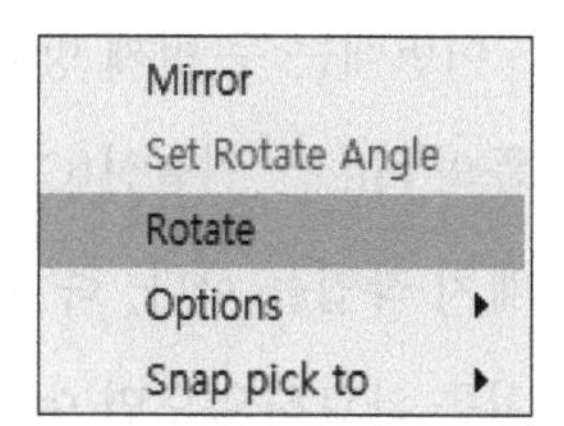

⑪ 부품 선택 후 원하는 대로 작업이 진행되지 않았을 경우 오른쪽 그림과 같이 RMB 〉 Oops를 선택하여 처리하도록 한다.

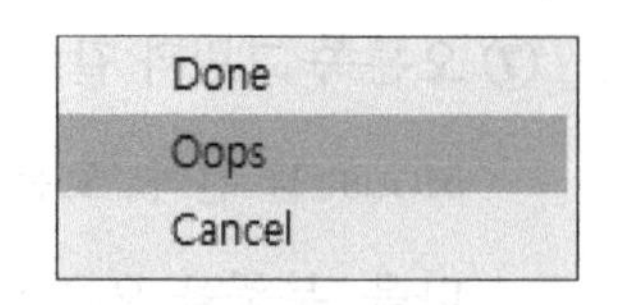

⑫ 모든 작업이 완료되면 오른쪽 그림과 같이 RMB 〉 Done을 선택한다.

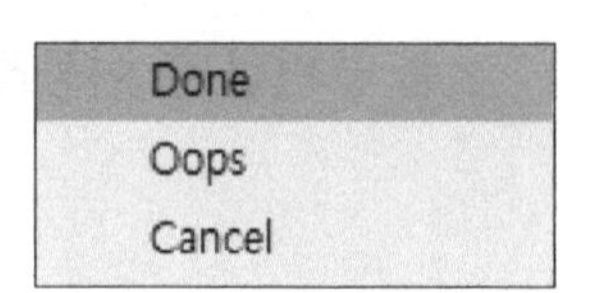

[Tip]

부품에는 여러 속성들이 있으므로 설계자가 원하는 대상을 선택할 때 오른쪽 그림과 같이 작업 창 오른쪽의 Find Tab을 클릭하면 여러 요소들을 선택하여 작업할 수 있는 환경이 되니 설계자의 의도에 맞게 작업하면 된다.

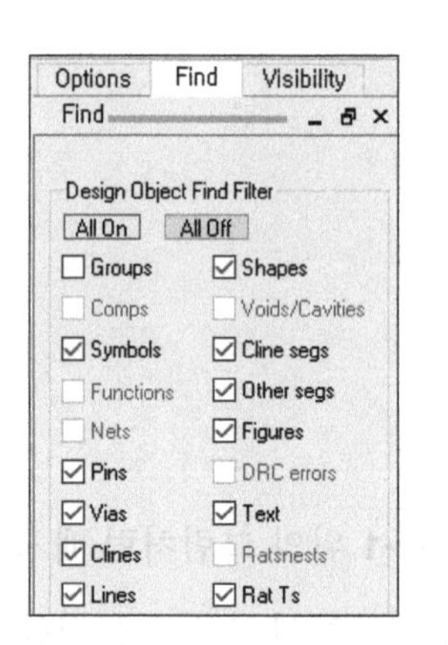

4-3-4 부품 배치(Manually)

이번에는 두 번째 방법으로 Manually 메뉴를 사용하고 배치에 앞서 Routing 되기 이전 부품의 Pin 간 연결선(Connection)을 보이지 않게 하는 작업을 하는 명령을 먼저 수행한 후 배치 작업을 한다. 즉 모든 Ratsnest Visible을 Off 하는 명령이다. 위에서 Quickplace로 배치를 완료하였으면 여기는 건너뛰고 4.4 Net 속성 부여 순서로 간다. 이 회로도를 가지고 두 번째 작업을 진행할 때는 Quickplace 배치 방법을 익혔으니 Manually 방법을 사용하여 배치해 보도록 한다.

①-1 작업 창의 메뉴에서 Display 〉 Blank Rats〉All...을 선택한다.

①-2 오른쪽 그림과 같이 툴 팔레트에서 Unrats All Icon을 선택해도 된다.

②-1 오른쪽 그림과 같이 작업 창의 메뉴에서 Place 〉 Components Manually...를 선택한다.

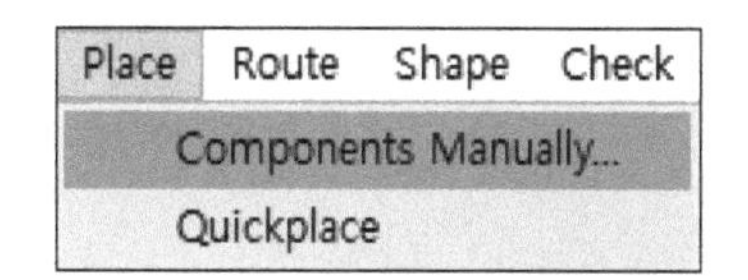

②-2 오른쪽 그림과 같이 툴 팔레트에서 Place Manual Icon을 선택해도 된다.

③ 아래 그림과 같이 Placement 팝업 창이 나타나면 모든 부품을 선택해야 하므로 Components by refdes 왼쪽 Check Box를 On 한다.

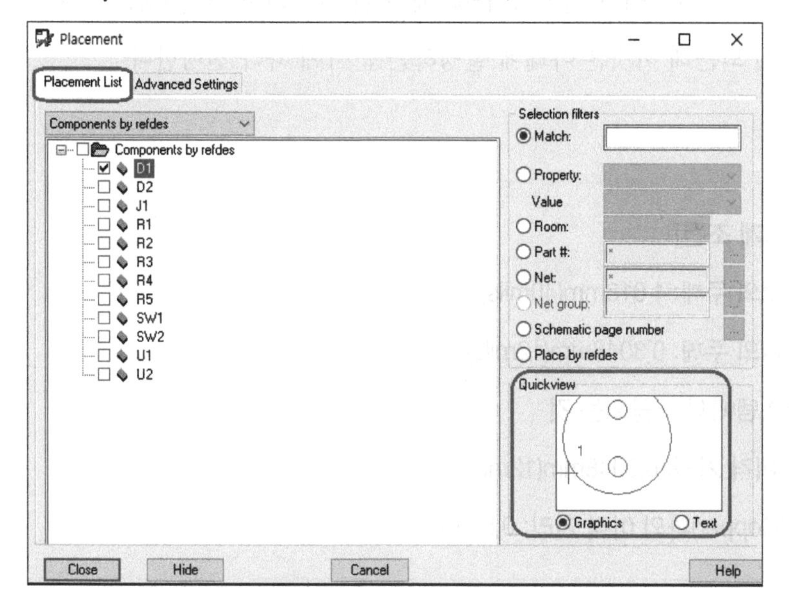

④ Mouse 포인터에 D1 부품이 붙어 나타나게 되는데, 그 상태에서 RMB를 누르면 여러 메뉴가 나오고 그중 Rotate 등을 활용하여 원하는 곳에서 클릭하면 배치가 된다.

⑤ 나머지 부품들도 같은 방법으로 배치한다.

⑥ 오른쪽 그림과 같이 Net들은 보이지 않고 부품들만 보이게 완성되었다.

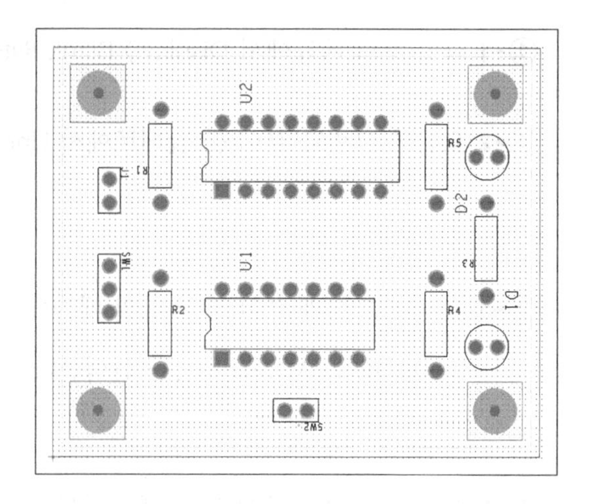

4-4 Net 속성 부여

PCB를 설계하는 과정에서 배선의 두께, 배선 간 간격, 배선의 색상, Via의 설정 등을 지정하여 진행하게 되는데 이것은 아래에 설명하는 순서에 따라 진행한다.

[PCB 설계 조건]

- 전원 Net의 두께: 1.016mm(40mils)
- 일반 Net의 두께: 0.3048mm(12mils)
- Via: 시스템에서 제공되는 것
- Net 간 이격 거리: 0.3048mm(12mils)
- Shape(Copper)과의 이격 거리: 0.5mm

● 위 PCB 설계 조건은 회로의 상태 등에 따라 바뀌어 적용될 수 있다.

① 오른쪽 그림과 같이 작업 창의 메뉴에서 Setup 〉 Constraints...를 선택한다.

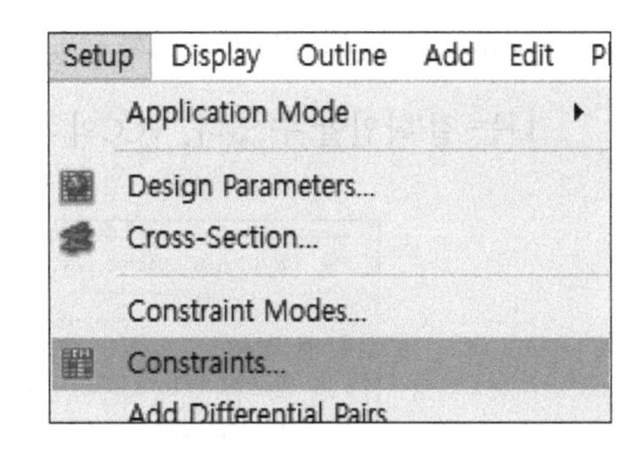

② 아래 그림과 같이 Physical Constrain Set\All Layers를 선택한 다음, 오른쪽 Line Width 항목의 Default 값인 0.1270mm를 0.3048mm로 바꾸어 입력한 후 Enter Key를 누른다.

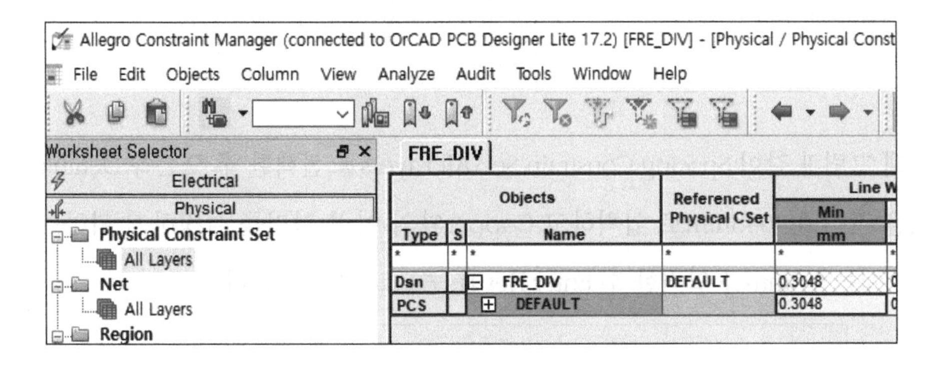

③ Type 〉 Dsn 위에서 RMB 〉 Create 〉 Physical Cset를 선택, 오른쪽 그림과 같이 빈칸에 Power을 입력한 후 OK Button을 누른다.

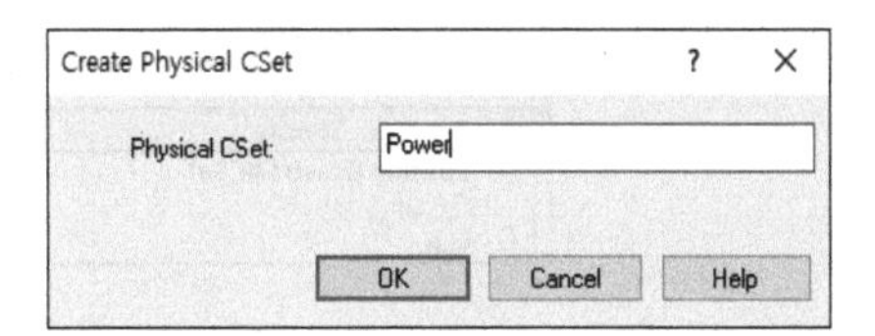

④ 위에서 생성된 Power의 Line Width를 1.016으로 변경한다.

⑤ Via의 지정은 아래쪽 Scroll Bar를 우측으로 이동하여 Vias를 지정할 수 있고 일반 Net(Default)의 것과 전원 Net(Power)의 것을 구분하여 지정할 수 있는데, 이 부분에 대한 것은 필요시 적용해 보기로 한다.

⑥ 아래 그림과 같이 Net\All Layers를 선택한 후 GND의 DEFAULT를 클릭하여 열고

POWER를 선택하면 오른쪽 Line Width 항목의 GND 값이 1.0160mm로 바꾸어 나타나는 걸 확인할 수 있다. VCC의 경우도 GND와 동일하게 진행한다.

Allegro Constraint Manager (connected to OrCAD PCB Designer Lite 17.2) [FRE_DIV] - [Physical / Net / All Layer

File Edit Objects Column View Analyze Audit Tools Window Help

Worksheet Selector: Electrical, Physical, Physical Constraint Set – All Layers, Net – All Layers, Region – All Layers

FRE_DIV

Type	S	Name	Referenced Physical CSet	Line Min (mm)
*	*	*	*	*
Dsn		FRE_DIV	DEFAULT	0.3048
OTyp		XNets/Nets		
Net		GND	POWER	1.0160
Net		N00938	DEFAULT	0.3048
Net		N00982	POWER	0.3048
Net		N01044	(Clear)	0.3048
Net		N01086	DEFAULT	0.3048
Net		N01238	DEFAULT	0.3048
Net		N01317	DEFAULT	0.3048
Net		N01338	DEFAULT	0.3048
Net		N01369	DEFAULT	0.3048
Net		N01385	DEFAULT	0.3048
Net		VCC	POWER	1.0160

⑦ 아래 그림과 같이 Spacing Constrain Set\All Layers를 선택한 후 오른쪽 Default 항목의 값을 각각 0.3048mm로 입력하고 Copper와의 이격 거리를 설정하기 위하여 Shape To《에는 0.5mm를 입력한 후 Enter Key를 누르고 창을 닫는다.

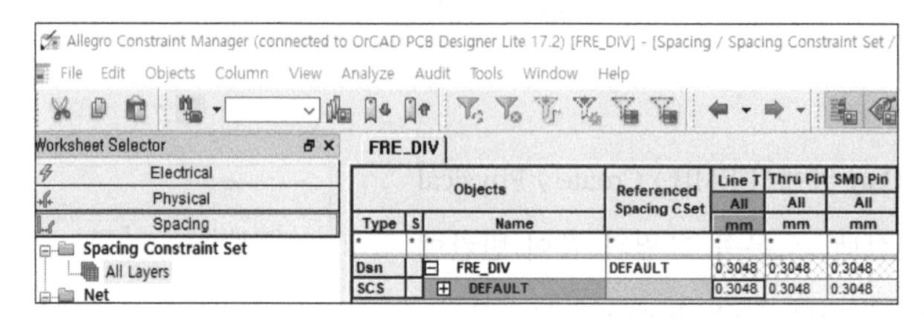

⑧ 아래 그림과 같이 Same Net Spacing Constraint Set\All Layers를 선택한 후 오른쪽 Default 항목의 값을 각각 0.3048mm로 입력하고 Copper와의 이격 거리를 설정하기 위하여 Shape To》에는 0.5mm를 입력한 후 Enter Key를 누르고 창을 닫는다.

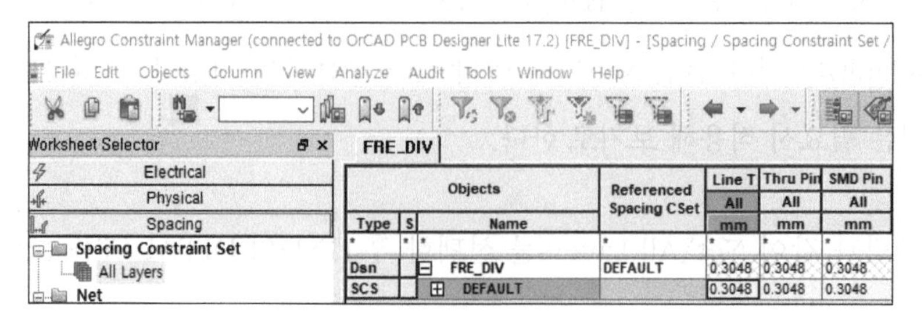

⑨-1 오른쪽 그림과 같이 작업 창의 메뉴에서 Display 〉 Assign Colors...를 선택한다.

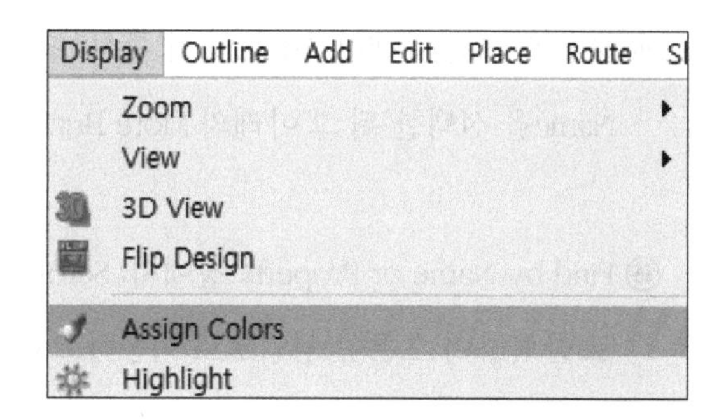

⑨-2 오른쪽 그림과 같이 툴 팔레트에서 Assign Color Icon을 선택해도 된다.

⑩ 오른쪽 그림과 같이 화면 우측에 있는 Options Tab을 클릭한 후 빨간색을 선택한 다음 Find Tab을 클릭한다.

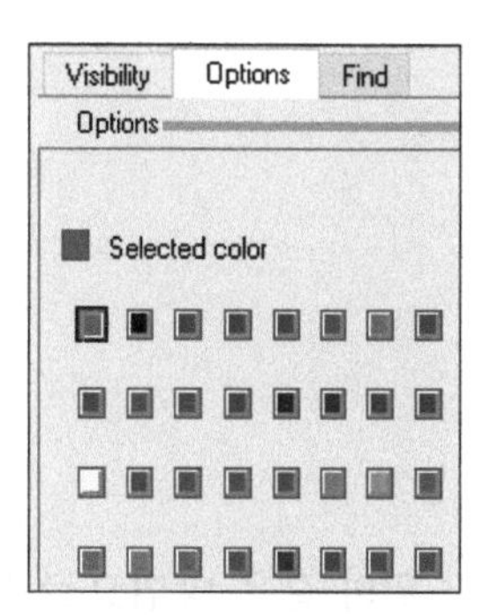

⑪ 오른쪽 그림과 같이 Find Tab이 활성화된 상태에서 Net와 Name을 선택한 뒤 그 아래의 More Button을 클릭한다.

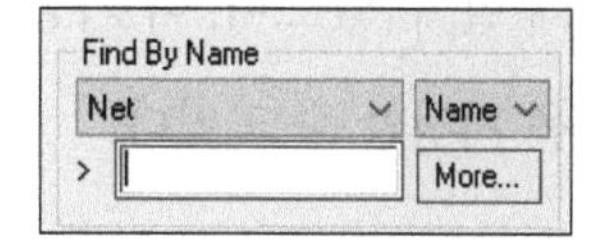

⑫ Find by Name or Property 창에서 Scroll Bar를 사용하여 Vcc Net를 찾은 다음, Mouse로 클릭하여 오른쪽 영역으로 이동하고 OK Button을 클릭한다.

⑬ 오른쪽 그림과 같이 화면 우측에 있는 Options Tab을 클릭한 후 파란색을 선택한 다음 Find Tab을 클릭한다.

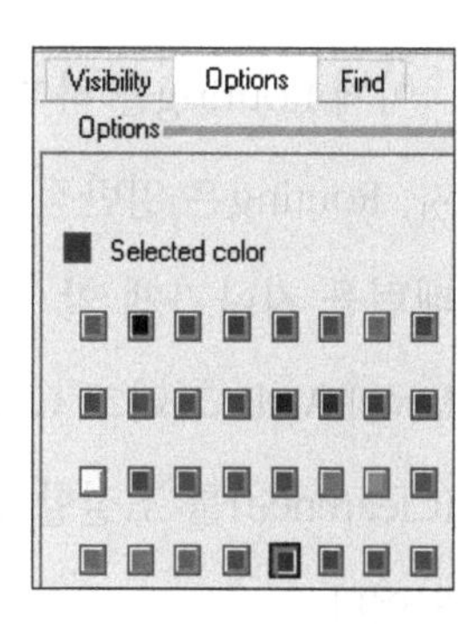

⑭ 오른쪽 그림과 같이 Find Tab이 활성화된 상태에서 Net와 Name을 선택한 뒤 그 아래의 More Button을 클릭한다.

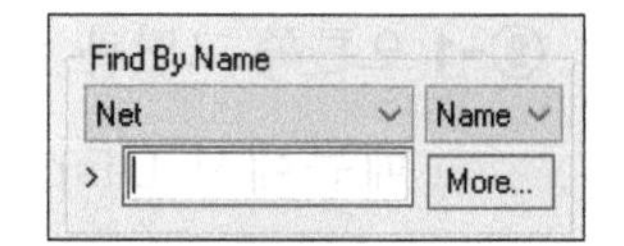

⑮ Find by Name or Property 창에서 Scroll Bar를 사용하여 Gnd Net를 찾은 다음 Mouse로 클릭하여 오른쪽 영역으로 이동하고 OK Button을 클릭한다.

⑯ 오른쪽 그림과 같이 작업 창에서 VCC와 GND Net에 색상이 적용된 것을 볼 수 있다.

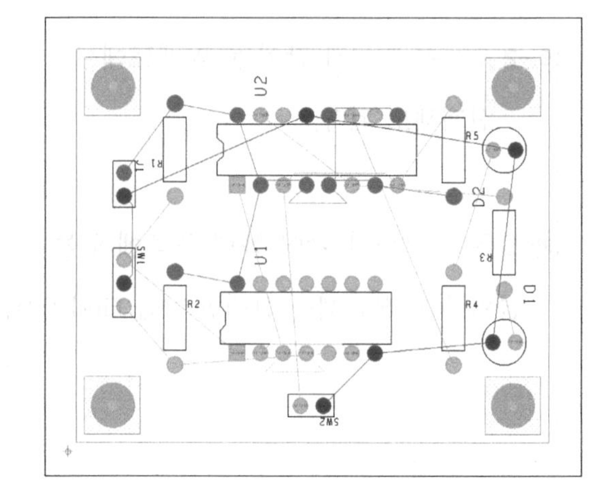

위와 같은 방법으로 특정 Net에 대하여 설계자가 원하는 색상을 지정하여 작업 효율을 좋게 할 수 있으며, 이 기능은 Setup 〉 Colors...를 선택하여 Nets Tab을 클릭한 후 필요한 사항을 지정할 수도 있다.

4-5 Routing

이제 Routing을 하기 위한 준비 작업이 되었으므로 본격적인 Routing 작업을 진행해 보자. Routing은 일반적으로 DIP IC의 Pin Pitch가 2.54mm(100mils)일 때 Pin-to-Pin 몇 개의 패턴을 지나가게 할 것인가를 고려해야 하고, 회로의 복잡성 등을 감안하여 필요시 IPC Level A, B 그리고 C의 권고 사항을 참조하여 Pad의 크기나 각 요소들 간의 이격 거리(Clearence)를 조절할 필요가 있다. 또한, 적절하게 Grid를 설정하여 작업하는 것도 중요한 일이다.

①-1 오른쪽 그림과 같이 작업 창의 메뉴에서 Route 〉 Connect를 선택한다.

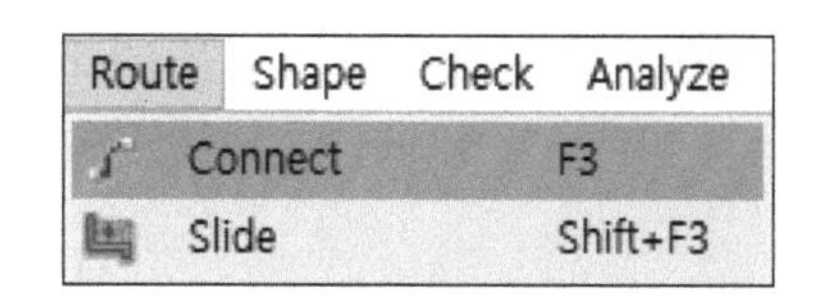

①-2 오른쪽 그림과 같이 툴 팔레트에서 Add Connect(F3) Icon을 선택해도 된다.

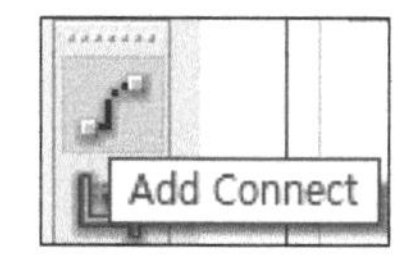

①-3 단축키로 Function Key F3을 눌러도 된다. (익숙해지면 많이 사용된다)

② 오른쪽 그림과 같이 작업 창 오른쪽 Options Tab을 활성화한 후 각 항목의 값들과 같이 설정한다.

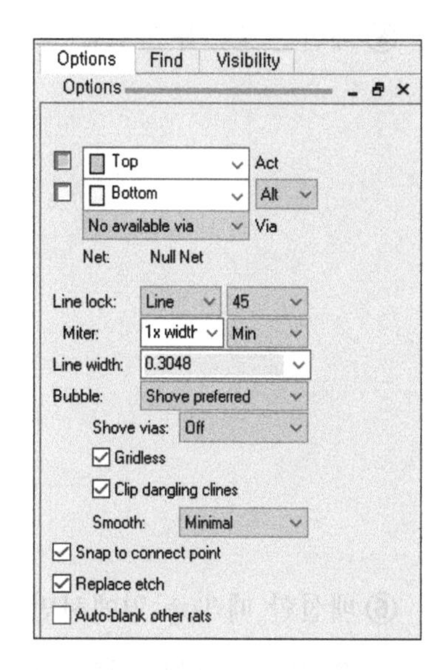

③ 배선의 순서는 전원선(VCC, GND), 나머지 신호선으로 하고 배선이 완료된 후에는 오른쪽 그림과 같이 RMB 〉 Done을 선택하여 마무리한다.

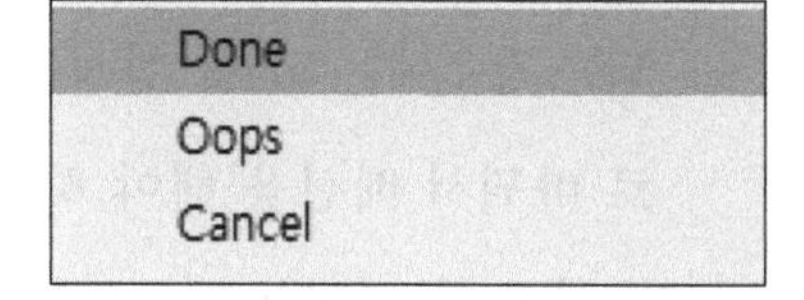

④ 배선은 오른쪽 그림을 참고한다. [요령 1]

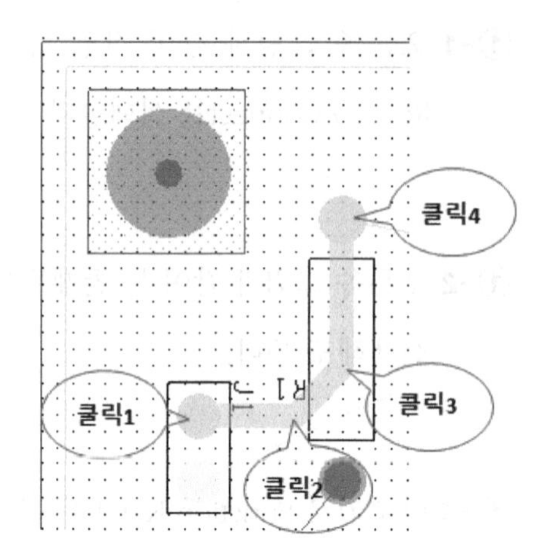

⑤ 배선은 오른쪽 그림을 참고한다. [요령 2]

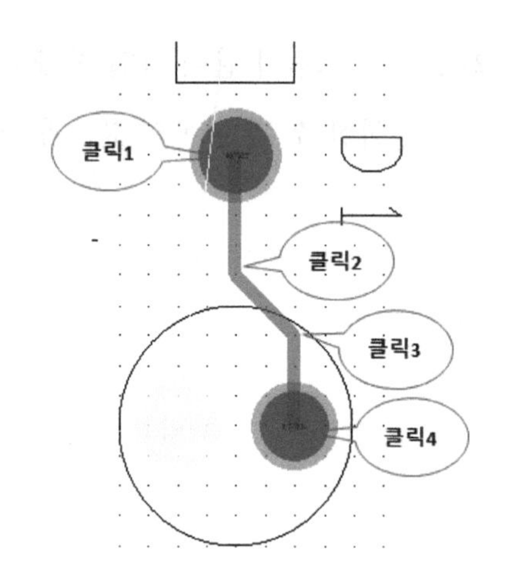

⑥ 배선할 때 Top 면에서만 배선을 하기 어려운 경우, 즉 다른 신호선과 겹쳐 배선을 하게 되는 경우에는 Via를 형성하여 Bottom 면으로 바꿔서 배선을 해야 하는데, 배선 진행 중에 Bottom 면으로 이동하려면 RMB 〉 Add Via를 선택하거나 Mouse를 더블클릭하여 배선한다. [요령 3]

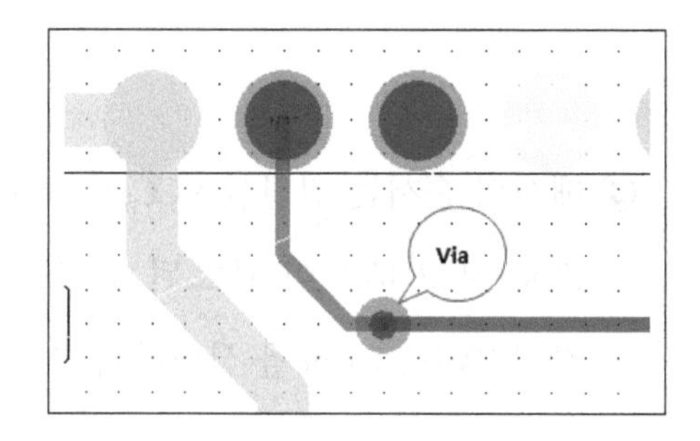

⑦ 배선할 때 Via 없이 다른 면으로의 배선이 필요할 경우에는 패드 위에서 배선을 클릭한 다음 RMB 〉 Swap Layers을 선택하여 배선한다. [요령 4]

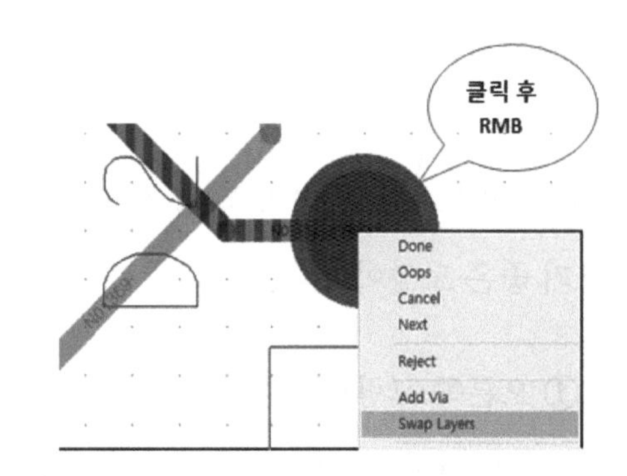

⑧ 배선을 해 놓고 정리하는 것으로 아래 그림과 같이 작업 창의 메뉴에서 Route 〉 Slide를 선택하거나 툴 팔레트에서 Slide Icon을 클릭하거나 단축키로 Shift+Function Key F3을 눌러도 된다. [요령 5]

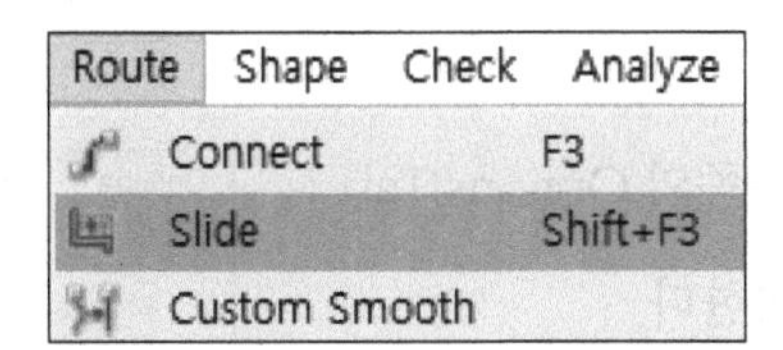

⑨ 명령 수행 후 오른쪽 그림과 같이 왼쪽 그림의 배선 위에서 Mouse를 클릭하고 오른쪽 그림과 같이 아래 방향으로 드래그하여 배선을 정리한다.

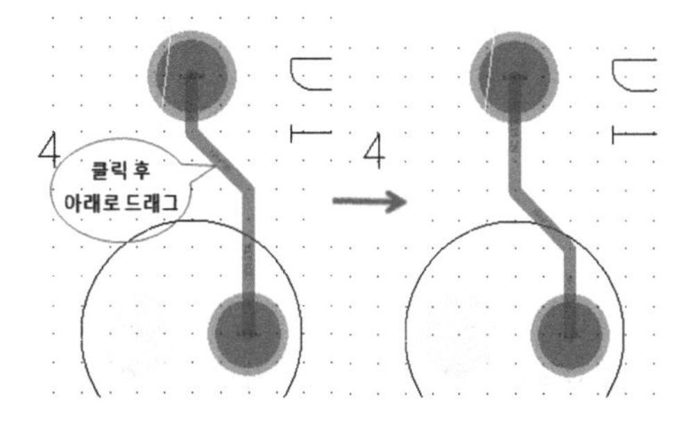

⑩ 오른쪽 그림은 배선이 완료된 것을 보여준다. GND 신호는 Copper 작업을 할 것이기에 배선하지 않았다.

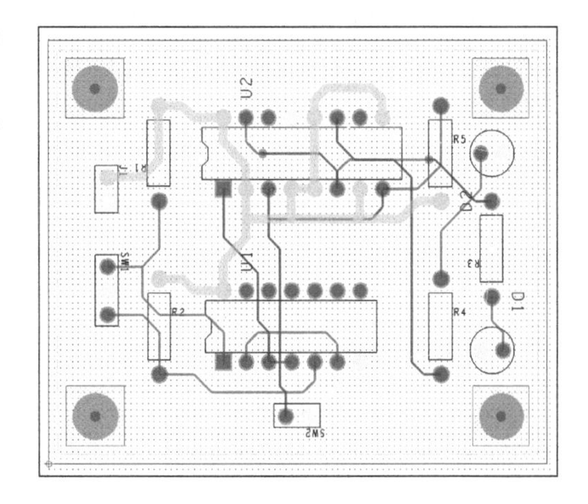

4-6 부품 참조번호(RefDes) 크기 조정 및 이동

배선이 모두 끝나면 부품 참조번호의 크기를 일정하게 조정하고 알맞은 위치로 이동해야 보기 좋은 모양이 된다.

① 오른쪽 그림과 같이 작업 창의 메뉴에서 Edit 〉 Change Objects를 선택한다.

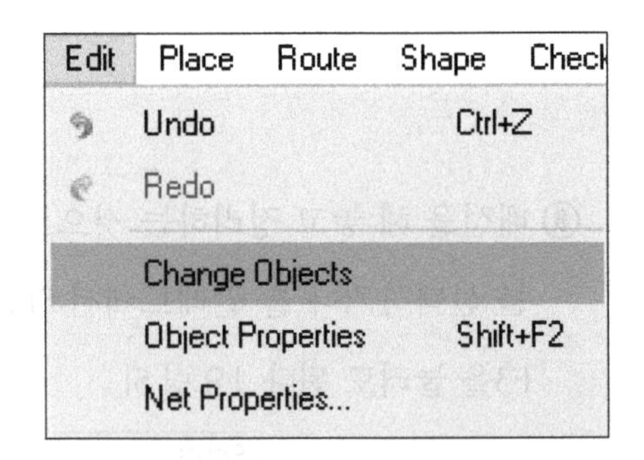

② 오른쪽 그림과 같이 작업 창 오른쪽의 Options Tab에서 보이는 것과 같이 값을 설정한다.

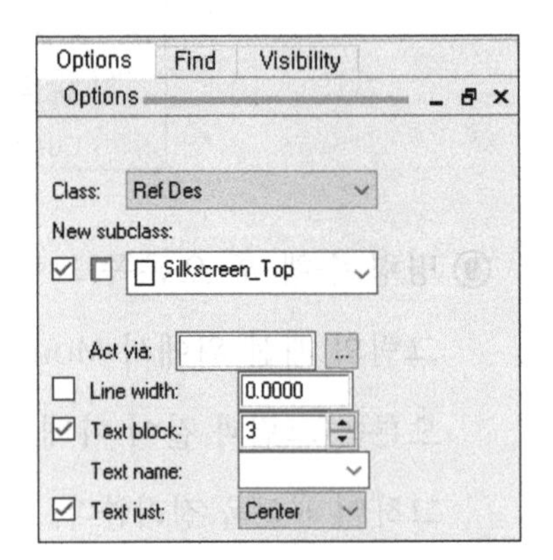

③ 오른쪽 그림과 같이 작업 창 오른쪽의 Find Tab에서 보이는 것과 같이 값을 설정한다.

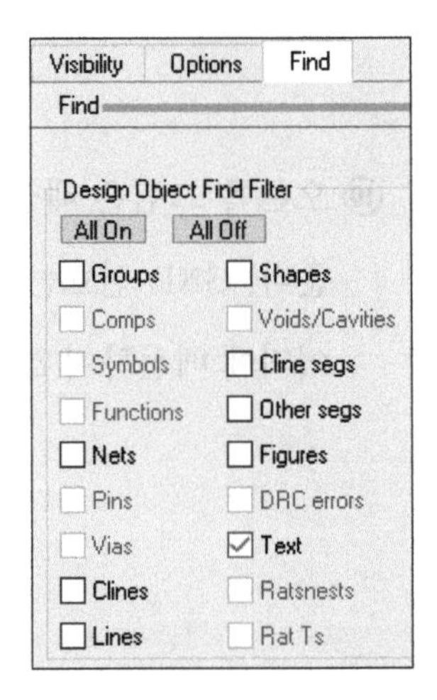

④ 아래 그림과 같이 사각형 왼쪽 위에서 Mouse를 클릭한 후 사각형 오른쪽 아래 지점에서 종료하고 RMB 〉 Done을 선택한다.

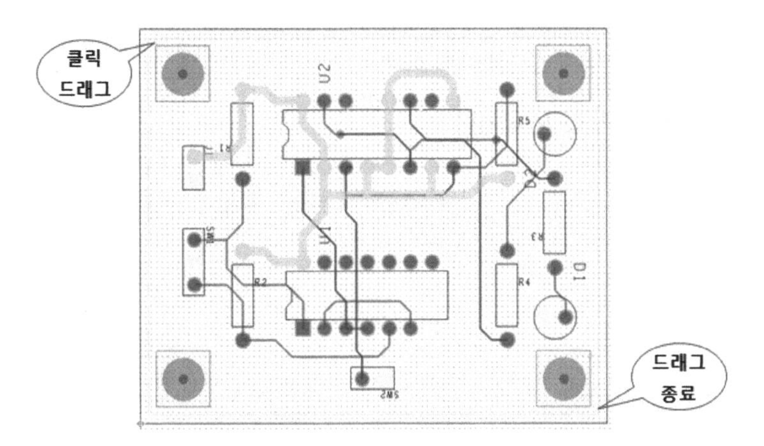

⑤ 오른쪽 그림과 같이 Edit 〉 Move 명령을 실행한다.

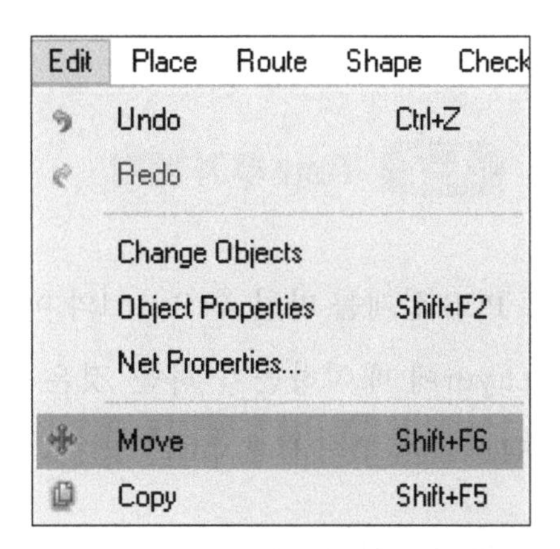

⑥ 오른쪽 그림과 같이 설정한다.

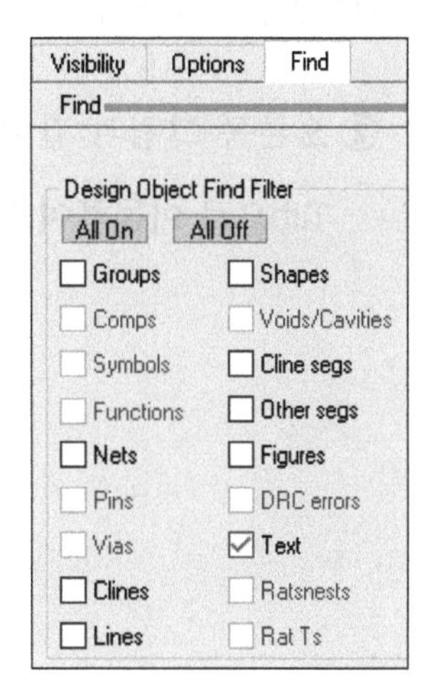

⑦ 작업 창으로 와서 정리가 필요한 부품 참조번호를 클릭한 후 RMB 〉 Rotate를 선택하여 배치하고 작업이 완료되면 RMB 〉 Done을 선택한다.

⑧ 오른쪽 그림은 정리가 부품 참조번호의 크기와 위치 이동을 마친 모습이다.

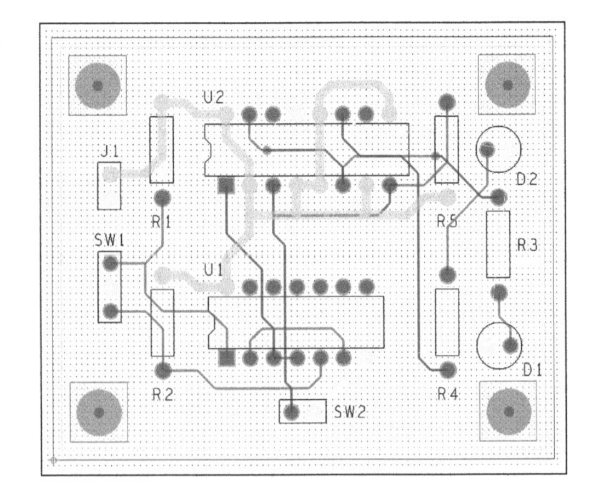

4-7 Text 추가 배치

PCB 설계를 마친 후 Board의 이름이나 버전 등의 정보를 표시하기 위한 것으로 어떤 Layer에 배치하는가 하는 것은 설계자의 의도에 따라 정해지는데, 필자의 경우는 Silkscreen_Top에 배치하는 것으로 한다.

① 작업 창의 메뉴에서 Add 〉 Text를 선택한다.

② 오른쪽 그림과 같이 작업 창의 오른쪽 Options Tab으로 이동하여 설정값들을 지정한다.

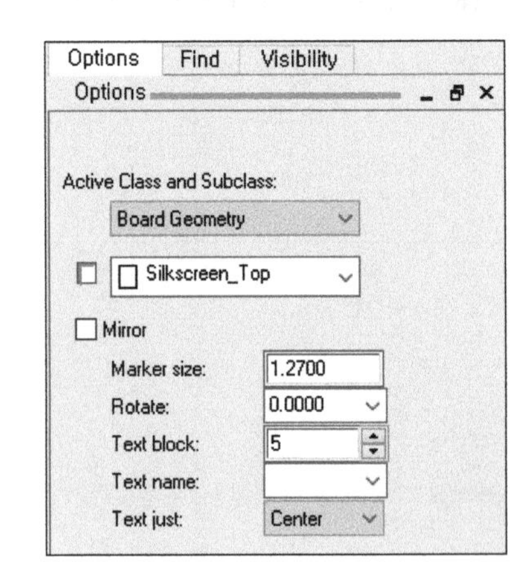

②-1 특별히 글자의 폭과 높이 등을 특정하게 요구하는 경우 Setup 〉 Design Parameter를 선택, Text Tab을 클릭, Setup text sizes 오른쪽 사각형을 클릭, Text Blk의 특정 번호에 요구 사항을 입력한 후 위의 Options에서 Text block 번호를 설정할 수 있다. 여기에서는 Text block은 5번을 사용한다.

③ 오른쪽 그림과 같이 Board에 Text를 넣을 위치 (27, 40)에 Mouse를 클릭한 후 추가할 내용 (필자의 경우 Fre_Div)을 적고 RMB 〉 Done을 선택한다.

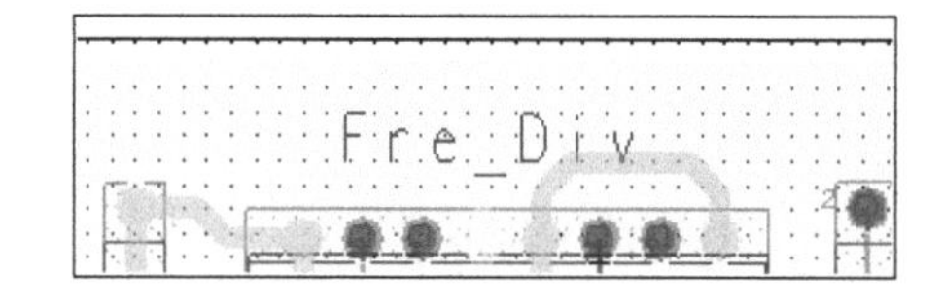

4-8 Shape 생성

Shape(Copper) 생성은 특정한 Net에 동판을 씌워 주는 것으로 여기서는 Bottom 면의 GND Net에 작업하는 것으로 진행한다.

①-1 오른쪽 그림과 같이 작업 창의 메뉴에서 Shape 〉 Rectangular를 선택한다.

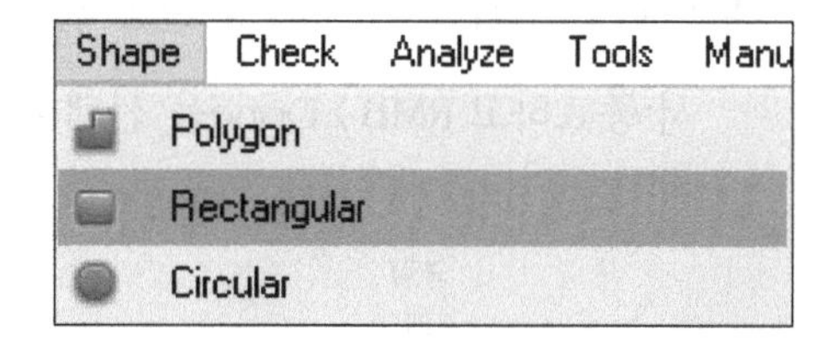

①-2 오른쪽 그림과 같이 툴 팔레트에서 Shape Add Rect Icon을 선택해도 된다.

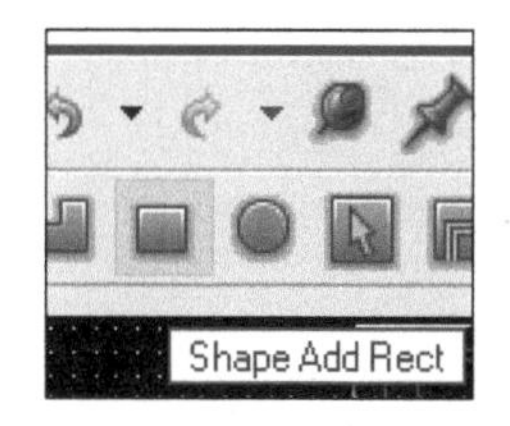

② 오른쪽 그림과 같이 작업 창 오른쪽의 Options Tab에서 보이는 것과 같이 값을 설정하고 Dummy Net 오른쪽의 Button을 클릭한다.

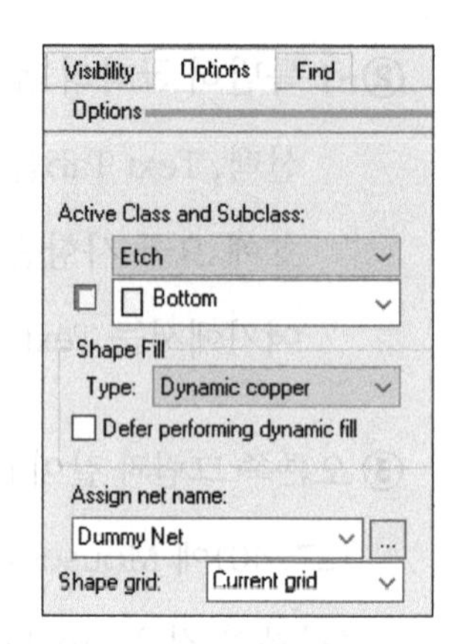

③ 오른쪽 그림과 같이 Gnd Net을 클릭한 후 OK Button을 클릭한다.

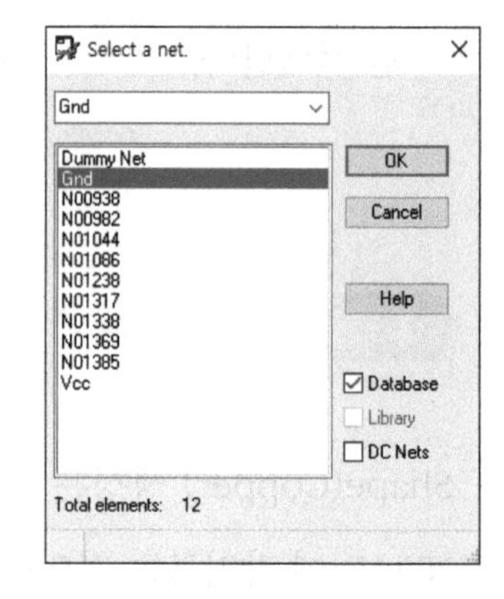

④ 아래 그림과 같이 사각형 왼쪽 위에서 Mouse를 클릭한 후 사각형 오른쪽 아래 지점에서 종료하고 RMB 〉 Done을 선택한다.

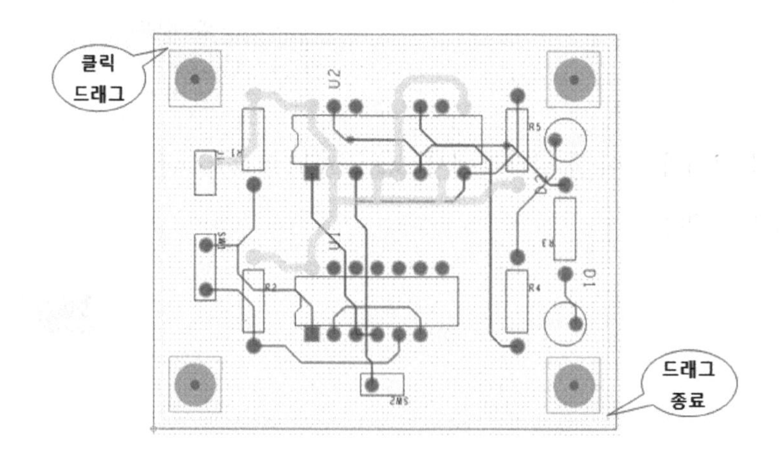

⑤ 오른쪽 그림은 Copper 명령 수행 후 모습이고 Gnd Net에는 Thermal Relief 형태로 연결되고, 나머지 다른 Net들에는 Clearance가 생긴다.

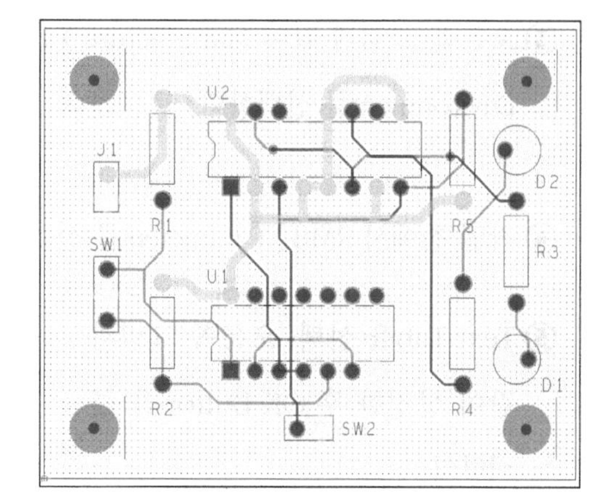

오른쪽 그림은 Thermal Relief와 Clearance를 나타낸다.

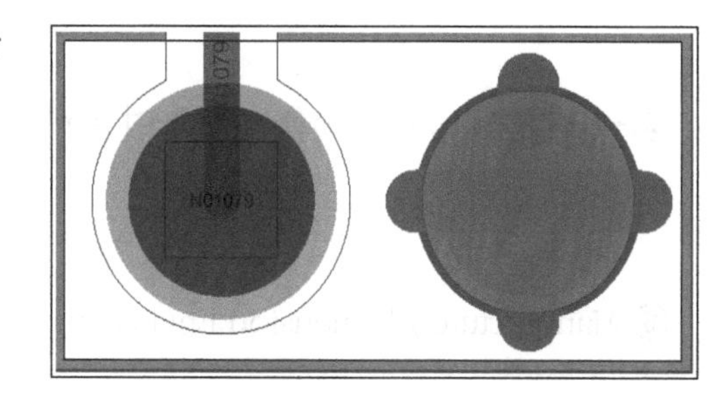

4-9 치수 보조선 작성

이것은 설계한 Board의 가로와 세로의 크기 그리고 필요에 따른 요소 간의 거리를 표시할 때 하는 작업이다.

① 작업 창에서 RMB 〉 Quick Utilities 〉 Grids 선택한다.

② 오른쪽 그림과 같이 Non-Etch Spacing을 1.00 1.00으로 변경한 후 OK Button을 클릭한다.

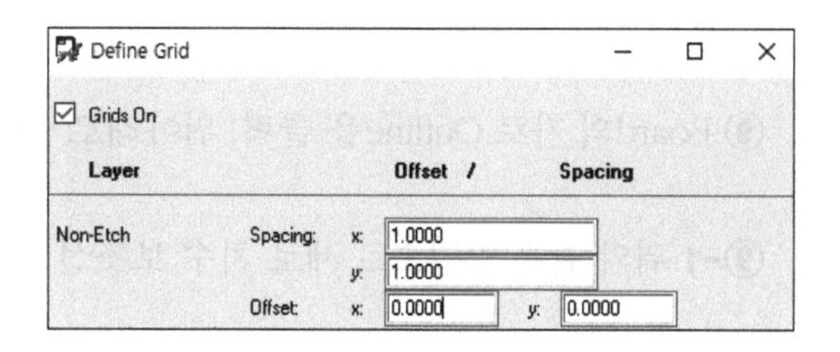

③ 오른쪽 그림과 같이 Manufacture 〉 Dimension Environment를 선택한다.

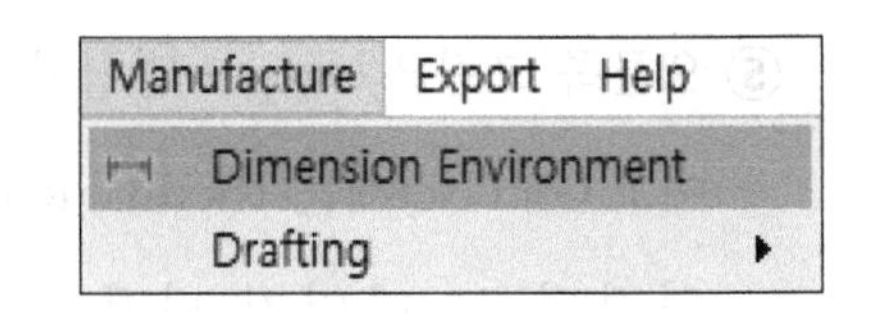

④ 작업 창에서 RMB 〉 Parameters를 선택한다.

⑤ Text Tab을 선택, 오른쪽 그림과 같이 설정한 후 OK Button을 클릭한다.

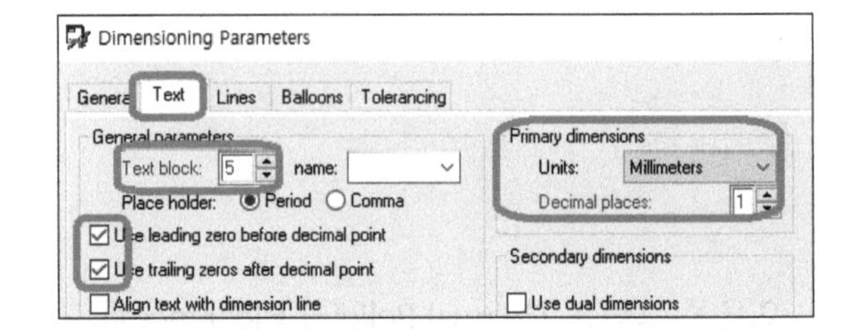

⑤-1 필요시 Lines Tab을 선택하여 Arrows의 Head type, length 그리고 width를 조절할 수 있다.

⑥ Manufacture 〉 Dimension Environment를 선택한다.

⑦ RMB 〉 Linear dimension을 선택한다.

⑧ 오른쪽 Options Tab을 선택, 아래 그림과 같이 값을 설정한다.

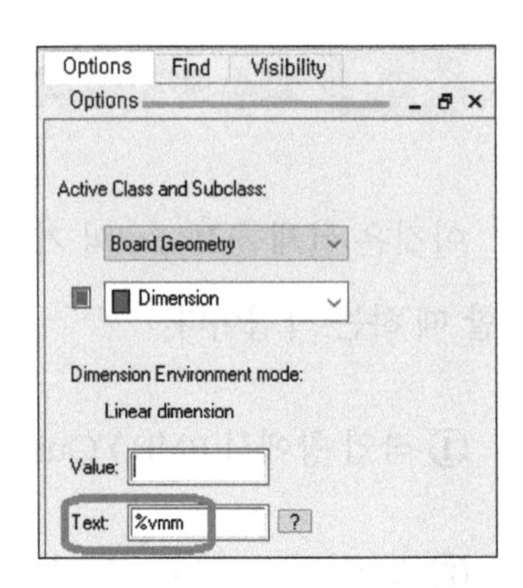

⑨ Board의 가로 Outline을 클릭, 위아래로 움직여 적당한 위치에서 클릭하여 배치한다.

⑨-1 위와 같은 방법으로 세로 치수 보조선 삽입한 후 RMB 〉 Done을 선택한다.

⑨-2 필요시 Manufacture 〉 Dimension Environment를 선택, RMB 〉 Move text를 선택하여 위치를 조절할 수 있다.

4-10 DRC(Design Rules Check)

PCB 설계를 마쳤으므로 설계자가 설정한 조건들에 맞도록 작업이 되었는지를 점검하는 과정이다.

① 오른쪽 그림과 같이 작업 창의 메뉴에서 Check 〉 Design Status...를 선택한다.

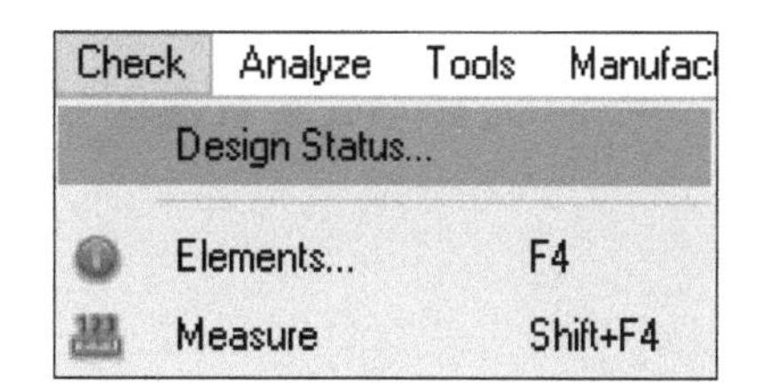

② 오른쪽 그림과 같이 Status 창이 나타나고 색상이 표시된 조그만 사각 박스가 보인다. 초록색이면 설계 조건에 맞게 작업이 된 것이고, 빨간색이면 Error, 노란색은 Warning 표시이다.

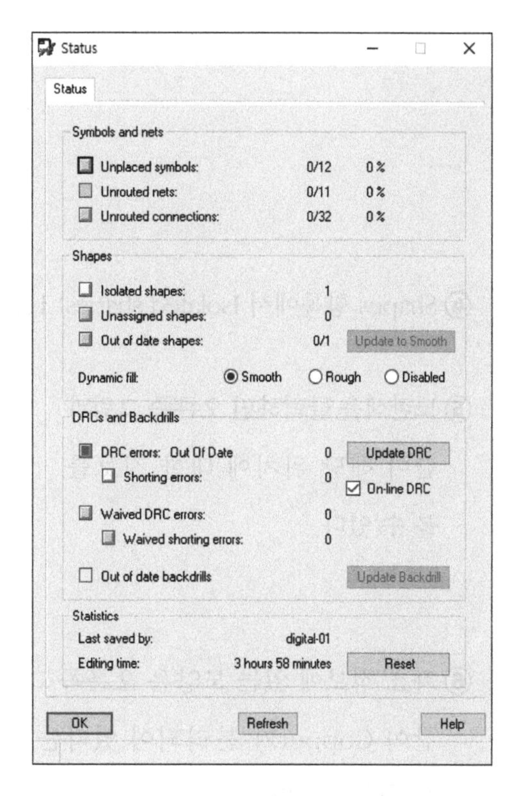

③ DRCs and Backdrills 항목의 Update DRC Button을 클릭하면 창에 색상으로 Board의 상태들을 보여 준다.

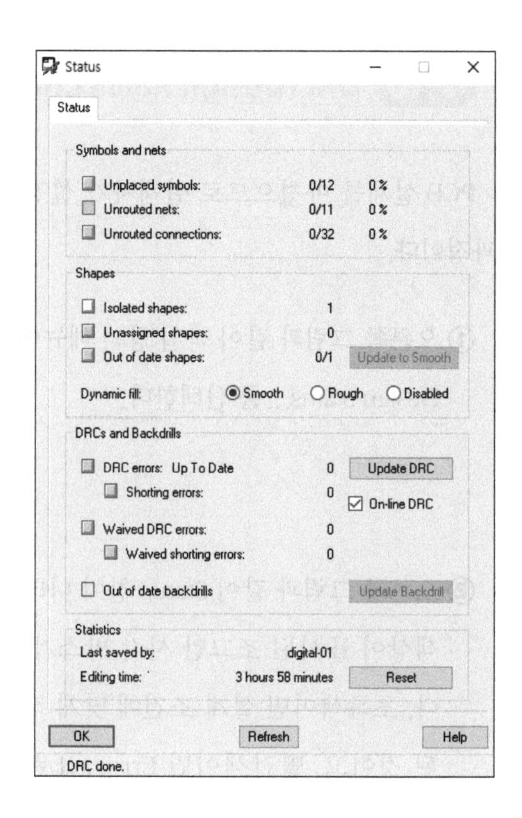

④ Shapes 항목에서 Isolated shapes: 1은 노란색으로 표시되어 있다.

⑤ 노란색을 클릭하면 오른쪽 그림과 같이 해당 위치에 대한 정보를 볼 수 있다.

```
Total islands on design: 1

<<< ETCH >>>

  Layer = BOTTOM
        Point on shape: (24.7792 11.6418)  Net: GND
```

⑥ 좌표 정보에 있는 모양은 오른쪽 그림과 같이 Copper가 분리되어 있다는 것을 확인할 수 있다.

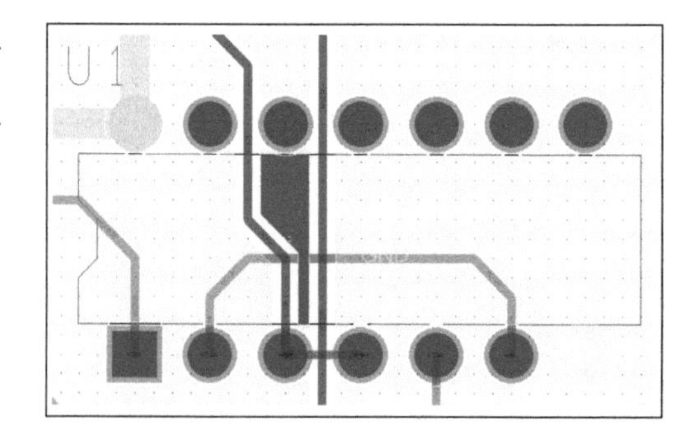

⑦ 위의 분리된 Copper를 제거하기 위해 오른쪽 그림과 같이 Shape 〉 Delete Unconnected Copper를 선택한다.

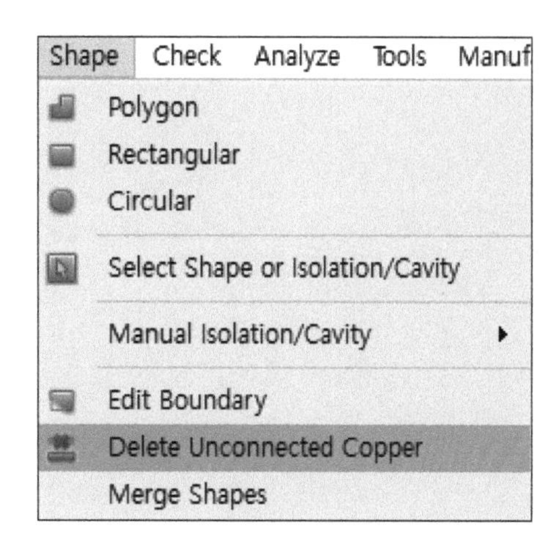

⑧ 화면 오른쪽 Options Tab에서 Delete all on layer Button을 클릭한다.

⑨ 다시 작업 창의 메뉴에서 Check 〉 Design Status...를 선택, Update DRC Button을 클릭하면 Out of date shapes이 적색으로 표시되는데 여기서 바로 오른쪽에 있는 Update to smooth Button을 눌러 처리한다. 처리되지 않을 경우에는 Check 〉 Datebase Check...를 선택하여 팝업 창이 열리면 옵션을 모두 체크한 후 Check Button을 누른 다음 다시 Check 〉 Design Status...를 선택하여 처리한다.

⑨-1 항목별 Error를 하나씩 수정한 후 Refresh Button을 눌러가며 Error의 개수를 확인하며 해결해 나갈 수도 있다.

CHAPTER 05

Gerber Data 생성

CHAPTER 05

Gerber Data 생성

5-1 Drill Legend 생성

Drill Legend란 PCB를 제작할 때 부품을 실장하거나 기구 Hole 등 가공을 위해 여러 종류의 Drill을 사용하게 되는데, 여기에 사용되는 Drill Size와 수량 등을 표 형식으로 나타낸 것으로 다음 순서에 따라 진행한다.

①-1 오른쪽 그림과 같이 작업 창의 메뉴에서 Manufacture > Customize Drill Table...을 선택한다.

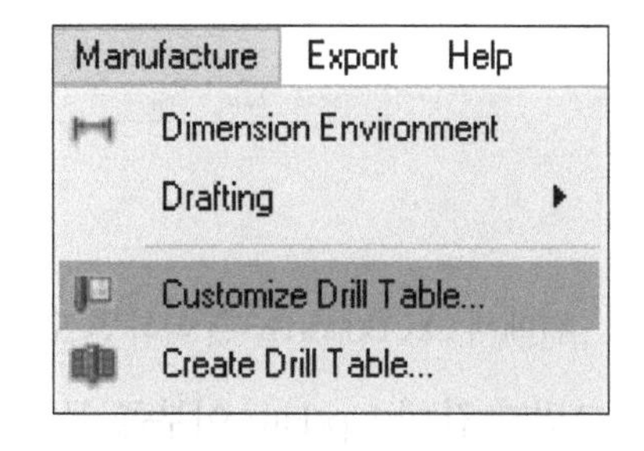

①-2 오른쪽 그림과 같이 툴 팔레트에서 NCdrill Customization Icon을 선택해도 된다.

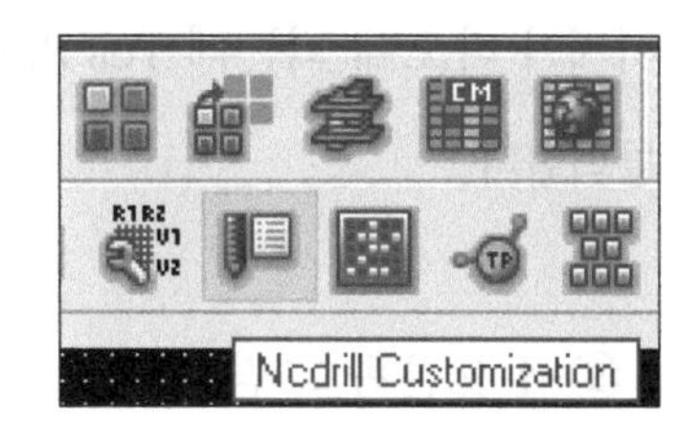

② Drill Customization 팝업 창이 나타나면 가운데 아래쪽에 있는 Auto generate symbol Button을 클릭한다.

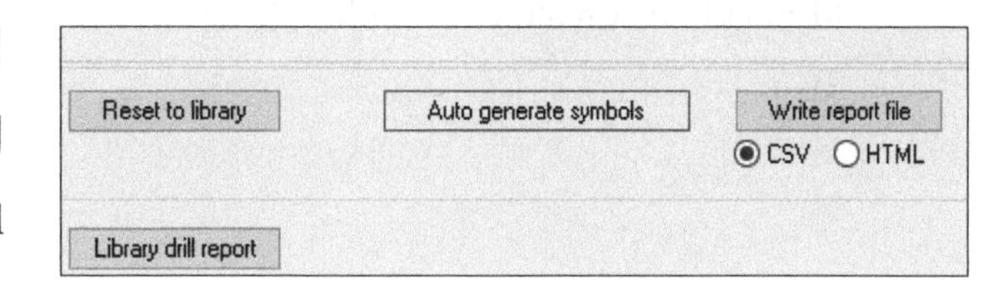

③ 오른쪽 그림과 같이 작업을 진행하겠느냐는 메시지창이 나오면 Yes Button을 클릭한다.

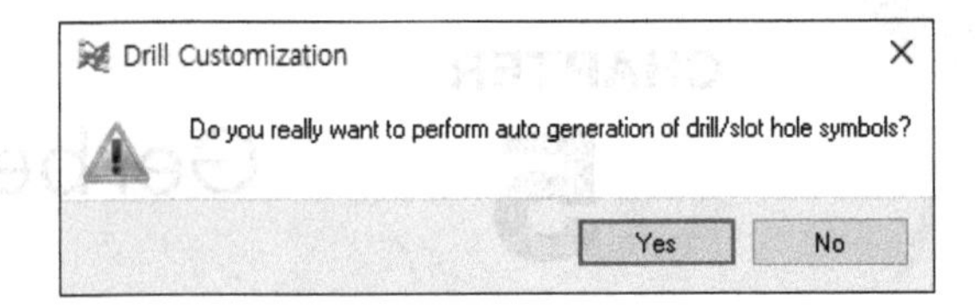

④ 처음에 나타난 Drill Customization 창에서 Symbol Figure 등이 아래 그림과 같이 파란색 글씨로 바뀌며 Data를 생성한다. 이는 각 모양에 따른 크기와 수량 등을 생성한 것이다.

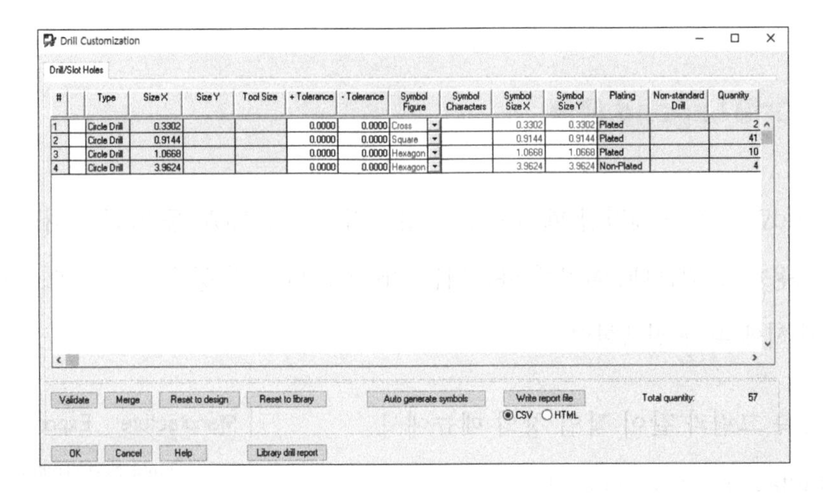

#		Type	Size X	Size Y	Tool Size	+ Tolerance	- Tolerance	Symbol Figure	Symbol Characters	Symbol Size X	Symbol Size Y	Plating	Non-standard Drill	Quantity
1		Circle Drill	0.3302			0.0000	0.0000	Cross		0.3302	0.3302	Plated		2
2		Circle Drill	0.9144			0.0000	0.0000	Square		0.9144	0.9144	Plated		41
3		Circle Drill	1.0668			0.0000	0.0000	Hexagon		1.0668	1.0668	Plated		10
4		Circle Drill	3.9624			0.0000	0.0000	Hexagon		3.9624	3.9624	Non-Plated		4

위에서 OK Button을 클릭하면 오른쪽 그림과 같이 Update 여부를 묻는 메시지가 나오게 되는데 Yes Button을 클릭한다.

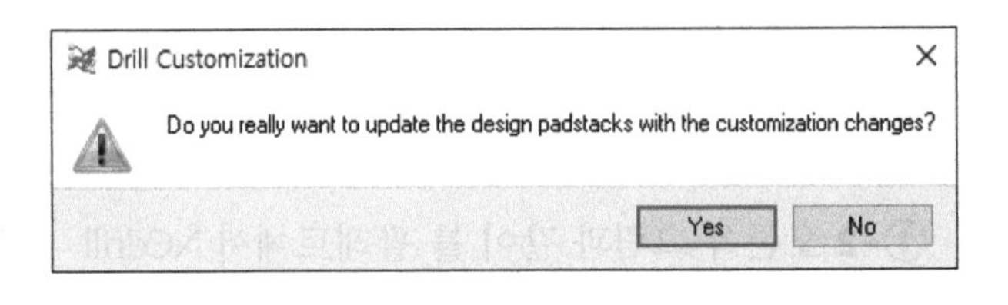

⑤-1 오른쪽 그림과 같이 작업 창의 메뉴에서 Manufacture 〉 Create Drill Table...을 선택한다.

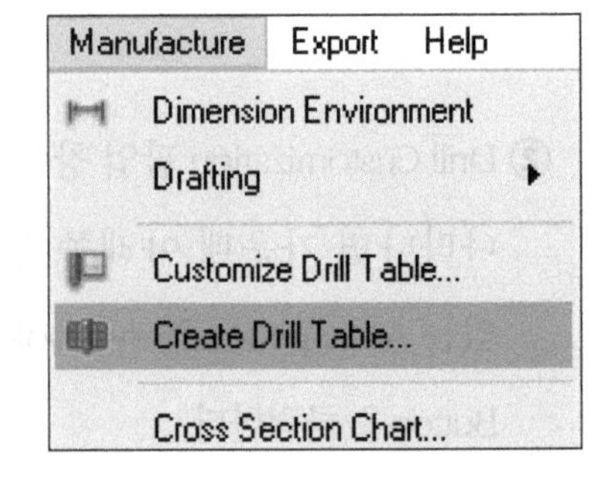

⑤-2 오른쪽 그림과 같이 툴 팔레트에서 NCdrill Legend Icon을 선택해도 된다.

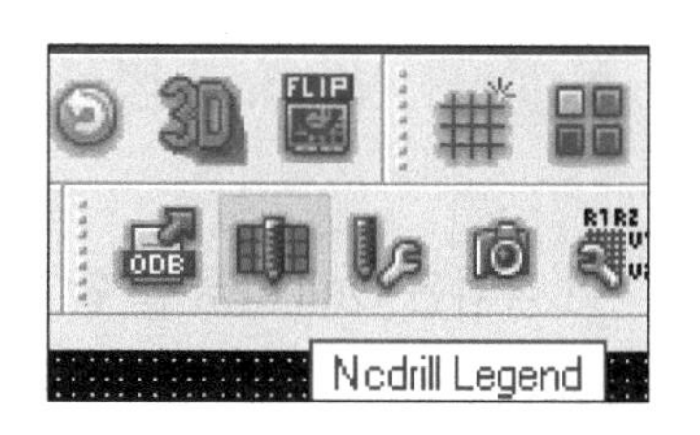

⑥ 오른쪽 그림과 같이 Drill Legend 팝업 창이 나타나면 File명과 Output unit를 확인하고 이상이 없으면 OK Button을 클릭한다.

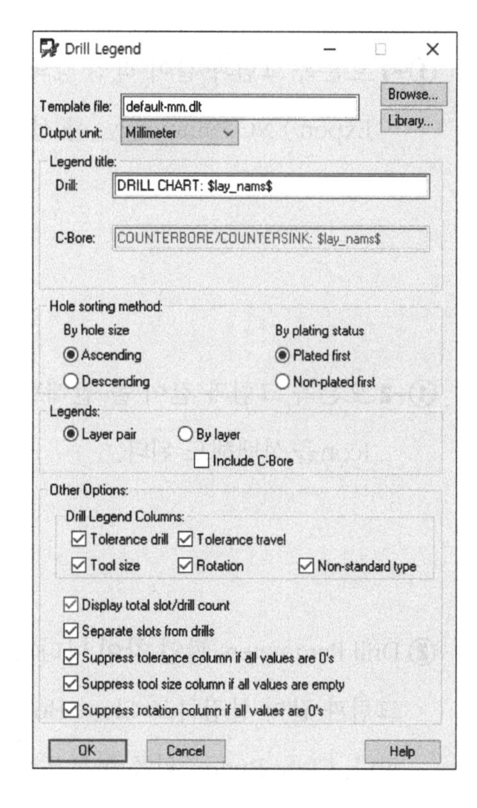

⑦ 위의 순서가 진행되면 Mouse에 하얀 사각형이 붙어 나오는데 그 사각형을 배치할 공간 확보를 위해 Mouse 휠을 사용하여 작업 창의 크기를 조절한 후 아래 그림과 같이 클릭하여 Board 오른쪽에 배치한다.

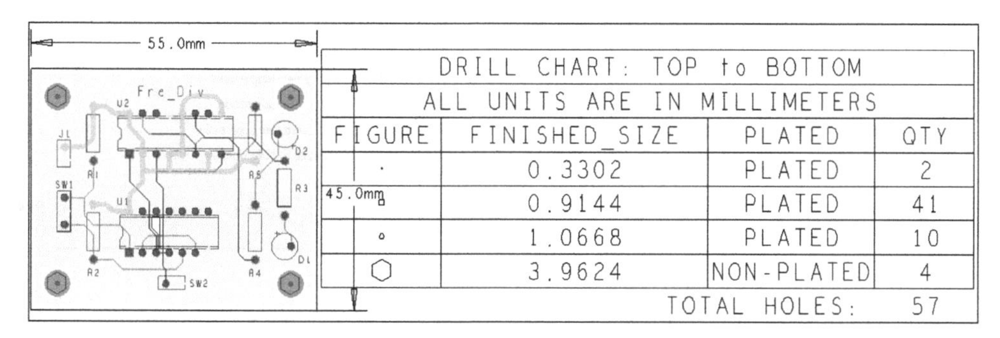

DRILL CHART: TOP to BOTTOM			
ALL UNITS ARE IN MILLIMETERS			
FIGURE	FINISHED_SIZE	PLATED	QTY
·	0.3302	PLATED	2
	0.9144	PLATED	41
∘	1.0668	PLATED	10
⬡	3.9624	NON-PLATED	4
		TOTAL HOLES:	57

5-2 NC Drill 생성

이 작업은 Drill 가공을 할 때 필요한 여러 정보를 추출하기 위한 것으로 다음 순서에 따라 진행한다.

①-1 오른쪽 그림과 같이 작업 창의 메뉴에서 Expert 〉 NC Parameter...를 선택한다.

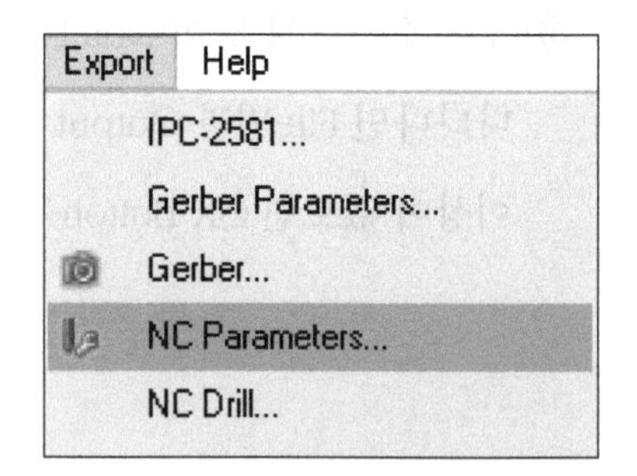

①-2 오른쪽 그림과 같이 툴 팔레트에서 NCdrill Param Icon을 선택해도 된다.

② Drill Parameters 팝업 창이 나타나면 오른쪽 그림과 같이 설정하고 Close Button을 클릭한다. Close Button 위쪽 항목은 PCB 가공기 관련 사항이다.

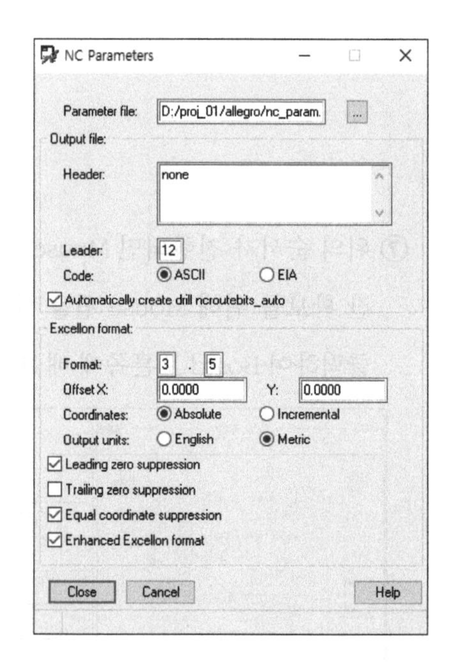

③ 오른쪽 그림과 같이 작업 창의 메뉴에서 Expert 〉 NC Drill...을 선택한다.

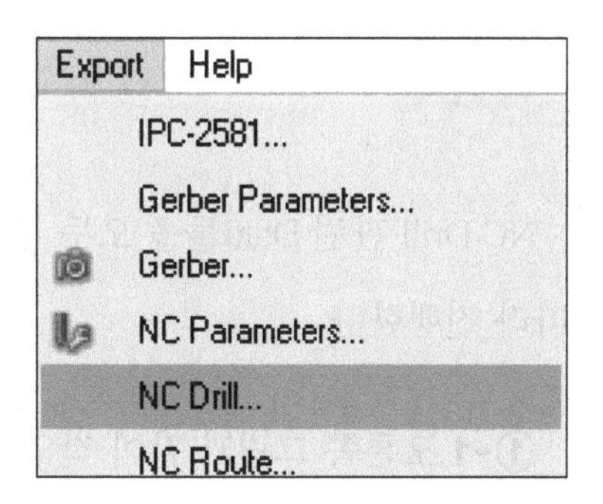

④ 오른쪽 그림과 같이 NC Drill 팝업 창이 나타나면 File명을 확인하고 필요한 항목들을 설정한 후 Drill Button을 클릭한다. File명은 필요에 따라 구별하기 쉬운 이름으로 수정하여 진행할 수 있다.

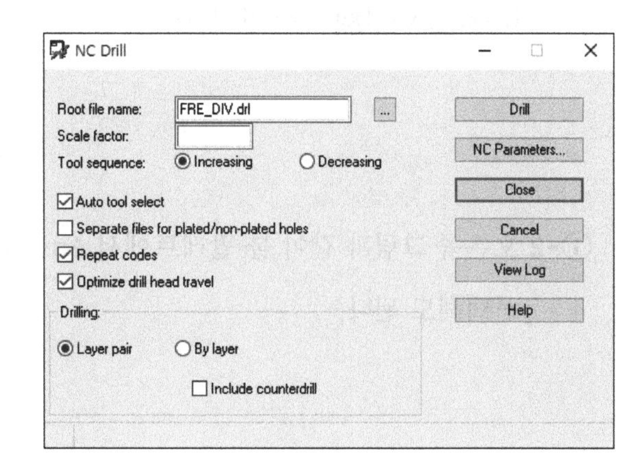

위 과정이 수행되면 오른쪽 그림과 같이 NC Drill Data가 형성되는 것을 보여 준다.

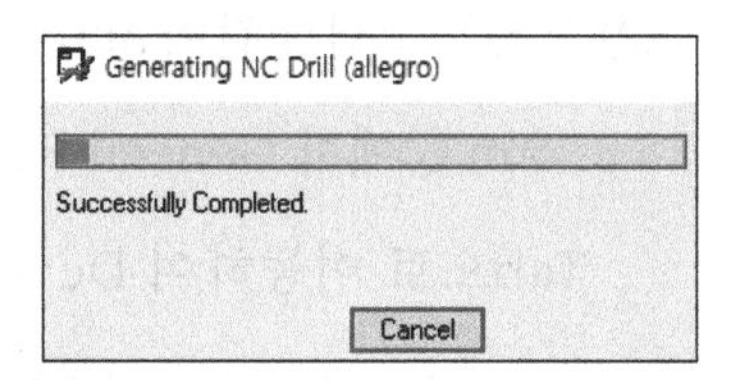

⑤ NC Drill Data 생성 과정이 마무리되면 Close Button을 클릭한다.

5-3 Gerber 환경 설정

NC Drill 관련 Data들을 모두 추출하였으니 이제 Gerber File을 추출해 본다. 아래 순서에 따라 진행한다.

①-1 오른쪽 그림과 같이 작업 창의 메뉴에서 Expert 〉 Gerber...를 선택한다.

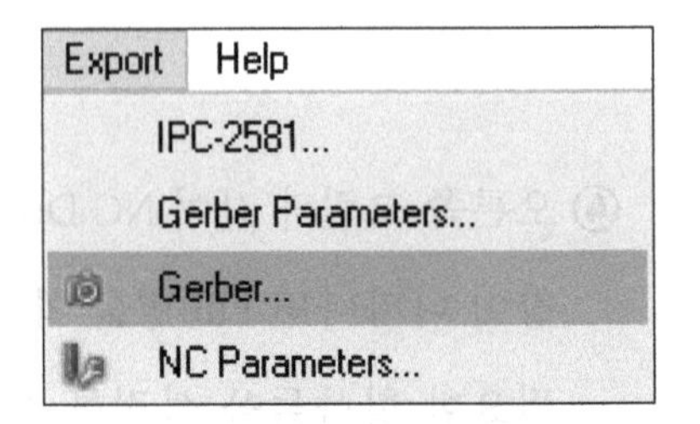

①-2 오른쪽 그림과 같이 툴 팔레트에서 Artwork Icon을 선택해도 된다.

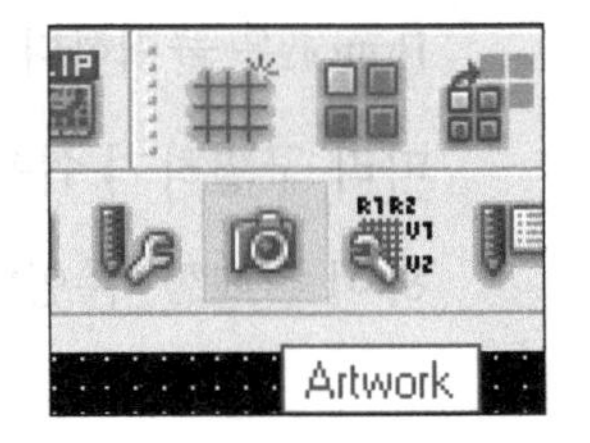

② 오른쪽 그림과 같이 Artwork Control Form 창에서 General Parameters Tab으로 이동하여 Device type, Output units, Format 항목을 설정하고 OK Button을 클릭한다.

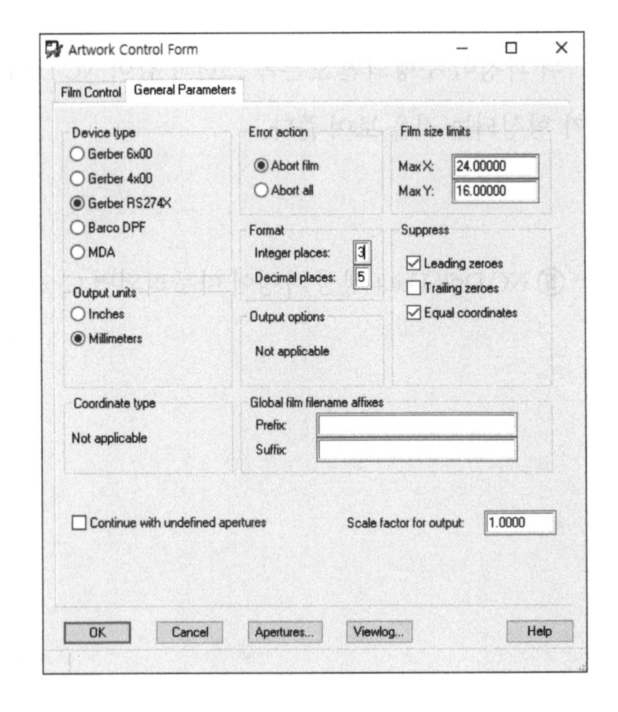

5-4 Shape의 Gerber Format 변경 및 Aperture 설정

① 오른쪽 그림과 같이 작업 창의 메뉴에서 Shape 〉 Global Dynamic Parameters...를 선택한다.

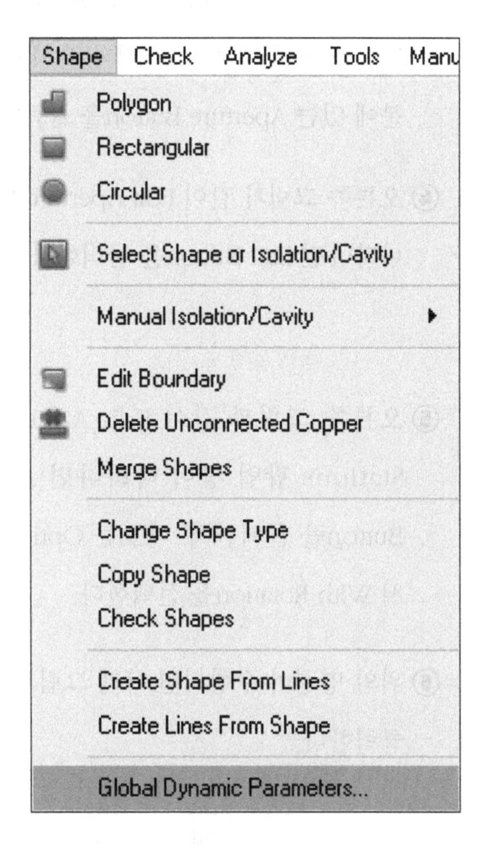

② 오른쪽 그림과 같이 Global Dynamic Parameters 팝업 창이 나타나면 Void controls Tab으로 이동하여 Artwork format이 Gerber RS274X로 설정된 것을 확인하고 OK Button을 클릭한다.

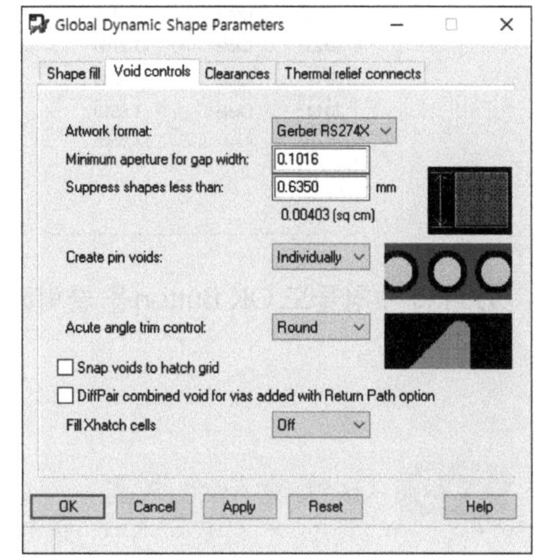

③ 작업 창의 메뉴에서 Expert 〉 Gerber...를 선택하여 나타나는 Artwork Control Form 창에서 오른쪽 그림과 같이 아랫부분에 있는 Aperture Button을 클릭한다.

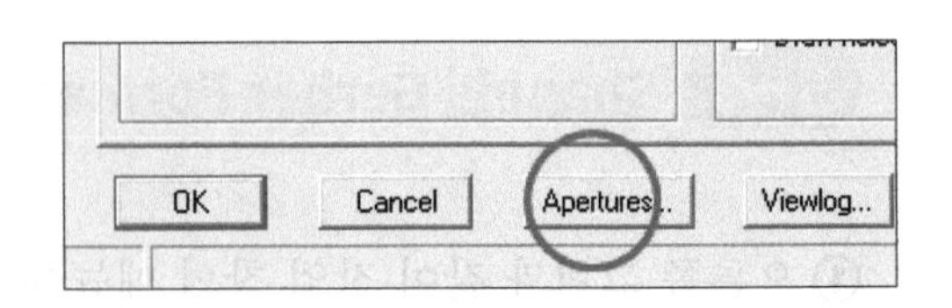

④ 오른쪽 그림과 같이 Edit Aperture Wheels 팝업 창이 나타나면 Edit Button을 클릭한다.

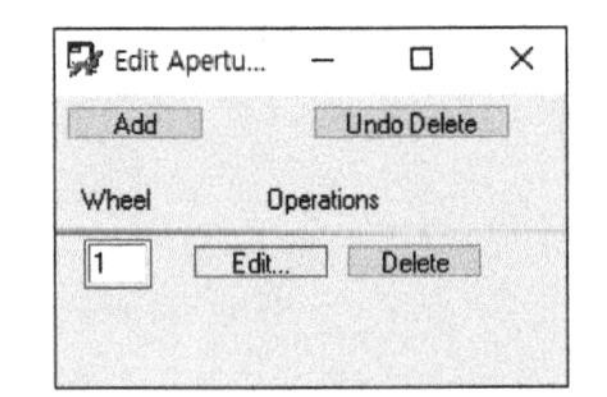

⑤ 오른쪽 그림과 같이 Edit Aperture Stations 팝업 창이 나타나면 Auto Button을 클릭한 후 나오는 Option에서 With Rotation을 선택한다.

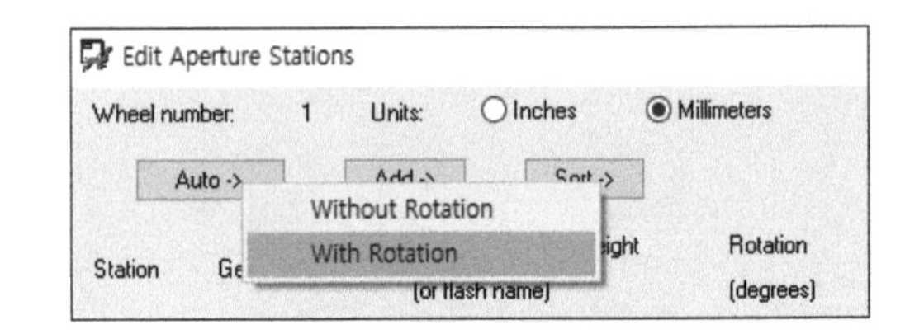

⑥ 위의 명령이 수행되면 아래 그림과 같이 정보들이 나오는 것을 확인하고 OK Button을 클릭한다.

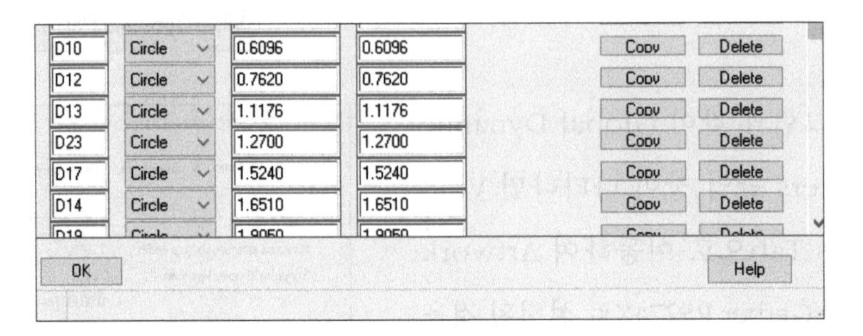

⑦ 나머지 창들도 OK Button을 클릭하여 닫는다.

5-5 Gerber Film 설정

이제 양면 기판 제작에 필요한 File인 Top, Bottom, Silkscreen_Top(Bottom), Soldermask_Top(Bottom), Drill_Draw Data 추출을 위해 다음 순서에 따라 진행한다.

5-5-1 Top/Bottom Film Data 생성

① 오른쪽 그림과 같이 툴 팔레트에서 Artwork Icon을 클릭한다.

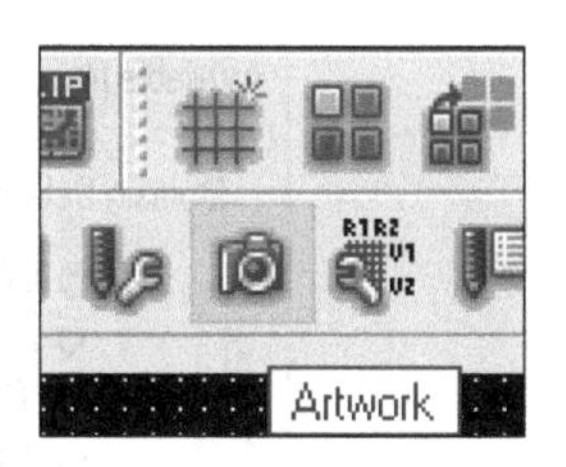

② 오른쪽 그림과 같이 Artwork Control Form 창의 Film Control Tab(기본 설정) 선택과 기본 설정값들을 확인한 다음 OK Button을 클릭한다.

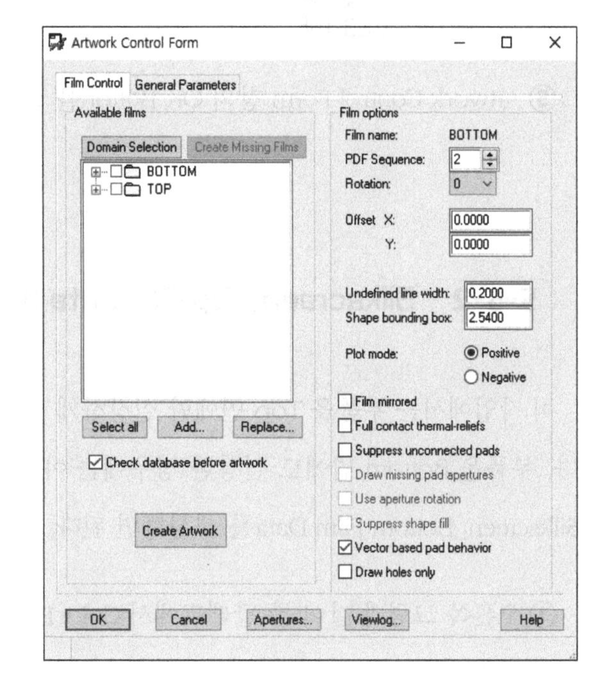

③ 아래 그림과 같이 TOP 〉 ETCH/TOP에서 RMB 〉 Add를 선택, BOARD GEOMETRY 〉 DESIGN_OUTLINE의 Check Box를 On, OK Button을 누른다.

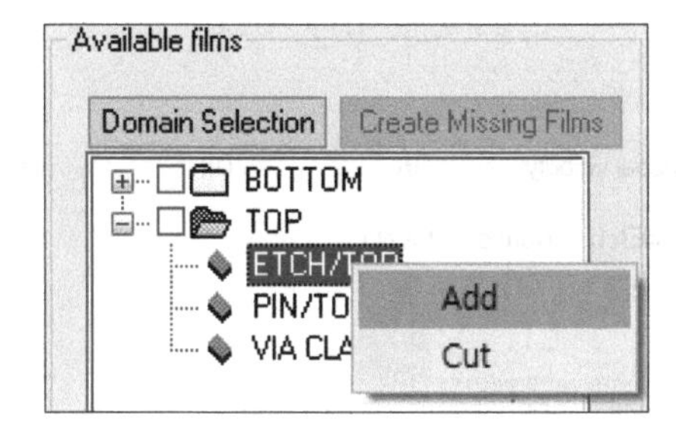

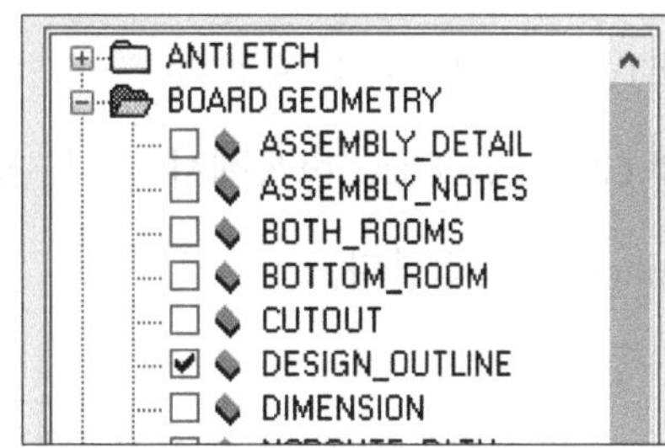

④ 아래 그림과 같이 BOTTOM 〉 ETCH/BOTTOM에서 RMB 〉 Add를 선택, BOARD GEOMETRY 〉 DESIGN_OUTLINE의 Check Box를 On, OK Button을 누른다.

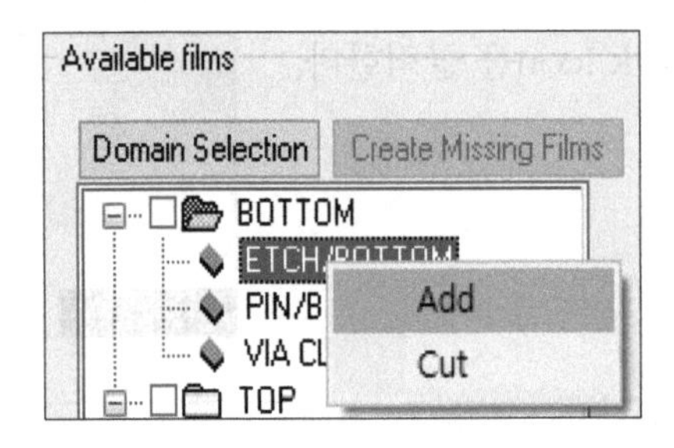

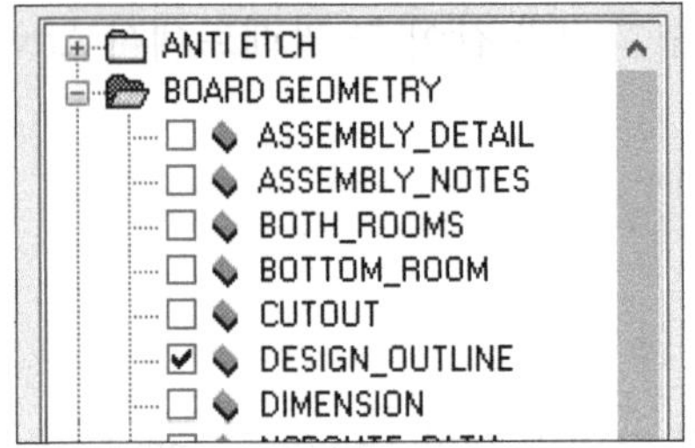

⑤ Artwork Control Form 창의 OK Button을 클릭한다.

5-5-2 Silkscreen_Top Film Data 생성

이 작업에서는 부품을 Top 면에만 실장하게 되므로 Silkscreen_Top Film Data 생성만 한다. 부품을 Bottom 면에도 실장한 경우에는 아래 순서와 비슷하게 Bottom 면에 적용하여 Silkscreen_Bottom Film Data를 생성하면 된다.

① 오른쪽 그림과 같이 툴 팔레트에서 Color192 Icon을 클릭한다.

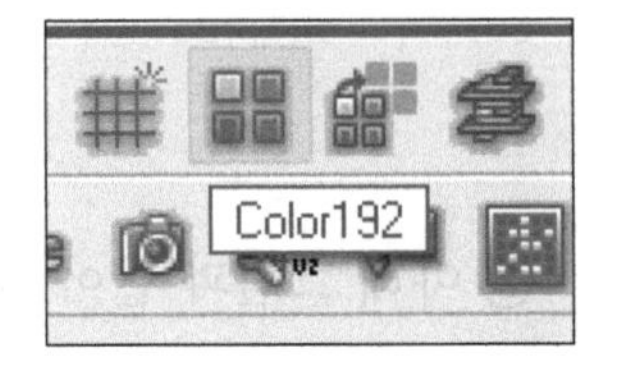

② Color Dialog 팝업 창이 나타나면 Layer Tab을 선택한 후 오른쪽 윗부분 Global Visibility: 항목에서 Off Button을 클릭한다.

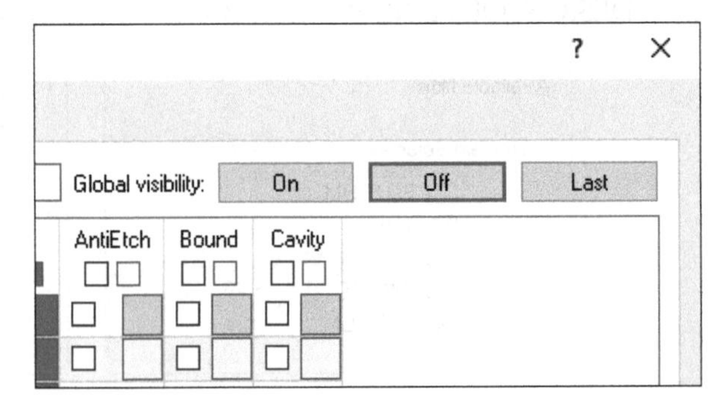

③ 오른쪽 그림과 같이 Geometry 〉 Board Geometry를 선택한 후 Design Outline, Dimension 그리고 Silkscreen_Top 세 개를 선택하고 색상을 지정한 후 아래쪽에 있는 Apply Button을 클릭한다.

> Stack-Up
> Areas
⌄ Geometry
Board geometry
Package geometry
Embedded geometry
> Components
Manufacturing
Drawing format
Rigid flex
Surface finishes

	BrdGeo
All	☐☐
Bottom_Room	☐
Cutout	☐
Design_Outline	☑
Dimension	☑
Ncroute_Path	☐
Off_Grid_Area	☐
Outline	☐
Place_Grid_Bottom	☐
Place_Grid_Top	☐
Plating_Bar	☐
Silkscreen_Bottom	☐
Silkscreen_Top	☑
Soldermask_Bottom	☐

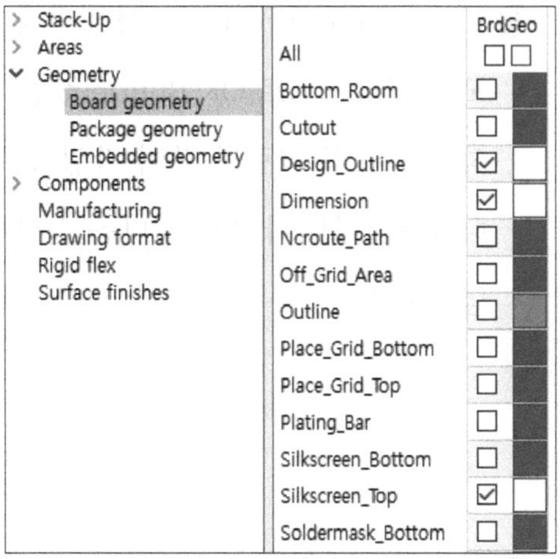

④ 오른쪽 그림과 같이 Geometry 〉 Package Geometry를 선택한 후 Assembly_Top(필요시)과 Silkscreen_Top을 선택하고 색상을 지정한 후 아래쪽에 있는 Apply Button을 클릭한다.

> Stack-Up
> Areas
⌄ Geometry
Board geometry
Package geometry
Embedded geometry
> Components
Manufacturing
Drawing format
Rigid flex
Surface finishes

	PkgGeo
All	☐☐
Assembly_Bottom	☐
Assembly_Top	☑
Body_Center	☐
Dfa_Bound_Bottom	☐
Dfa_Bound_Top	☐
Display_Bottom	☐
Display_Top	☐
Modules	☐
Pad_Stack_Name	☐
Pastemask_Bottom	☐
Pastemask_Top	☐
Pin_Number	☐
Place_Bound_Bottom	☐
Place_Bound_Top	☐
Silkscreen_Bottom	☐
Silkscreen_Top	☑
Soldermask_Bottom	☐

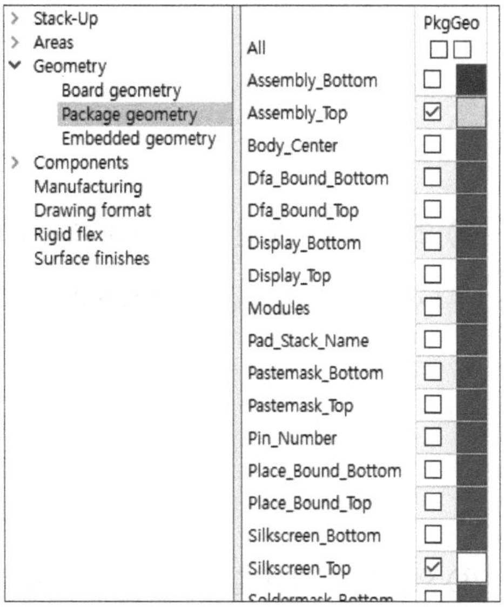

⑤ 마지막 단계로 아래 그림과 같이 Components를 선택한 후 Silkscreen_Top의 RefDes를 선택하고 색상을 지정한 후 아래쪽에 있는 Apply Button을 클릭한다.

> Stack-Up
> Areas
⌄ Geometry
Board geometry
Package geometry
Embedded geometry
> Components
Manufacturing
Drawing format
Rigid flex
Surface finishes

	All	CmpVal	RefDes	Tol
All	☐☐	☐	☐☐	☐
Assembly_Bottom	☐☐	☐	☐	☐
Assembly_Embedded	☐☐	☐	☐	☐
Assembly_Top	☐☐	☐	☐	☐
Display_Bottom	☐☐	☐	☐	☐
Display_Embedded	☐☐	☐	☐	☐
Display_Top	☐☐	☐	☐	☐
Silkscreen_Bottom	☐☐	☐	☐	☐
Silkscreen_Top	☐☐	☐	☑	☐

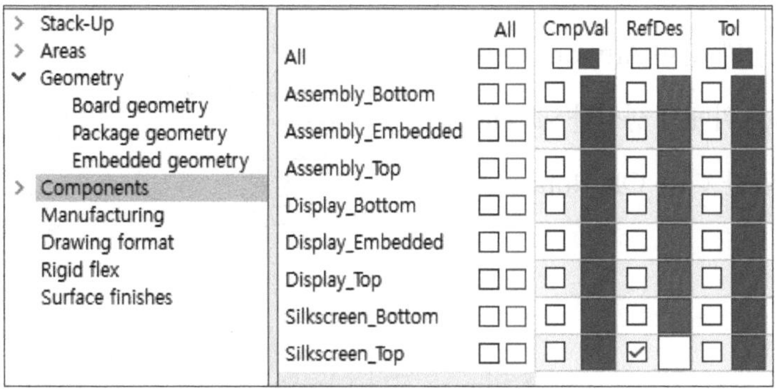

⑥ Silkscreen_Top Film Data 생성 과정이 모두 끝났으므로 OK Button을 클릭하여 오른쪽 그림과 같이 작업 창에 나타나는지를 확인한 후 다음 순서로 넘어간다.

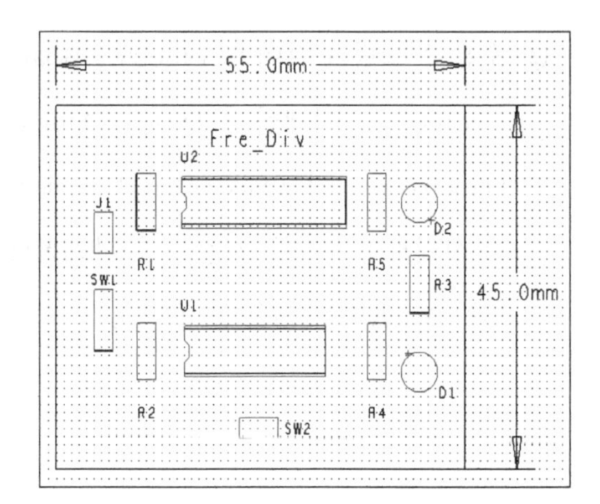

⑦ 오른쪽 그림과 같이 툴 팔레트에서 Artwork Icon을 클릭한다.

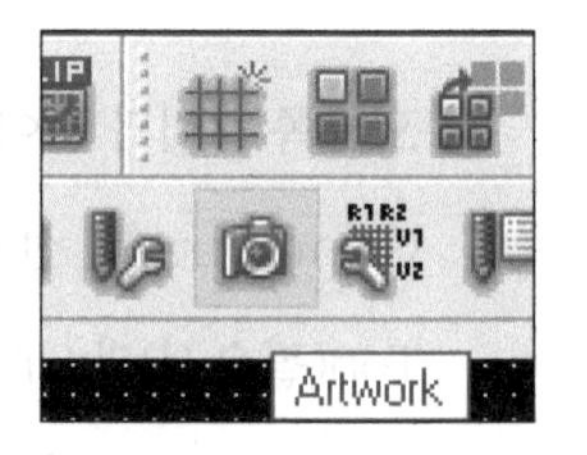

⑧ 오른쪽 그림과 같이 Artwork Control Form 창 〉 Film Control Tab의 TOP 위에서 RMB 〉 Add를 선택한다.

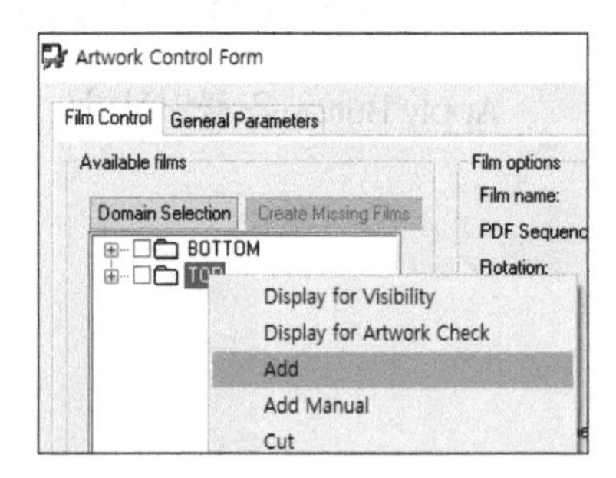

⑨ 오른쪽 그림과 같이 Film name을 Silkscreen_Top으로 지정한 후 OK Button을 클릭한다. 현재 작업 창에 보이는 내용이 적용된다.

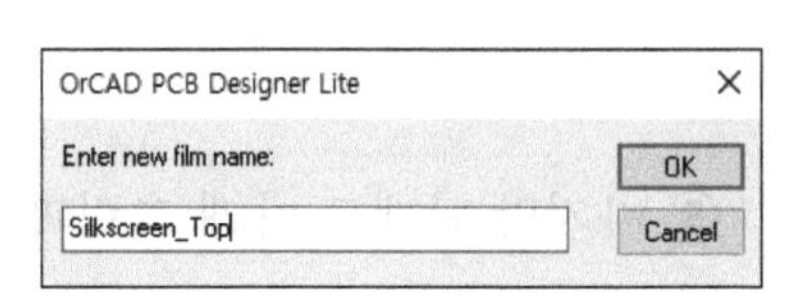

⑩ 오른쪽 그림과 같이 Artwork Control Form 창에서 위에서 생성한 Silkscreen_Top을 확인한 다음 OK Button을 클릭한다.

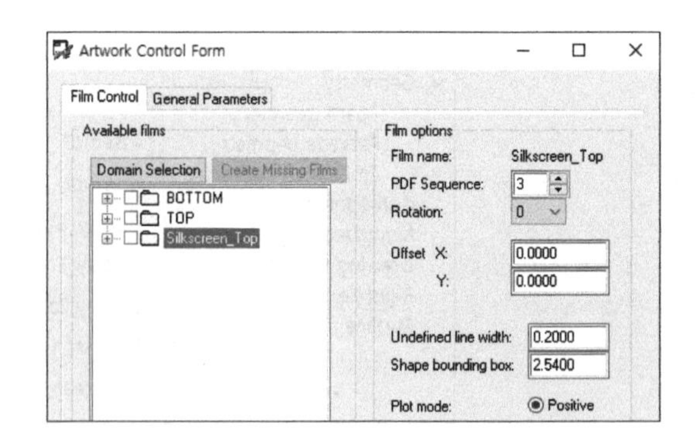

5-5-3 Soldermask_Top Film Data 생성

이 작업에서는 기판을 관통, 실장하는 부품을 사용하여 Top 면에만 배치하였으므로 Soldermask_Top Film Data와 Bottom면의 Soldermask_Bottom Film Data가 같게 나타난다.

① 오른쪽 그림과 같이 툴 팔레트에서 Color192 Icon을 클릭한다.

② Color Dialog 팝업 창이 나타나면 오른쪽 윗부분 Global Visibility: 항목에서 Off Button을 클릭한다.

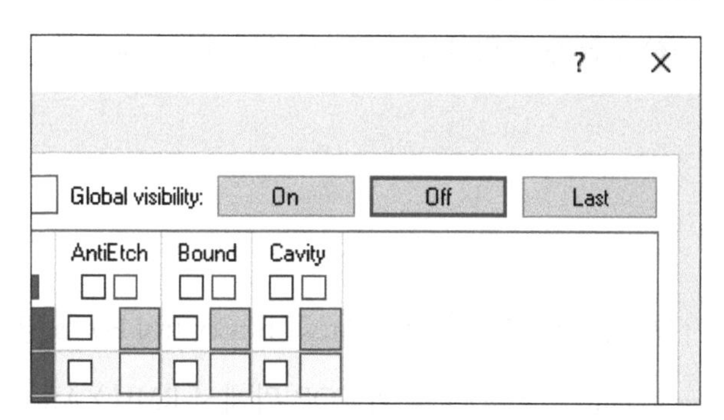

③ 오른쪽 그림과 같이 Geometry 〉 Board Geometry를 선택한 후 Outline를 선택하고 색상을 지정한 후 아래쪽에 있는 Apply Button을 클릭한다.

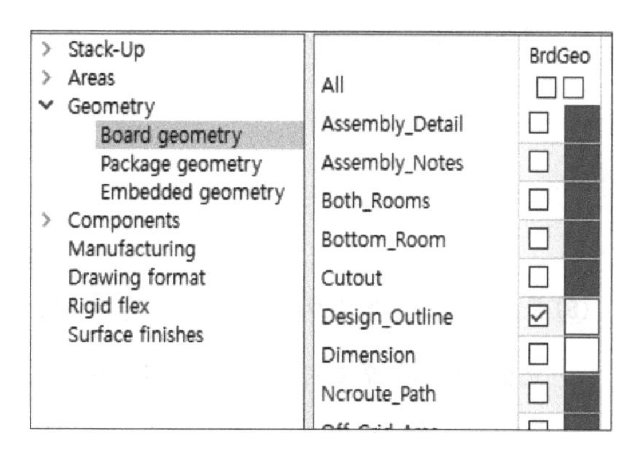

④ 오른쪽 그림과 같이 Stack-Up을 선택한 후 Soldermask_Top의 Pin과 Via 두 개 항목을 선택하고 색상을 지정한 후 아래쪽에 있는 Apply Button을 클릭한다.

⑤ Soldermask_Top Film Data 생성 과정이 모두 끝났으므로 OK Button을 클릭하여 오른쪽 그림과 같이 작업 창에 나타나는지를 확인한 후 다음 순서로 넘어간다.

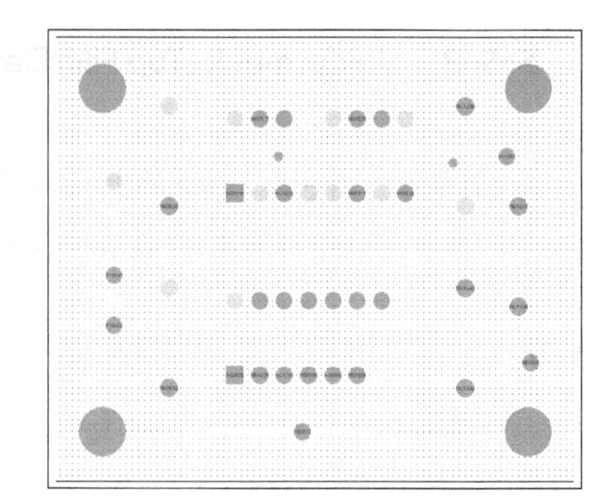

⑥ 오른쪽 그림과 같이 툴 팔레트에서 Artwork Icon을 클릭한다.

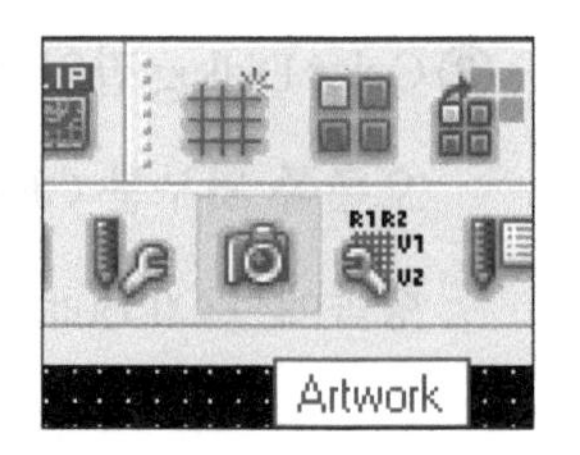

⑦ 오른쪽 그림과 같이 Artwork Control Form 창 〉 Film Control Tab의 TOP 위에서 RMB 〉 Add를 선택한다.

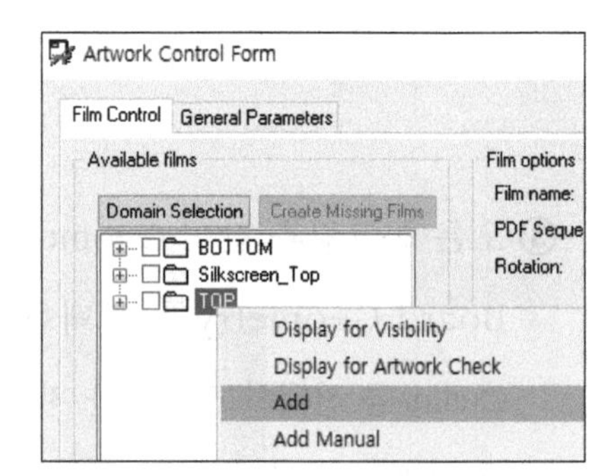

⑧ 오른쪽 그림과 같이 Film name을 Soldermask_Top으로 지정한 후 OK Button을 클릭한다.

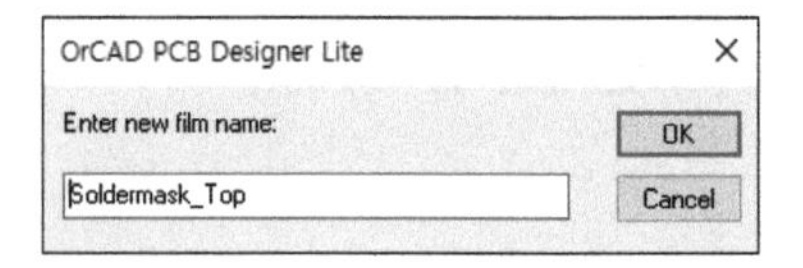

⑨ Artwork Control Form 창에서 위에서 생성한 Soldermask_Top을 확인한 다음 OK Button을 클릭한다.

5-5-4 Soldermask_Bottom Film Data 생성

① 오른쪽 그림과 같이 툴 팔레트에서 Color192 Icon을 클릭한다.

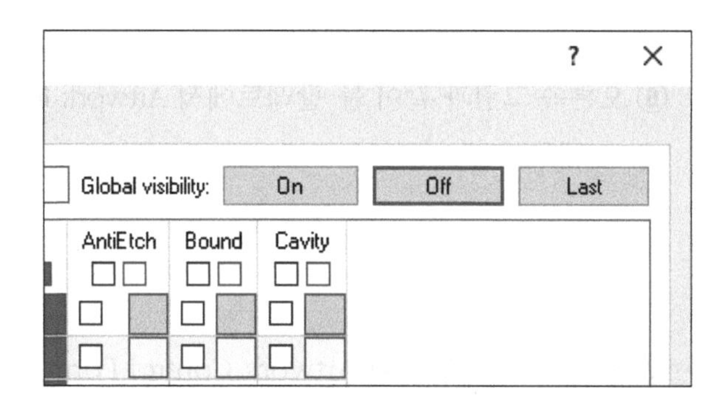

② Color Dialog 팝업 창이 나타나면 오른쪽 윗부분 Global Visibility: 항목에서 Off Button을 클릭한다.

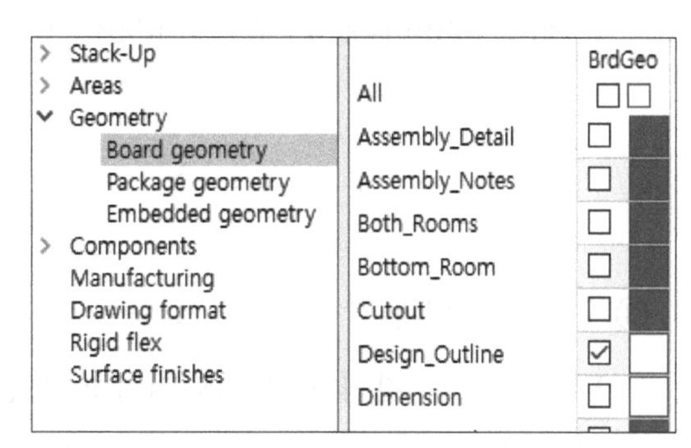

③ 오른쪽 그림과 같이 Geometry 〉 Board Geometry를 선택한 후 Design Outline를 선택하고 색상을 지정한다.

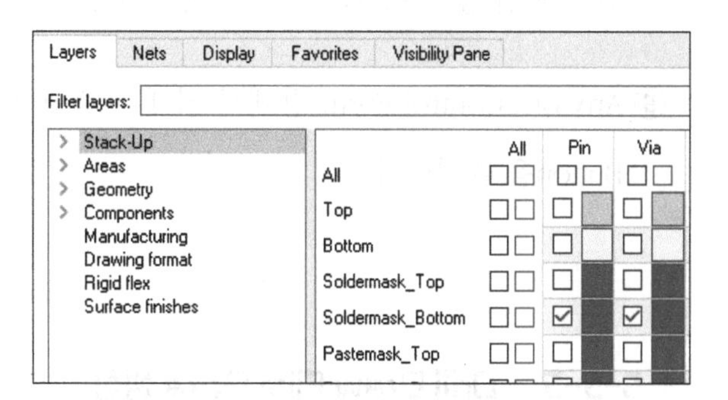

④ 오른쪽 그림과 같이 Stack-Up을 선택한 후 Soldermask_Bottom의 Pin과 Via 두 개 항목을 선택하고 색상을 지정한 후 아래쪽에 있는 Apply Button을 클릭한다.

⑤ Soldermask_Bottom Film Data 생성 과정이 모두 끝났으므로 OK Button을 클릭하여 오른쪽 그림과 같이 작업 창에 나타나는지를 확인한 후 다음 순서로 넘어간다.

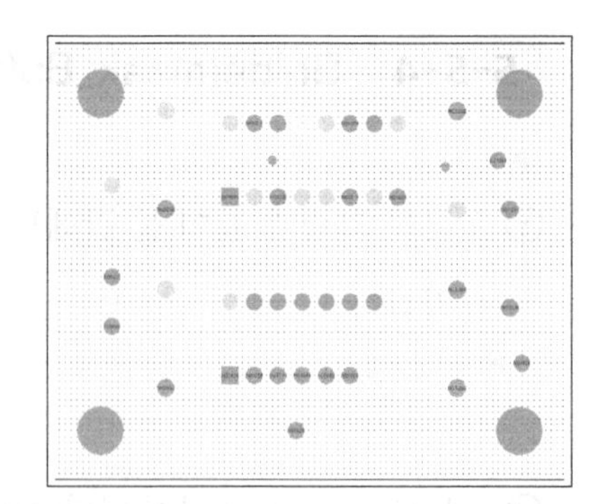

⑥ 오른쪽 그림과 같이 툴 팔레트에서 Artwork Icon을 클릭한다.

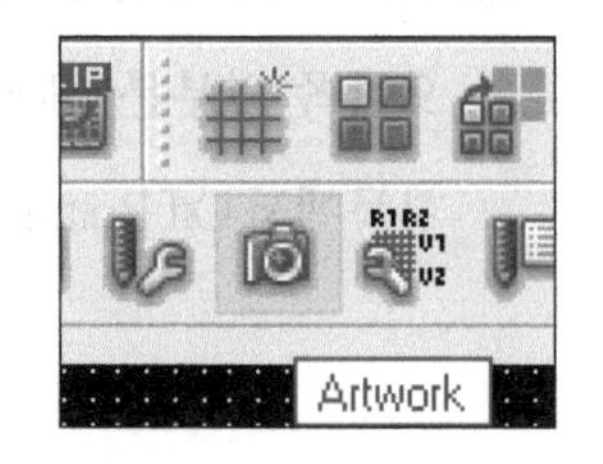

⑦ 오른쪽 그림과 같이 Artwork Control Form 창 〉 Film Control Tab의 Bottom 위에서 RMB 〉 Add를 선택한다.

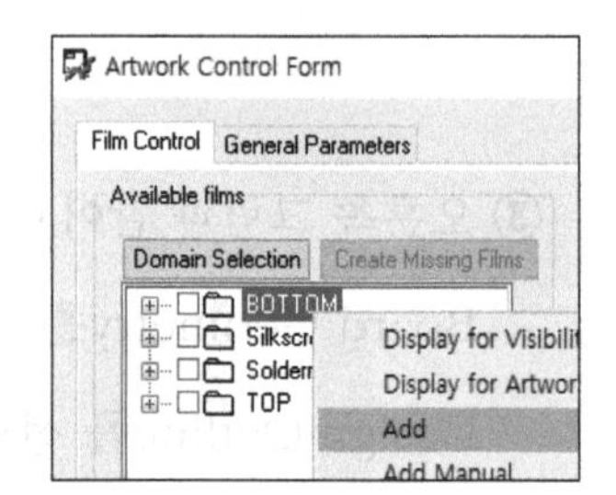

⑧ 오른쪽 그림과 같이 Film name을 Soldermask_Bottom으로 지정한 후 OK Button을 클릭한다. 현재 작업 창에 보이는 내용이 적용된다.

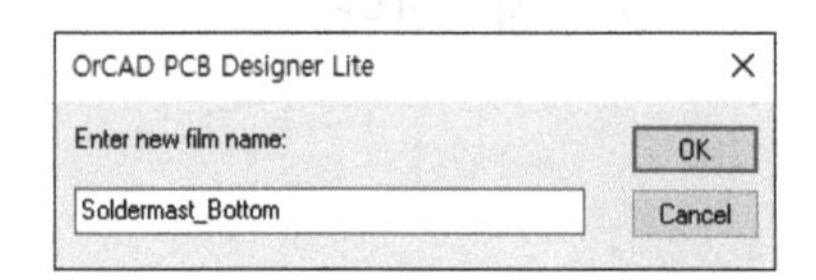

⑨ Artwork Control Form 창에서 위에서 생성한 Soldermask_Bottom을 확인한 다음 OK Button을 클릭한다.

5-5-5 Drill Draw Film Data 생성

① 오른쪽 그림과 같이 툴 팔레트에서 Color192 Icon을 클릭한다.

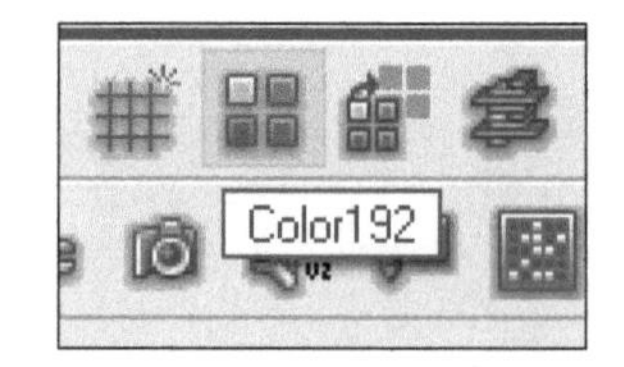

② Color Dialog 팝업 창이 나타나면 오른쪽 윗부분 Global Visibility: 항목에서 Off Button을 클릭한다.

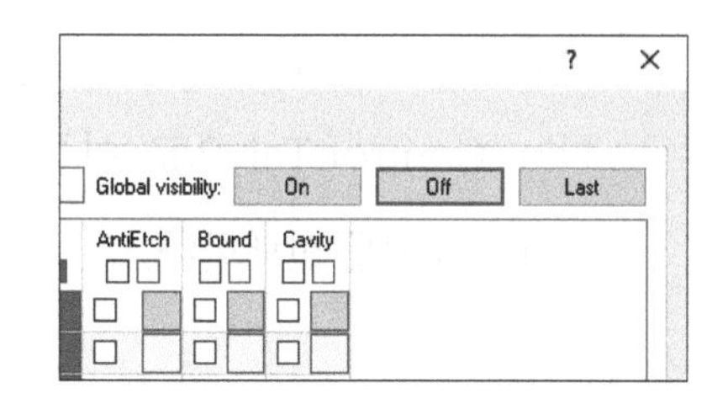

③ 오른쪽 그림과 같이 Geometry 〉 Board Geometry를 선택한 후 Design Outline를 선택한다. 색상은 흰색으로 지정되어 있고 필요시 다시 지정한 후 아래쪽에 있는 Apply Button을 클릭한다.

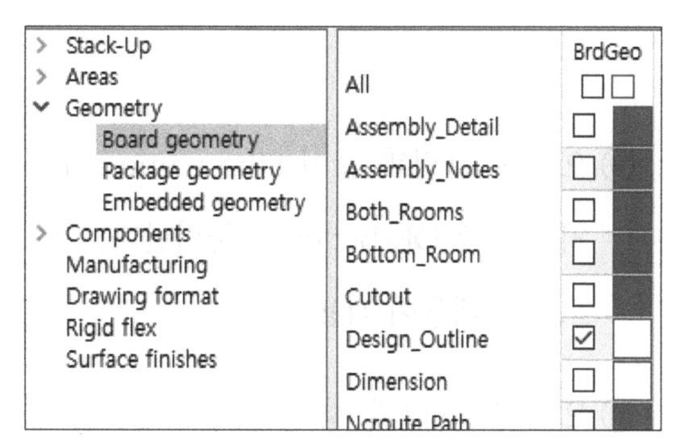

④ 오른쪽 그림과 같이 Manufacturing을 선택한 후 Nclegend-1-2 항목을 선택한다. 색상을 쑥색으로 지정되어 있고 필요시 다시 지정한 후 아래쪽에 있는 Apply Button을 클릭한다.

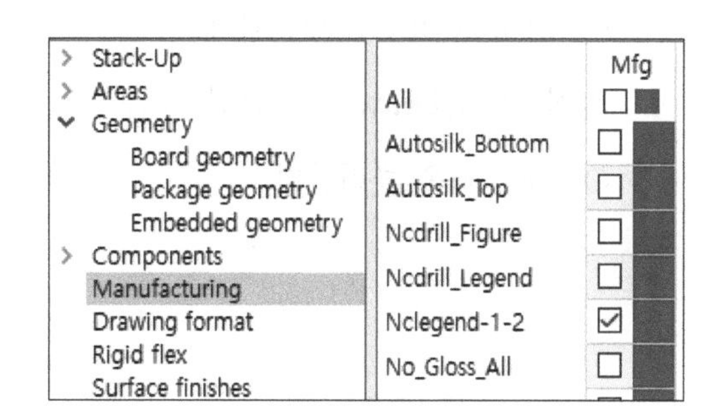

⑤ Drill Draw Film Data 생성 과정이 모두 끝났으므로 OK Button을 클릭하여 아래 그림과 같이 작업 창에 나타나는지를 확인한 후 다음 순서로 넘어간다.

DRILL CHART: TOP to BOTTOM			
ALL UNITS ARE IN MILLIMETERS			
FIGURE	FINISHED_SIZE	PLATED	QTY
·	0.3302	PLATED	2
▫	0.9144	PLATED	41
◦	1.0668	PLATED	10
⬡	3.9624	NON-PLATED	4
		TOTAL HOLES:	57

⑥ 오른쪽 그림과 같이 툴 팔레트에서 Artwork Icon을 클릭한다.

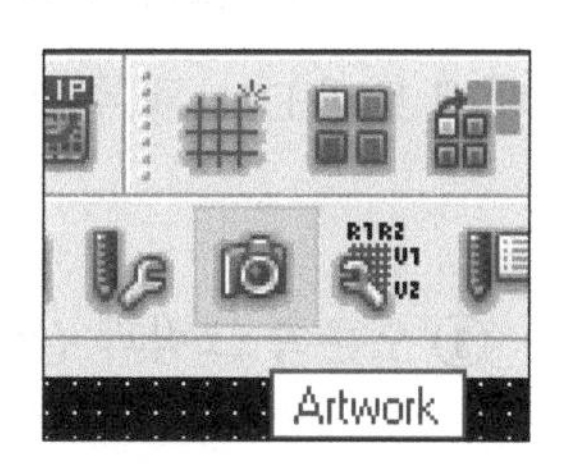

⑦ 오른쪽 그림과 같이 Artwork Control Form 창에서 Film Control Tab으로 이동한 후 TOP 위에서 RMB 〉 Add를 선택한다.

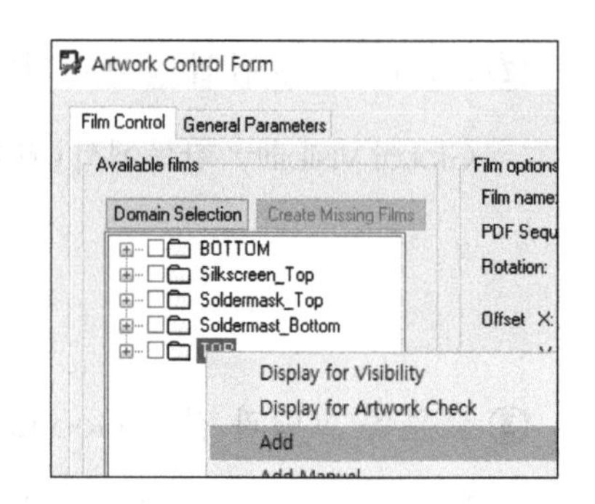

⑧ 오른쪽 그림과 같이 Film name을 Drill_Draw로 지정한 후 OK Button을 클릭한다. 현재 작업 창에 보이는 내용이 적용된다.

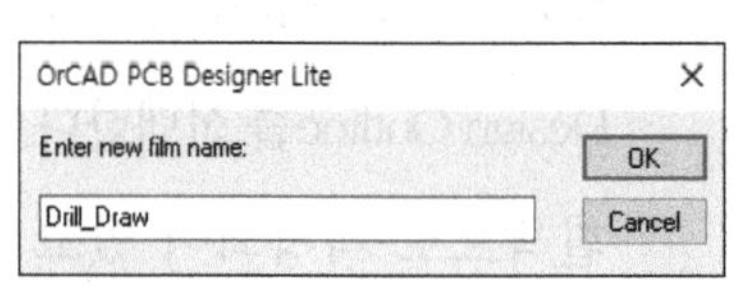

⑨ 오른쪽 그림과 같이 Artwork Control Form 창에서 위에서 생성한 Drill_Draw를 확인한 다음 OK Button을 클릭한다.

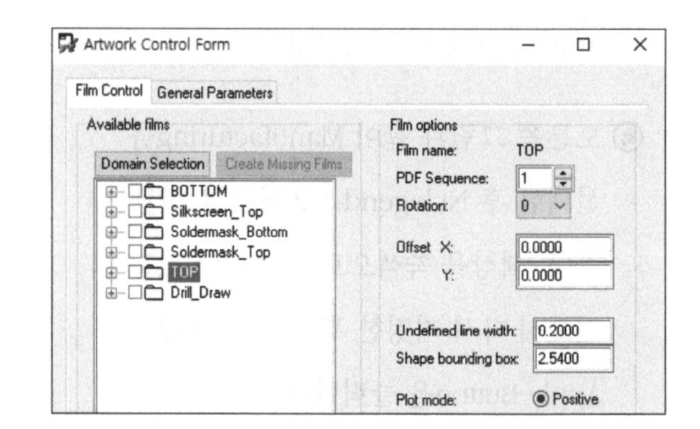

● **SMD 부품을 사용한 경우 Metal Mask 제작을 위해 Stack-Up을 선택, Pastemask_Top의 Pin를 선택하여 File을 하나 더 만들어야 한다.**

5-6 Gerber Film 생성

지금까지 필요한 Gerber Film Data를 생성하였고, PCB 제작 업체에 보낼 Data를 추출해야 하는데 다음 순서에 따라 진행한다.

① 오른쪽 그림과 같이 툴 팔레트에서 Artwork Icon을 클릭한다.

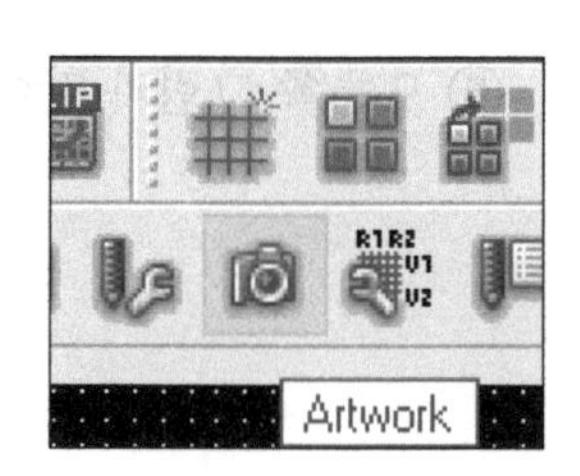

② 오른쪽 그림과 같이 Artwork Control Form 창에서 Film Control Tab으로 이동하여 Select all Button을 클릭한 후 Button 위에 모두 선택된 것이 확인되면 창 아래쪽에 있는 Create Artwork Button을 클릭한다.

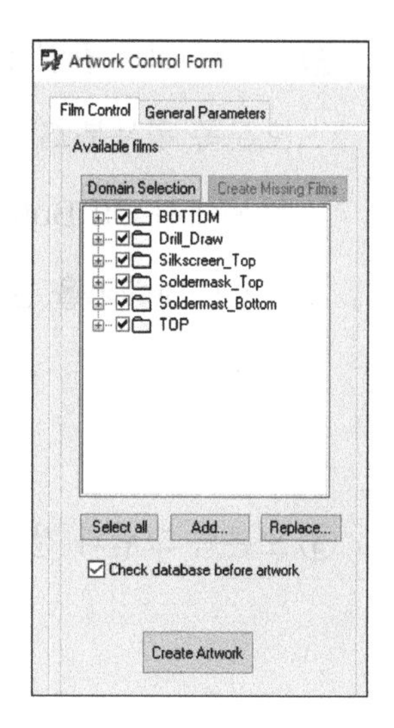

③ Artwork Film들이 생성되는 과정이 진행되고 결과 파일이 올라온다.

④ 모든 작업이 정상적으로 완료되었고 OK Button을 클릭하여 Artwork Control Form 창을 닫고 작업 창에서 File 〉 Save 후 File 〉 Exit를 선택하여 종료한다.

⑤ 생성된 파일들은 처음에 지정한 proj_01 폴더의 하위 폴더인 allegro 폴더에 오른쪽 그림과 같이 저장된 것을 확인한다. 여러 파일들이 생성되지만 아래에 보이는 파일들을 업체에 보내 PCB 제작을 하게 된다. (txt 파일은 필요시 제출)

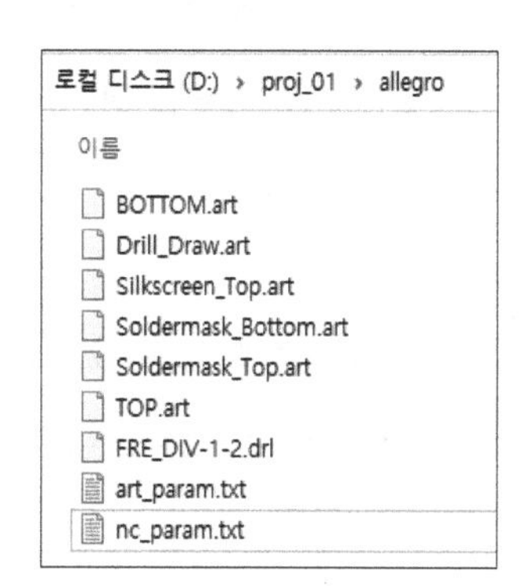

5-7 Gerber File 출력

위에서 작성한 Gerber 파일을 프린터로 출력하기 위한 작업이다.

① 오른쪽 그림과 같이 툴 팔레트에서 Color192 Icon을 클릭한다.

② Color Dialog 팝업 창이 나타나면 오른쪽 윗부분 Global Visibility: 항목에서 Off Button을 클릭한 후 OK Button을 클릭한다.

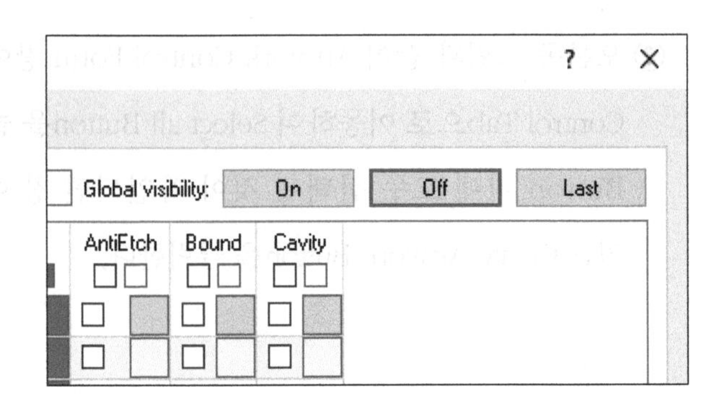

③ 오른쪽 그림과 같이 툴 팔레트에서 Artwork Icon을 클릭한다.

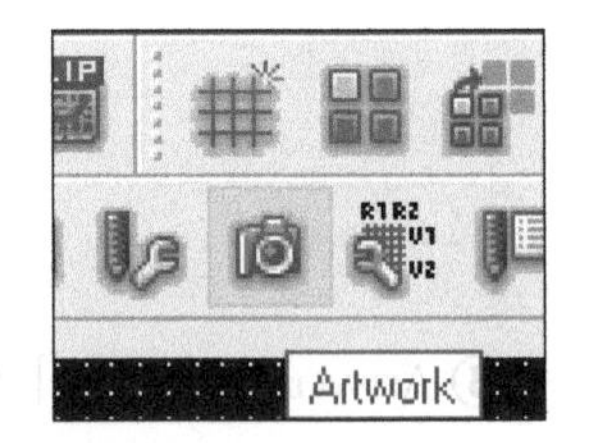

④ 오른쪽 그림과 같이 Artwork Control Form 창에서 Film Control Tab으로 이동한 후 해당 파일 위에서 RMB 〉 Display for Artwork Check를 선택, OK Button을 클릭한다.

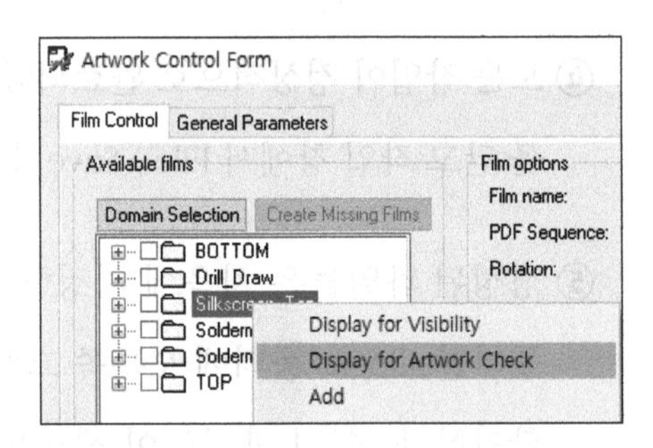

⑤ 작업 창에서 File 〉 Print Preview를 선택하면 오른쪽 그림과 같이 나타난다.

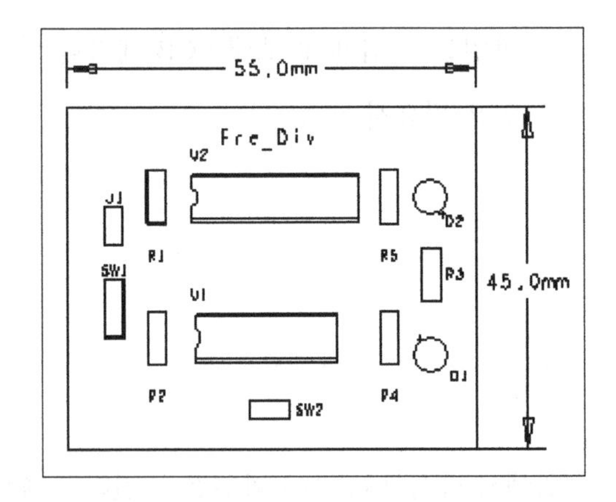

⑥ 위에서 정상적으로 Data가 나타나면 왼쪽 위 Print Button을 눌러 프린터를 지정한 후 OK Button을 클릭하여 인쇄한다.

⑦ 나머지 파일들도 위와 같은 방법으로 인쇄할 수 있다.

CHAPTER 06

다층 기판 (4-Layer) 설계

CHAPTER 06

다층 기판 (4-Layer) 설계

이번 장에서는 다층 기판(4-Layer) 설계를 위하여 별도의 회로도를 사용하지 않고 앞에서 작성한 회로도를 사용하여 기본적으로 다층 기판의 설계 과정과 Gerber Data 추출 과정 등을 다룬다.

다음 순서에 따라 사전 준비를 한다.

① Capture 프로그램을 실행하여 앞에서 작성한 회로도(D:\proj_01\fre_div.opj)를 불러온다.

② Tools 〉 Annotate...를 선택하여 Action의 3번째 옵션을 선택하고 확인 Button을 누른 다음, 다시 Tools 〉 Annotate...를 선택하여 Action의 1번째 옵션을 선택하고 확인 Button을 누른 후 저장한다. 양면 기판용 회로도와 부품 참조번호만 바뀌었다.

③ Tools 〉 Create Netlist...를 선택한 후 Output Board File 이름을 FRE_DIV_4.brd로 수정한 다음, 오른쪽 그림과 같이 옵션을 선택하고 확인 Button을 누른다.

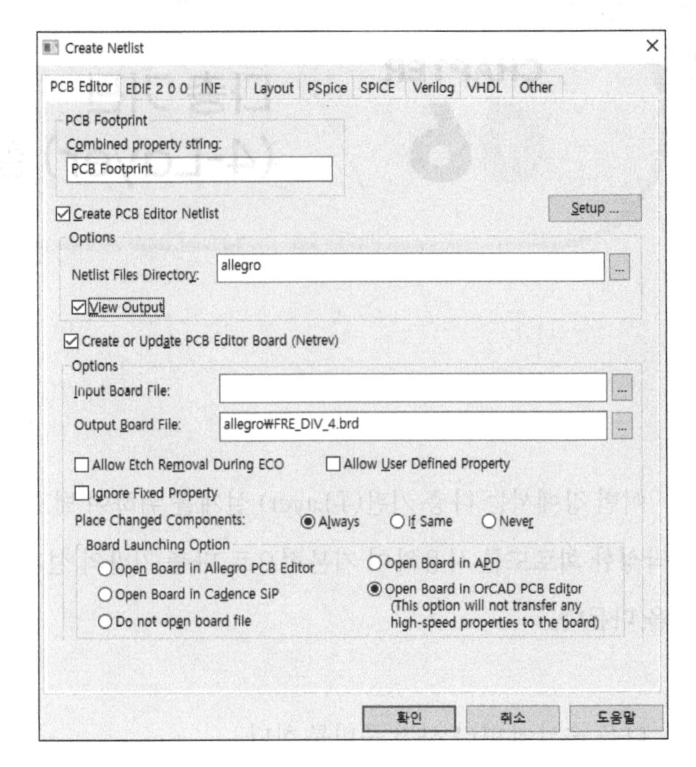

④ 정상적으로 진행되면 PCB Editor가 실행되고 PCB 설계를 할 수 있는 상태로 된다.

[필요시 PCB Editor를 실행한 후 File 〉 Open을 선택하여 위에서 만든 파일의 경로(D:\proj_01\allegro\FRE_DIV_4.brd)에 있는 파일을 불러올 수도 있다.]

6-1 환경 설정

6-1-1 단위 및 도면 크기 설정

① 오른쪽 그림과 같이 툴 팔레트에서 Prmed Icon을 선택한다.

② 오른쪽 그림과 같이 Design Parameter Editor 팝업 창이 나타나면 Design Tab으로 이동하여 User Units:는 Millmeter로, Size는 A4로, Accuracy는 4로 설정하고 Extents 항목의 Left X:와 Lower Y:는 각각 -25.4를 입력한 다음 Apply Button을 클릭한다.

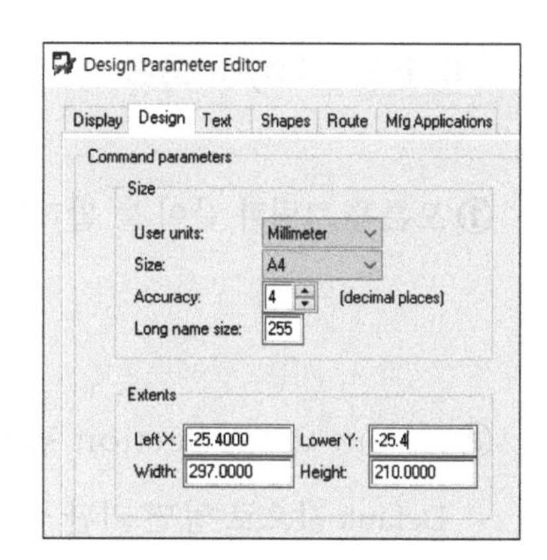

③ Shape Tab을 선택, 오른쪽 그림과 같이 Edit global dynamic shape parameter... Button을 클릭한다.

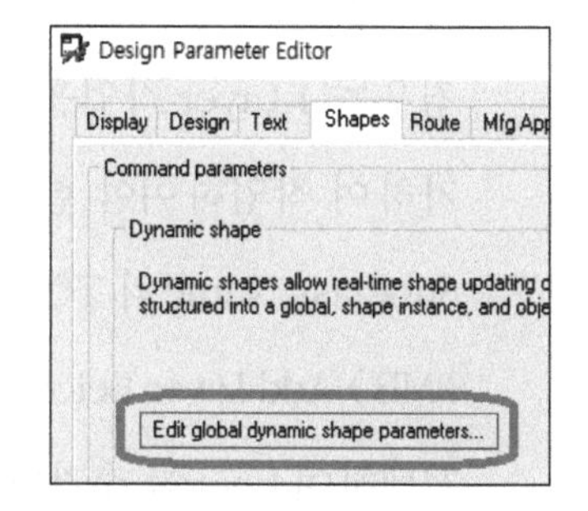

④ 오른쪽 그림과 같이 Void controls Tab을 선택, Artwork format을 확인한다. (보완)

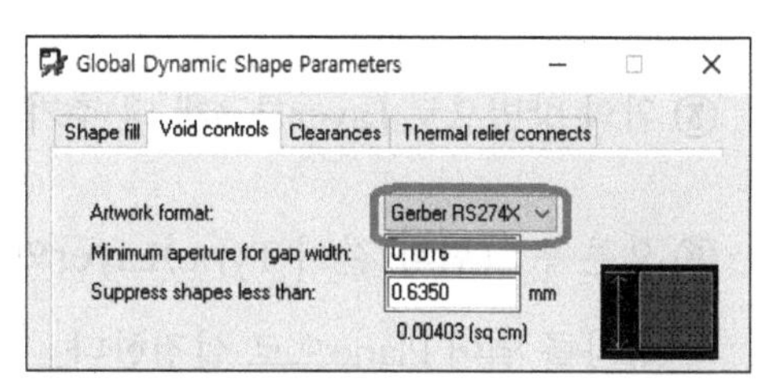

⑤ 오른쪽 그림과 같이 Thermal relief connects Tab을 선택, 관련 사항들은 설정한 후 OK Button을 차례로 클릭하여 팝업 창을 모두 닫는다.

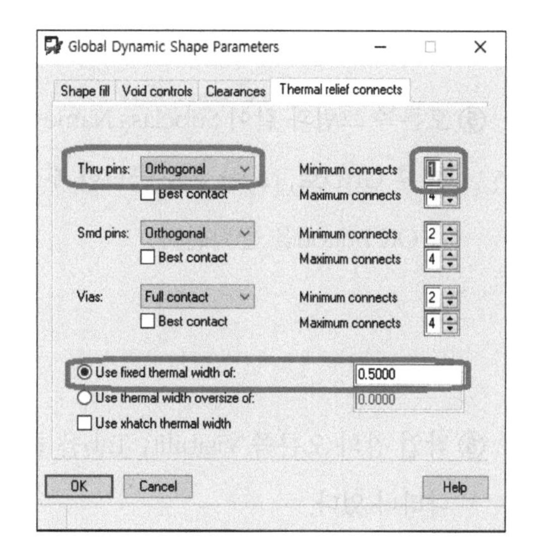

6-1-2 Layer 설정

① 오른쪽 그림과 같이 툴 팔레트에서 Xsection Icon을 선택한다.

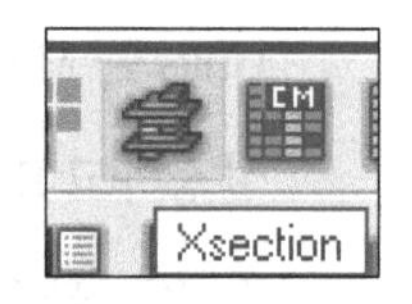

② Layout Cross Section 팝업 창이 나타나면 Default 값으로 양면 기판 설계를 할 수 있게 설정되어 있는 것을 확인할 수 있고, 이번 작업의 경우는 4-Layer 작업을 해야 하므로 Layer를 추가하여 작업하여야 한다. 오른쪽 그림과 같이 Subclass Name의 TOP과 BOTTOM 사이에서 RMB 〉 Add Layer Below(or Add Layer Above)를 선택하여 Layer를 추가한다.

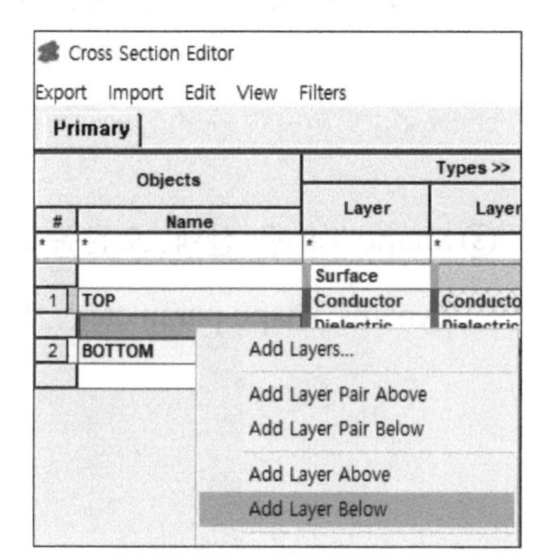

③ 위의 방법으로 Layer를 3개 더 추가한다.

④ 오른쪽 그림과 같이 Type〉Layer의 콤보 상자를 열어 Plane으로 설정한다.

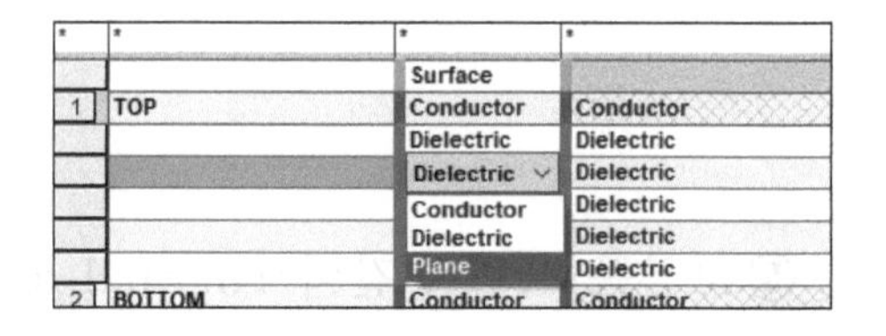

⑤ 오른쪽 그림과 같이 Subclass Name을 Layer_1을 클릭한 후 GND로, Layer_2를 클릭한 후 VCC로 수정한 다음 OK Button을 클릭한다.

#	Name	Layer
		Surface
1	TOP	Conductor
		Dielectric
2	GND	Plane
		Dielectric
3	VCC	Plane
		Dielectric
4	BOTTOM	Conductor
		Surface

⑥ 작업 창의 오른쪽 Visibility Tab을 클릭하면 위에서 설정한 내용이 아래 그림과 같이 나타나 있다.

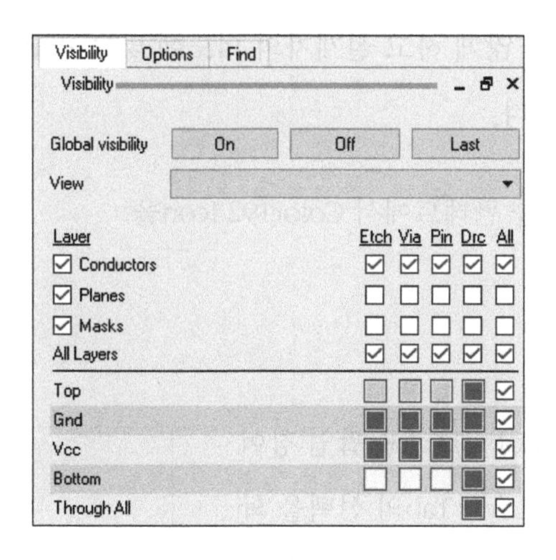

[Tip]

작업을 진행하는 동안 항목별로 중간 저장을 해 두면 다음 진행할 때 도움이 된다. 필자의 경우 지금까지 작업한 상태에서 File 〉 Save As...를 하여 FRE_DIV_4_assign_l로 원래의 시작 파일 이름 뒤에 Layer 설정까지 하였다는 의미로 저장하였다. 계속 진행하면서 필요하다고 생각될 때마다 이와 같이 저장하는 습관을 갖는 것도 좋다고 생각한다.

6-1-3 Grid 설정

① 작업 창의 메뉴에서 Setup 〉 Grids...를 선택한다.

② Define Grid 창이 나오면 Spacing x, y 값을 각각 1.27로 설정한 후 OK Button을 클릭한다. 필요시 Grids On Check Box를 On 또는 Off 하여 작업하면 된다.

6-1-4 Color 설정

작업을 하게 되면 부품에 여러 가지 속성들이 표시되어 복잡하게 보이게 되는데 이러한 불필요한 속성들을 보이지 않게 하고 설계자의 의도에 맞는 필요한 속성들만 보이게 하기 위해 Color 설정 작업을 한다.

① 오른쪽 그림과 같이 툴 팔레트에서 Color192 Icon을 선택한다.

② 오른쪽 그림과 같이 Color Dialog 팝업 창이 나타나면 기본적으로 Layer Tab의 선택을 확인(필요시 선택)하고 창의 오른쪽 윗부분에 있는 Global Visibility: 항목에서 Off Button을 클릭한다.

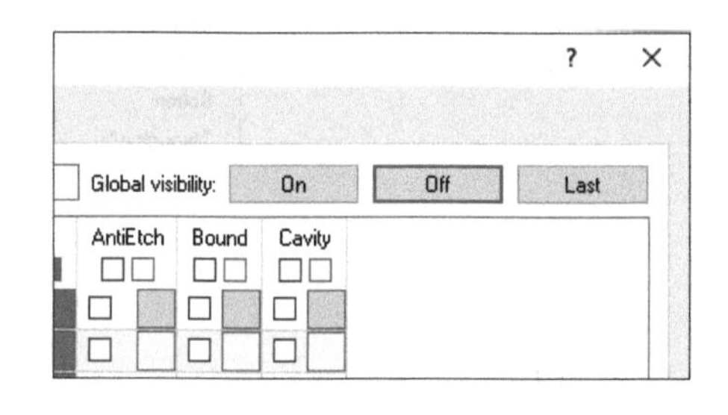

③ 오른쪽 그림에서 Geometry 〉Board Geometry 항목을 선택한 다음 아랫부분의 Color 지정 부분에서 노란색을 클릭하고, Design_Outline의 Check Box를 On 하고 그 오른쪽 색상 지정할 곳을 클릭한다. SilkScreen_Top은 흰색으로 설정하고 Dimension도 선택하고 Apply Button을 클릭한다. 이것은 Board에 관련된 항목을 보이게 하는 작업이다.

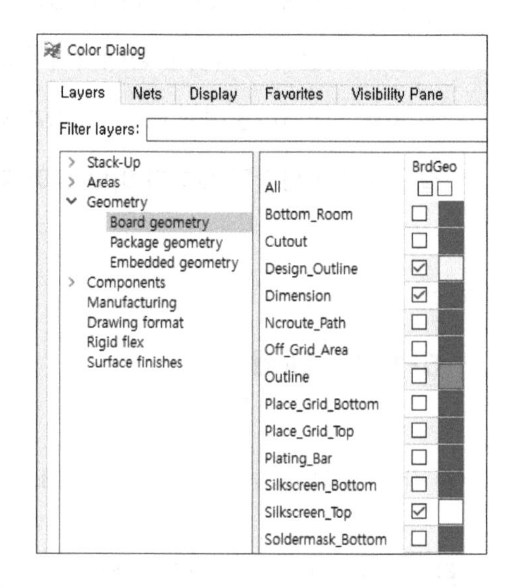

④ 오른쪽 그림과 같이 Stack-Up 항목을 선택하고, 오른쪽 부분에서 Pin, Via, Etch, Drc 항목에 대하여 All Check Box를 On 한 다음, Gnd와 Vcc를 청색, 적색으로 지정한 후 Apply Button을 클릭한다.

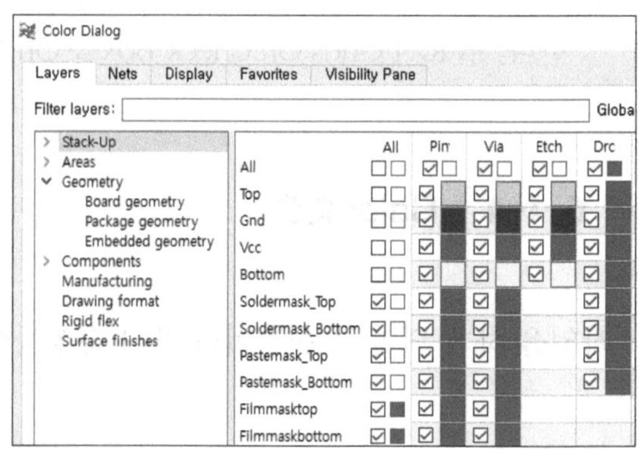

⑤ 오른쪽 그림에서 Geometry 〉Package Geometry 항목을 선택한 다음, 아랫부분의 Color 지정 부분에서 흰색을 클릭하고, Silkscreen_Top의 Check Box를 On 하고 그 오른쪽 색상 지정할 곳을 클릭한 후 Apply Button을 클릭한다. (필요에 따라 Assembly_Top을 지정할 수 있다.)

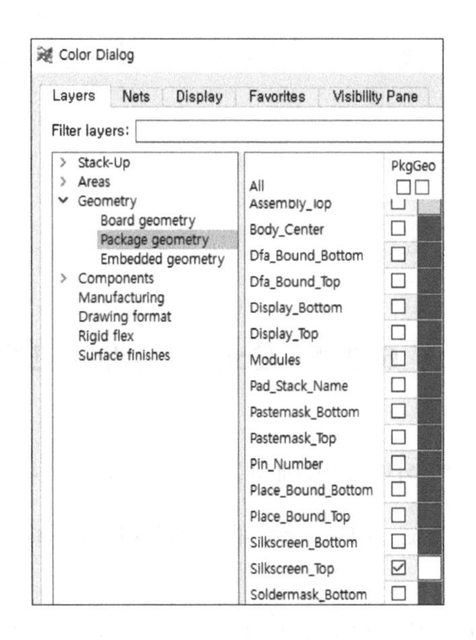

⑥ 오른쪽 그림과 같이 Components 항목을 선택한 다음 아랫부분의 Color 지정 부분에서 흰색을 클릭하고, Silkscreen_Top의 RefDes 항목에 대하여 Check Box를 On하고 그 오른쪽 색상 지정할 곳을 클릭한 후 Apply Button을 클릭한다. 이것은 부품에 있는 여러 가지 속성 중 PCB 설계에 필요한 속성들을 나타나게 하는 것으로 이번 작업의 경우 부품을 Top 면에만 실장하므로 이에 맞게 지정한 것이며 이는 설계자가 어떤 항목을 설정할 것이지를 판단하여야 한다.

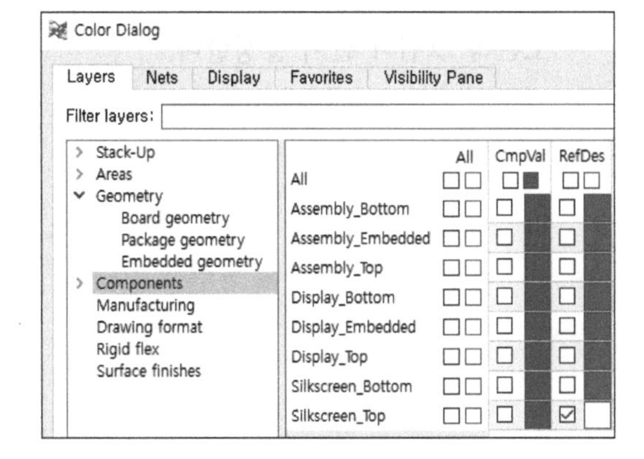

⑦ 오른쪽 그림과 같이 Area 항목과 필요한 요소를 클릭한다.

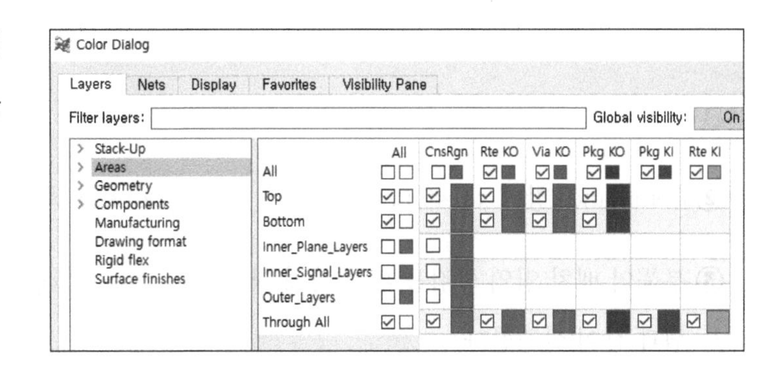

⑧ 다른 지정할 사항이 없으면 OK Button을 클릭한다.

6-2 Board Outline 그리기 및 부품 배치

6-2-1 Board Outline 그리기

이번 작업에서는 Board의 크기는 위에서와 같지만 모서리에 라운드 처리를 한 모양의 Board이며 앞쪽에서 진행한 것과 다른 방법을 사용하여 진행한다.

① 작업 창에서 Shape 〉 Rectangular...를 선택한 후 오른쪽 그림과 같이 설정한다.

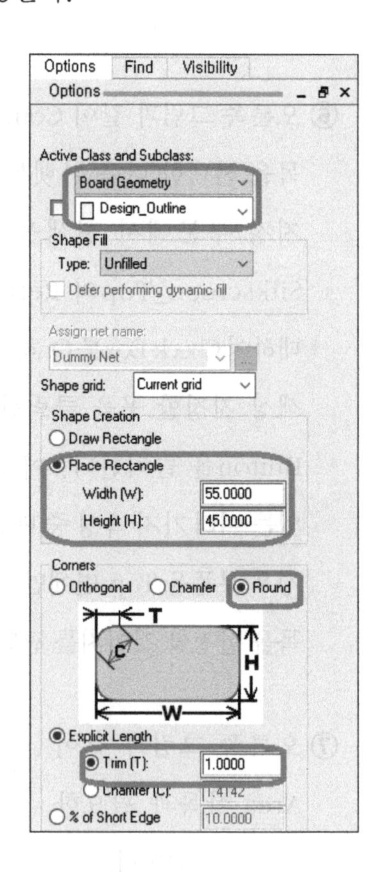

② Command〉 창에 x 0 45 Enter를 친 후 RMB 〉 Done을 선택한다.

③ 부품의 배치 영역 설정을 위해 작업 창에서 Outline 〉 Copy Shape를 선택한 후 아래 그림과 같이 설정한다.

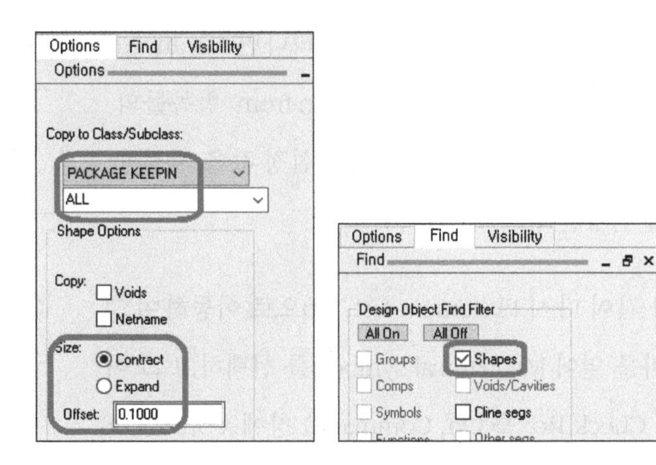

④ 작업 창에서 Design_Outline 선을 클릭한다.

⑤ 배선 영역 설정을 위해 다시 아래 그림과 같이 설정한다.

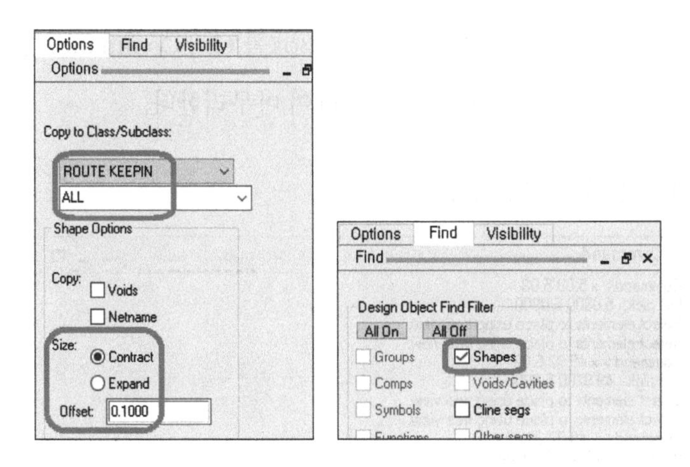

⑥ 작업 창에서 Design_Outline 선을 클릭한 후 RMB 〉 Done을 선택하여 마무리한다.

6-2-2 기구 Hole 추가

① 오른쪽 그림과 같이 툴 팔레트에서 Place Manual Icon을 선택한다.

② 오른쪽 그림과 같이 Placement 팝업 창이 나타나면 Advanced Settings Tab으로 이동하여 Display definition from: 항목들의 Check Box가 On 된 것을 확인하고 필요시 설정 값을 지정한 후 다음 순서를 진행한다.

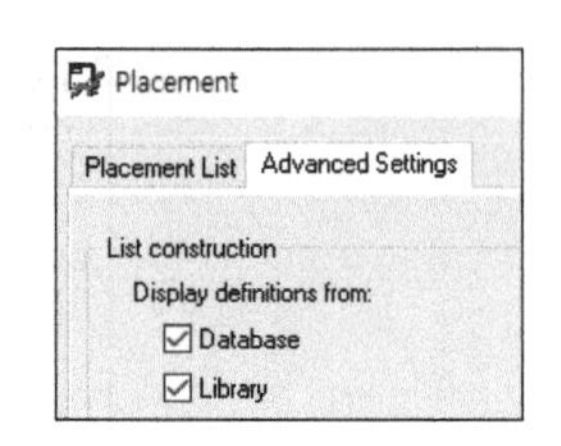

③ 오른쪽 그림과 같이 다시 Placement List Tab으로 이동하여 그 아래 콤보 상자를 열어 Mechanical symbols를 선택하고 그 아래의 MTG125 Check Box를 On, Command> 창에 x 5.08 5.08 Enter Key를 누르고 다시 MTG125 Check Box를 On, Command> 창에 x 49.92 5.08 Enter Key를 누르고 다시 MTG125 Check Box를 On, Command> 창에 x 49.92 39.92 Enter Key를 누르고 다시 MTG125 Check Box를 On, Command> 창에 x 5.08 39.92 Enter Key를 누른 후 Close Button을 클릭하여 마무리한다.

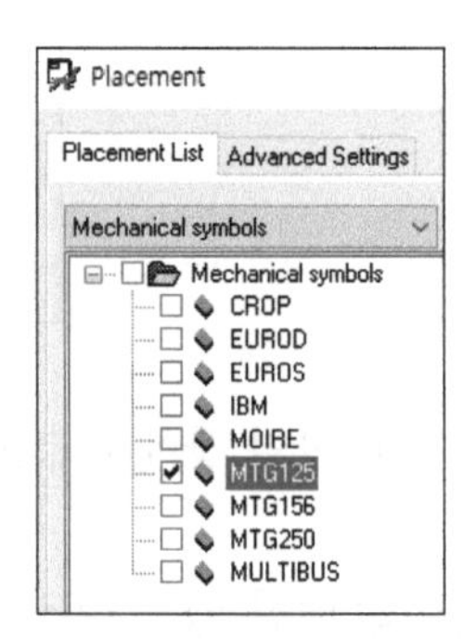

④ 위의 진행 과정은 아래 그림과 같다.

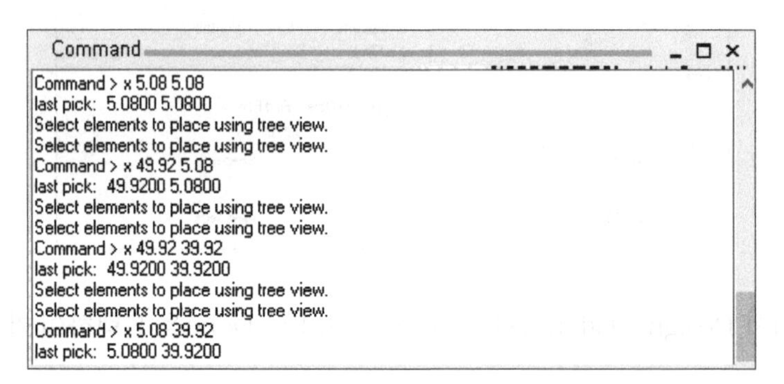

⑤ 오른쪽 그림은 기구 Hole이 배치된 Board의 모습이다.

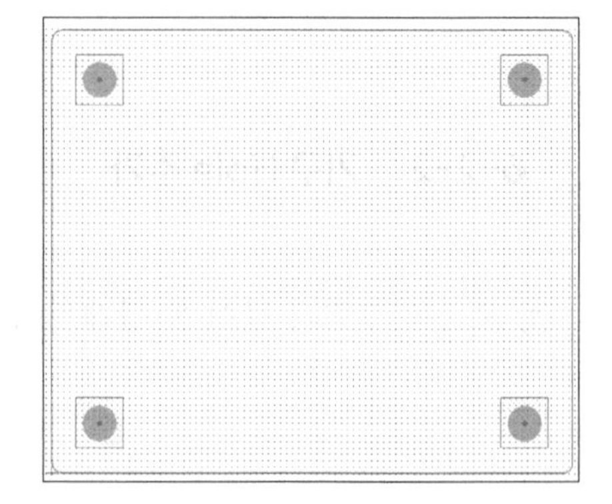

[참고: 기구 Hole 크기 설정]

기구 Hole을 배치한 후 특정한 크기로 변경할 필요가 있을 때 설정하는 방법이다.

- Find Tab에서 Pins Check Box만 On 한 후 배치된 기구 Hole을 모두 선택, Tools > Padstack > Modify Design Padstack...을 선택, 오른쪽과 같이 설정하고 Edit Button을 클릭한다.

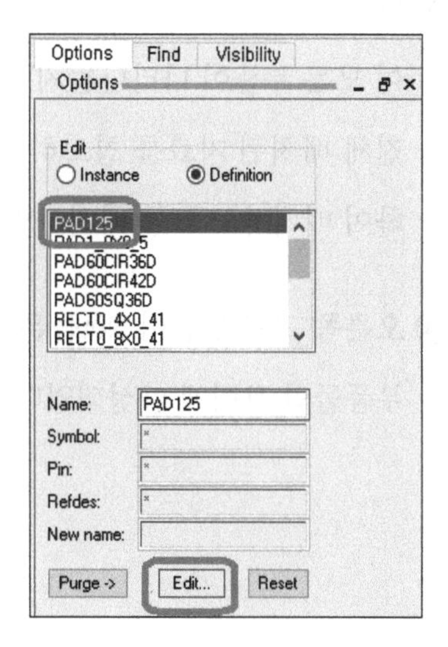

- Pad Editor 팝업 창이 열리면 Drill Tab을 선택, 오른쪽과 같이 설정하고 File > Update to Design and Exit를 선택한다.

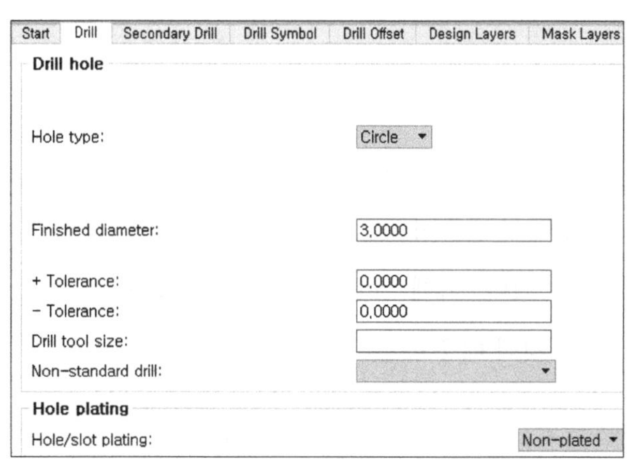

6-2-3 부품 배치(Manually)

① 오른쪽 그림과 같이 툴 팔레트에서 Unrats All Icon을 선택한다.
(필요시 rats All)

② 툴 팔레트에서 Place Manual Icon을 선택한다.

③ Placement 팝업 창이 나타나면 Placement List Tab 〉 Components by refdes를 선택하여 모든 부품이 나타나는지를 확인하고 이상이 없으면 전체 Check Box를 On 한 다음, 전체 배치된 자료를 참고하여 차례로 부품을 배치한다. 필요시 RMB 〉 Rotate를 사용하여 배치하고 모두 배치하였으면 Close Button을 클릭한다.

④ 오른쪽 그림과 같이 Net들은 보이지 않고 부품들만 보이게 완성되었다.

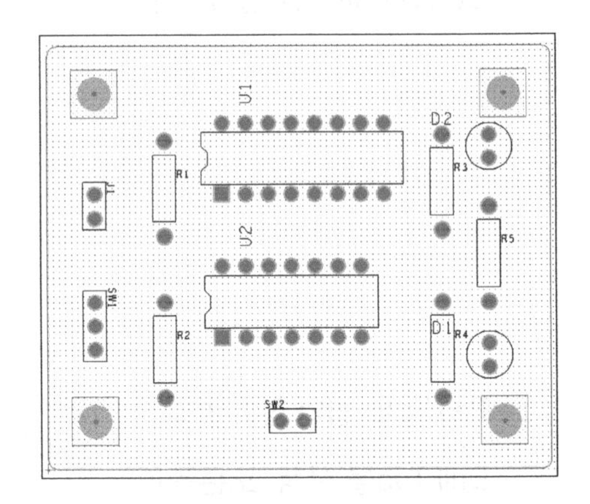

⑤ rats All Icon을 눌러 상호 연결된 Net를 참조하여 필요시 Move 명령으로 재배치 할 수 있다. 이때 부품 배치를 균형 있게 하는 것이 매우 중요하다.

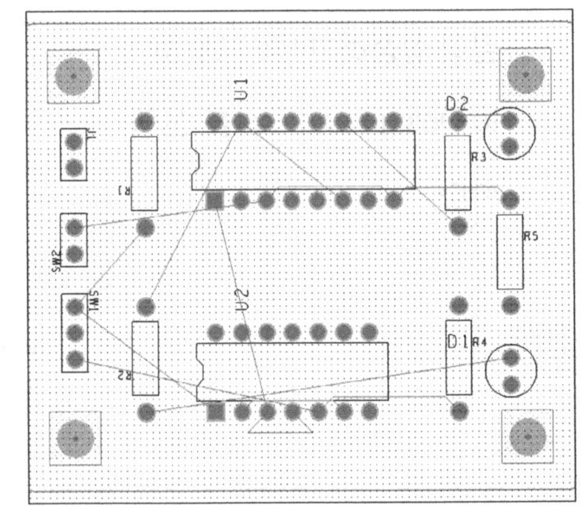

6-3 Net 속성 부여

PCB를 설계하는 과정에서 배선의 두께, 배선 간 간격, 배선의 색상, Via의 설정 등을 지정하여 진행하게 되는데 이것은 아래에 설명하는 순서에 따라 진행한다.

[설계 조건]

- 일반 Net의 두께: 0.3048mm(12mils)
- Via: 시스템에서 제공되는 것 사용
- Net 간 이격 거리: 0.3048mm(12mils)
- Shape(Copper)과의 이격 거리: 0.5mm

① 오른쪽 그림과 같이 작업 창의 메뉴에서 Setup > Constraints...를 선택한다.

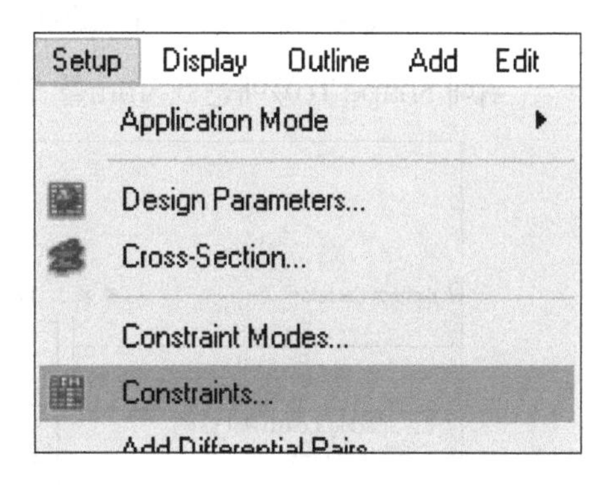

② 아래 그림과 같이 Physical Constrain Set\All Layers를 선택한 후 오른쪽 Line Width 항목의 Default 값인 0.1270mm를 0.3048mm로 바꾸어 입력한 후 Enter Key를 누른다.

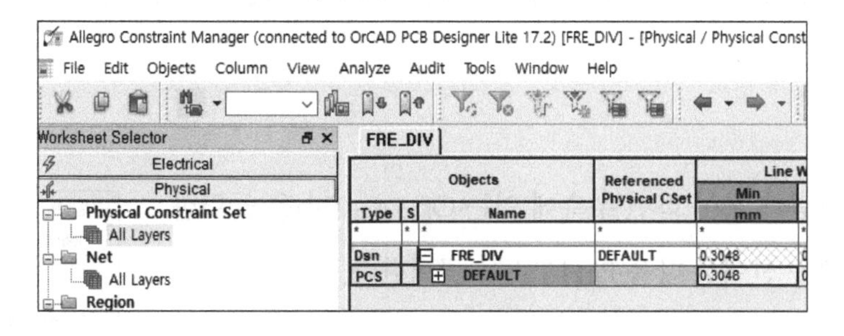

③ Net\All Layers를 선택한 후 오른쪽 Line Width 항목의 GND 값과 VCC 값을 확인한다. 전원은 내층으로 연결되는 신호로 배선하지 않는다.

④ 아래 그림과 같이 Spacing Constrain Set\All Layers를 선택한 후 오른쪽 Default 항목의 값을 각각 0.3048mm로 입력하고 Copper와의 이격 거리를 설정하기 위해 Shape To《 에는 0.5mm를 입력한 후 Enter Key를 누르고 창을 닫는다.

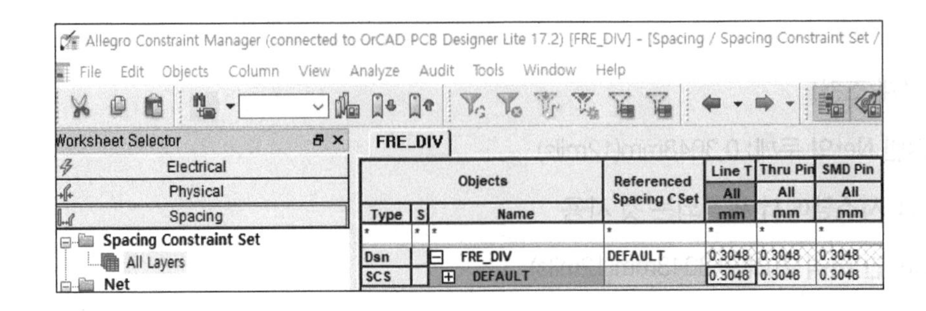

⑤ 아래 그림과 같이 Same Net Spacing Constraint Set\All Layers를 선택한 후 오른쪽 Default 항목의 값을 각각 0.3048mm로 입력하고 Copper와의 이격 거리를 설정하기 위해 Shape To》에는 0.5mm를 입력한 후 Enter Key를 누르고 창을 닫는다.

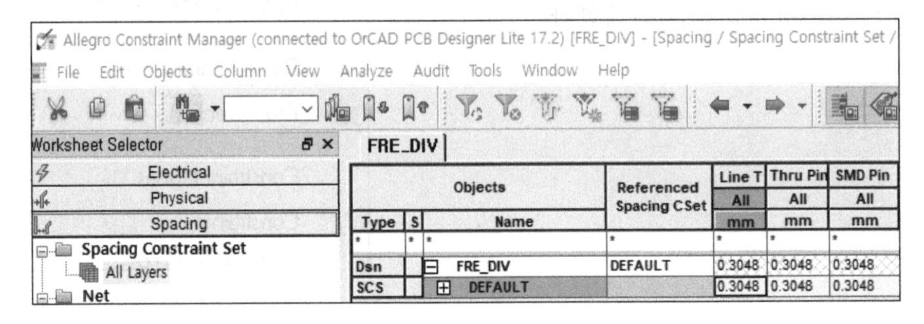

⑥ 오른쪽 그림과 같이 툴 팔레트에서 Assign Color Icon을 선택한다.

⑦ 오른쪽 그림과 같이 화면 우측에 있는 Options Tab을 클릭한 후 빨간색을 선택한 다음 Find Tab을 클릭한다.

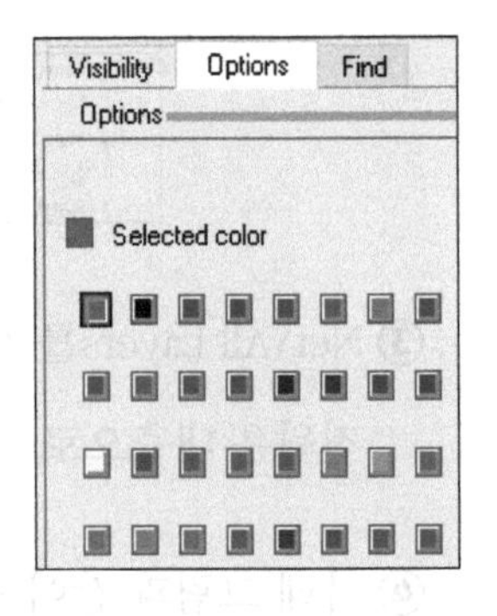

⑧ 오른쪽 그림과 같이 Find Tab이 활성화된 상태에서 Net와 Name을 선택한 뒤 그 아래의 More Button을 클릭한다.

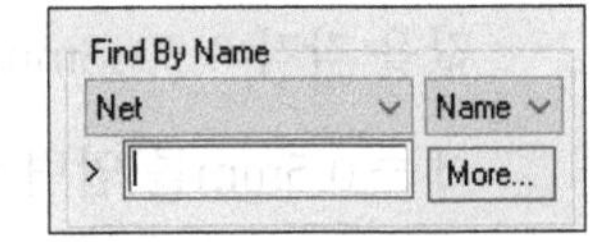

⑨ Find by Name or Property 창에서 Scroll Bar를 사용하여 Vcc Net를 찾은 다음, Mouse로 클릭하여 오른쪽 영역으로 이동하고 OK Button을 클릭한다. (VCC Net를 빨간색으로 지정)

⑩ 오른쪽 그림과 같이 화면 우측에 있는 Options Tab을 클릭한 후, 파란색을 선택한 다음 Find Tab을 클릭한다.

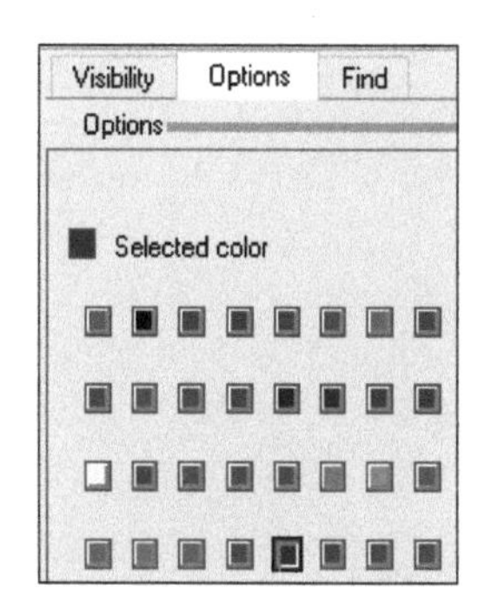

⑪ 오른쪽 그림과 같이 Find Tab이 활성화된 상태에서 Net와 Name을 선택한 뒤 그 아래의 More Button을 클릭한다.

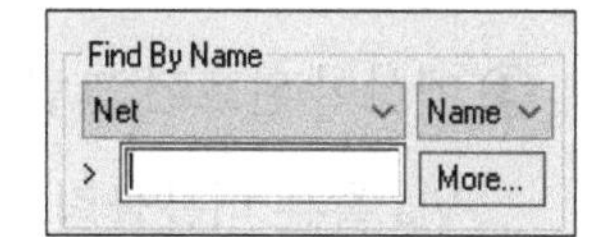

⑫ Find by Name or Property 창에서 Scroll Bar를 사용하여 Gnd Net를 찾은 다음, Mouse로 클릭하여 오른쪽 영역으로 이동하고 OK Button을 클릭한다. (GND Net를 파란색으로 지정)

⑬ 작업 창에서 VCC와 GND Net에 색상이 적용된 것을 볼 수 있다.

위와 같은 방법으로 특정 Net에 대하여 설계자가 원하는 색상을 지정하여 작업 효율을 좋게 할 수 있다.

6-4 Routing

이제 Routing을 하기 위한 준비 작업이 되었으므로 본격적인 Routing 작업을 진행해 보자.

① 단축키로 Function Key F3을 누른다.

② 오른쪽 그림과 같이 작업 창 오른쪽 Options Tab을 활성화한 후 각 항목의 값들과 같이 설정한다. 필요에 따라 Line lock의 각도 옵션 등은 변경 사용한다.

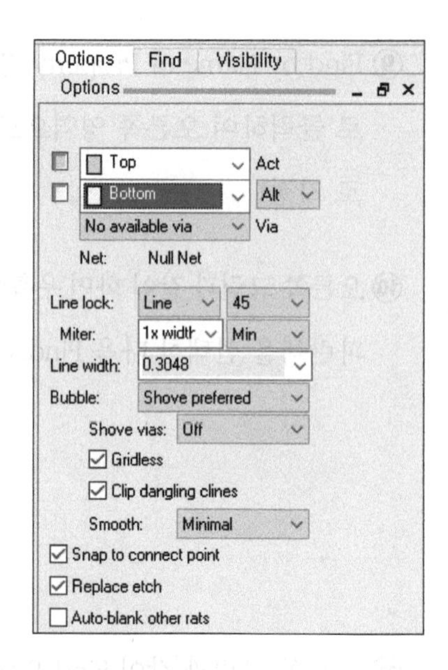

③ 배선이 완료된 그림을 참고하며 배선한다. 배선을 하면서 Via 형성을 위해 RMB 〉 Add Via 혹은 더블클릭, Layer 변경을 할 때는 RMB 〉 Swap Layers 등을 활용하여 효율적으로 배선한다.

④ 배선이 되면 Slide Icon 등을 클릭한 후 배선을 정리한다.

⑤ 오른쪽 그림은 배선이 완료된 것을 보여 준다.

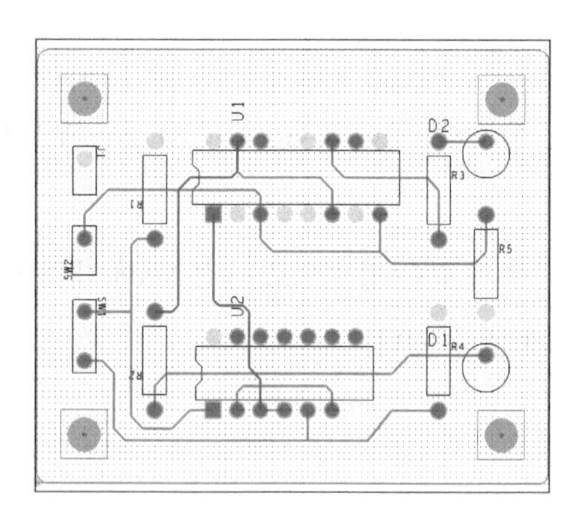

6-5 내층(VCC, GND)에 Shape(Copper) 배치

이 작업은 4-Layer PCB 기판을 설계하는 것이므로 GND와 VCC 신호는 내층에 배치되어 있다. 그러므로 각각의 층에 맞는 전원을 연결해 주어야 하고 아래 순서에 따라 진행한다.

6-5-1 Z-Copy(GND)

특정한 Line이나 Shape 영역을 복사하여 특정 Line이나 Shape를 생성할 때 사용하는 명령으로 아래 순서에 따라 진행한다.

① 작업 창의 메뉴에서 Shape 〉 Copy Shape를 선택한다.

② 오른쪽 그림과 같이 Options Tab으로 이동하여 값들을 설정한다.

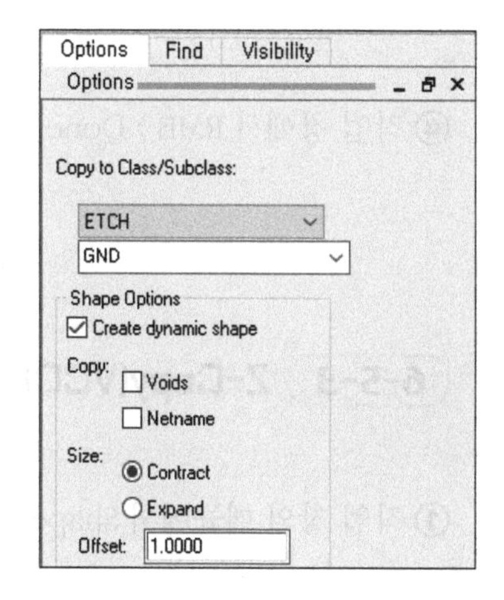

③ 오른쪽 그림과 같이 Board Outline 위에서 Mouse를 클릭하여 Shape를 생성한 후 다음 순서로 간다.

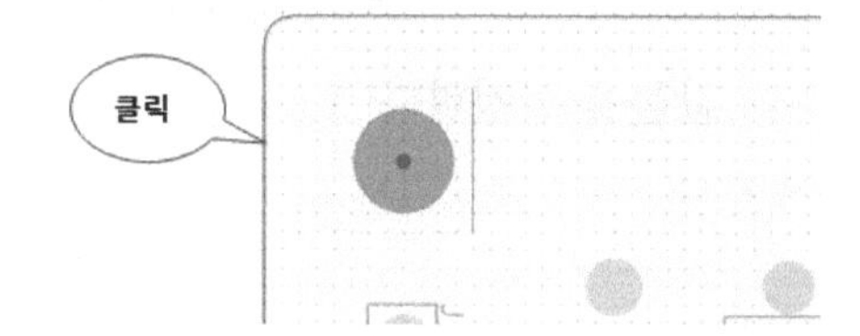

6-5-2 Shape에 Net(GND) 지정

① 작업 창의 메뉴에서 Shape 〉 Select Shape or isolation/Cavity를 선택한다.

② 위에서 생성된 Shape(GND)를 클릭하여 선택한다.

③ 오른쪽 그림과 같이 Options Tab으로 이동하여 Assign net name: 의 오른쪽 콤보박스를 열고 GND를 찾아 클릭한 후 OK Button을 눌러 선택한다.

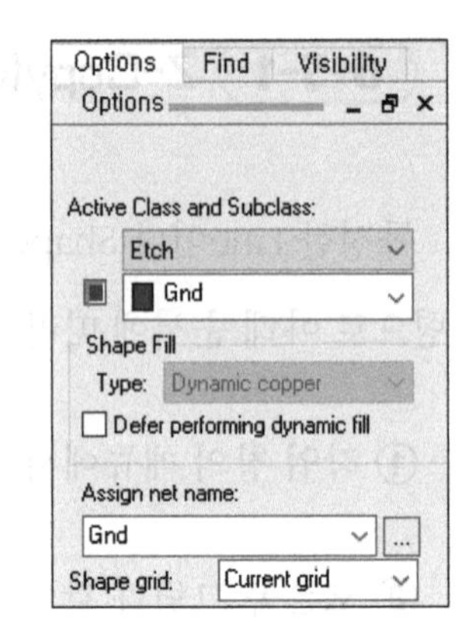

④ 작업 창에서 RMB 〉 Done을 선택한다.

6-5-3 Z-Copy(VCC)

① 작업 창의 메뉴에서 Shape 〉 Copy Shape를 선택한다.

② 오른쪽 그림과 같이 Options Tab으로 이동하여 값들을 설정한다.

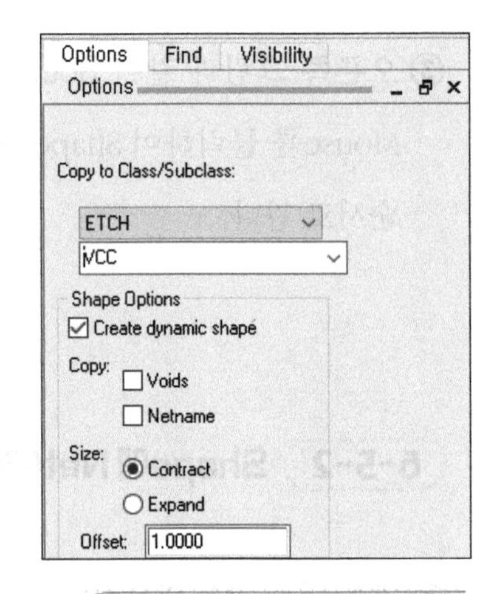

③ 오른쪽 그림과 같이 Board Outline 위에서 Mouse를 클릭하여 Shape를 생성한 후 다음 순서로 간다.

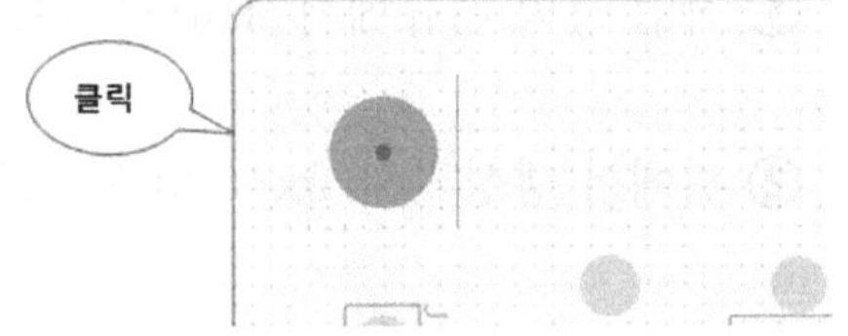

6-5-4 Shape에 Net(VCC) 지정

① 작업 창의 메뉴에서 Shape 〉 Select Shape or isolation/Cavity를 선택한다.

② 위에서 생성된 Shape(VCC)를 클릭하여야 하는데 GND Shape와 겹쳐 있기 때문에 오른쪽 그림과 같이 Visibility Tab으로 이동하여 Gnd Check Box는 Off 한 다음 작업 창에서 VCC Shape를 클릭하여 선택한다.

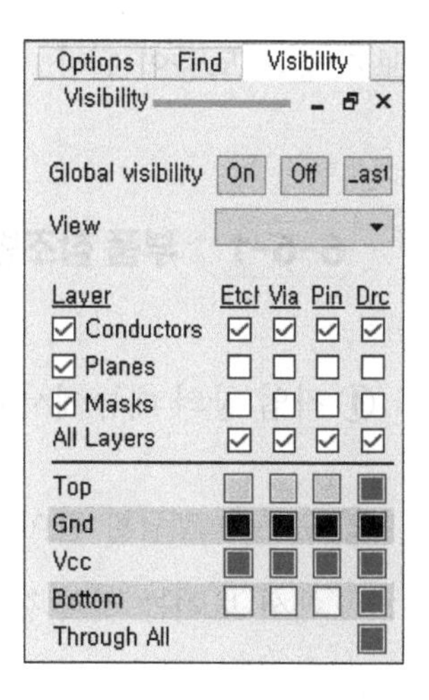

③ 오른쪽 그림과 같이 Options Tab으로 이동하여 Assign net name: 의 오른쪽 콤보박스를 열고 Vcc를 찾아 클릭한 후 OK Button을 눌러 선택한다.

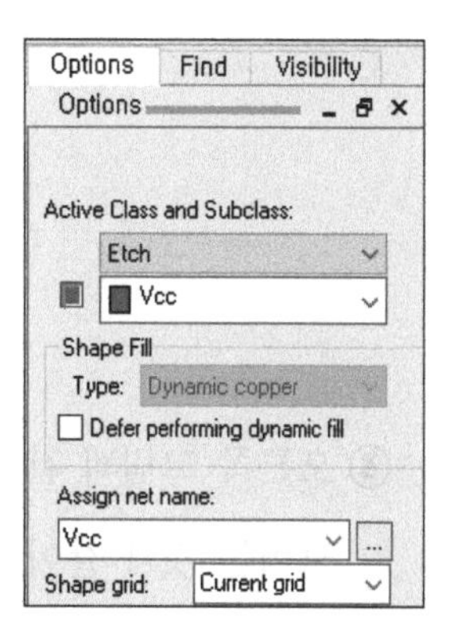

④ 오른쪽 그림과 같이 다시 Visibility Tab으로 이동하여 이전과 같이 다시 설정하고 작업 창으로 돌아와 RMB 〉 Done을 선택한다.

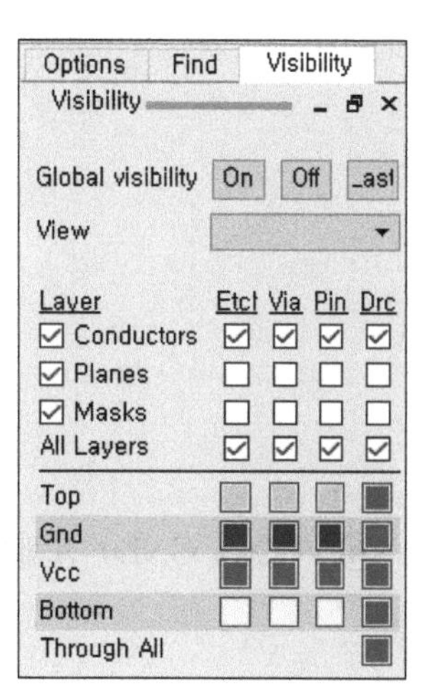

6-6 부품 참조번호(RefDes) 크기 조정 및 이동

배선이 모두 끝나면 부품 참조번호의 크기를 일정하게 조정하고 알맞은 위치로 이동해야 보기 좋은 모양이 된다.

6-6-1 부품 참조번호 크기 조정

① 작업 창의 메뉴에서 Edit 〉 Change Objects를 선택한다.

② 오른쪽 그림과 같이 작업 창 오른쪽의 Options Tab 에서 보이는 것과 같이 값을 설정한다.

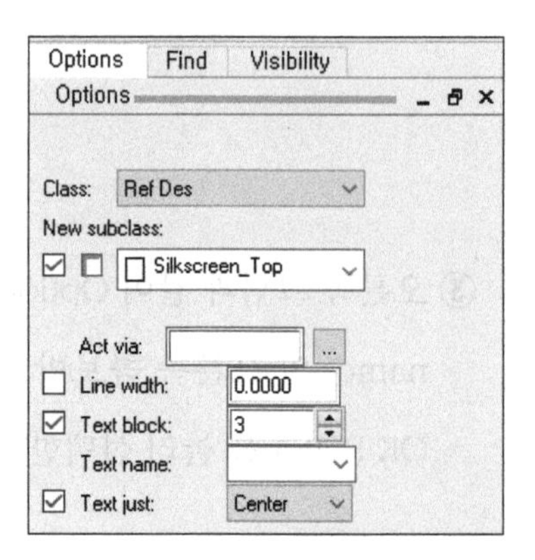

③ 오른쪽 그림과 같이 작업 창 오른쪽의 Find Tab에서 보이는 것과 같이 값을 설정한다.

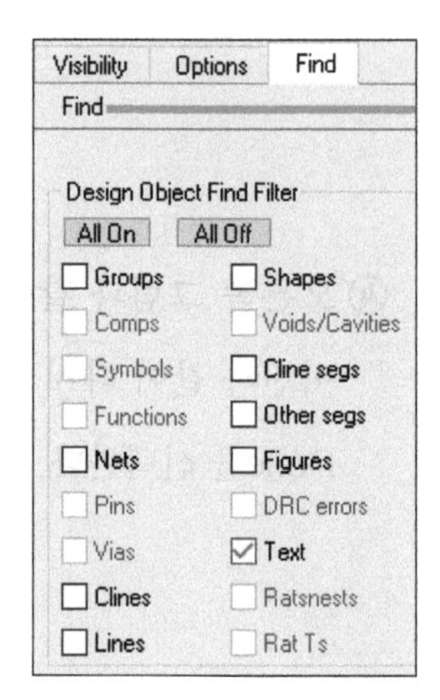

④ VCC(or GND) 전체를 Mouse로 클릭, 드래그하고 RMB 〉 Done을 선택한다.

6-6-2 부품 참조번호 위치 이동

① 작업 창의 메뉴에서 Edit 〉 Move를 선택한다.

② 오른쪽 그림과 같이 작업 창 오른쪽의 Find Tab에서 보이는 것과 같이 값을 설정한다.

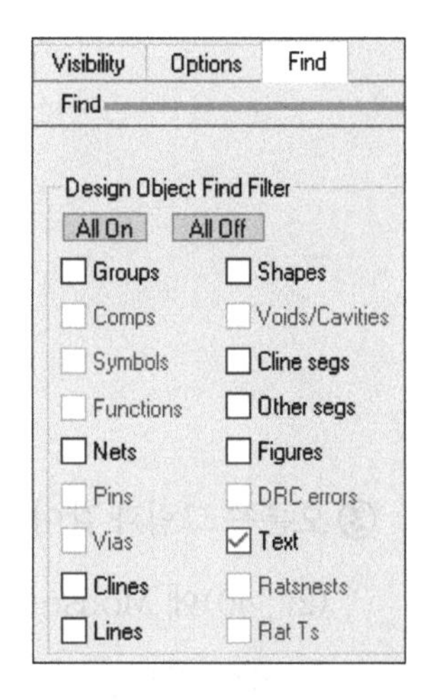

③ 작업 창으로 와서 정리가 필요한 부품 참조번호를 클릭한 후 필요시 RMB 〉 Rotate를 선택하여 배치하고 작업이 완료되면 RMB 〉 Done을 선택한다.

④ 오른쪽 그림은 정리가 부품 참조번호의 크기와 위치 이동을 마친 모습이다.

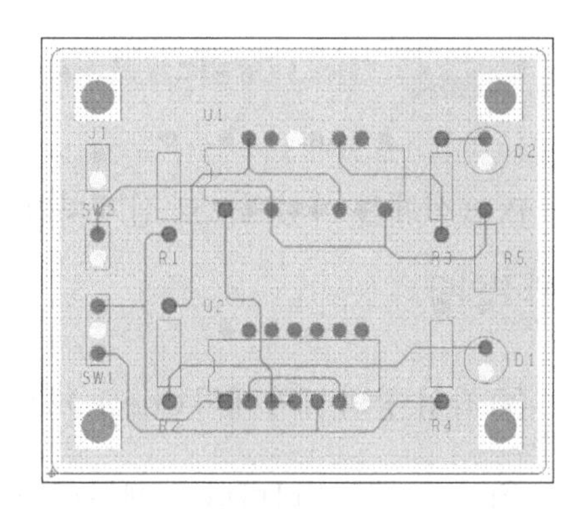

6-6-3 Text 추가 배치

PCB 설계를 마친 후 Board의 이름이나 버전 등의 정보를 표시하기 위한 것으로 어떤 Layer에 넣는가 하는 것은 설계자의 의도에 따라 정해지는데 필자의 경우는 Silkscreen_Top에 배치하는 것으로 한다.

① 작업 창의 메뉴에서 Add 〉 Text를 선택한다.

② 오른쪽 그림과 같이 작업 창의 오른쪽 Options Tab으로 이동하여 설정값들을 지정한다.

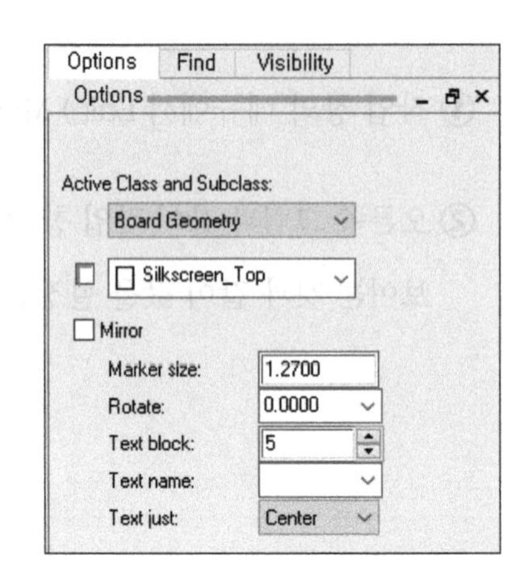

③ 오른쪽 그림과 같이 Board에 Text를 넣을 위치 (27, 40)에 Mouse를 클릭한 후 추가할 내용 (필자의 경우 Fre_Div_4)을 적고 RMB 〉 Done을 선택한다.

6-7 DRC(Design Rules Check)

PCB 설계를 마쳤으므로 설계자가 설정한 조건들에 맞도록 작업이 되었는지를 점검하는 과정이다.

① 작업 창의 메뉴에서 Check 〉 Design Status...를 선택한다.

② Status 창이 나타나고 색상이 조그만 사각 박스의 색이 초록색이면 설계 조건에 맞게 작업된 것이고, 빨간색이면 Error, 노란색은 Warning 표시이다. Update DRC Button을 클릭하여 사각 박스의 색상을 검토한다.

모두 초록색이면 정상적으로 작업이 된 것이고, 그렇지 않고 Error가 있을 경우는 다시 뒤쪽으로 돌아가 Error를 수정한 후 다시 문제가 없을 때까지 DRC를 하여야 한다. 문제가 없으면 OK Button을 클릭한다.

CHAPTER 07

Gerber Data 생성

CHAPTER 07

Gerber Data 생성

7-1 Drill Legend 생성

① 오른쪽 그림과 같이 작업 창의 메뉴에서 Manufacture 〉 Customize Drill Table...을 선택한다.

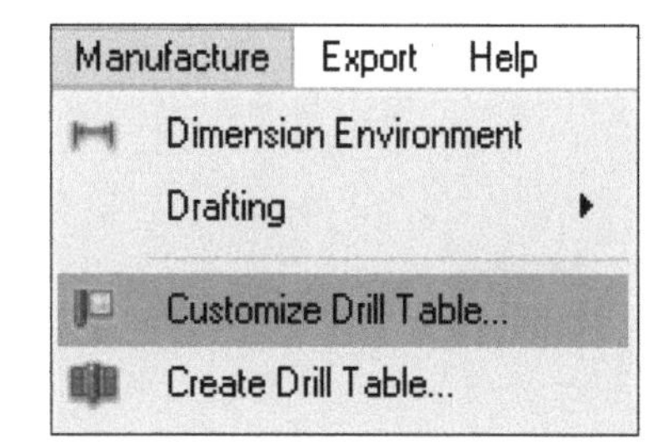

② Drill Customization 팝업 창이 나타나면 가운데 아래쪽에 있는 Auto generate symbol Button을 클릭한다.

③ 작업을 진행하겠느냐는 메시지 창이 나오면 예(Y) Button을 클릭한다.

④ 처음에 나타난 Drill Customization 창에서 Symbol Figure 등이 파란색 글씨로 바뀌며 Data를 생성한다. 이는 각 모양에 따른 크기와 수량 등을 생성한 것이고 확인하고 OK Button을 클릭하면 Update 여부를 묻는 메시지가 나오게 되는데 Yes Button을 클릭한다.

⑤ 오른쪽 그림과 같이 작업 창의 메뉴에서 Manufacture 〉 Create Drill Table...을 선택한다.

⑥ Drill Legend 창에서 File명과 Output unit가 Millimeter로 된 것을 확인하고 이상이 없으면 OK Button을 클릭한다.

⑦ 위의 순서가 진행되면 Mouse에 하얀 사각형이 붙어 나오는데 그 사각형을 배치할 공간 확보를 위해 작업 창 크기를 조절(Mouse 휠 사용)한 후 아래 그림과 같이 Board 오른쪽에 배치한다.

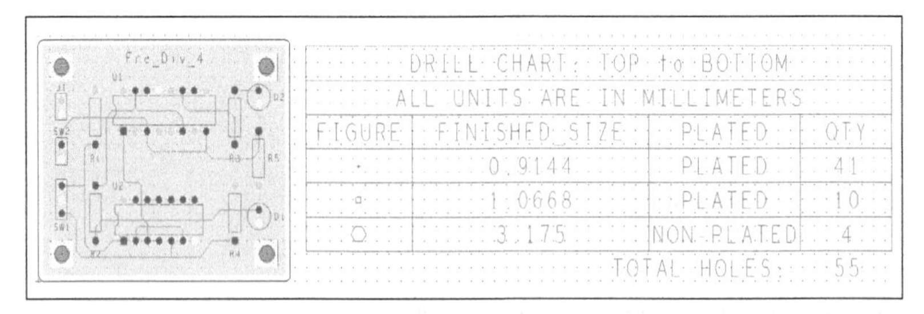

7-2 NC Drill 생성

① 오른쪽 그림과 같이 작업 창의 메뉴에서 Expert 〉 NC Parameter...를 선택한다.

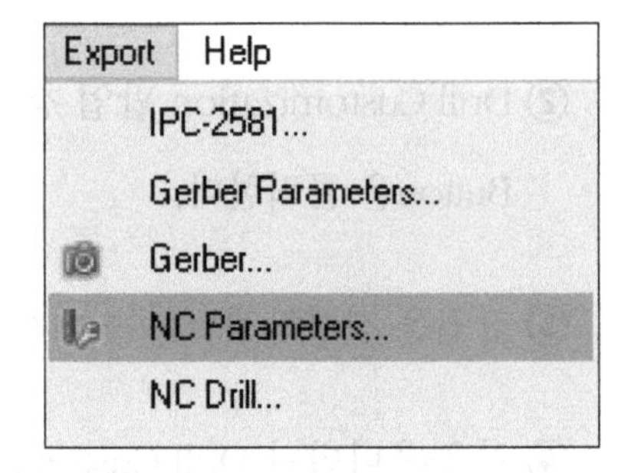

② Drill Parameters 팝업 창이 나타나면 오른쪽 그림과 같이 설정하고 Close Button을 클릭한다.

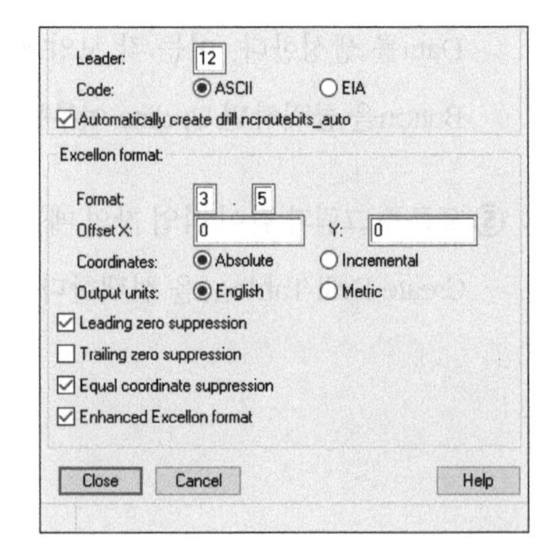

③ 작업 창의 메뉴에서 Expert 〉 NC Drill...을 선택한다.

④ 오른쪽 그림과 같이 NC Drill 팝업 창이 나타나면 File명을 확인하고 필요한 항목들을 설정한 후 Drill Button을 클릭한다. (필요시 File 명을 구별하기 쉬운 이름으로 수정)

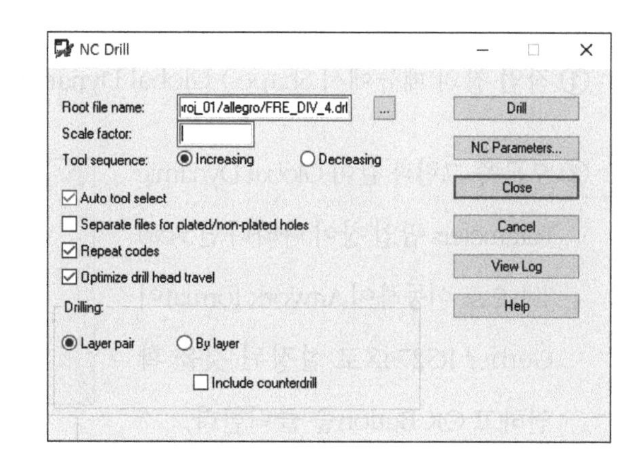

위 과정이 수행되면 NC Drill Data가 형성되는 것을 보여 준다.

⑤ NC Drill Data 생성 과정이 마무리되면 Close Button을 클릭한다.

7-3 Gerber 환경 설정

① 오른쪽 그림과 같이 툴 팔레트에서 Artwork Icon을 선택한다.

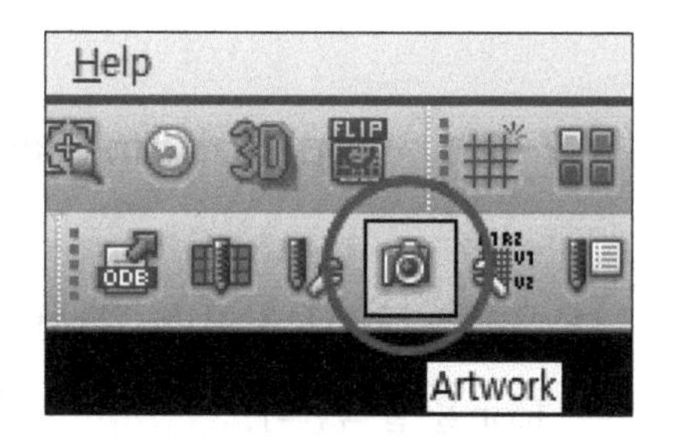

② 오른쪽 그림과 같이 Artwork Control Form 창에서 General Parameters Tab으로 이동하여 Device type, Output units, Format 항목을 설정하고 OK Button을 클릭한다.

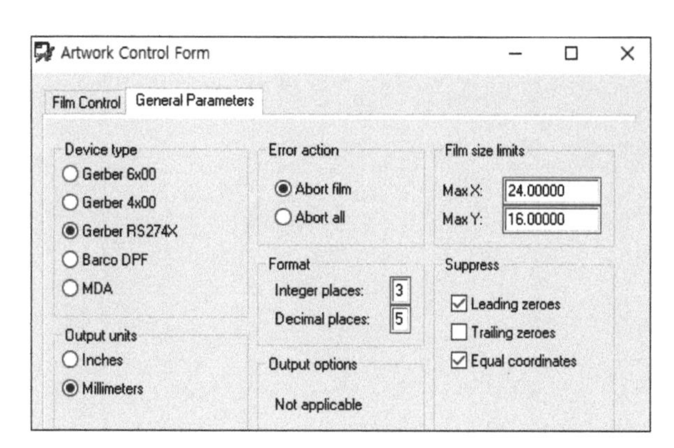

7-4 Shape의 Gerber Format 변경

① 작업 창의 메뉴에서 Shape 〉 Global Dynamic Parameters..를 선택한다.

② 오른쪽 그림과 같이 Global Dynamic Parameters 팝업 창이 나타나면 Void Tab으로 이동하여 Artwork format이 Gerber RS274X로 설정된 것을 확인하고 OK Button을 클릭한다.

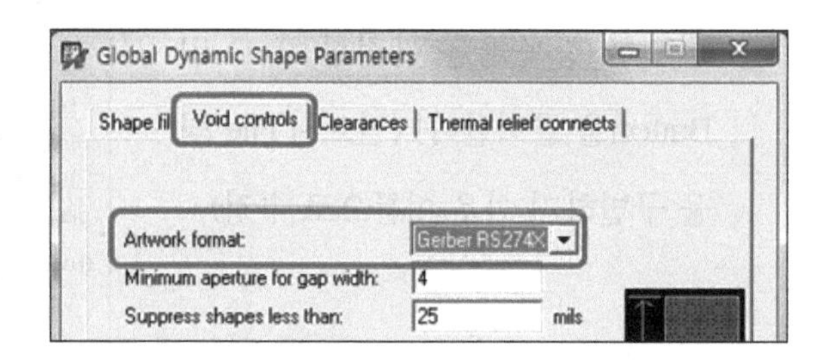

7-5 Gerber Film 설정

지금까지 설계한 다층 기판(4-Layer) 제작에 필요한 File인 Top, Bottom, GND, VCC, Silkscreen_Top(Bottom), Soldermask_Top(Bottom), Drill_Draw Data 추출을 위해 다음 순서에 따라 진행한다.

7-5-1 Top/Bottom Film Data 생성

① 오른쪽 그림과 같이 툴 팔레트에서 Artwork Icon을 클릭한다.

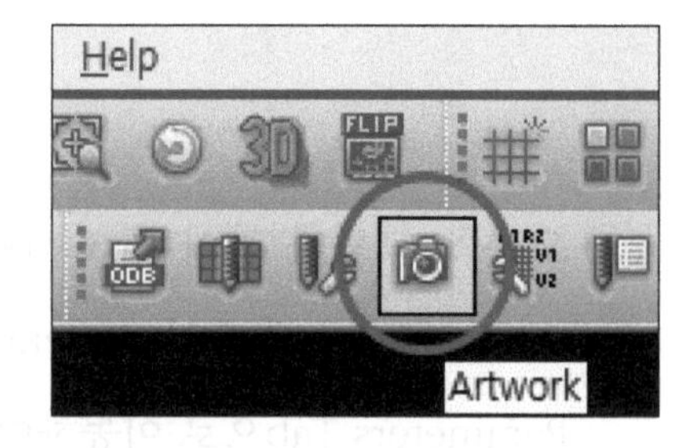

② 오른쪽 그림과 같이 Artwork Control Form 창의 Film Control Tab(기본 설정) 선택과 기본 설정값들을 확인한 다음 OK Button을 클릭한다.

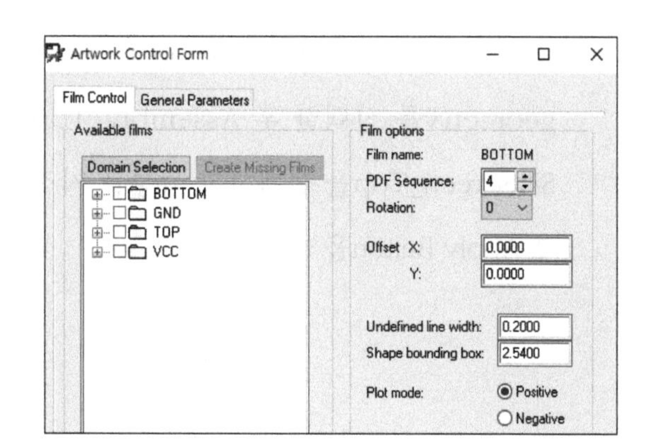

7-5-2 Silkscreen_Top Film Data 생성

① 오른쪽 그림과 같이 툴 팔레트에서 Color192 Icon을 클릭한다.

② Color Dialog 팝업 창이 나타나면 오른쪽 윗부분 Global Visibility: 항목에서 Off Button을 클릭한다.

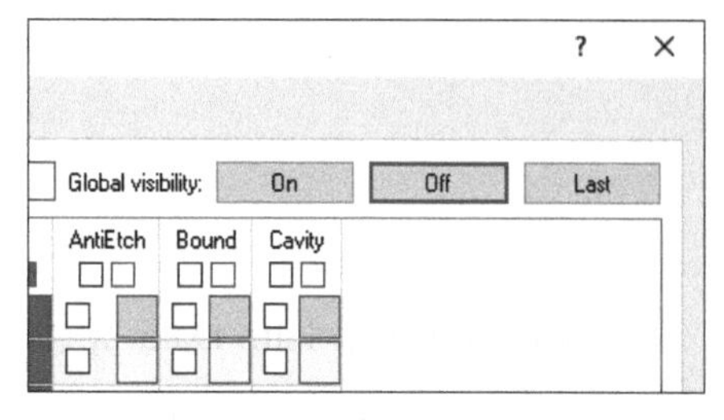

③ 오른쪽 그림과 같이 Geometry 〉 Board geometry를 선택한 후 Design Outline, Dimension 그리고 Silkscreen_Top 세 개를 선택, 색상을 지정한 후 Apply Button을 클릭한다.

④ 오른쪽 그림과 같이 Geometry 〉 Package geometry를 선택한 후 Assembly_Top과 Silkscreen_Top을 선택하고 색상을 지정한 후 Apply Button을 클릭한다.

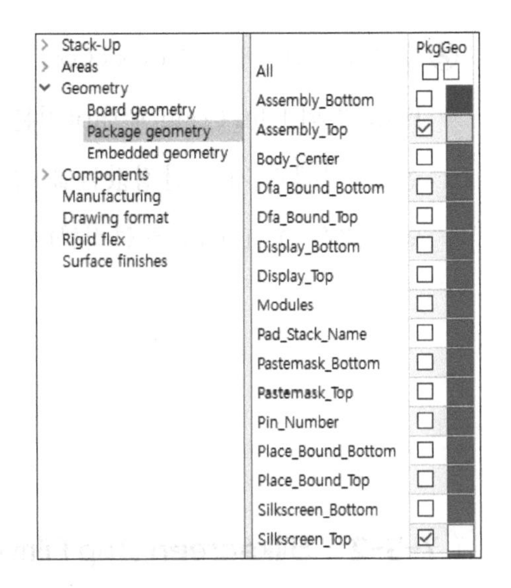

⑤ 마지막 단계로 오른쪽 그림과 같이 Components를 선택한 후 Silkscreen_Top의 RefDes를 선택하고 색상을 지정한 후 Apply Button을 클릭한다.

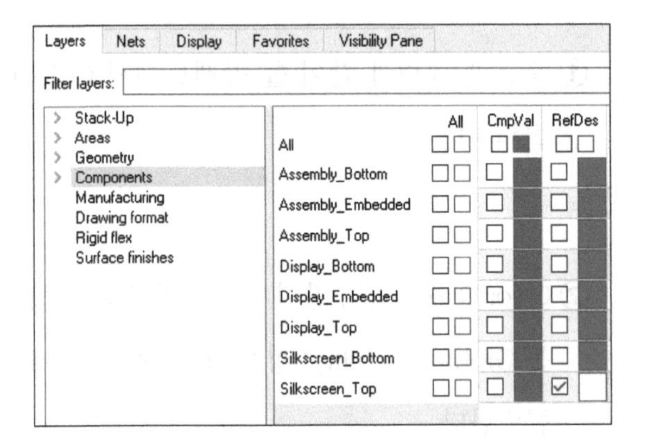

⑥ Silkscreen_Top Film Data 생성 과정이 모두 끝났으므로 OK Button을 클릭하여 작업창에 Data가 제대로 나타나는지를 확인한 후 다음 순서로 넘어간다.

⑦ 오른쪽 그림과 같이 툴 팔레트에서 Artwork Icon을 클릭한다.

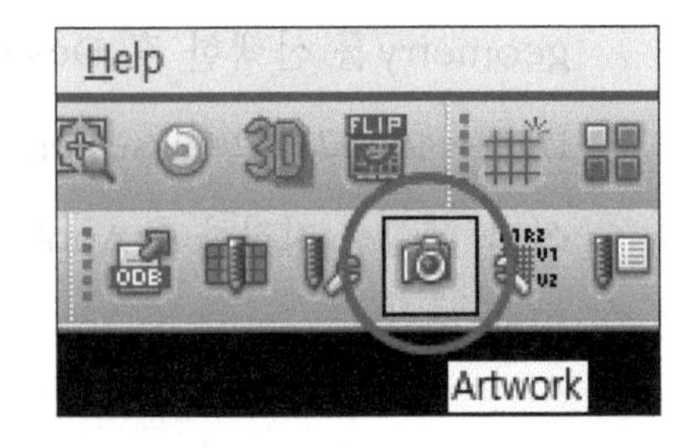

⑧ 오른쪽 그림과 같이 Artwork Control Form 창에서 Film Control Tab으로 이동한 후 TOP 위에서 RMB > Add를 선택한다.

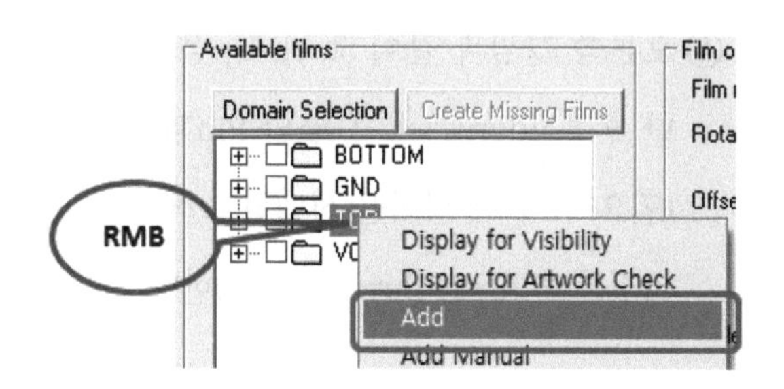

⑨ 오른쪽 그림과 같이 Film name을 Silkscreen_Top으로 지정한 후 OK Button을 클릭한다. 현재 작업 창에 보이는 내용이 적용된다.

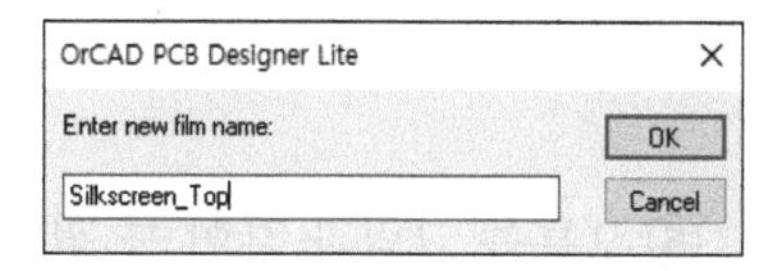

7-5-3 Soldermask_Top Film Data 생성

① 오른쪽 그림과 같이 툴 팔레트에서 Color192 Icon을 클릭한다.

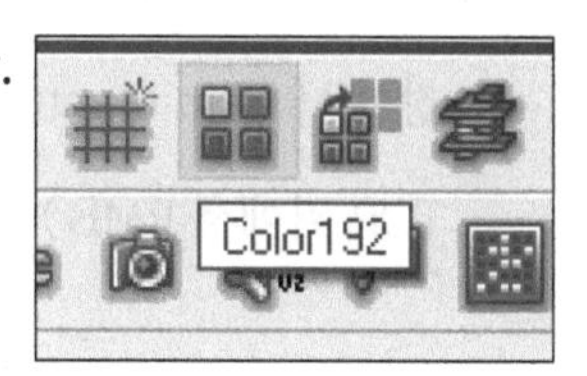

② Color Dialog 팝업 창이 나타나면 오른쪽 윗부분 Global Visibility: 항목에서 Off Button을 클릭한다.

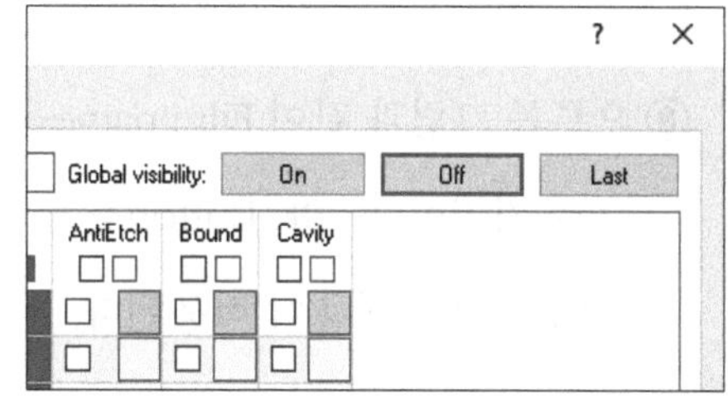

③ 오른쪽 그림과 같이 Geometry > Board geometry를 선택한 후 Outline를 선택하고 색상을 지정한 후 Apply Button을 클릭한다.

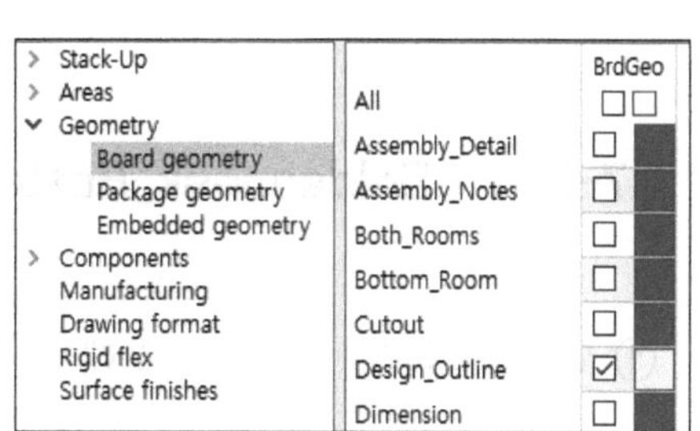

④ 오른쪽 그림과 같이 Stack-Up을 선택한 후 Soldermask_Top의 Pin과 Via (필요시) 두 개 항목을 선택하고 색상을 지정한 후 Apply Button을 클릭한다.

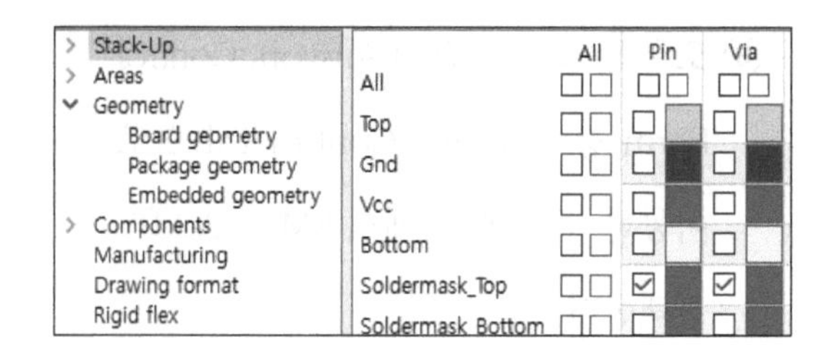

⑤ Soldermask_Top Film Data 생성 과정이 모두 끝났으므로 OK Button을 클릭하여 작업 창에 Data가 제대로 나타나는지를 확인한 후 다음 순서로 넘어간다.

⑥ 오른쪽 그림과 같이 툴 팔레트에서 Artwork Icon을 클릭한다.

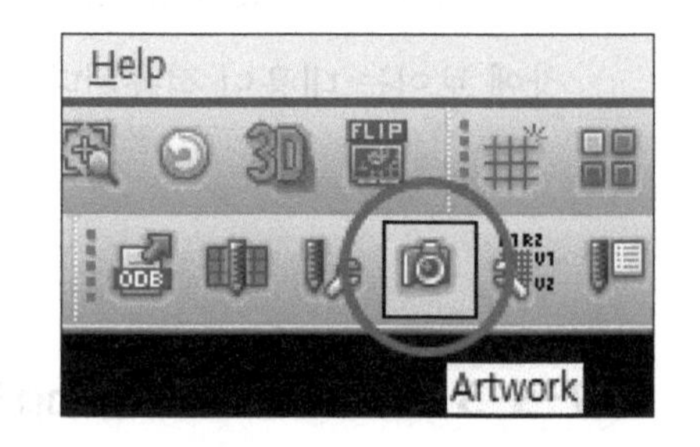

⑦ 오른쪽 그림과 같이 Artwork Control Form 창에서 Film Control Tab으로 이동한 후 TOP 위에서 RMB 〉 Add를 선택한다.

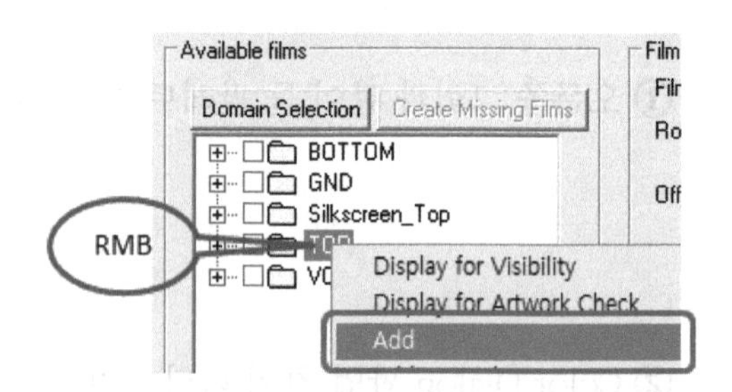

⑧ 오른쪽 그림과 같이 Film name을 Soldermask_Top으로 지정한 후 OK Button을 클릭한다. 현재 작업 창에 보이는 내용이 적용된다.

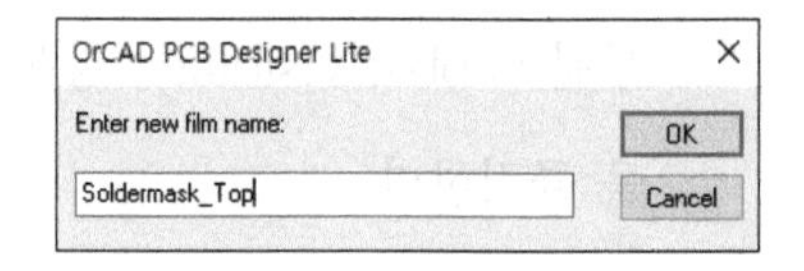

7-5-4 Soldermask_Bottom Film Data 생성

① 오른쪽 그림과 같이 툴 팔레트에서 Color192 Icon을 클릭한다.

② Color Dialog 팝업 창이 나타나면 오른쪽 윗부분 Global Visibility: 항목에서 Off Button을 클릭한다.

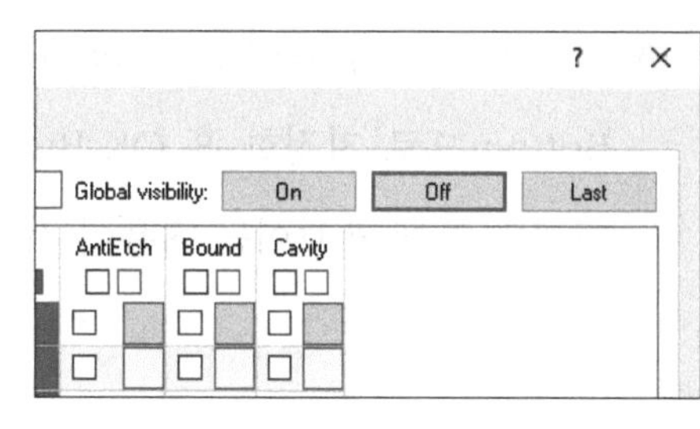

③ 오른쪽 그림과 같이 Geometry 〉 Board geometry를 선택한 후 Outline를 선택하고 색상을 지정한 후 Apply Button을 클릭한다.

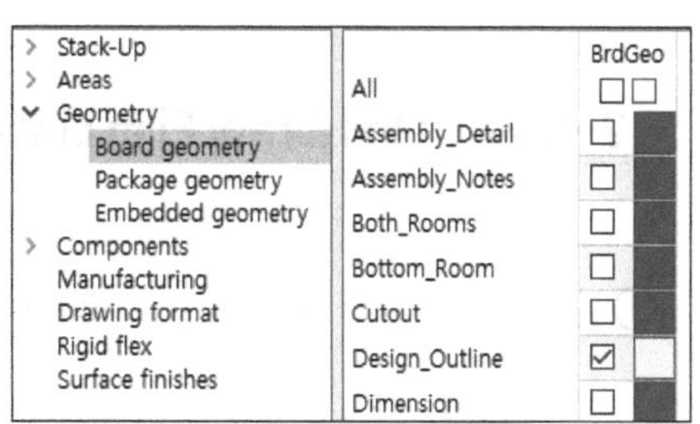

④ 오른쪽 그림과 같이 Stack-Up을 선택한 후 Soldermask_Bottom의 Pin과 Via(필요시) 두 개 항목을 선택하고 색상을 지정한 후 Apply Button을 클릭한다.

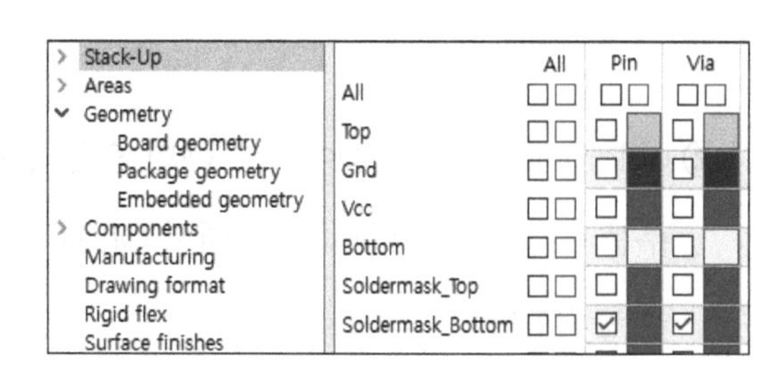

⑤ Soldermask_Bottom Film Data 생성 과정이 모두 끝났으므로 OK Button을 클릭하여 작업 창에 Data가 제대로 나타나는지를 확인한 후 다음 순서로 넘어간다.

⑥ 오른쪽 그림과 같이 툴 팔레트에서 Artwork Icon을 클릭한다.

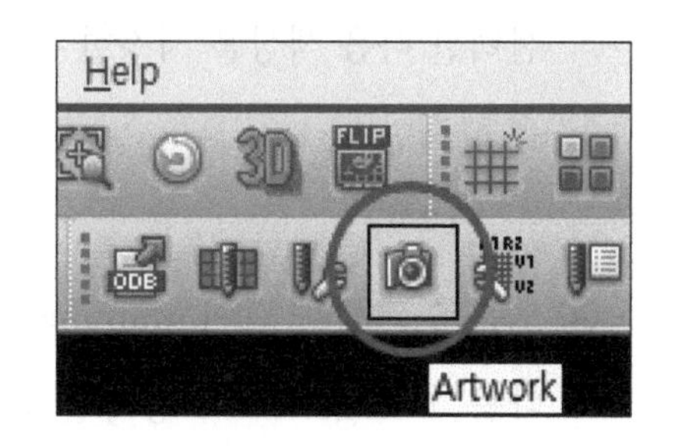

⑦ 오른쪽 그림과 같이 Artwork Control Form 창에서 Film Control Tab으로 이동한 후 BOTTOM 위에서 RMB 〉 Add를 선택한다.

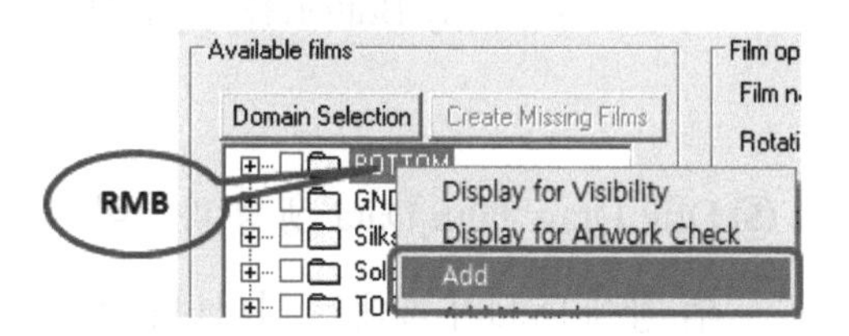

⑧ 오른쪽 그림과 같이 Film name을 Soldermask_Bottom으로 지정한 후 OK Button을 클릭한다. 현재 작업 창에 보이는 내용이 적용된다.

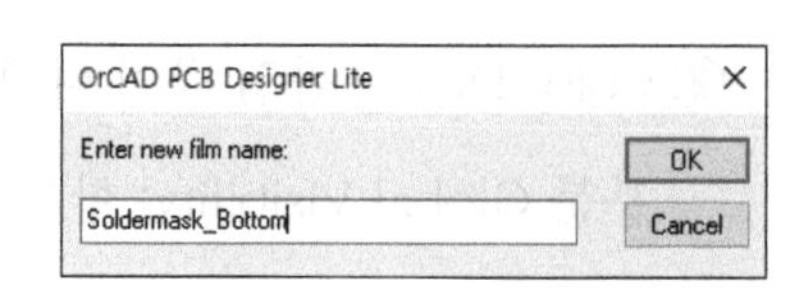

7-5-5 Drill Draw Film Data 생성

① 오른쪽 그림과 같이 툴 팔레트에서 Color192 Icon을 클릭한다.

② Color Dialog 팝업 창이 나타나면 오른쪽 윗부분 Global Visibility: 항목에서 Off Button을 클릭한다.

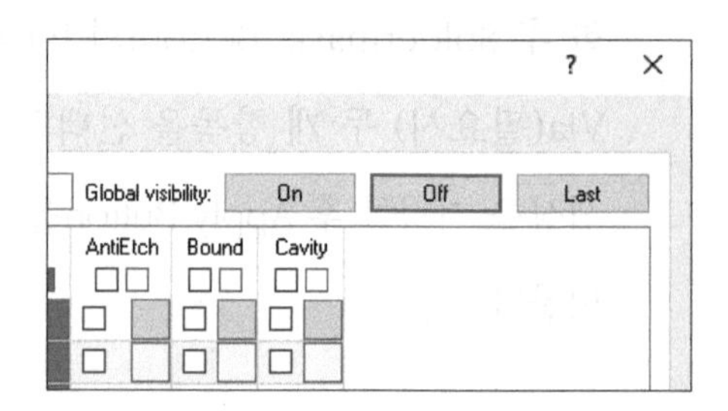

③ 오른쪽 그림과 같이 Geometry 〉 Board geometry를 선택한 다음, Design Outline를 선택한 다음 색상을 지정한 후 Apply Button을 클릭한다.

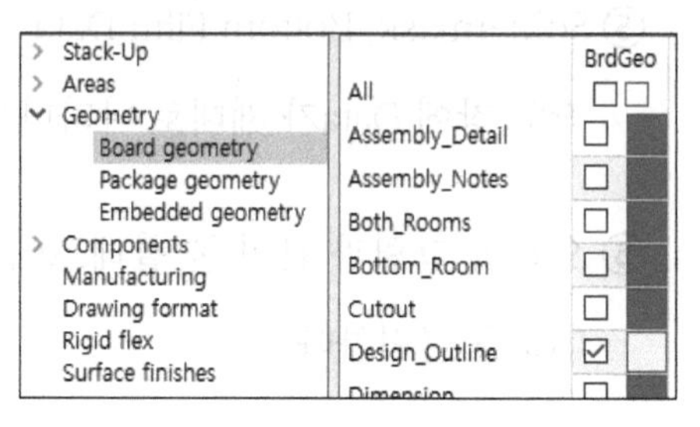

④ 오른쪽 그림과 같이 Manufacturing을 선택한 다음, Nclegend-1-4 항목을 선택하여 색상을 지정한 후 Apply Button을 클릭한다.

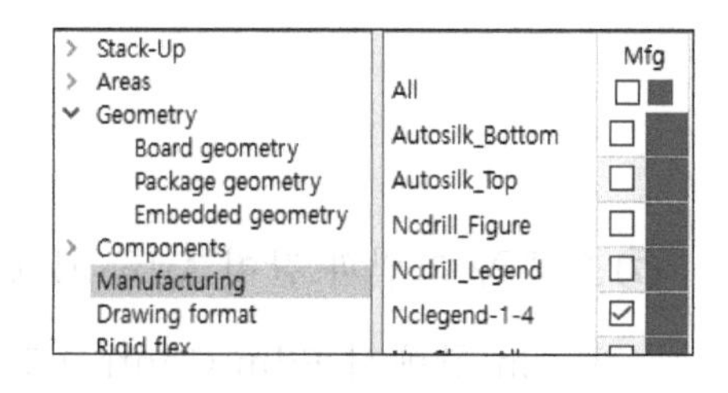

⑤ Drill Draw Film Data 생성 과정이 모두 끝났으므로 OK Button을 차례로 클릭하여 작업 창에 Data가 제대로 나타나는지를 확인한 후 다음 순서로 넘어간다.

⑥ 오른쪽 그림과 같이 툴 팔레트에서 Artwork Icon을 클릭한다.

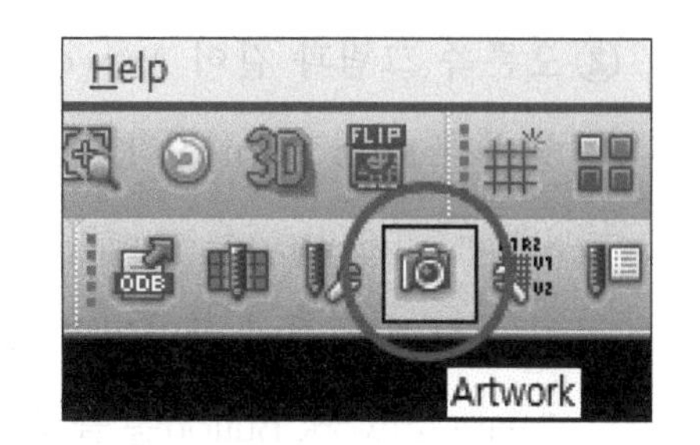

⑦ 오른쪽 그림과 같이 Artwork Control Form 창에서 Film Control Tab으로 이동한 후 TOP 위에서 RMB > Add를 선택한다.

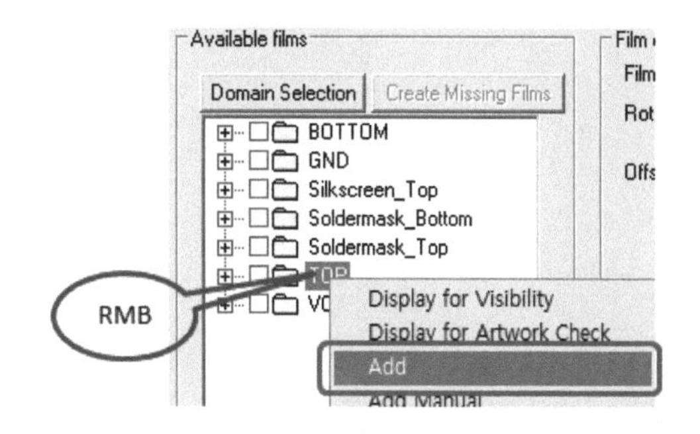

⑧ 오른쪽 그림과 같이 Film name을 Drill_Draw로 지정한 후 OK Button을 클릭한다. 현재 작업 창에 보이는 내용이 적용된다.

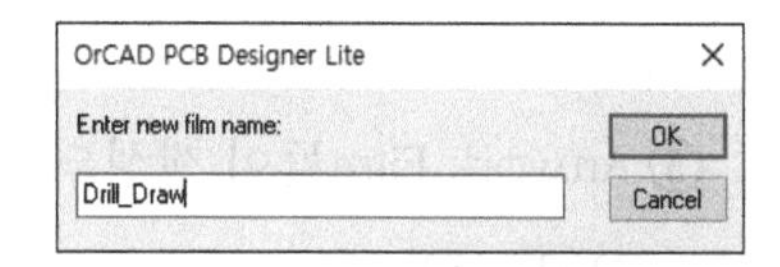

7-5-6 Gerber Film 생성

지금까지 필요한 Gerber Film Data를 생성하였고, PCB 제작 업체에 보낼 Data를 추출해야 하는데 다음 순서에 따라 진행한다.

① 오른쪽 그림과 같이 툴 팔레트에서 Artwork Icon을 클릭한다.

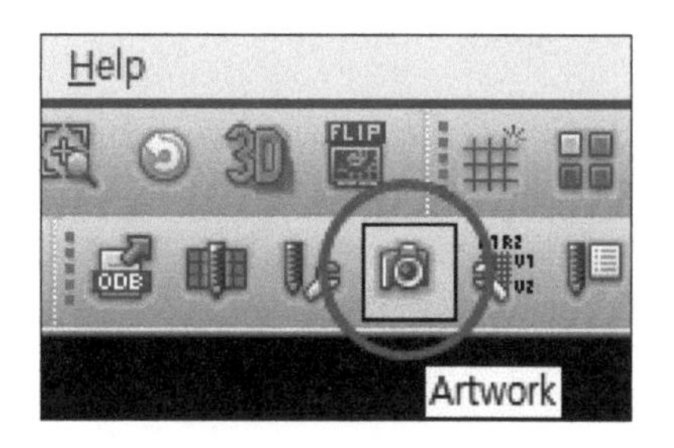

② 오른쪽 그림과 같이 Artwork Control Form 창에서 Film Control Tab으로 이동한 다음, Select all Button을 클릭한 후 Button 위쪽에 모두 선택된 것이 확인되면 창 아래쪽에 있는 Create Artwork Button을 클릭한다.

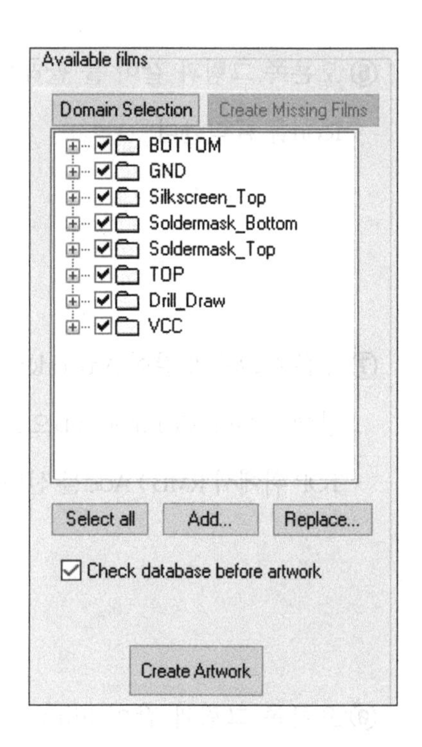

③ Artwork Film들이 생성되는 동안 오른쪽 그림과 같은 창이 나타난다.

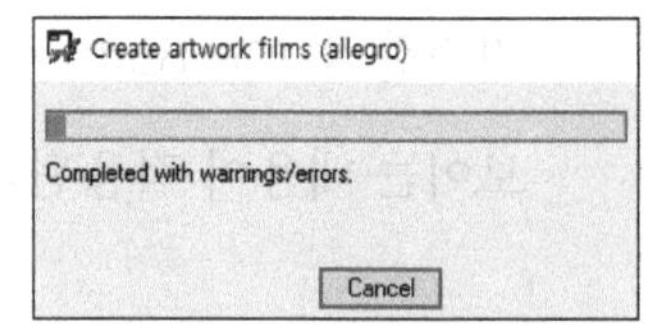

④ 모든 작업이 정상적으로 완료되면 photoplot 관련 내용들이 있는 팝업 창이 나타난다. 창을 닫고 Artwork Control Form 팝업 창에서 OK Button을 클릭한 후 작업 창에서 File 〉 Save 후 File 〉 Exit를 선택하여 종료한다.

⑤ 생성된 파일들은 처음에 지정한 proj_01 하위 폴더인 allegro 폴더에 오른쪽 그림과 같이 저장되었다.

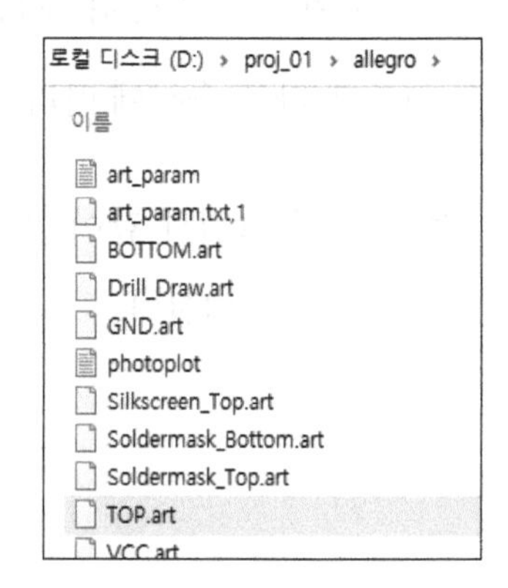

CHAPTER 08

Atmega128 응용 회로(양면 기판)

CHAPTER 08

Atmega128 응용 회로(양면 기판)

이번 장에서 다룰 회로는 Atmega128을 이용하여 스위치 조작에 따른 해당 LED가 동작하는 회로로, Software에서 제공되는 Library와 제공되지 않는 Library의 경우 직접 만들어 주어진 회로도를 완성하고 SMD와 DIP Type의 부품을 직접 만들어 가며 PCB 설계에 대한 이해도를 높여 본다.

8-1 회로 설계(Atmega128 응용 회로, Schematic)

이번에 따라 하면서 진행할 회로도는 아래 그림과 같다.

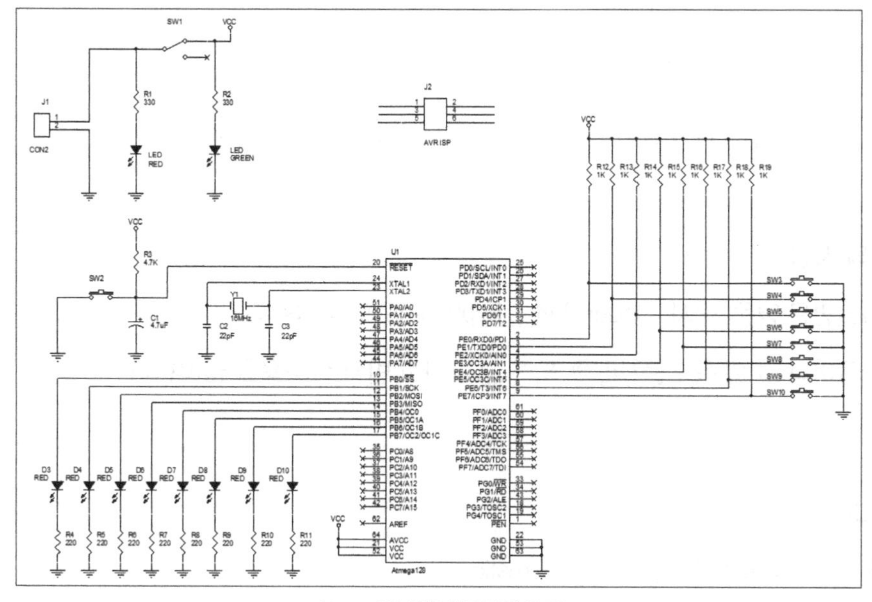

Atmega128 응용 회로(전체 회로)

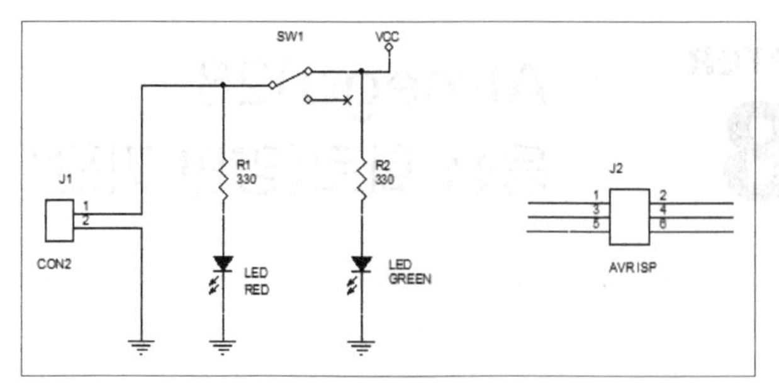

Atmega128 응용 회로(부분 회로1)

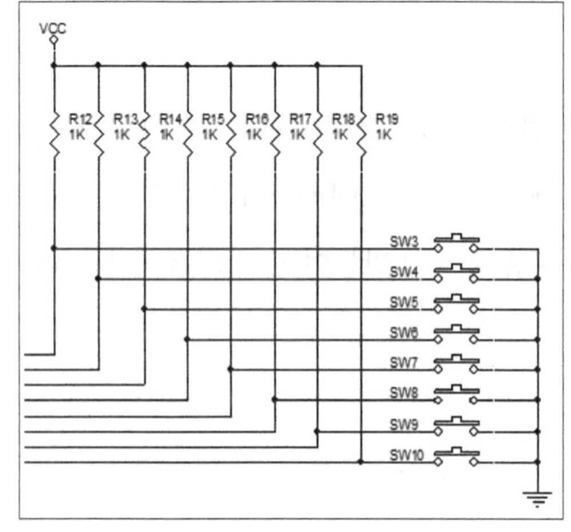

Atmega128 응용 회로(부분 회로2)

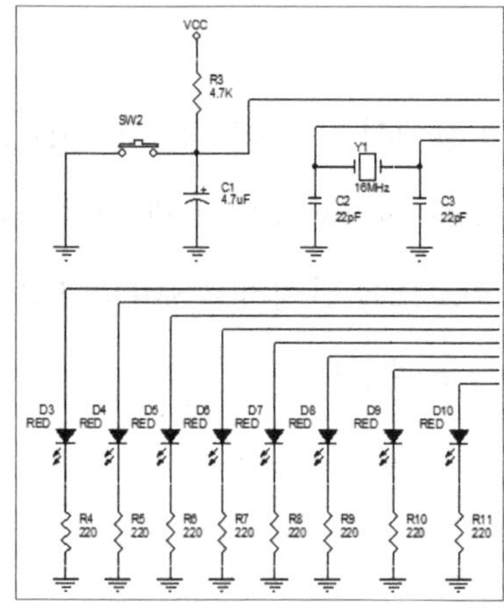

Atmega128 응용 회로(부분 회로3)

① 회로 설계를 위하여 프로그램(OrCAD Capture)을 실행한다.

② 프로그램이 실행되면 File 〉 New〉Project... 선택한다.

③ 자신의 고유번호(반_학번 등)를 프로젝트 이름으로 입력한다.

[주의 사항]

- 파일명은 영문, 숫자, Under Bar(_), hyphen(-)으로 작성한다.
- 한글이나 그 외 특수문자(!, @, &, *, ...) 그리고 빈칸은 사용을 금지한다.

[참고]

팝업 창에서 4가지 옵션 중에서 Schematic

을 선택, 오른쪽 아래 Browse Button을 클릭, 저장 경로를 지정한 후 OK Button을 클릭한다. 여기서는 D drive에 A01 폴더를 만들고 프로젝트 이름도 A01로 설정하였다.

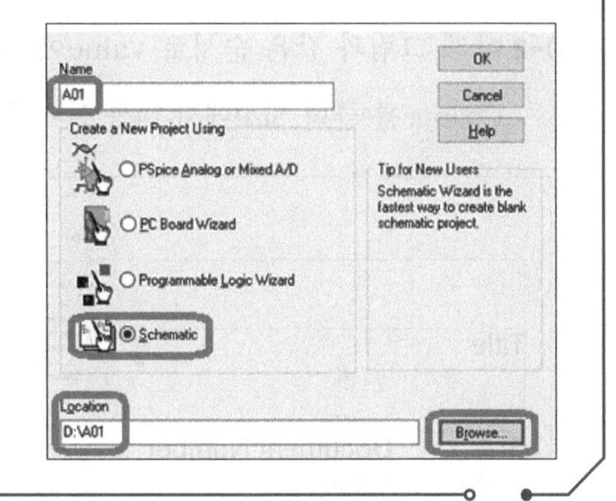

④ 회로도에 대한 환경 설정을 한다.

④-1 Options 〉 Schematic Page Properties... 선택한다.

④-2 팝업 창에서 단위(Millimeter)와 크기(A4)를 설정 후 확인 Button을 클릭한다.

④-3 환경 설정 후 시트의 오른쪽 아래에서 크기 설정값(A4)을 확인한다.

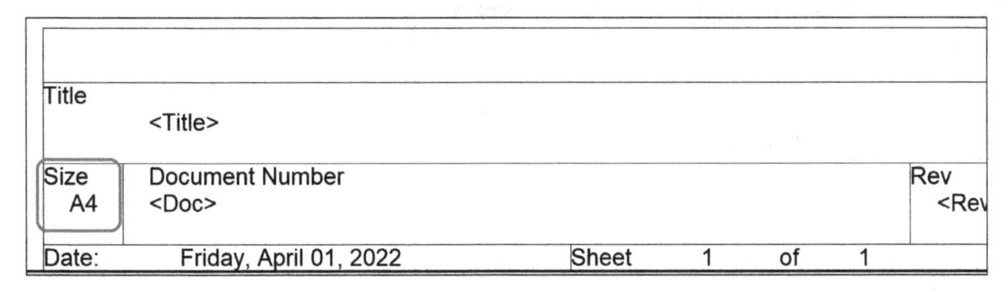

⑤ Title Block 등을 작성한다.

⑤-1 오른쪽 그림과 같이 오른쪽 아래 Title Block의 〈Title〉을 클릭한 후 RMB-Edit Properties를 선택한다. (더블클릭도 가능)

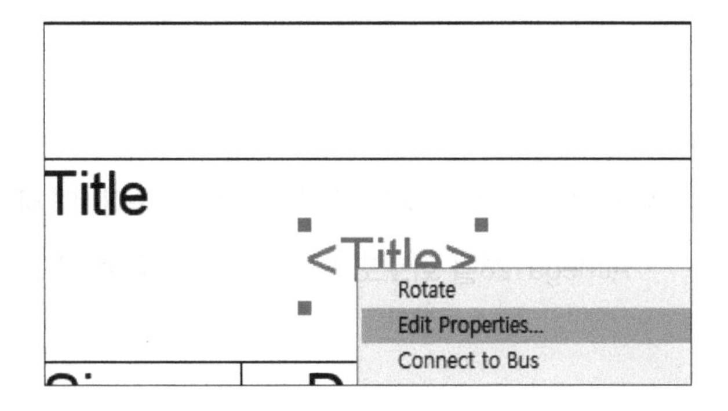

⑤-2 아래 그림과 같은 순서로 Value에 Atmega128 CONTROL을 입력하고 Font에서 Change를 클릭, Size에서 14를 선택 후 확인, OK Button을 순차적으로 클릭한다.

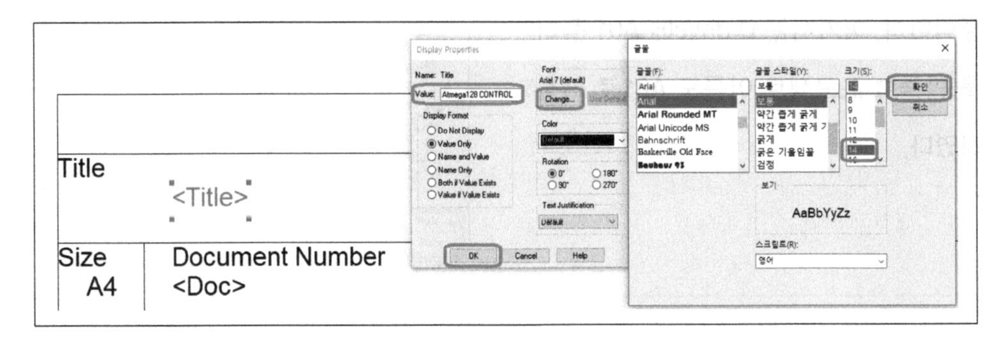

⑤-3 아래 그림과 같이 〈DOC〉을 더블클릭하고 Value에 E_CAD.2022.04.01.을 입력한 후 Font에서 Change를 클릭, Size에서 12를 선택 후 확인, OK Button을 순차적으로 클릭한다.

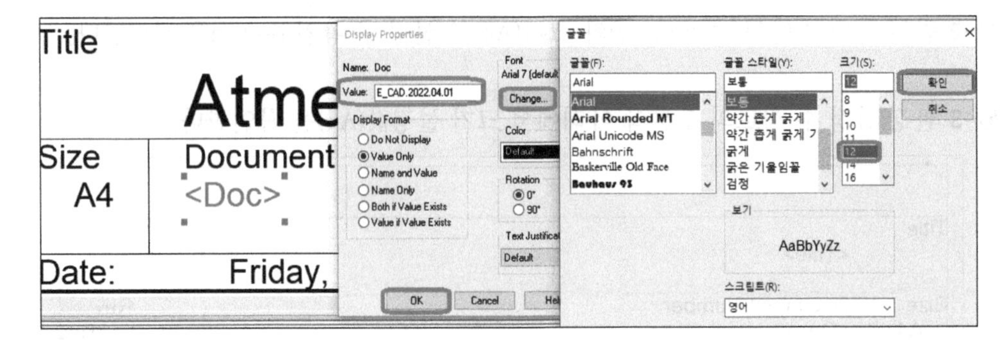

⑤-4 위와 같은 방법으로 〈Rev〉를 더블클릭한 후 Value는 1.0, 크기는 7로 설정한 후 Esc Key를 누른다.

8-2 부품 생성

- Software에서 제공되지 않는 부품에 대하여 Library와 부품을 만드는 것으로 Atmega128을 회로도와 Data Sheet를 활용하여 만드는 과정이다.

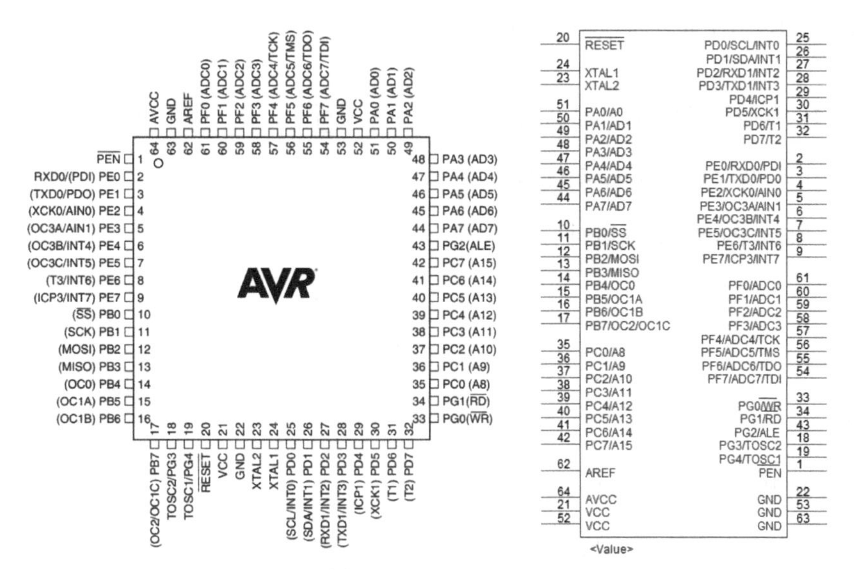

Atmega128 Pin Configurations

① 오른쪽 그림과 같이 File 〉 New 〉 Library 선택한다.

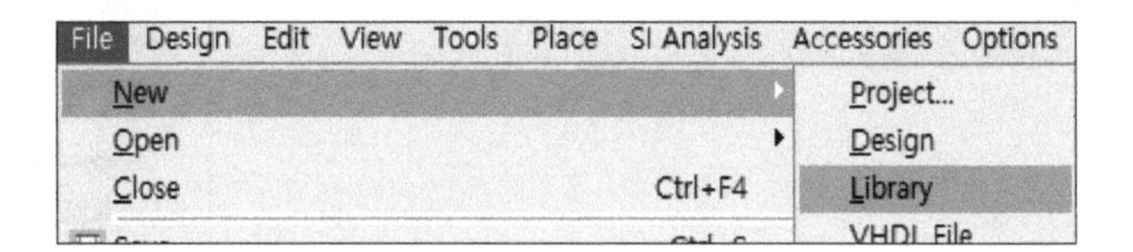

② 팝업 창에서 오른쪽의 그림과 같이 경로를 확인한 후 OK Button을 클릭한다.

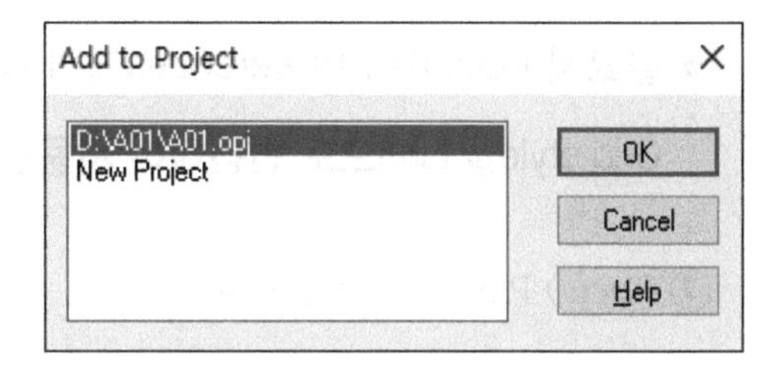

③ 오른쪽의 그림과 같이 작업 화면에서 왼쪽 윗부분 A01 탭을 선택, 생성된 Library 위에서 RMB 〉 Save As...를 선택한다.

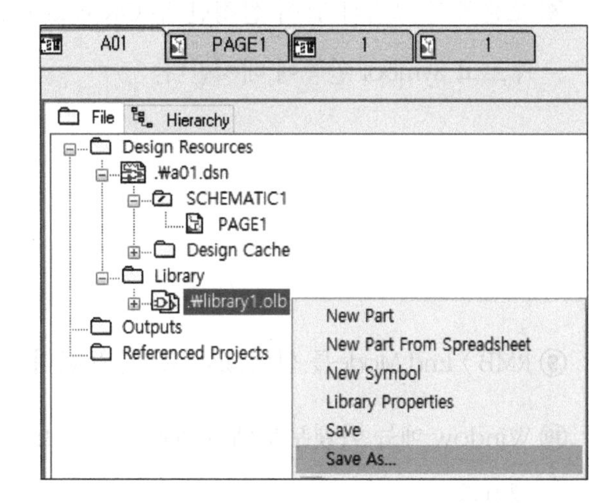

④ 앞에서 만든 A01폴더에 A01로 저장한다.

⑤ 작업 화면에서 왼쪽 윗부분 A01 탭을 선택, 생성된 Library 위에서 RMB 〉 New Part를 선택한다.

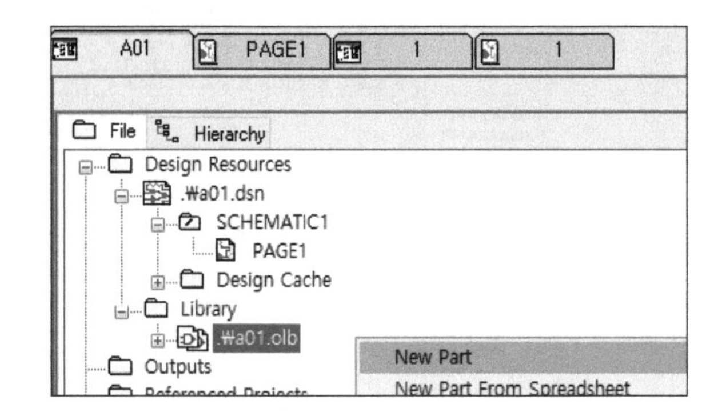

⑥ New Part Properties 창에서 오른쪽의 그림과 같이 입력한 후 OK Button을 클릭한다.

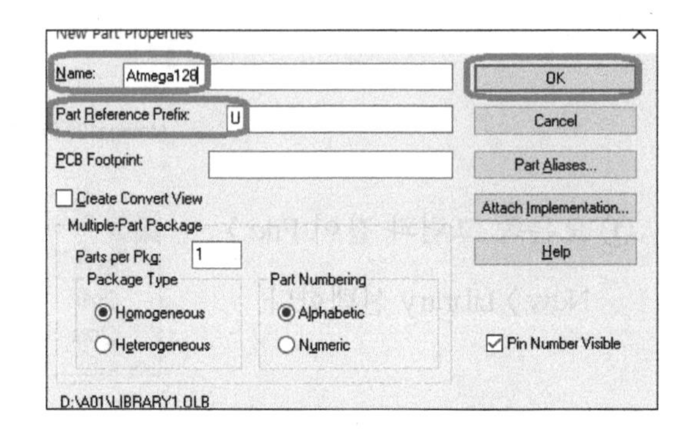

● **필요시 Options 〉 Preferences에서 Grid Display 탭의 Part and Symbol Grid 항목에 Grid style을 Line으로 변경하여 사용한다.**

⑦ Place 〉 Pin Array를 선택한다.

⑧ 오른쪽의 그림과 같이 설정한 후 OK Button을 누르고 Symbol 왼쪽에 배치한다.

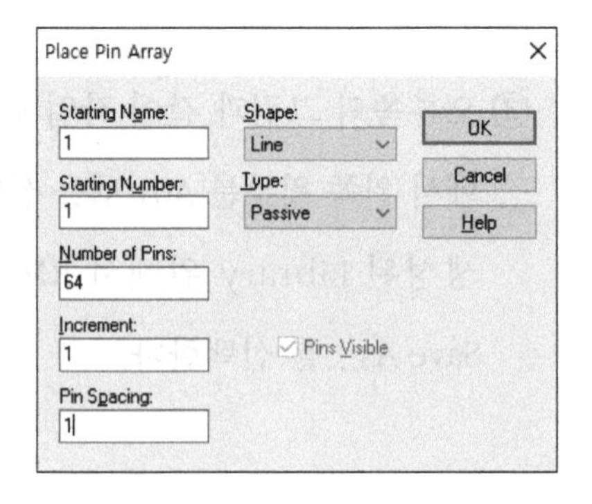

⑨ RMB 〉 End Mode를 선택, Esc Key를 누른다.

⑩ Window 메뉴 아랫부분에서 Zoom to all Icon을 클릭한 후 전체 Pin을 드래그하여 선택한다.

⑪ 오른쪽의 그림과 같이 RMB 〉 Edit Properties...를 선택한다.

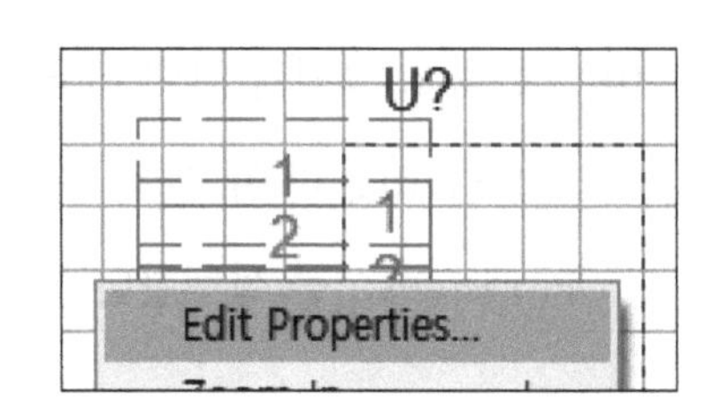

⑫ 오른쪽의 그림과 같이 회로도를 참조하여 Pin 이름을 입력한 후, OK Button을 클릭한다.

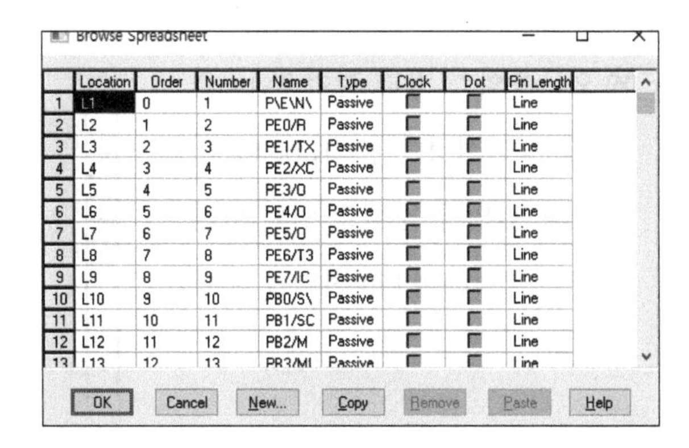
Browse Spreadsheet

	Location	Order	Number	Name	Type	Clock	Dot	Pin Length
1	L1	0	1	P\E\N\	Passive			Line
2	L2	1	2	PE0/R	Passive			Line
3	L3	2	3	PE1/TX	Passive			Line
4	L4	3	4	PE2/XC	Passive			Line
5	L5	4	5	PE3/O	Passive			Line
6	L6	5	6	PE4/O	Passive			Line
7	L7	6	7	PE5/O	Passive			Line
8	L8	7	8	PE6/T3	Passive			Line
9	L9	8	9	PE7/IC	Passive			Line
10	L10	9	10	PB0/S\	Passive			Line
11	L11	10	11	PB1/SC	Passive			Line
12	L12	11	12	PB2/M	Passive			Line
13	L13	12	13	PB3/MI	Passive			Line

OK Cancel New... Copy Remove Paste Help

⑬ 임의의 빈 곳을 클릭한 후 오른쪽의 그림과 같이 점선을 클릭, 가로로 적당히 드래그하여 오른쪽 Pin 배치를 위한 공간을 준비한다.

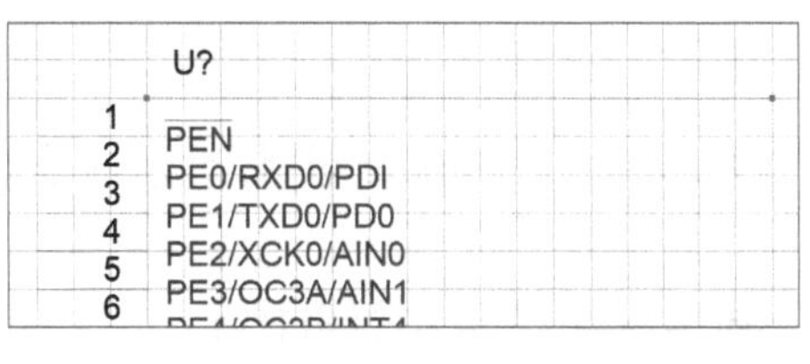

⑭ 회로도를 참조하여 오른쪽의 그림과 같이 Pin을 클릭하여 이동 배치하고 점선을 클릭하여 가로와 세로의 크기를 적당히 설정한다.

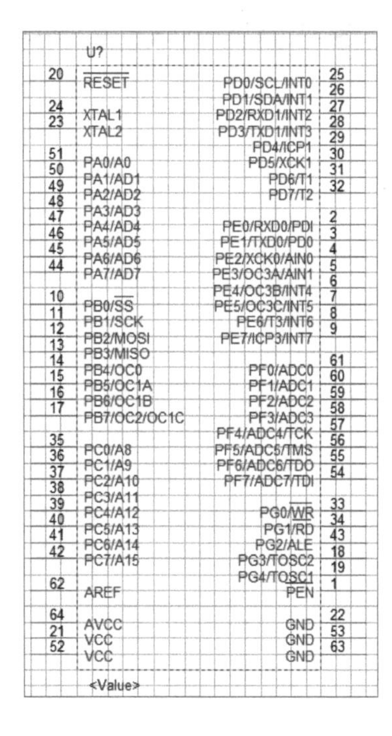

⑮ 오른쪽의 그림과 같이 Pin들을 Drag와 Crtl+Drag 하여 선택, RMB 〉 Edit Properties...를 선택한다.

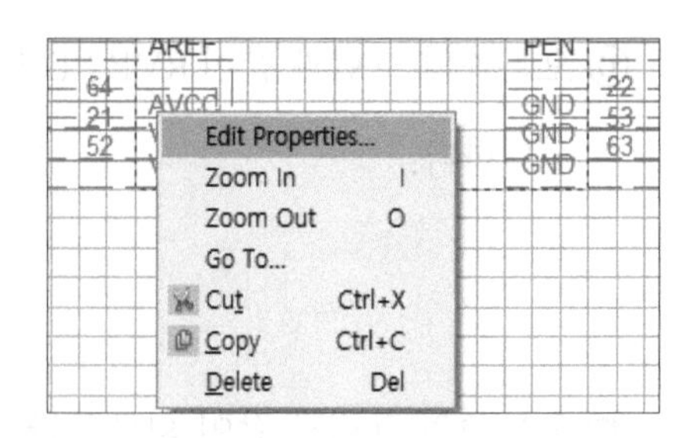

⑯ 오른쪽의 그림과 같이 Type을 Power로 설정한 후 OK Button을 클릭, 팝업 창을 닫고 임의의 빈 곳을 클릭하여 Pin 선택을 해제한다.

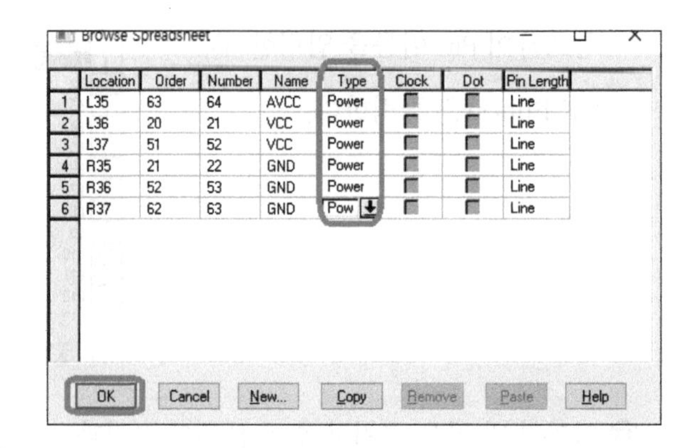

Browse Spreadsheet

	Location	Order	Number	Name	Type	Clock	Dot	Pin Length
1	L35	63	64	AVCC	Power			Line
2	L36	20	21	VCC	Power			Line
3	L37	51	52	VCC	Power			Line
4	R35	21	22	GND	Power			Line
5	R36	52	53	GND	Power			Line
6	R37	62	63	GND	Pow			Line

OK Cancel New... Copy Remove Paste Help

⑰ Place 〉 Rectangle 선택, 점선 테두리 위에 사각형을 그린 후 Esc Key를 누른다.

⑱ 임의의 빈 곳을 클릭한다.

⑲ 완성된 Symbol은 오른쪽과 같다.

⑳ 아래의 그림과 같이 A01.OLB Tab 위에서 RMB 〉 Save하고 해당 폴더에서 확인한다.

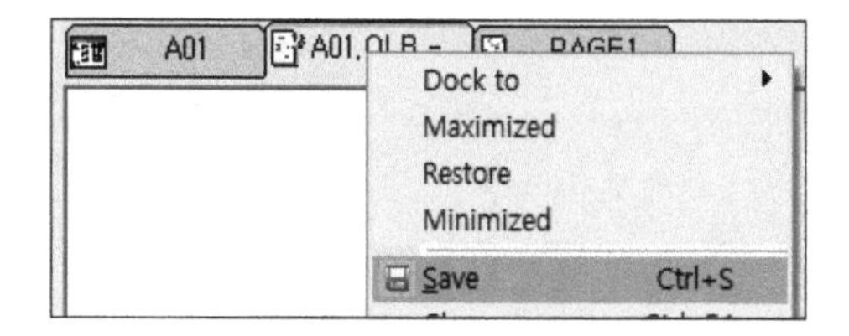

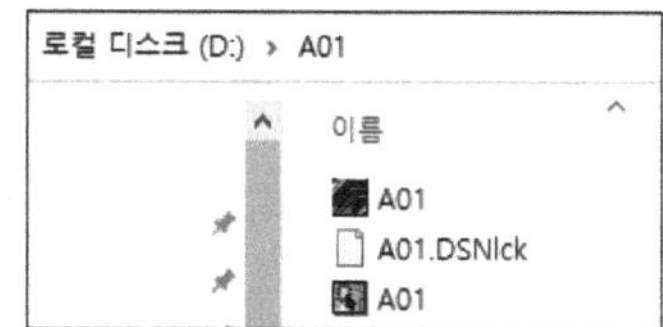

㉑ A01.OLB Tab 위에서 RMB 〉 Close를 선택한다.

8-3 부품 배치

- **Software에서 제공되는 Library와 위에서 만든 Library를 사용하여 회로도를 보고 부품을 배치하는 과정이다.**

① 오른쪽 그림과 같이 Place 〉 Part..를 선택하거나 해당 Icon을 클릭한다.

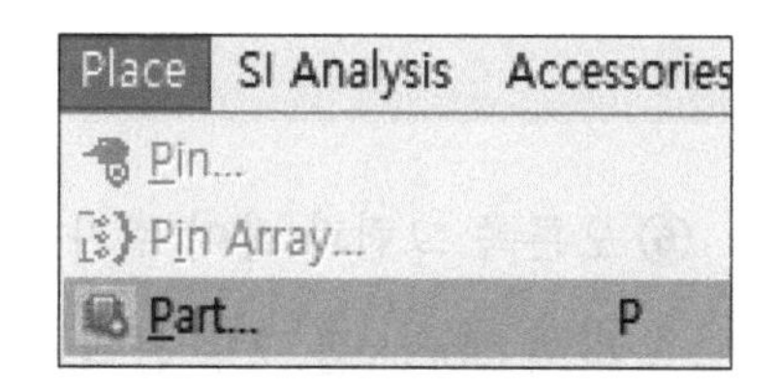

② 이 부분은 Software를 처음 사용할 때 Library를 사용하기 위하여 진행하는 것으로 이미 진행되어 있다면 생략한다. 다시 등록하고 싶으면 Libratries 항목의 Add Library Icon을 클릭한다.

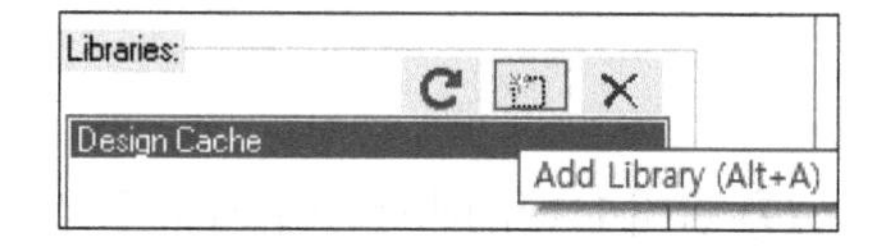

③ 아래 그림과 같이 Amplifier.olb를 선택 후 Ctrl+A를 눌러 전체를 선택, 열기 Button을 클릭한다. (경로 참고)

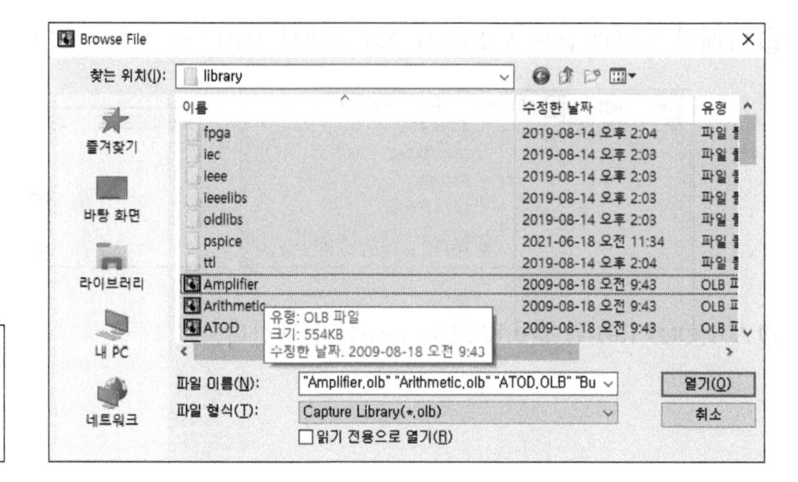

④ 직접 만든 Library를 등록하기 위하여 Libraries 항목의 Add Library Icon을 다시 클릭한다.

⑤ 오른쪽의 그림과 같이 새로 생성된 부품의 경로를 설정하여 A01 Library를 추가 등록한다.

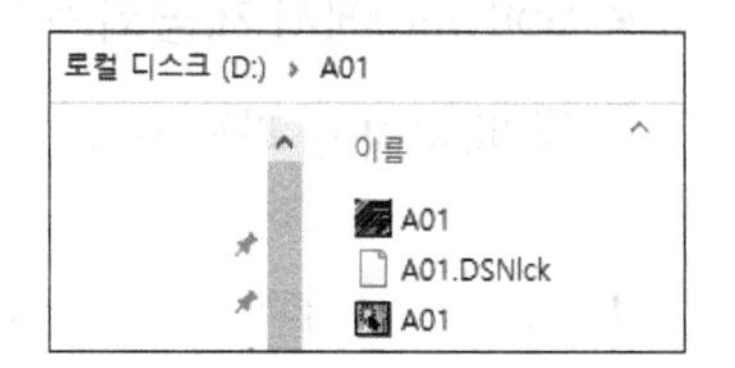

⑥ 오른쪽 그림과 같이 추가된 Library를 선택, Ctrl+A를 하여 Library를 모두 선택한다.

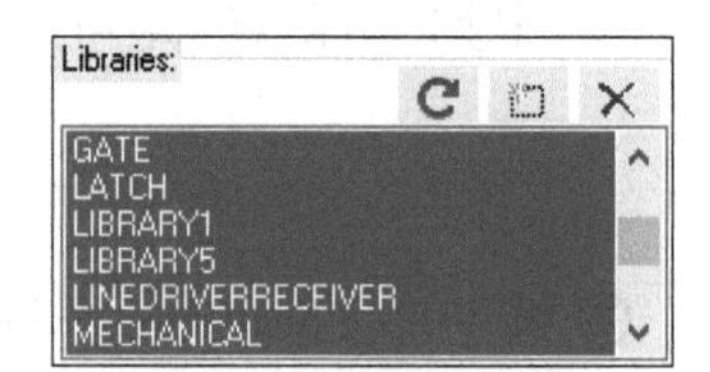

⑦ 먼저 U1을 배치하여 기준을 잡고 J1 등 회로도 왼쪽 윗부분부터 차례로 배치한다.

⑧ 오른쪽의 그림과 같이 Place Part의 Part 아래 빈칸에 atmega128을 입력한 후 Enter Key를 친다.

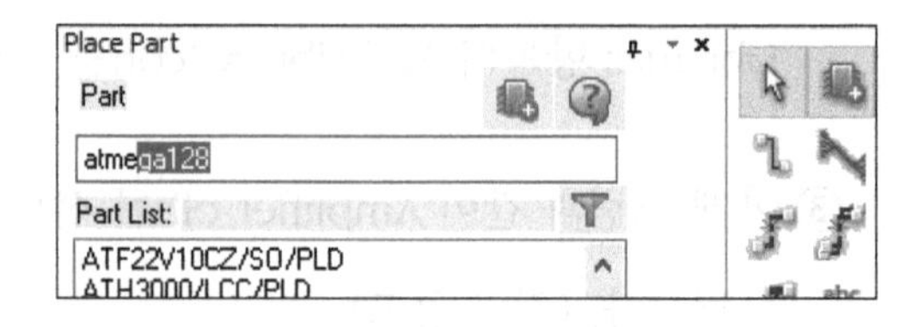

⑨ 필요시 단축키 V(상하 미러), H(좌우 미러), R(회전)를 사용한다.

⑩ 회로도를 참조하여 알맞은 위치에 배치한다.

⑪ 아래의 표 내용을 참조하여 배치한다.

No	Ref No	Part Name	No	Ref No	Part Name
1	U1	atmega128	6	D1~D10	led
2	J1	con2	7	R1~R19	r
3	J2	con6A	8	C2~C3	cap np
4	SW1	sw KEY-SPDT	9	C1	cap pol
5	SW2~SW10	sw PUSHBUTTON	10	Y1	crystal

⑫ 배치가 완료되면 Esc를 누르거나 RMB 〉 End Mode를 선택하여 종료한다.

8-4 Power/Ground Symbol 배치

① Place 〉 Power...를 선택하거나 해당 Icon을 클릭, 오른쪽의 그림과 같이 설정한 후 OK Button을 클릭한다.

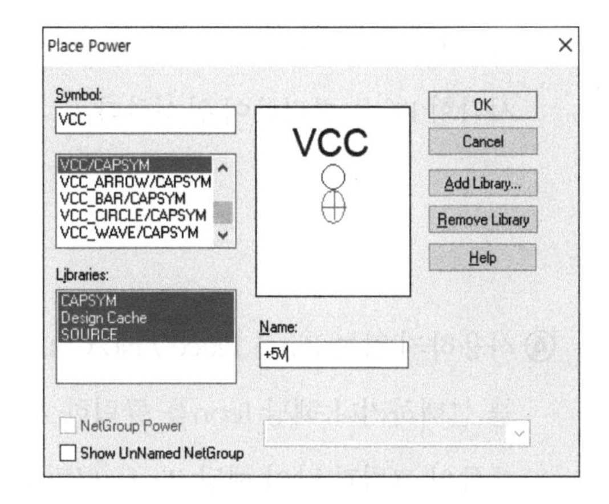

② 회로도를 참고하여 알맞은 위치에 배치한다. 필요시 다른 심벌을 사용할 수 있다.

③ Place 〉 Ground...를 선택하거나 해당 Icon을 클릭하고, 오른쪽의 그림과 같이 설정한 후 OK Button을 클릭한다.

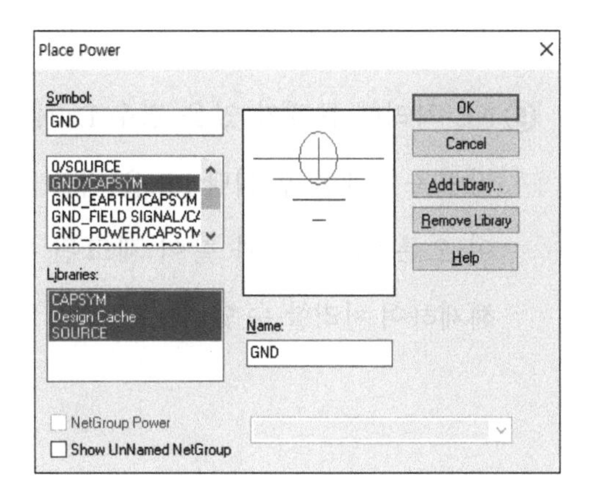

④ 회로도를 참고하여 알맞은 위치에 배치한다.

8-5 배선 작업

① Place 〉 Wire...를 선택하거나 단축키 W를 사용하여 배선한다.

② Zoom to region Icon 등 확대, 축소 기능을 이용하여 배선한다.

③ 배선은 오른쪽의 그림과 같이 해당 부품 사각형 Pin(J1의 2번)을 클릭한 후 필요시 적당한 지점을 클릭한 다음, 마지막으로 Ground Symbol의 사각형 Pin을 클릭하여 완성한다.

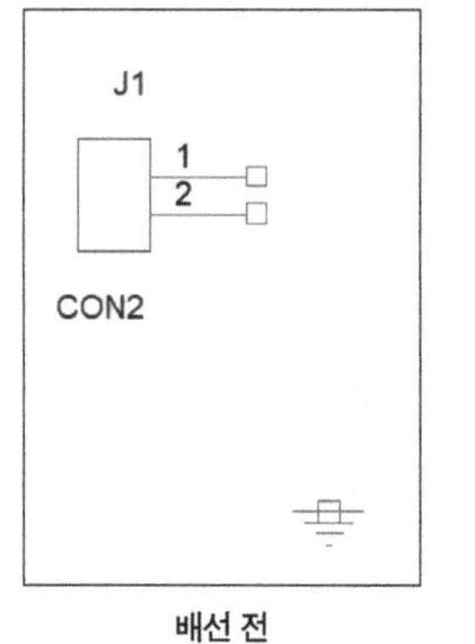

배선 전

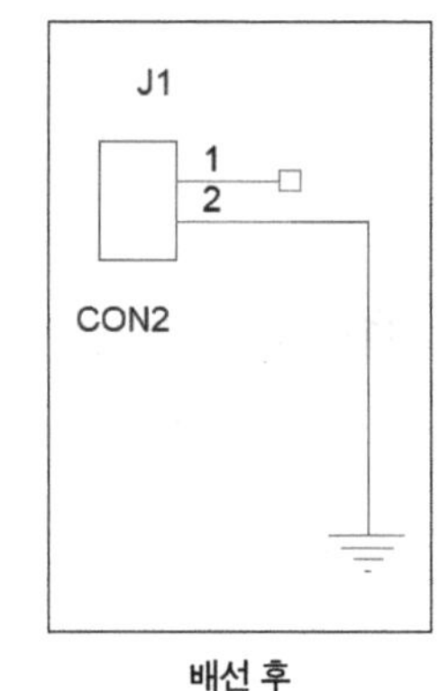

배선 후

④ 사용하지 않는 Pin은 Place 〉 No Connect를 선택하거나 해당 Icon을 클릭한 후 오른쪽의 그림과 같이 해당 Pin을 클릭하여 NC 처리한다.

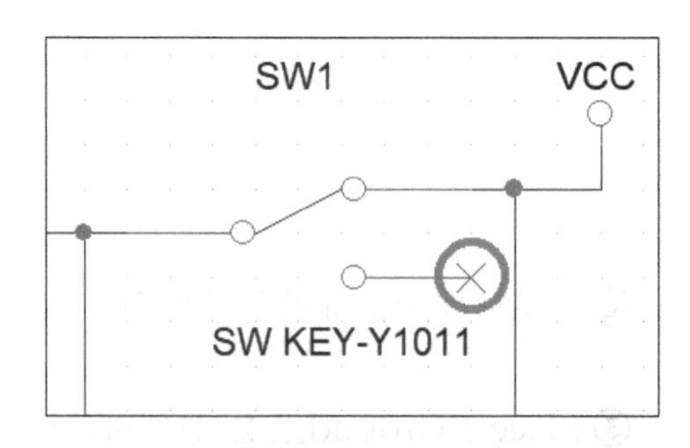

⑤ NC 처리에 문제가 있을 경우 Esc를 눌러 명령을 해제한 후 해당 Pin을 더블 클릭하여 오른쪽의 그림과 같이 체크된 부분을 해제하여 처리할 수 있다.

	A
	⊞ SCHEMATIC1 : PAGE1
Is No Connect	☑
Name	NO
Net Name	
Number	3
Order	2
Swap Id	-1
Type	Passive

⑥ 배선이 완료되면 Zoom to all Icon을 클릭한 후 Save Icon을 클릭하여 저장한다.

8-6 Net Name 부여하기

● **이 작업은 Net Alias를 메뉴를 이용하고 필요시 Ctrl+C, Ctrl+V 활용하여 처리한다.**

① Place 〉 Net Alias...(N)를 선택하거나 해당 Icon을 이용하여 아래의 그림과 같이 입력한 후 OK Button을 눌러 해당 Net 위치에 클릭하여 배치한다.

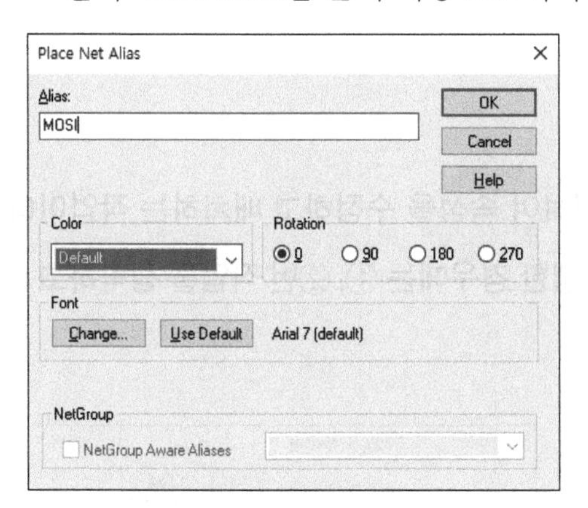

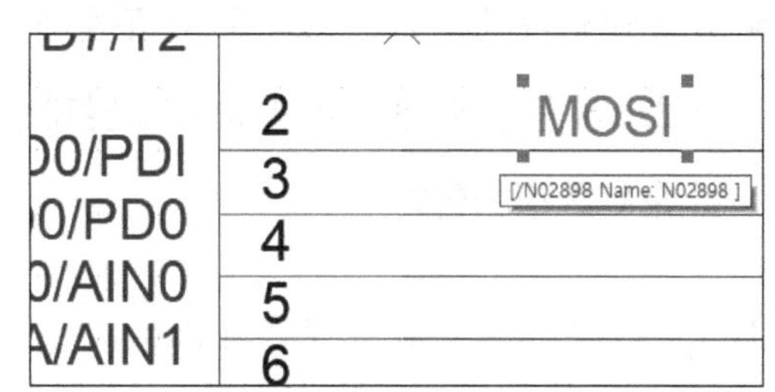

② 위와 같은 방법으로 아래의 표 내용을 참조하여 작업한다.

부품의 지정 Pin	네트의 이름	부품의 지정 Pin	네트의 이름
J1의 1번 연결부	MAIN_P	J2의 3번 연결부	SCK
U1의 2번 연결부	MOSI	J2의 4번 연결부	MOSI
U1의 3번 연결부	MISO	J2의 5번 연결부	RESET
U1의 11번 연결부	SCK	J2의 6번 연결부	GND
U1의 20번 연결부	RESET	U1의 24번 연결부	X1
J2의 1번 연결부	MISO	U1의 23번 연결부	X2
J2의 2번 연결부	VCC	-	-

③ 모두 진행이 되었으면 Esc를 누르고 임의의 빈 곳을 클릭한다.

[참고]

PC0 ~ PC4와 같이 순차적으로 진행하는 경우는 다음 순서에 따라 진행한다.

① n을 누르고 PC0 입력한 후 OK Button을 클릭한다.

② 해당하는 Net 위치에 클릭하여 배치한다.

③ 그다음 Net 위치에 차례로 클릭하여 배치한다.

8-7 부품 속성 수정

- 회로도에 나타나 있는 그대로 각 부품에 대하여 속성을 수정하고 배치하는 작업이다. 회로도에 부품을 배치할 때 순서에 맞게 진행한 경우에는 ①, ②번 작업을 생략하고 ③번 순서를 진행한다.

① 오른쪽의 그림과 같이 부품의 Part Refence(R1)를 더블클릭한다.

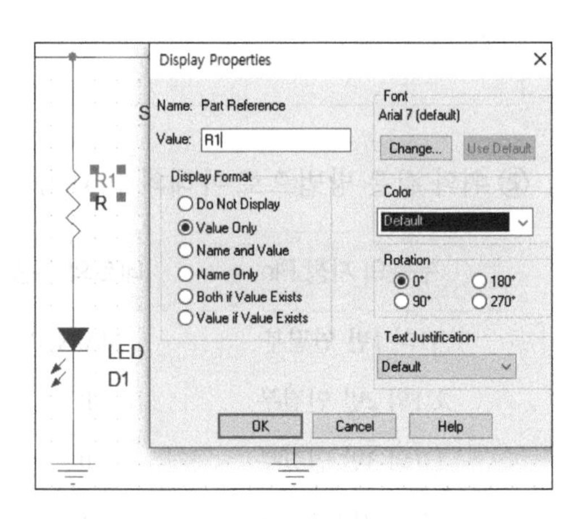

② Value에 변경할 값을 입력한 후 OK Button을 클릭한다.

③ ④번 아래의 그림과 같이 부품의 Value 속성(R)을 더블클릭한다.

④ Value에 변경할 값을 입력한 후 OK Button을 클릭한다.

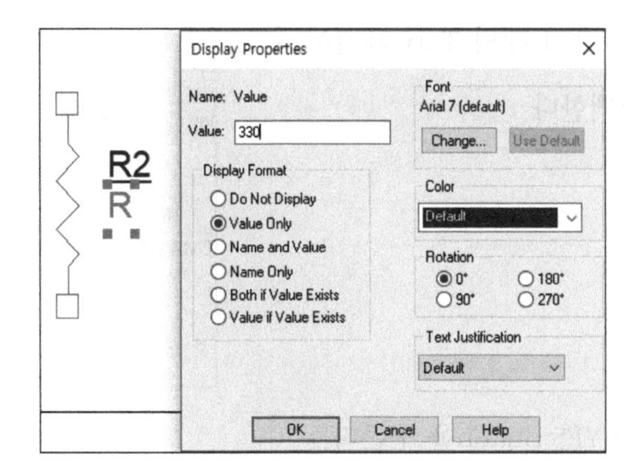

- **Part Refence를 수정한 후 위의 그림과 같이 밑줄이 생길 경우 처리 방법**

① 해당 부품을 클릭한 후 RMB 〉 User Assigned Refence 〉 Unset을 선택한다.

② 임의의 빈 곳을 클릭한다.

- **R1, R2와 같이 부품값이 같은 경우의 처리 방법**

① 아래의 그림과 같이 드래그하거나 클릭, Ctrl+Click으로 부품을 선택한다.

② RMB 〉 Edit Properties...를 선택한다.

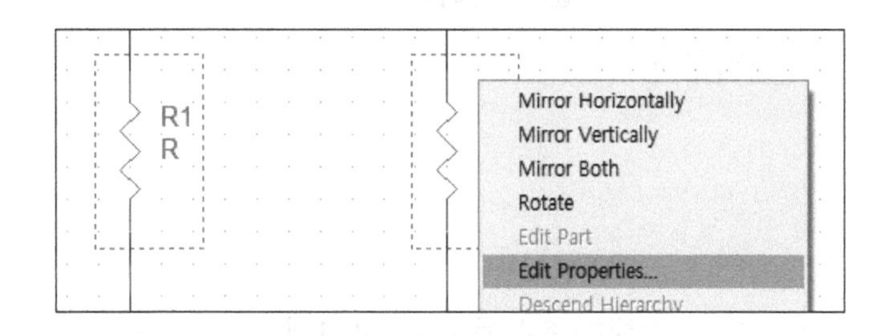

③ 아래의 그림과 같이 Value 행의 해당되는 부품값(330)을 입력한다.

Name	INS636	INS652
Part Reference	R1	R2
PCB Footprint		
Power Pins Visible	☐	☐
Primitive	DEFAULT	DEFAULT
Reference	R1	R2
Source Library	C:\CADENCE\SPB_17.2 ...	C:\CADENCE\SPB_17.2 ...
Source Package	R	R
Source Part	R.Normal	R.Normal
Value	330	330

④ 오른쪽의 그림과 같이 해당 Tab 위에서 RMB 〉 Save를 선택한다.

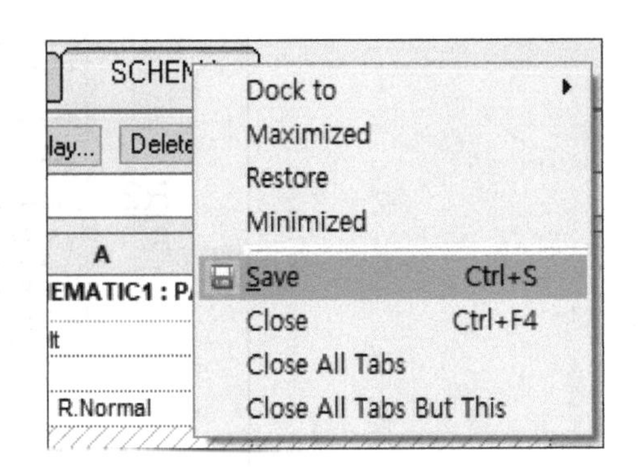

⑤ 경고 창이 나오면 YES Button을 누른다.

⑥ RMB 〉 Close를 선택한다.

⑦ 임의의 빈 곳을 클릭한다.

- 오른쪽의 그림과 같이 회로도에 표시되지 않은 사항은 Do Not Display를 선택, OK Button을 클릭하여 처리한다.

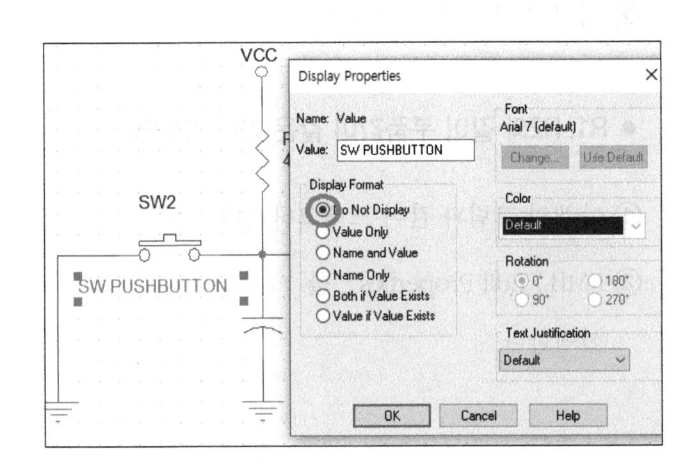

- 위에서 진행한 속성을 다시 보이게 하려면 오른쪽의 그림과 같이 부품을 더블클릭한 후 Value를 클릭, RMB 〉 Display...를 선택, 팝업 창에서 옵션 지정을 하여 처리한다.

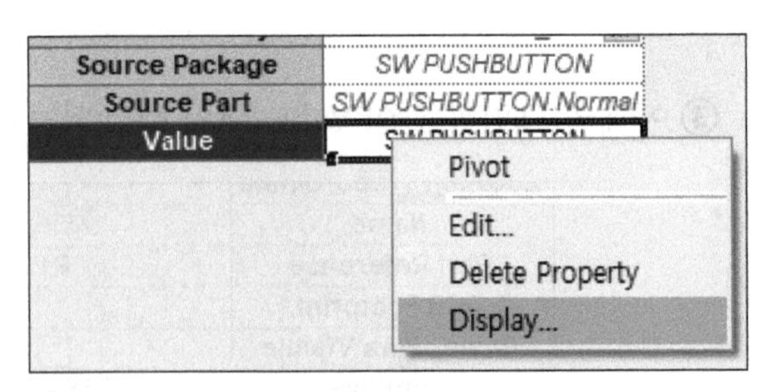

8-8 DRC(Design Rule Check)

이 작업은 회로도를 완성한 후 회로도 설계에 이상이 있는지 없는지를 점검해 주는 것으로 회로 자체의 동작 여부를 점검해 주는 것은 아니라는 것을 기억하자. 또한, 이 과정에서 이상이 있는 경우 반드시 이상이 없도록 조치를 한 후 PCB 설계를 진행해야 하며 Error 파일은 별도로 저장한다.

① 오른쪽의 그림과 같이 PAGE1을 선택한다.

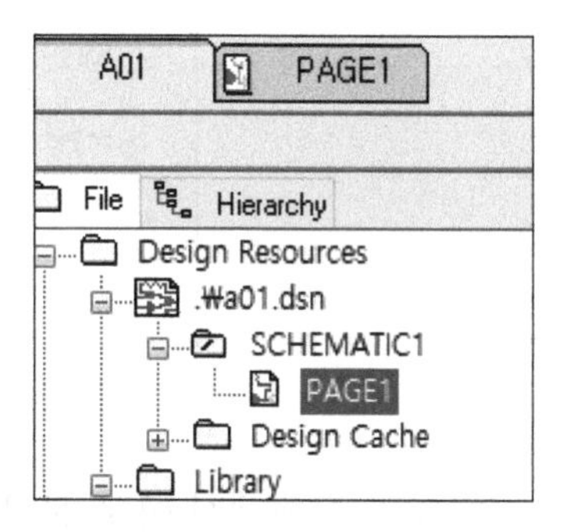

② 오른쪽의 그림과 같이 Tools 〉 Design Rules Check...를 선택하거나 해당 Icon을 클릭한다.

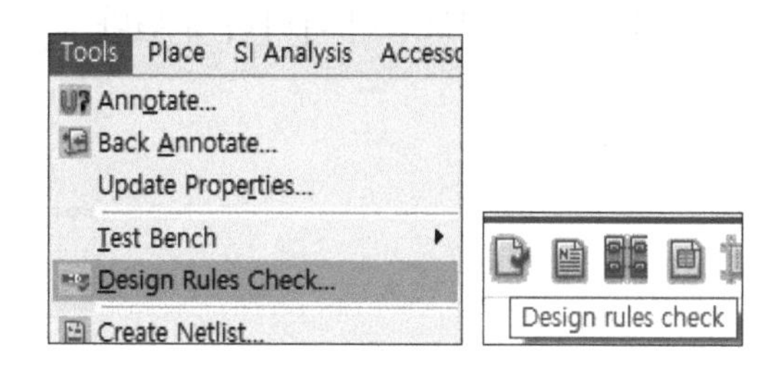

③ 오른쪽의 그림과 같이 경고 창이 나타나는 경우 그냥 Yes Button을 클릭한다.

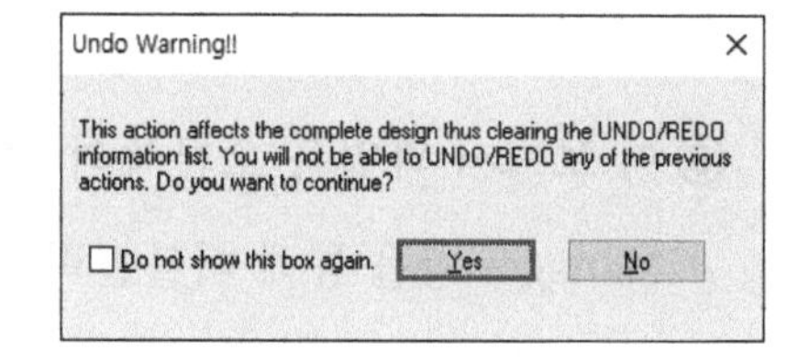

④ 아래의 그림과 같이 Design Rules Check 팝업 창이 나타나면 Design Rules Options Tab의 Action 항목에서 Create DRC markers for warnings 항목의 Check Box를 On 하고 나서 Report File: View Output 항목의 Check Box를 On 한 다음, File 경로를 확인한 후 OK Button을 클릭한다. 이는 DRC 수행 중 경고 메시지 등이 있을 경우 확인할 수 있도록 하는 것이다.

⑤ DRC 수행에서 아무 문제가 없으면 오른쪽과 같은 메모장이 나타나게 된다.

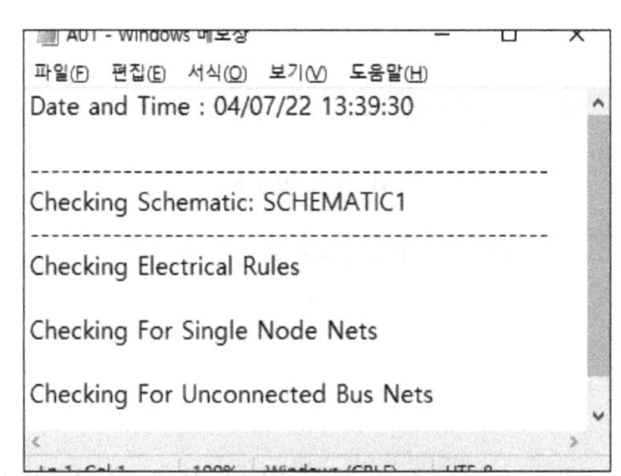

⑥ 이 보고서 파일은 오른쪽의 그림과 같이 Project Manager 창을 통해 더블클릭을 해서 확인하여 볼 수도 있다.

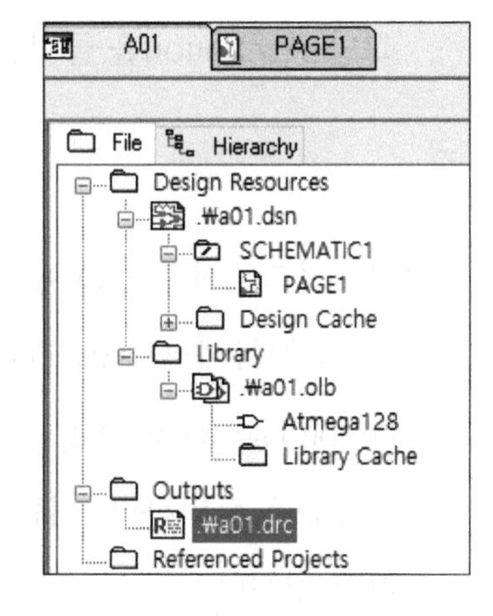

- Design Rules Check 창의 DRC Matrix Tab에서는 설계 규칙의 조건인 입·출력 Pin/계층 구조 포트/전원 등을 설정할 수 있으며 Restore defaults Button을 클릭하면 초깃값으로 설정된다. Power Pin 등에 Error가 있을 경우 Power와 Output에 설정된 값을 점검해 본다.

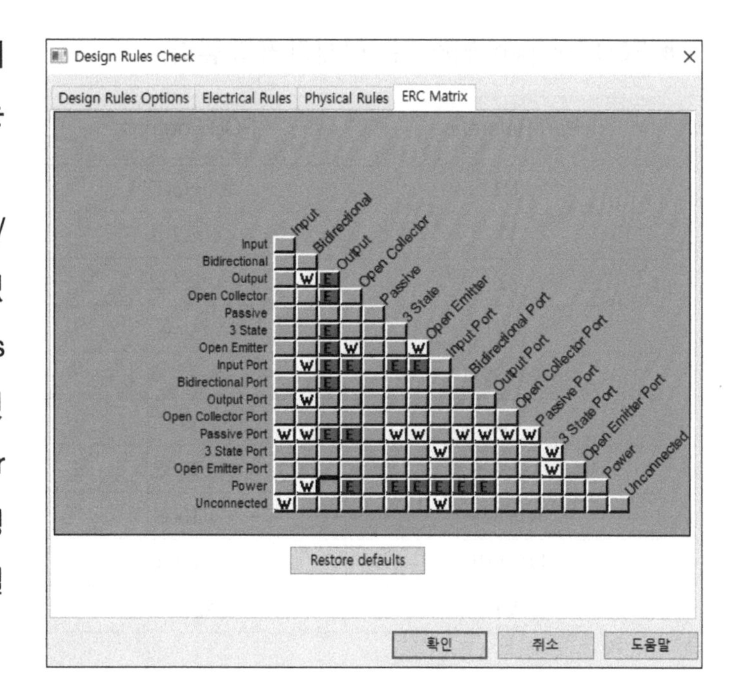

⑦ File 〉 Save를 선택하여 저장한다.

- 완성된 회로도는 필요시 File 〉 Print를 선택하여 인쇄할 수 있다.

8-9 PCB Footprint 설정

Footprint를 설정하기에 앞서 필요한 Footprint를 만들기 위해 Chap 9를 먼저 진행한 후 다시 돌아와 이 작업을 수행하기로 한다.

- 오른쪽의 그림과 같이 Project Manager 창의 파일이름.dsn을 선택, RMB 〉 Edit Object Properties를 선택하여 작업한다.

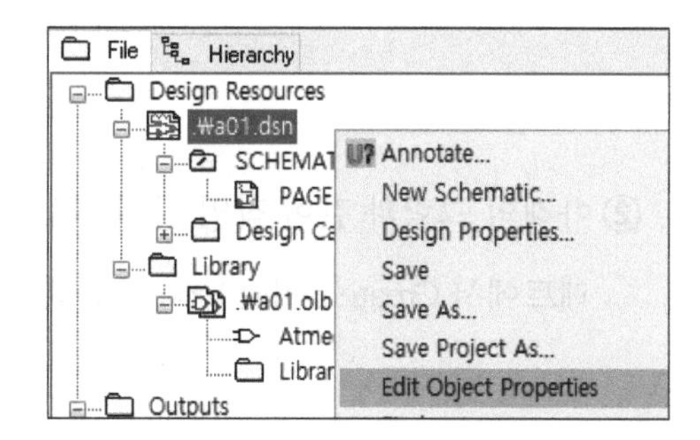

● PCB Footprint 리스트는 아래의 표와 같다.

Part Reference	PCB Footprint	Remark
U1	atmega128	제작
J1	con2_1	제작
J2	con3_2	제작
SW1	t_sw	제작
SW2~SW10	tack_sw	제작
C1	ec	제작
C2~C3	C1608	제작(기존)
R1~R19	R1608	제작(기존)
D1~D10	cap196	기존
Y1	XTAL16MHz	제작

8-10 Netlist 생성

Netlist 생성은 Layout 작업에 필요한 각 부품들에 대한 Footprint를 지정한 다음, 수행하기 위해 Chap 9를 진행한 후 다시 돌아와 이 작업을 수행하기로 한다. 우선 현재의 회로도를 저장한다.

① 오른쪽의 그림과 같이 PAGE1을 선택한다.

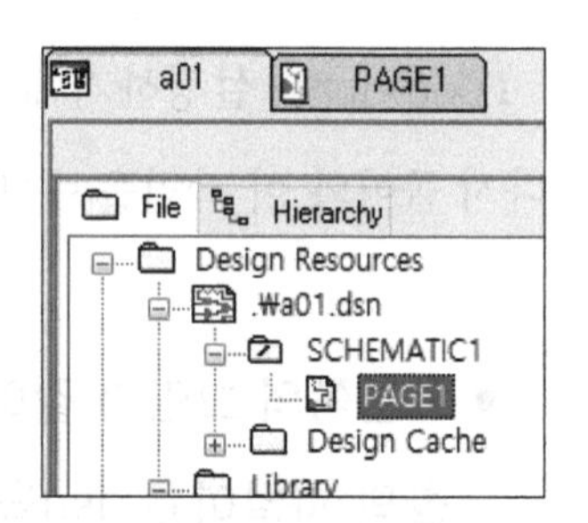

② 아래의 그림과 같이 작업 창의 메뉴에서 Tools 〉 Create Netlist...를 선택하거나 툴 팔레트에서 Create netlist Icon을 선택해도 된다.

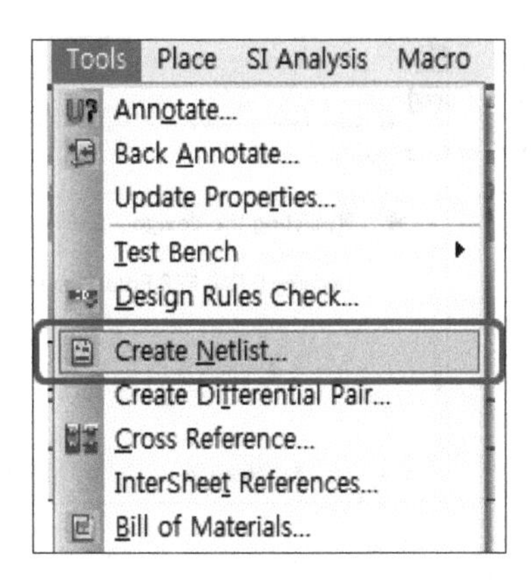

③ 오른쪽의 그림과 같이 Create Netlist 팝업 창이 나타나면 PCB Editor Tab이 활성화된 상태에서 Create or Update PCB Editor Board(Netrev) 항목의 Check Box를 On 하고 Place Changed 항목에서 Always를 클릭한 다음, Board Launching Option 항목에서는 Open Board in OrCAD PCB Editor(This option will not transfer any high-speed properties to the board)를 클릭한 후 확인 Button을 클릭한다.

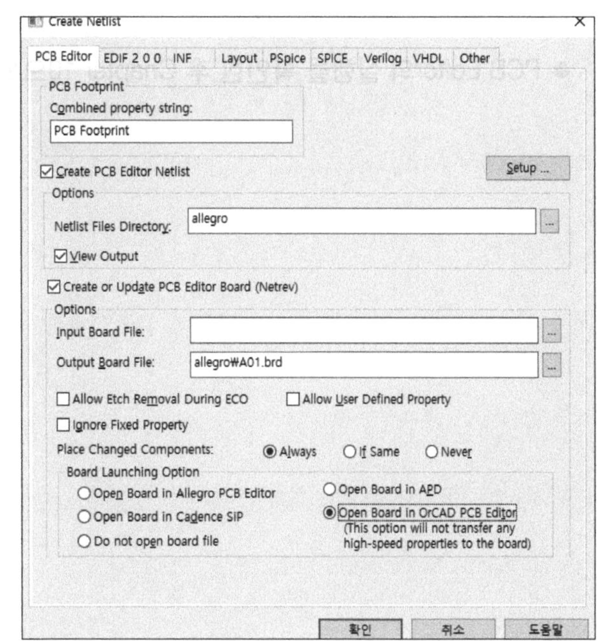

● **Board Launching Option은 상황에 따라 선택하여 사용한다.**

④ 오른쪽의 그림과 같이 Directory 생성 여부를 묻는 팝업 창이 나타나면 예(Y) Button을 클릭한다.

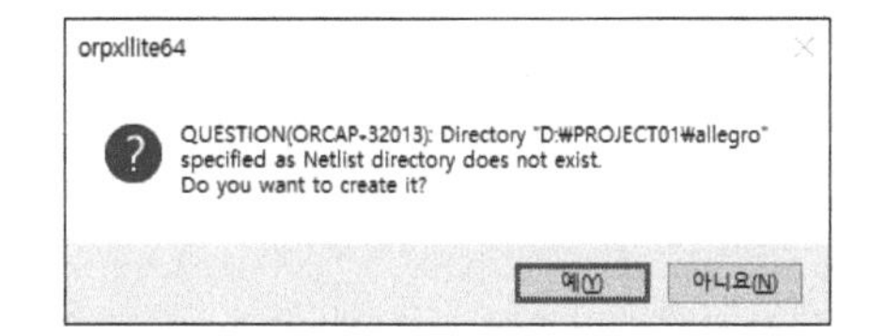

- 오른쪽의 그림과 같이 진행 과정이 나타나게 되고 정상적으로 작업이 완료되면 PCB 설계를 할 수 있는 PCB Designer 창이 나타난다.

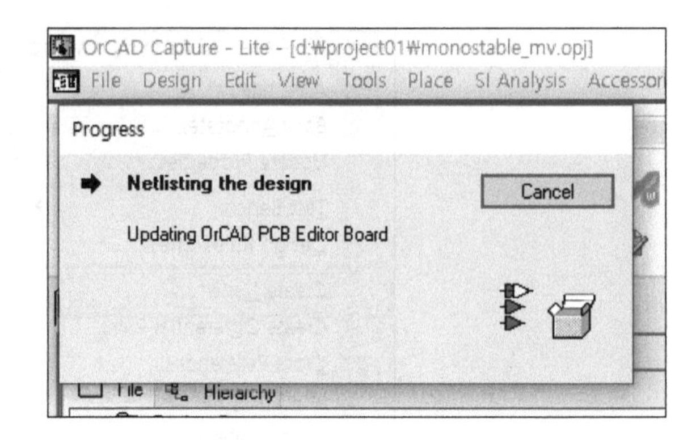

⑤ File 〉 Save를 선택하여 저장한 후 Capture 프로그램을 닫는다.

- PCB Editor의 실행을 확인한 후 Chapter 10으로 넘어간다.

CHAPTER 09

Footprint 만들기

CHAPTER 09 Footprint 만들기

- Pootprint를 만들기 위해 알맞은 PAD가 필요한데 Software에서 제공해 주는 경우 그것을 사용하고 그렇지 않을 경우에는 직접 만들어 사용해야 하므로 필요한 부품의 경우 Data Sheet를 활용하여 만드는 방법을 알아본다.

9-1 Atmega128 Footprint PAD 생성

- 기존 Library의 smd60rec200이나 유사한 것을 불러와 수정하여 사용할 수도 있다.

- 아래의 Atmega128 참고용 Data Sheet를 활용하여 진행한다.

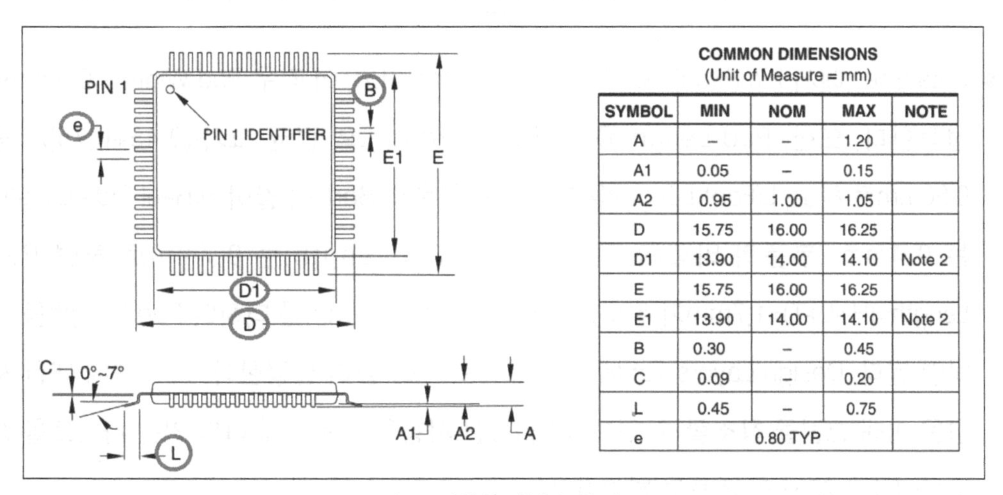

COMMON DIMENSIONS
(Unit of Measure = mm)

SYMBOL	MIN	NOM	MAX	NOTE
A	–	–	1.20	
A1	0.05	–	0.15	
A2	0.95	1.00	1.05	
D	15.75	16.00	16.25	
D1	13.90	14.00	14.10	Note 2
E	15.75	16.00	16.25	
E1	13.90	14.00	14.10	Note 2
B	0.30	–	0.45	
C	0.09	–	0.20	
L	0.45	–	0.75	
e	0.80 TYP			

Atmega128 참고용 Data Sheet

① 컴퓨터의 시작 아이콘을 열고 해당 프로그램 폴더를 클릭한 후 오른쪽 그림과 같이 Padstack Editor를 선택하여 실행한다.

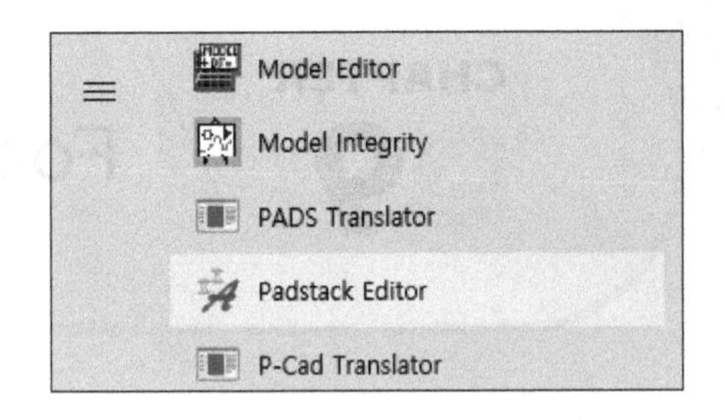

② 프로그램이 실행되면 File 〉 New...를 선택, 오른쪽 그림과 같이 Symbols 폴더를 만들고 경로를 설정, Padstack name을 입력, Padstack usage를 지정한 후 OK Button을 클릭한다.

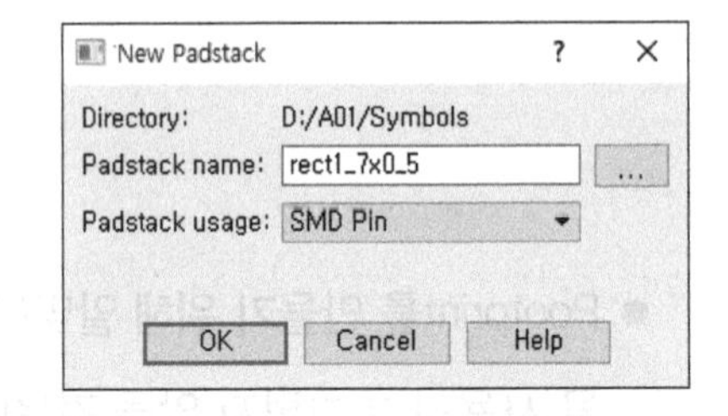

③ 오른쪽 그림과 같이 왼쪽 아랫부분의 단위 등을 설정한다.

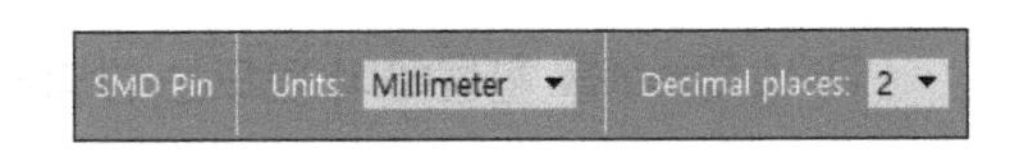

- 오른쪽 그림을 참조하여 진행한다.

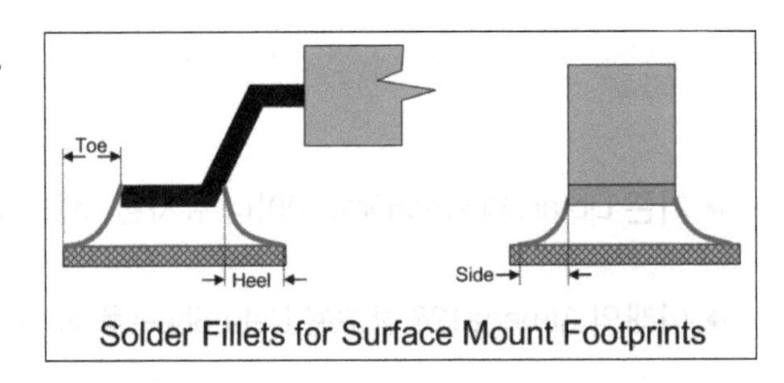

Solder Fillets for Surface Mount Footprints

- Data Sheet에서 Pin Pitch(Lead Pitch, e) = 0.8mm이고, 이 경우 Pad Width = 0.5mm로 설정한다. 또한, Pad Length를 결정하기 위하여 L의 평균 크기((0.45+0.75)/2)를 0.60mm로 하고, L(Foot Length)을 기준으로 부품의 Body쪽 길이 H(Heel Side Length)는 0.4mm, 부품의 바깥쪽 길이 T(Toe Side Length)는 0.7mm로 하면 Pad Length=(H+L+T)=1.7mm가 된다. 결국 L의 크기에 1.1mm를 더하여 Pad Length를 구하면 된다. Design Layers Tab에서 아래 순서 ④와 같이 설정한다. 이 부분에 대한 사항은 아래 그림을 참조할 수 있고, 더 필요한 사항들은 부록에 나와 있는 사이트를 참고하여 IPC-7351 문서 등을 참고한다.

SOP / QFP Flat Ribbon L and Gull-Wing Leads (unit: mm)

SOP / QFP	Least Density Level			
Terminal Lead Spacing	Toe	Heel	Side	Courtyard
Pitch > 1.00 mm	0.30	0.40	0.05	0.10
Pitch > 0.80 and <= 1.00 mm	0.25	0.35	0.04	0.10
Pitch > 0.65 and <= 0.80 mm	0.20	0.30	0.03	0.10
Pitch > 0.50 and <= 0.65 mm	0.15	0.25	0.01	0.10
Pitch > 0.40 and <= 0.50 mm	0.10	0.20	-0.02	0.10
Pitch <= 0.40 mm	0.10	0.20	-0.03	0.10

SOP / QFP	Nominal Density Level			
Terminal Lead Spacing	Toe	Heel	Side	Courtyard
Pitch > 1.00 mm	0.35	0.45	0.06	0.20
Pitch > 0.80 and <= 1.00 mm	0.30	0.40	0.05	0.20
Pitch > 0.65 and <= 0.80 mm	0.25	0.35	0.04	0.20
Pitch > 0.50 and <= 0.65 mm	0.20	0.30	0.02	0.20
Pitch > 0.40 and <= 0.50 mm	0.15	0.25	-0.01	0.20
Pitch <= 0.40 mm	0.15	0.25	-0.02	0.20

SOP / QFP	Most Density Level			
Terminal Lead Spacing	Toe	Heel	Side	Courtyard
Pitch > 1.00 mm	0.40	0.50	0.07	0.40
Pitch > 0.80 and <= 1.00 mm	0.35	0.45	0.06	0.40
Pitch > 0.65 and <= 0.80 mm	0.30	0.40	0.05	0.40
Pitch > 0.50 and <= 0.65 mm	0.25	0.35	0.03	0.40
Pitch > 0.40 and <= 0.50 mm	0.20	0.30	0.00	0.40
Pitch <= 0.40 mm	0.20	0.30	-0.01	0.40

[참고]

Pin Pitch에 따른 Pad Width

Pin Pitch(mm)	Pad Width(mm)
〈 0.50	0.20
0.50	0.30
0.65	0.35
0.80	0.5

④ Regular Pad의 크기를 아래와 같이 설정한다.

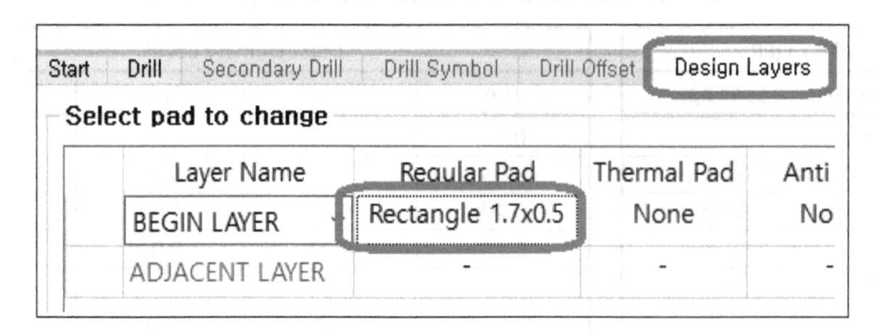

⑤ Solder Mask Data를 위해 설정한 값에 Width, Height 크기를 각각 0.1mm씩 더하고, SMD 부품을 위한 Metal Mask 제작을 위해 Paste Mask의 크기는 Regular Pad와 같은 크기를 아래 그림과 같이 Mask Layers Tab에서 값을 설정한다.

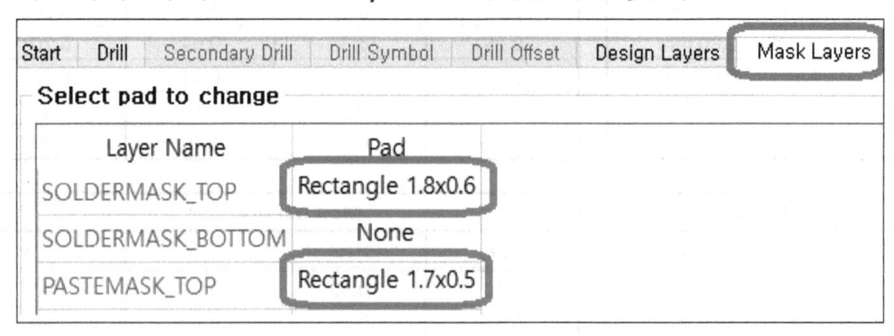

⑥ File 〉 Save를 선택하여 저장한다.

9-2 C1 Footprint PAD 생성

- 아래의 C1 참고용 Data Sheet를 활용하여 진행한다.

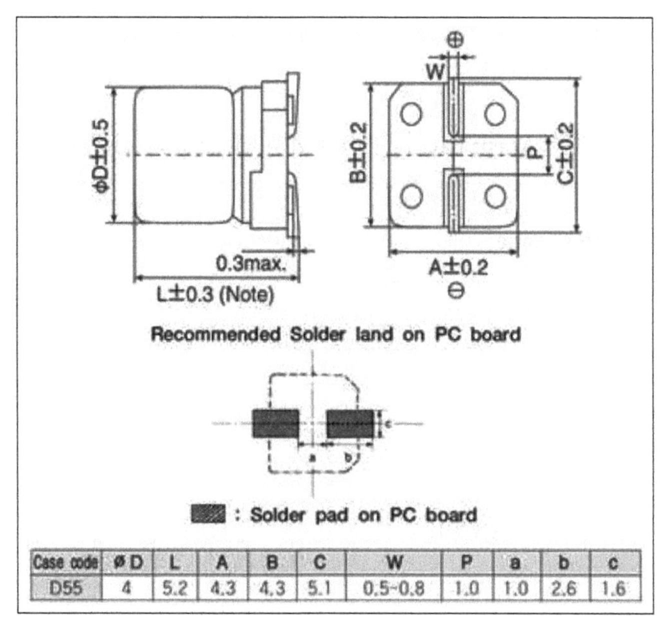

Case code	ø D	L	A	B	C	W	P	a	b	c
D55	4	5.2	4.3	4.3	5.1	0.5~0.8	1.0	1.0	2.6	1.6

C1 참고용 Data Sheet

① Padstack Editor 실행한다.

② 프로그램이 실행되면 File 〉 New...를 선택, 오른쪽 그림과 같이 경로를 설정, Padstack name을 입력, Padstack usage를 지정한 후 OK Button을 클릭한다.

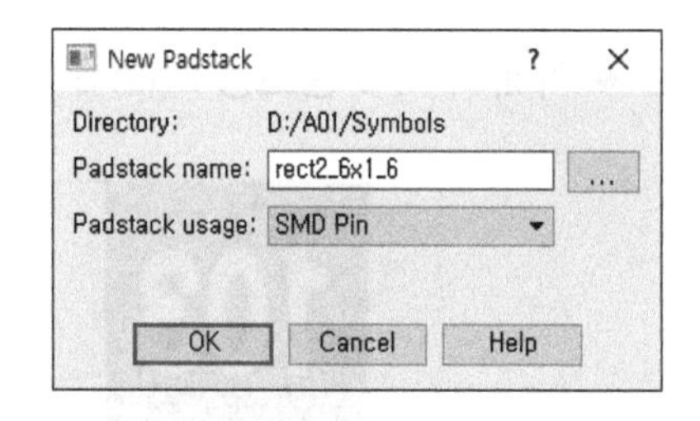

③ 왼쪽 아랫부분에서 단위가 mm인 것을 확인한다.

- Data Sheet에서 PAD의 가로 크기는 b = 2.6mm로 결정하고 세로 크기는 Data Sheet의 c를 참고하여 1.6mm로 결정하였다.

④ Data Sheet를 참고하여 Design Layers Tab에서 오른쪽 그림과 같이 설정한다.

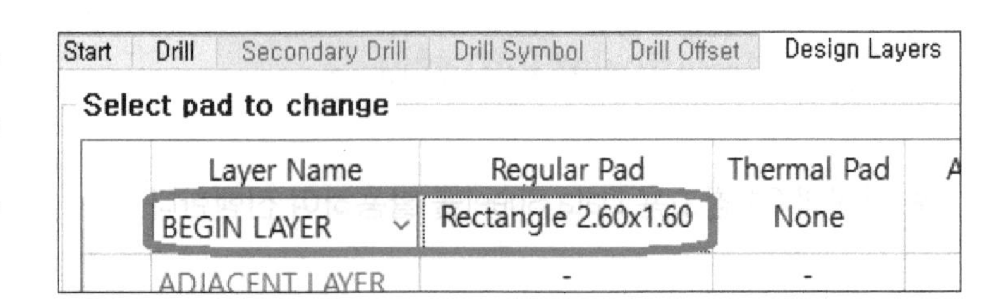

⑤ Data Sheet를 참고하여 Mask Layers Tab에서 아래 그림과 같이 설정한다.

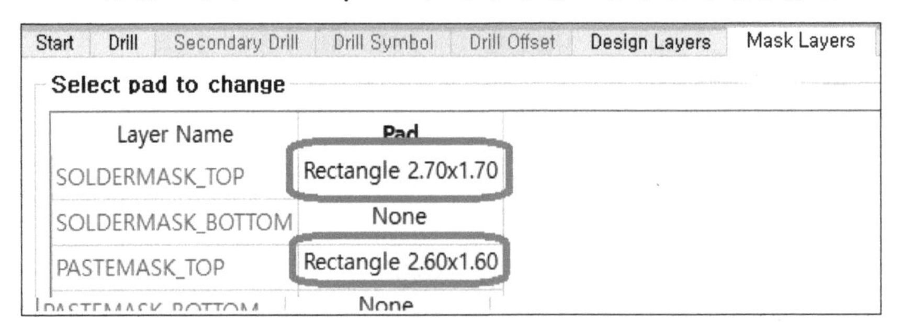

⑥ File 〉 Save를 선택하여 저장한다.

9-3 R1 ~ R19, C2 ~ C3 Footprint PAD 생성

● 아래의 R, C 참고용 Data Sheet를 활용하여 진행한다.

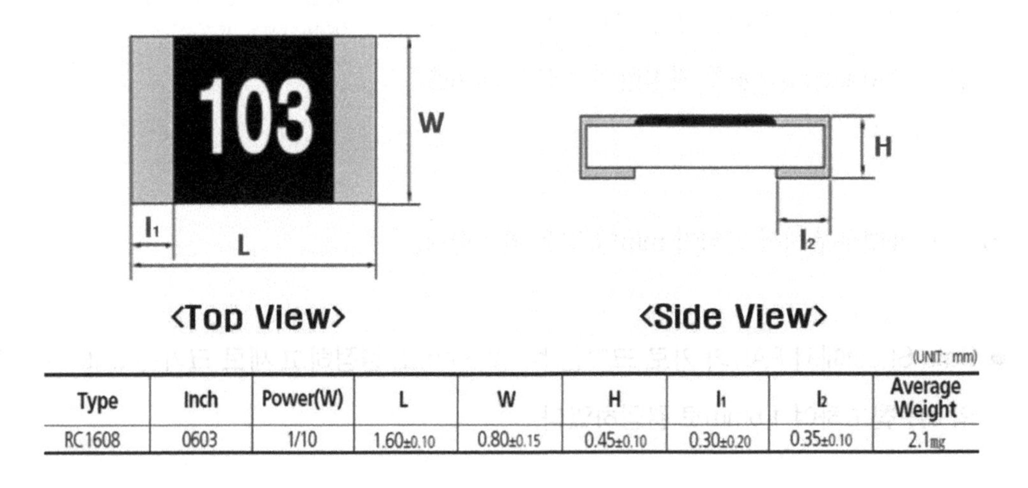

(UNIT: mm)

Type	Inch	Power(W)	L	W	H	l_1	l_2	Average Weight
RC1608	0603	1/10	1.60±0.10	0.80±0.15	0.45±0.10	0.30±0.20	0.35±0.10	2.1mg

■ **Standard Soldering Pad Dimensions**

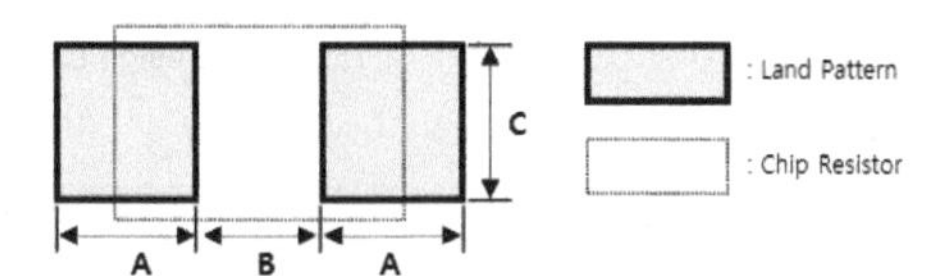

[Unit : mm]

Size(mil)	Reflow Soldering			
	A	B	2A + B	C
RC0402(01005)	017	0.20	0.54	0.18
RC0603(0201)	0.37	0.28	1.02	0.29
RC1005(0402)	0.60	0.50	1.70	0.50
RC1608(0603)	0.80	0.80	2.40	0.80
RC2012(0805)	0.90	1.40	3.20	1.20
RC3216(1206)	1.30	1.80	4.40	1.50
RC3225(1210)	1.30	1.80	4.40	2.40
RC5025(2010)	1.40	3.30	6.10	2.40
RC6432(2512)	1.40	4.60	7.40	3.00

R, C 참고용 Data Sheet

① Padstack Editor 실행한다.

② 프로그램이 실행되면 File 〉 New...를 선택, 오른쪽 그림과 같이 경로를 설정, Padstack name을 입력, Padstack usage를 지정한 후 OK Button을 클릭한다.

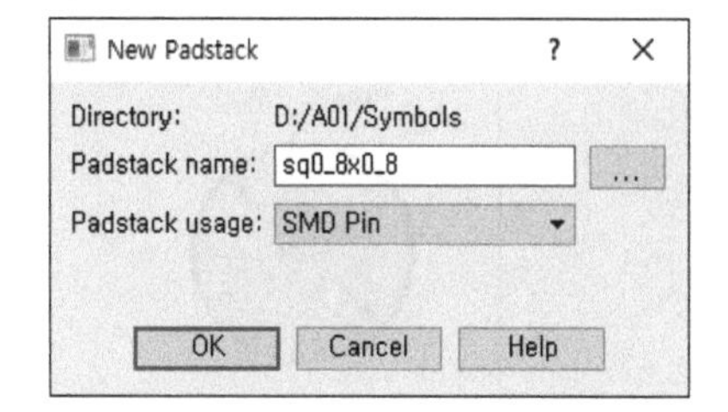

③ 왼쪽 아랫부분에서 단위가 mm인 것을 확인한다.

④ Data Sheet를 참고하여 Design Layers Tab에서 오른쪽 그림과 같이 설정한다.

Start | Drill | Secondary Drill | Drill Symbol | Drill Offset | Design Layer

Select pad to change

Layer Name	Regular Pad	Thermal Pad
BEGIN LAYER	Square 0.8	None
ADJACENT LAYER	-	-

⑤ Data Sheet를 참고하여 Mask Layers Tab에서 아래 그림과 같이 설정한다.

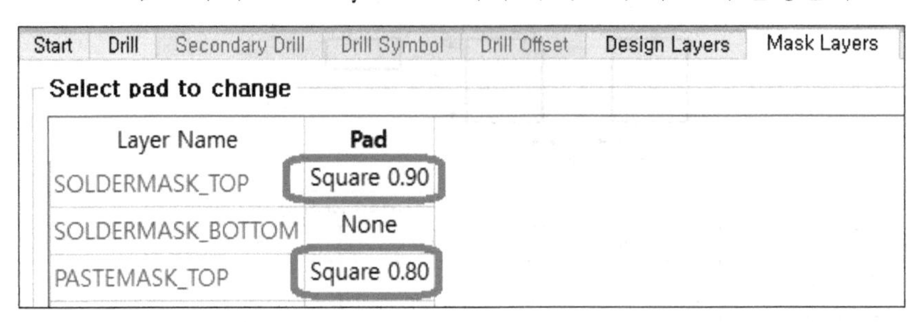

⑥ File 〉 Save를 선택하여 저장한다.

9-4 2Pin/6Pin 커넥터 Footprint PAD 생성

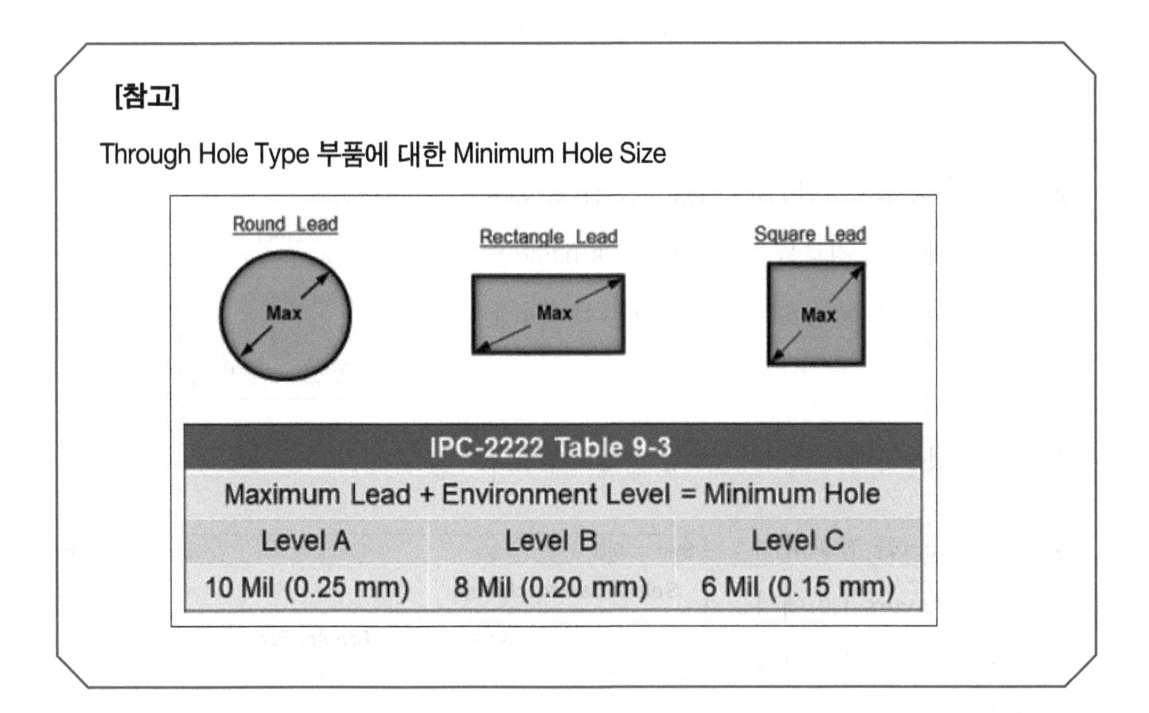

[참고]

Through Hole Type 부품에 대한 Minimum Hole Size

IPC-2222 Table 9-3		
Maximum Lead + Environment Level = Minimum Hole		
Level A	Level B	Level C
10 Mil (0.25 mm)	8 Mil (0.20 mm)	6 Mil (0.15 mm)

[참고]

Through Hole Type 부품에 대한 Minimum Pad Size

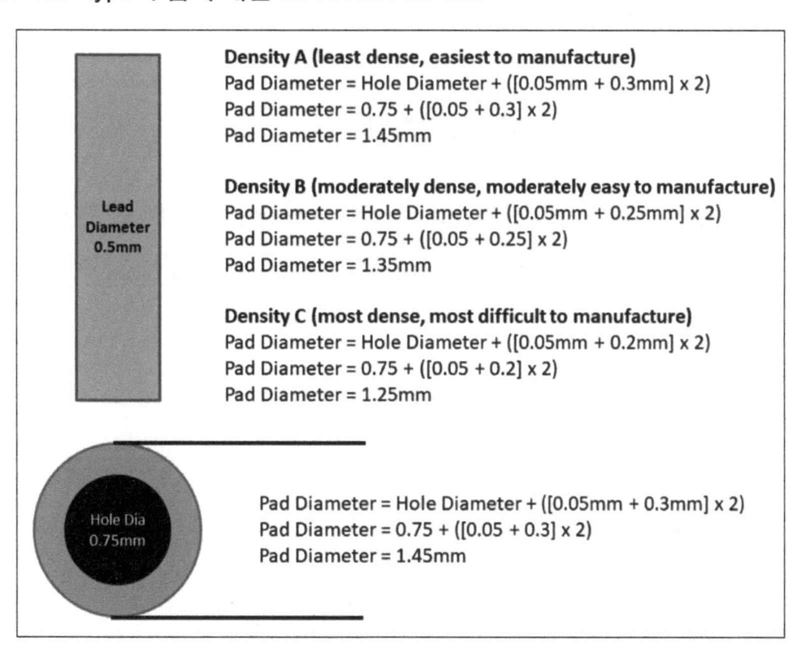

- 오른쪽의 2Pin 참고용 Data Sheet를 활용하여 진행한다.

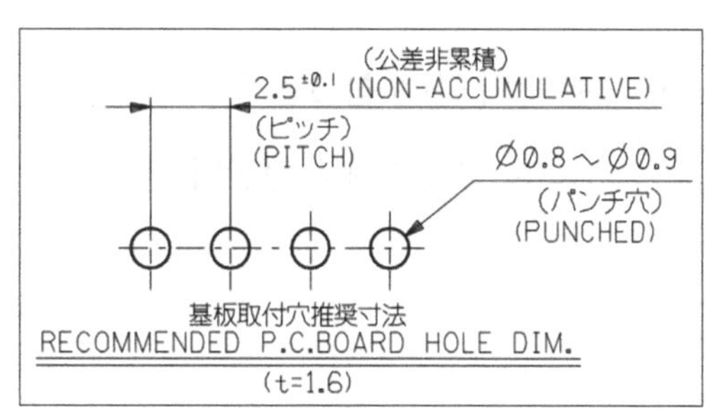

2Pin 참고용 Data Sheet

① Padstack Editor에서 오른쪽 그림과 같이 File 〉 Padstack Library Browser를 선택한다.

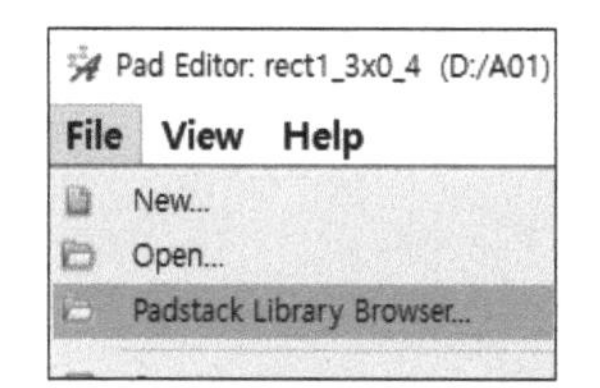

② 오른쪽 그림과 같이 Name filter에 pad60*을 입력하여 나타난 리스트 중에서 pad60cir35d.pad를 선택, OK Button을 클릭한다.

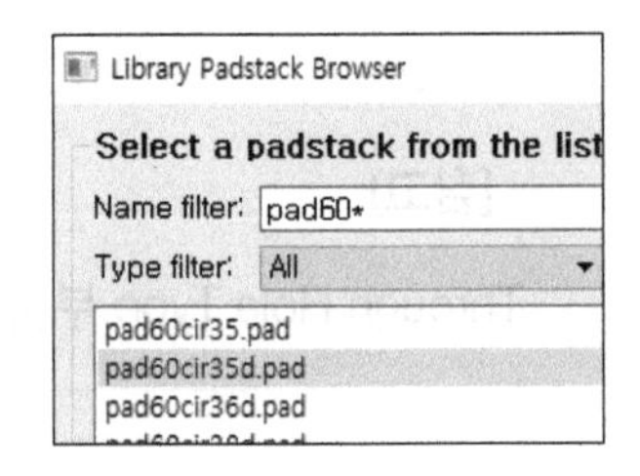

③ 왼쪽 아랫부분에서 단위가 mm인 것을 확인한다.

④ 아래 그림과 같이 Drill Tab을 선택, Finished diameter 값을 0.85로 수정한다.

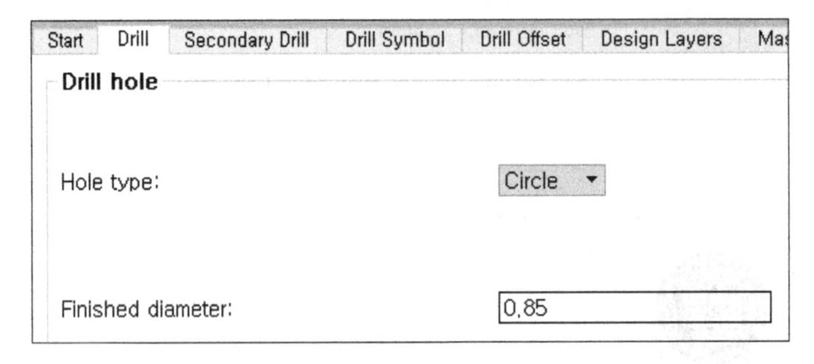

⑤ File 〉 Save As... 를 선택하여 pad60cir085d로 저장한다.

⑥ 위의 방법으로 pad60sq36d PAD를 열고 pad60sq085d로 만들어 저장한다.

● **오른쪽의 6Pin 참고용 Data Sheet를 활용하여 진행한다.**

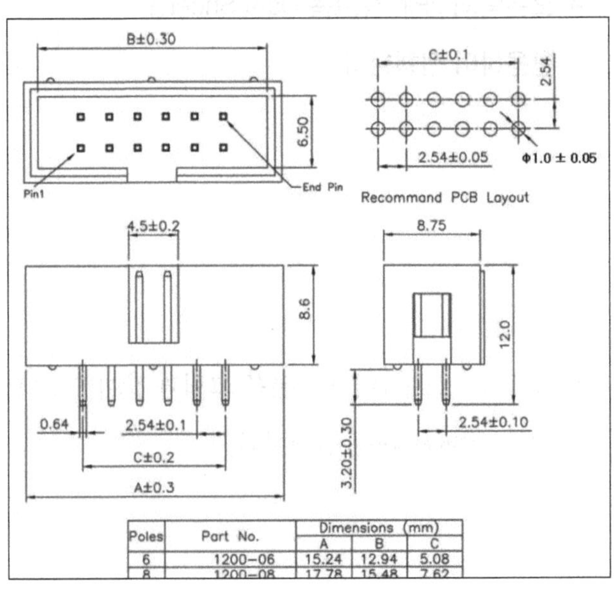

Poles	Part No.	Dimensions (mm)		
		A	B	C
6	1200-06	15.24	12.94	5.08
8	1200-08	17.78	15.48	7.62

6Pin 참고용 Data Sheet

① Padstack Editor에서 오른쪽 그림과 같이 File 〉 Padstack Library Browser를 선택한다.

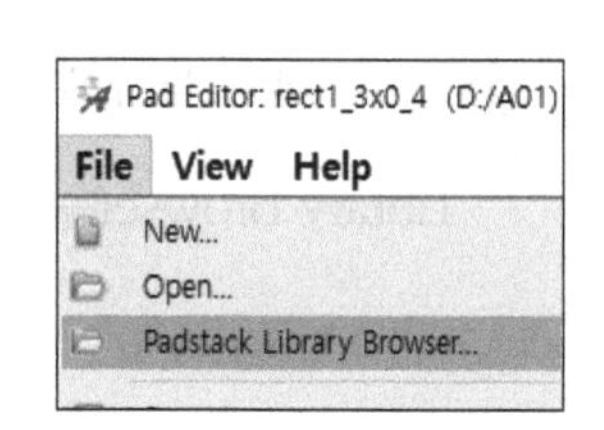

② 오른쪽 그림과 같이 Name filter에 pad60*을 입력하여 나타난 리스트 중에서 pad60cir35d.pad를 선택, OK Button을 클릭한다.

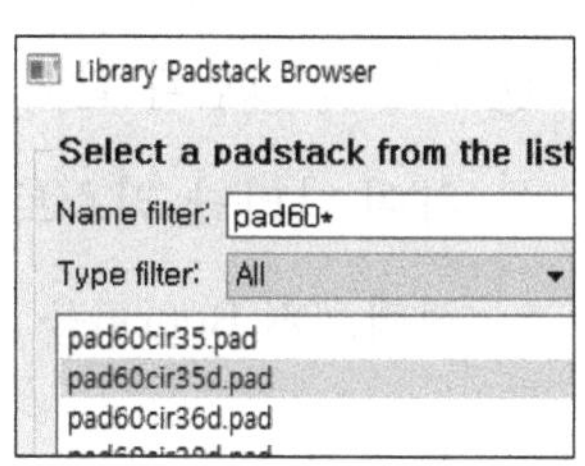

③ 왼쪽 아랫부분에서 단위가 mm인 것을 확인한다.

④ 아래 그림과 같이 Drill Tab을 선택, Finished diameter 값을 1.0으로 수정한다.

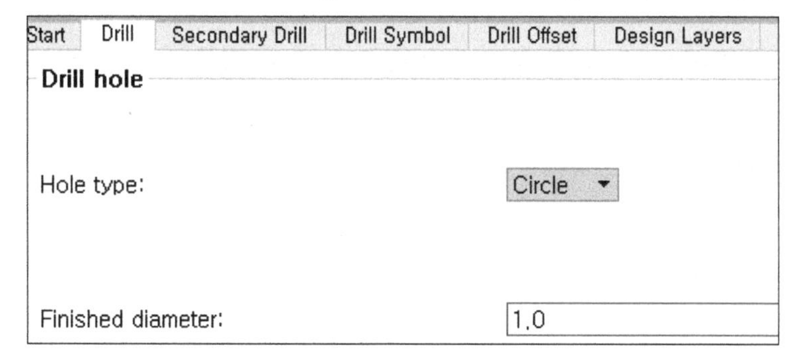

⑤ File 〉 Save As... 를 선택하여 pad60cir100d로 저장한다.

⑥ 위의 방법으로 pad60sq36d PAD를 열고 pad60sq100d로 만들어 저장한다.

9-5 Tack_SW Footprint PAD 생성

- 오른쪽의 Tack_SW 참고용 Data Sheet를 활용하여 진행한다.

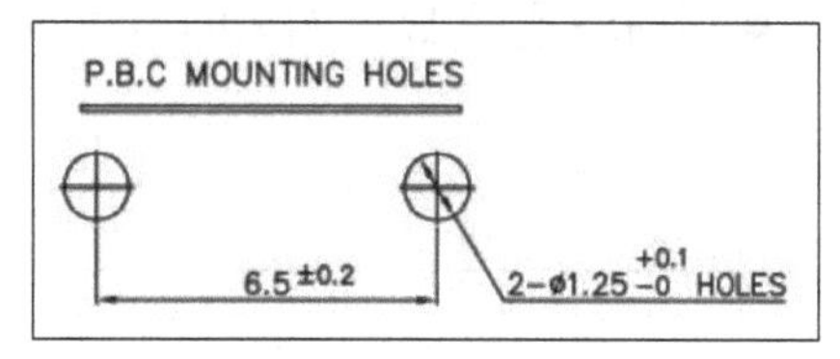

Tack_SW 참고용 Data Sheet

① Padstack Editor에서 오른쪽 그림과 같이 File 〉 Padstack Library Browser를 선택한다.

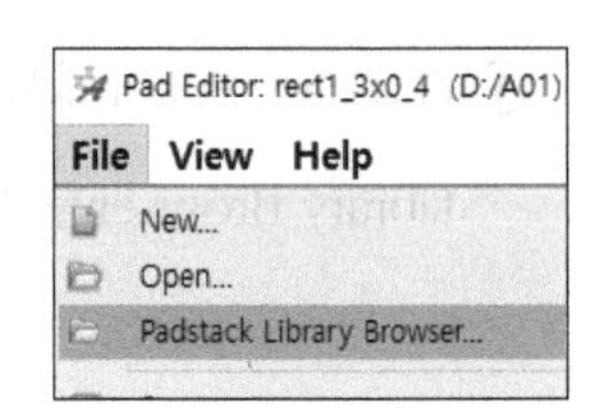

② 오른쪽 그림과 같이 Name filter에 pad80*을 입력하여 나타난 리스트 중에서 pad80cir50d.pad를 선택, OK Button을 클릭한다.

③ 왼쪽 아랫부분에서 단위가 mm인 것을 확인한다.

④ 아래 그림과 같이 Drill Tab을 선택, Finished diameter 값을 1.25로 수정한다.

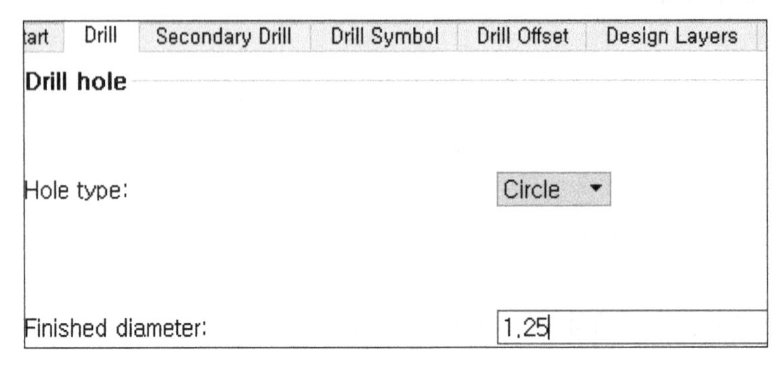

⑤ File 〉 Save As... 를 선택하여 pad80cir125d로 저장한다.

9-6 Via Footprint PAD 생성

● **아래와 같은 요구 사항에 맞는 Via PAD를 생성한다.**

비아의 종류	속성	
	드릴 홀 크기(hole size)	패드 크기(pad size)
Power Via (전원선 연결)	0.4 mm	0.8 mm
Stadard Via (그 외 연결)	0.3 mm	0.6 mm

[via_power PAD 생성]

① Padstack Editor 실행한다.

② File>New...를 선택, 오른쪽 그림과 같이 경로를 설정하고 Padstack name을 입력하고 Padstack usage를 고른 후 OK Button을 클릭한다.

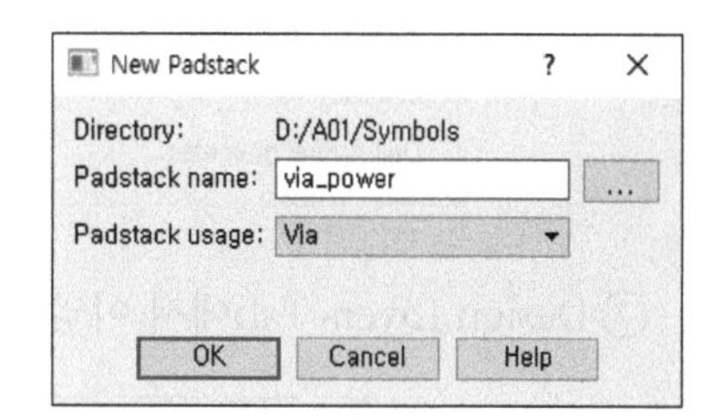

③ 왼쪽 아랫부분에서 단위가 mm인 것을 확인한다.

④ 오른쪽 그림과 같이 선택한 다음 Drill Tab을 선택한다.

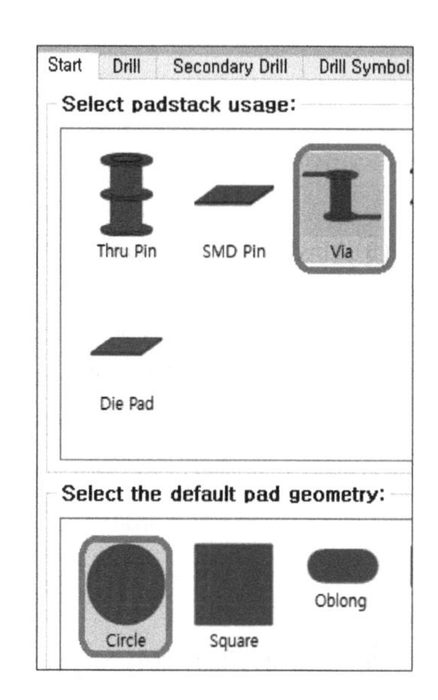

⑤ Drill Tab에서 아래 그림과 같이 설정한다.

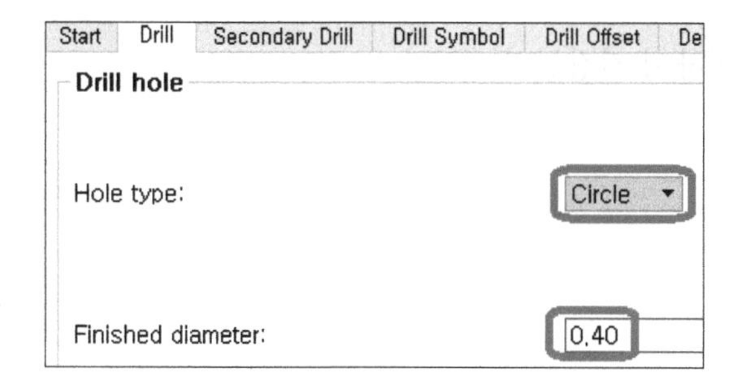

⑥ Drill Symbol Tab에서 아래 그림과 같이 설정한다.

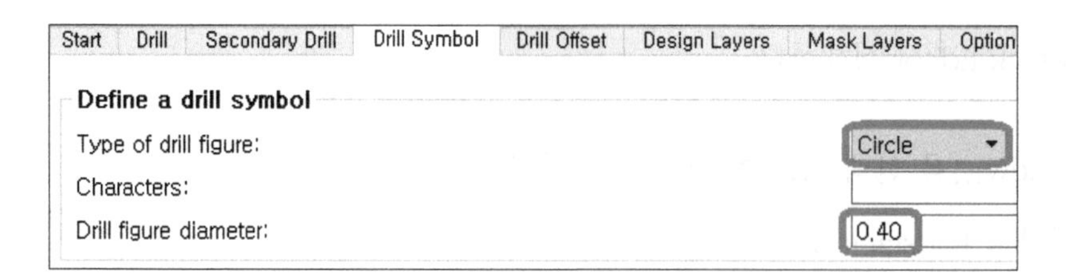

⑦ Design Layers Tab에서 아래 그림과 같이 설정한다.

Start | Drill | Secondary Drill | Drill Symbol | Drill Offset | Design Layers | Mask Laye

Select pad to change

Layer Name	Regular Pad	Thermal Pad	Anti Pad
BEGIN LAYER	Circle 0.80	Circle 0.90	Circle 0.90
DEFAULT INTERNAL	Circle 0.80	Circle 0.90	Circle 0.90
END LAYER	Circle 0.80	Circle 0.90	Circle 0.90

⑧ Mask Layers Tab에서 아래 그림과 같이 설정한다.

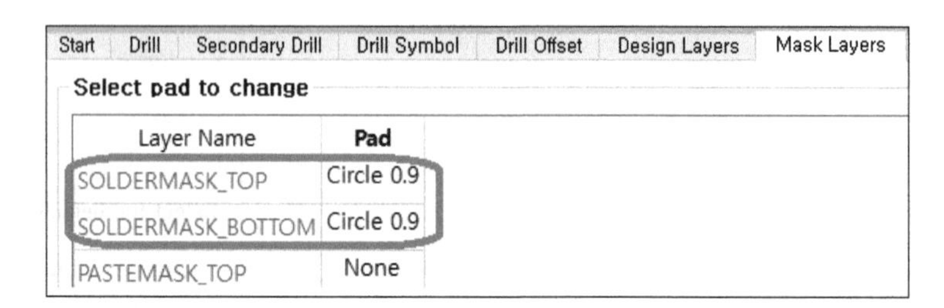

⑨ Options Tab에서 Suppress unconnected internal pads;legacy artwork의 Check Box를 On 한다.

⑩ File 〉 Save를 선택하여 저장한다.

[via_std PAD 생성]

① Padstack Editor 실행한다.

② File 〉 New...를 선택, 오른쪽 그림과 같이 경로를 설정하고 Padstack name을 입력하고 Padstack usage를 고른 후 OK Button을 클릭한다.

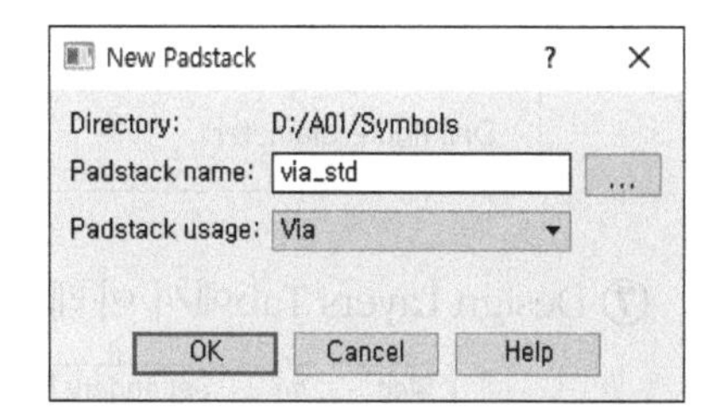

③ 왼쪽 아랫부분에서 단위가 mm인 것을 확인한다.

④ 오른쪽 그림과 같이 선택한 다음 Drill Tab을 선택한다.

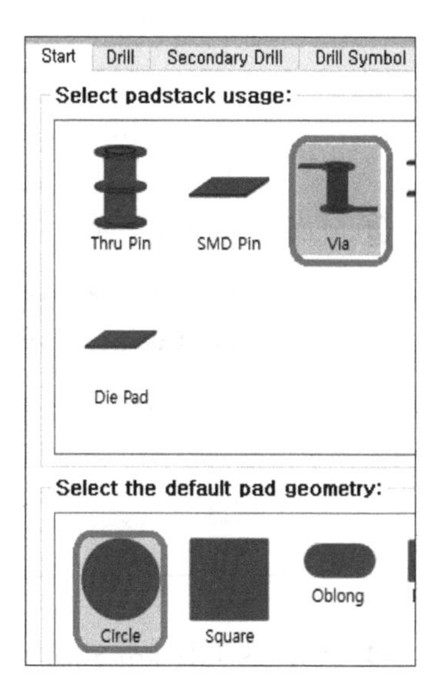

⑤ Drill Tab에서 오른쪽 그림과 같이 설정한다.

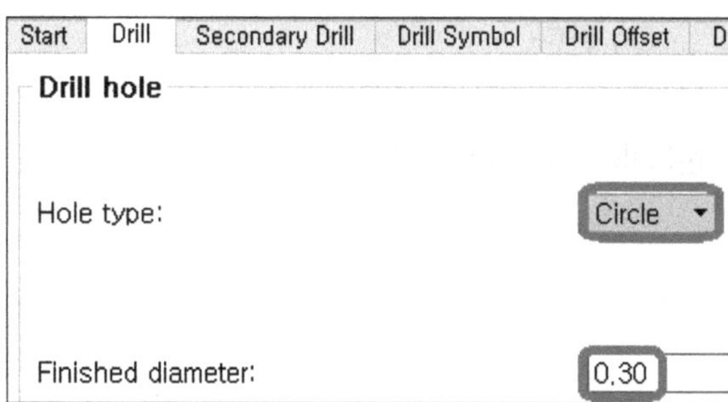

⑥ Drill Symbol Tab에서 아래 그림과 같이 설정한다.

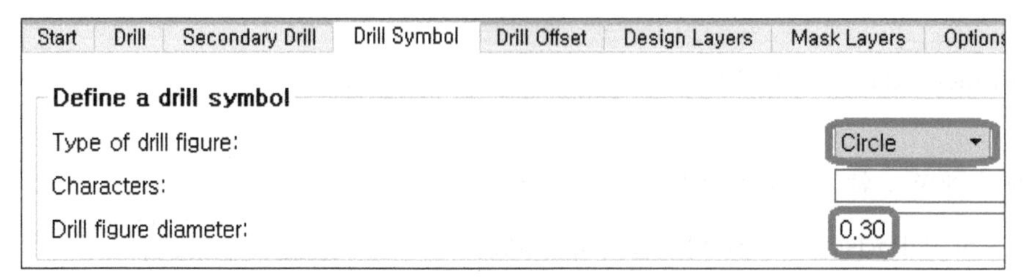

⑦ Design Layers Tab에서 아래 그림과 같이 설정한다.

Start | Drill | Secondary Drill | Drill Symbol | Drill Offset | Design Layers | Mask La

Select pad to change

Layer Name	Regular Pad	Thermal Pad	Anti Pad
BEGIN LAYER	Circle 0.60	Circle 0.70	Circle 0.70
DEFAULT INTERNAL	Circle 0.60	Circle 0.70	Circle 0.70
END LAYER	Circle 0.60	Circle 0.70	Circle 0.70

⑧ Mask Layers Tab에서 아래 그림과 같이 설정한다.

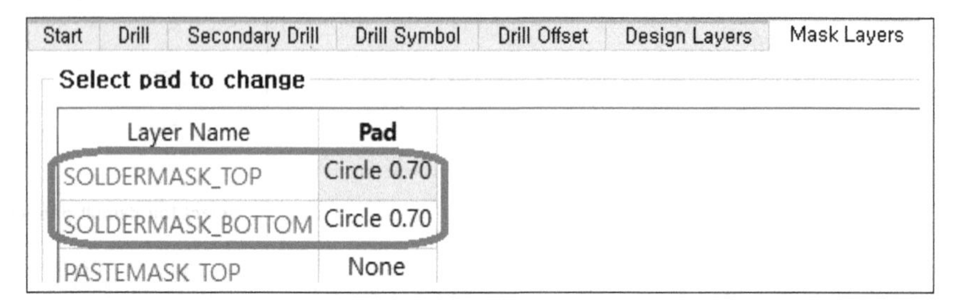

⑨ Options Tab에서 Suppress unconnected internal pads;legacy artwork의 Check Box를 On 한다.

⑩ File 〉 Save를 선택하여 저장한다.

9-7 Y1 Crystal Footprint PAD 생성

- 오른쪽의 Y1 참고용 Data Sheet를 활용하여 진행한다.

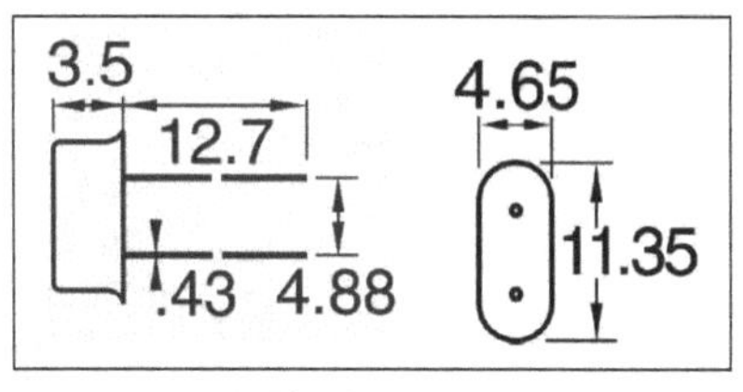

Y1 참고용 Data Sheet

- 위의 자료에서 리드 간격은 4.88mm이고, 리드 두께는 0.43mm임을 알 수 있다.
- Padstack은 Data Sheet를 참조하여 IPC 권고 사항을 적용하여 생성할 수도 있지만, 여기에서는 Software에서 제공하는 pad60cir35d.pad를 그냥 사용한다.

9-8 U1(Atmega128) 생성

Atmega128

- Data Sheet의 Atmega128 Pin configurations를 참조하여 작업한다.

① PCB Editor를 실행한다.

② File>New... 선택한다.

③ 오른쪽 그림과 같이 설정 후 OK Button을 클릭한다.

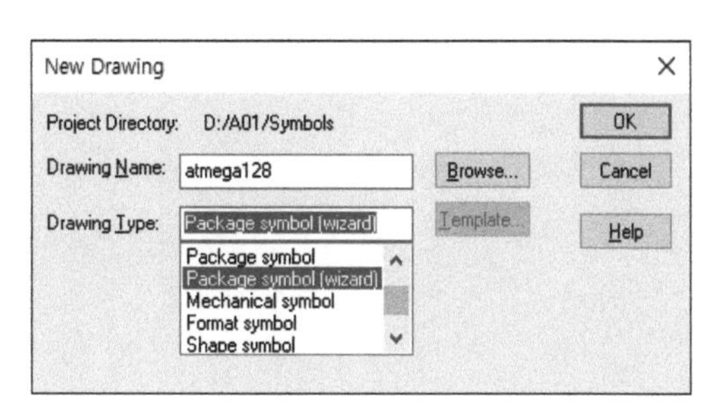

④ 팝업 창에서 아래 그림과 같이 PLCC/QFP Type을 선택, Next Button을 클릭한다.

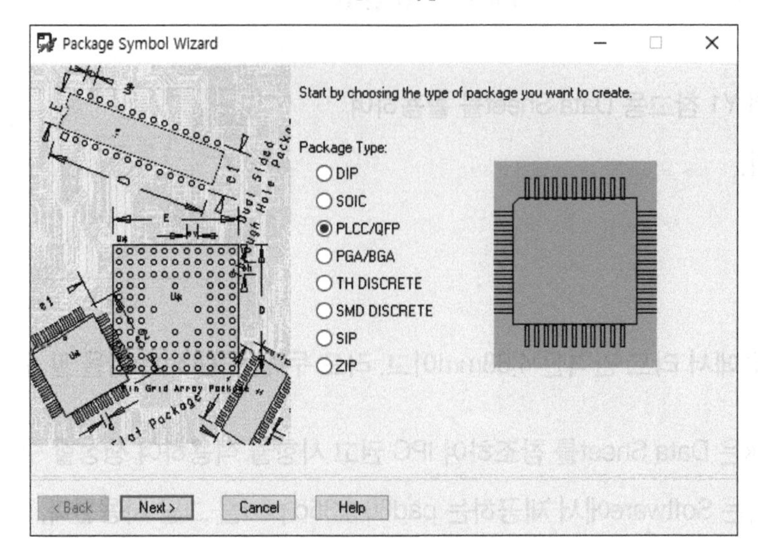

⑤ 다음 단계 팝업 창에서 Load Template Button을 클릭, Next Button을 클릭한다.

⑥ 앞 단계와 관련된 팝업 창이 나타나면 YES Button을 클릭한다.

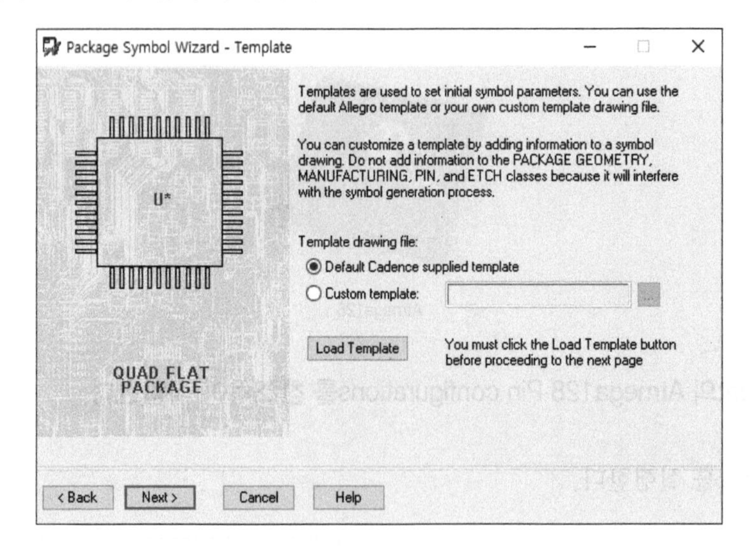

⑦ 다음 팝업 창에서 아래 그림과 같이 설정 후 Next Button을 클릭한다.

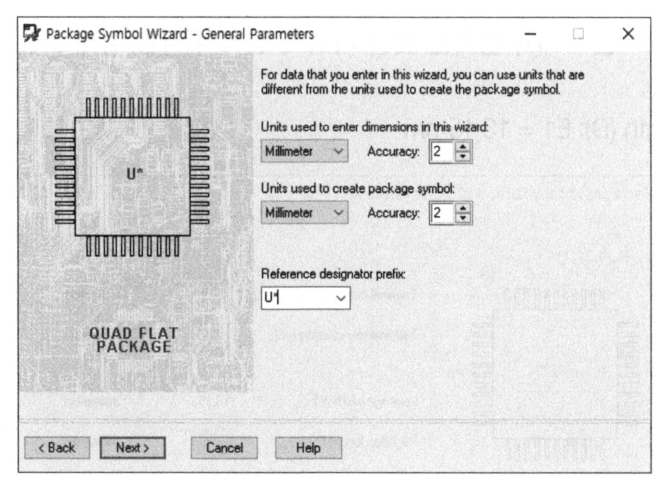

⑧ 다음 팝업 창에서 Data Sheet를 참조하여 필요한 값을 입력, Next Button을 클릭한다.

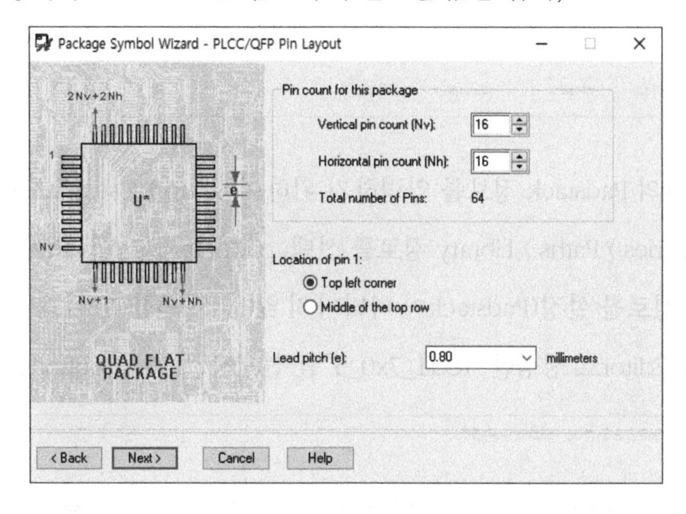

⑨ 다음 팝업 창에서 Data Sheet와 위쪽에서 생성한 Pad의 크기를 참조하여 필요한 값을 입력, Next Button을 클릭한다.

- Terminal column spacing (e1): 15.70mm

  (D1 + pad size/2 + pad size/2 = 14 + 0.85 + 0.85)

- Terminal row spacing (e2): 15.70mm

  (E1 + pad size/2 + pad size/2 = 14 + 0.85 + 0.85)

- Package width (E): D1- pad size/2 = 13.15mm

  (Silkscreen Data는 Pad와 겹치는 것을 피하기 위하여 약간 작게 설정)

- Package length (D): E1 = 13.15mm

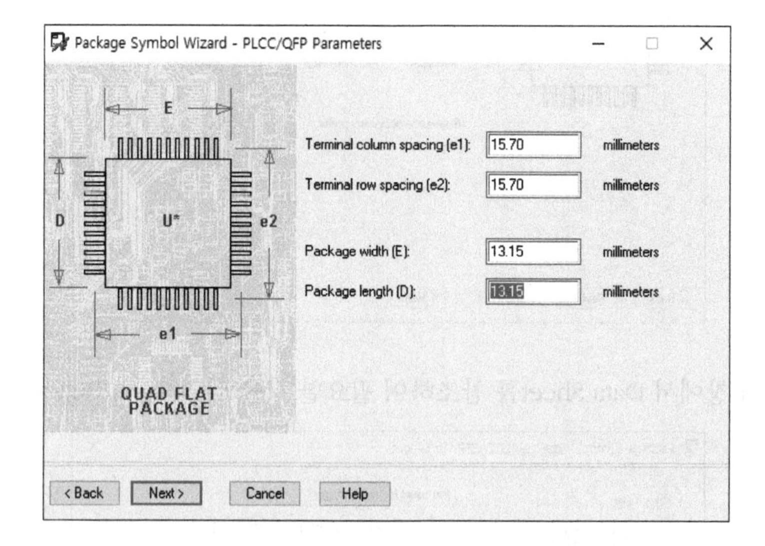

⑩ 다음 팝업 창의 Padstack 정보를 입력하기 위하여 Setup 〉 User Preferences...를 선택 한 후 Categories 〉 Paths 〉 Library 경로를 선택, padpath와 psmpath에 대하여 D:\A01\Symbols의 경로를 설정(Padstack이 나타나지 않을 경우)한 후 아래 그림과 같이 위에서 Padstack Editor로 생성한 "rect1_7x0_5"를 선택하고, Next Button을 클릭한다.

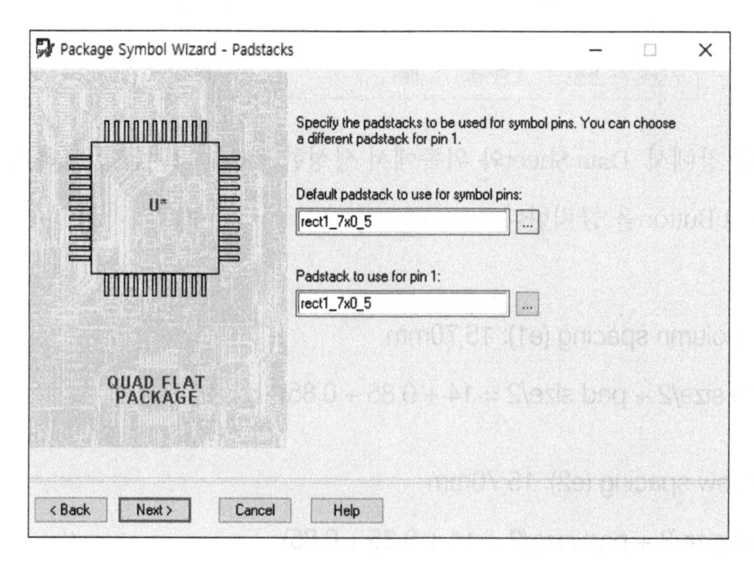

⑪ 다음 팝업 창에서 아래 그림과 같이 설정 후 Next Button을 클릭한다.

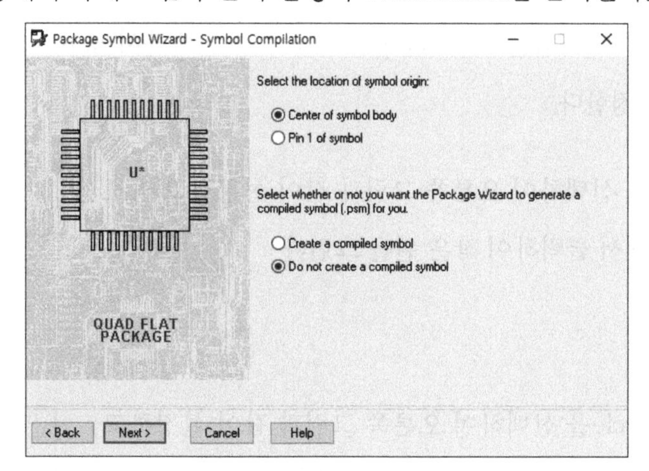

⑫ 다음 팝업 창에서 생성된 파일을 확인한 후 Finish Button을 클릭한다.

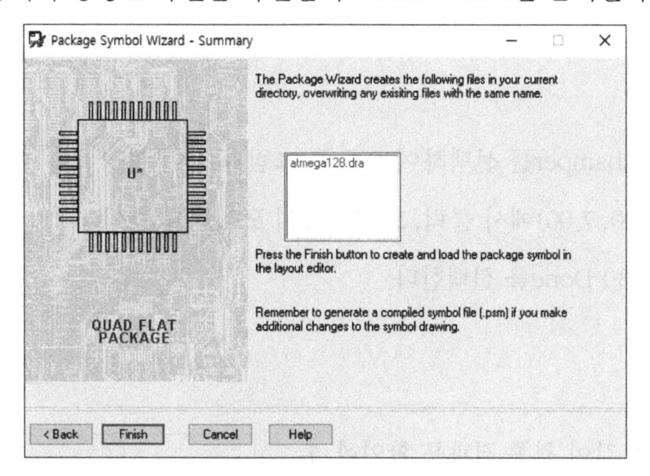

⑬ 오른쪽 그림과 같이 생성된 부품을 확인한다.

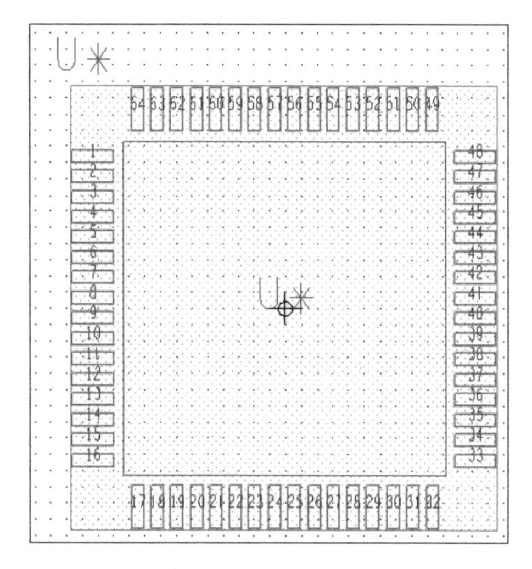

⑭ Silkscreen_Top에 1번 Pin에 대한 위치 정보를 표시하기 위하여 작은 원을 넣어 주고 모서리를 따 주는 작업을 위해 Setup 〉 Grids...를 선택하여 Non-Etch Spacing x,y값을 각각 0.5로 설정한다.

⑮ Add 〉 Circle을 선택하여 오른쪽 그림과 같이 설정하고 좌표(-5.50, 5.50)에서 클릭하여 작은 원을 그린다.

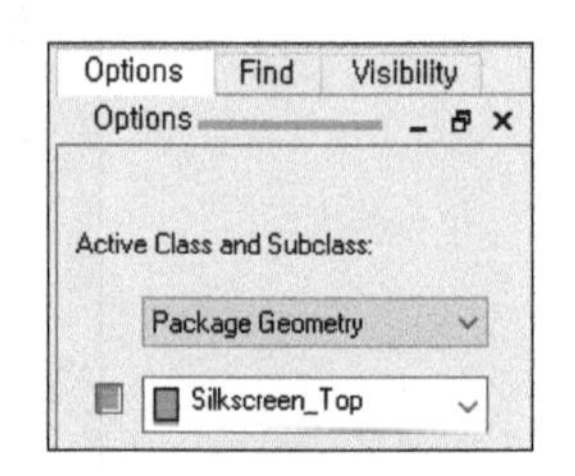

⑯ 다시 Add 〉 Circle을 선택하여 오른쪽 그림과 같이 설정하고 좌표(-5.50, 5.50)에서 클릭하여 작은 원을 그린 후 RMB 〉 Done을 선택한다.

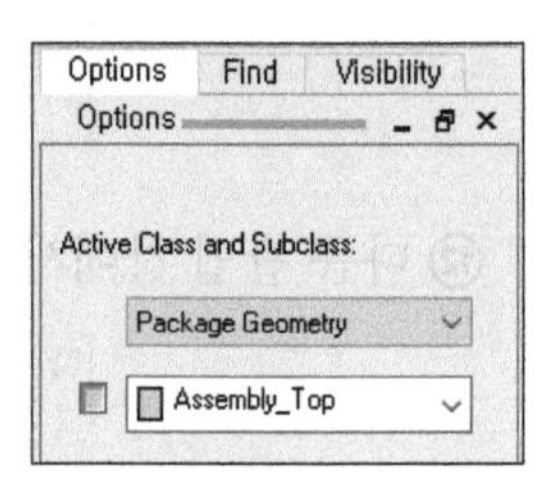

⑰ Dimension 〉 Champer를 선택하여 오른쪽 그림과 같이 설정하고 좌표(-7.00, 7.00)에서 클릭, 드래그하여 모서리를 감싸 처리한 후 RMB 〉 Done을 선택한다.

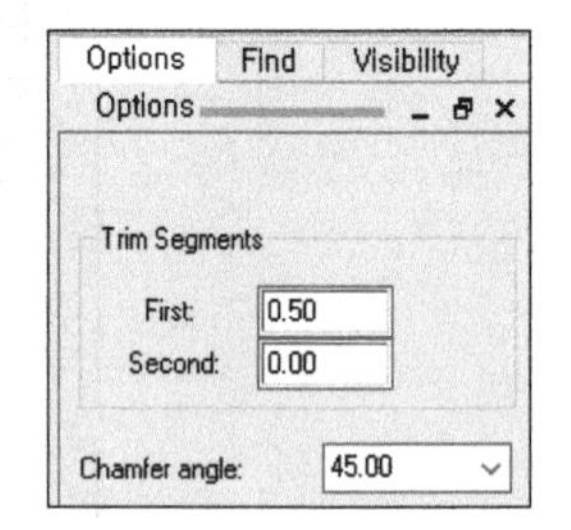

⑱ 오른쪽 그림과 같이 최종 결과를 확인한 후 File 〉 Save를 선택하여 저장한다.

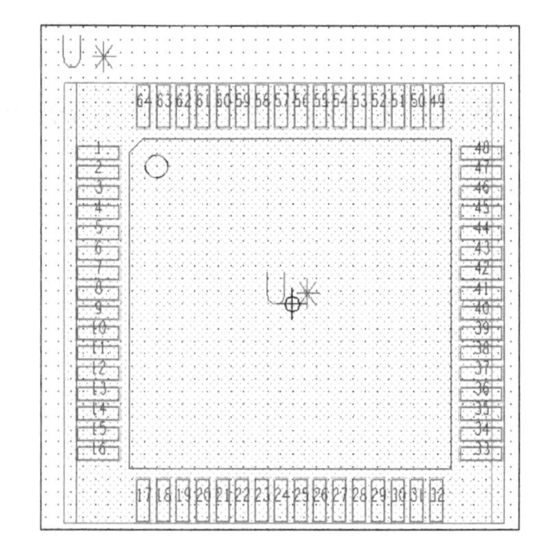

9-9 C1(ec) 생성

알루미늄 전해 콘덴서

- C1 참고용 Data Sheet를 참조하여 작업한다.

① PCB Editor를 실행한다.

② File 〉 New...를 선택한다.

③ 팝업 창에서 오른쪽 그림과 같이 설정 후 OK Button을 클릭한다.

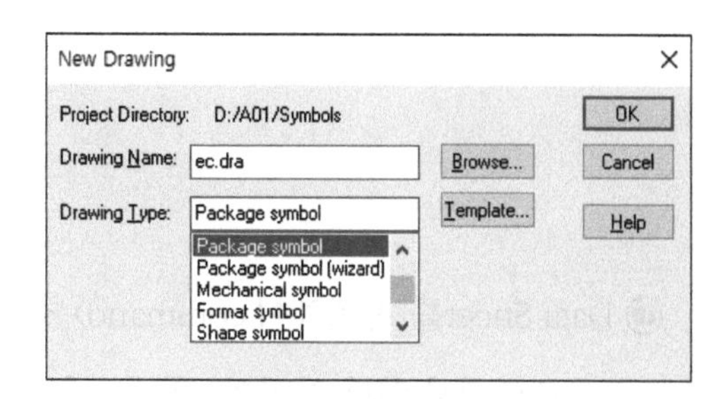

④ Setup 〉 Design Parameters...를 선택한다.

⑤ Display Tab을 선택하여 오른쪽 그림과 같이 그리드 옵션을 설정한다.

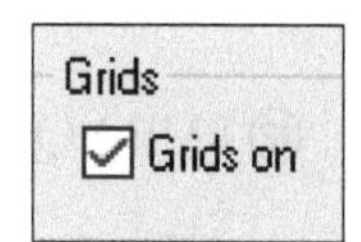

⑥ Design Tab을 선택, 오른쪽 그림과 같이 설정한 후 OK Button을 클릭한다.

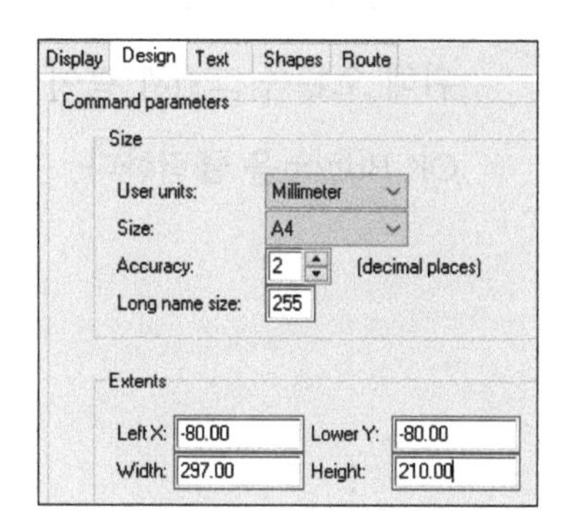

- **필요시 오른쪽 그림과 같이 Grid Toggle Icon을 활용할 수 있다.**

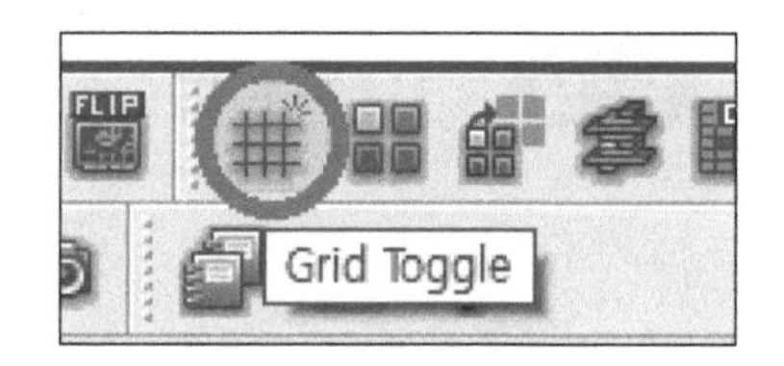

⑦ Layout 〉 Pins를 선택한다.

⑧ 화면 오른쪽의 Options Tab을 클릭한다.

⑨ Padstack: 오른쪽 사각형을 클릭하여 앞에서 만든 Rect2_6x1_6을 선택한다.

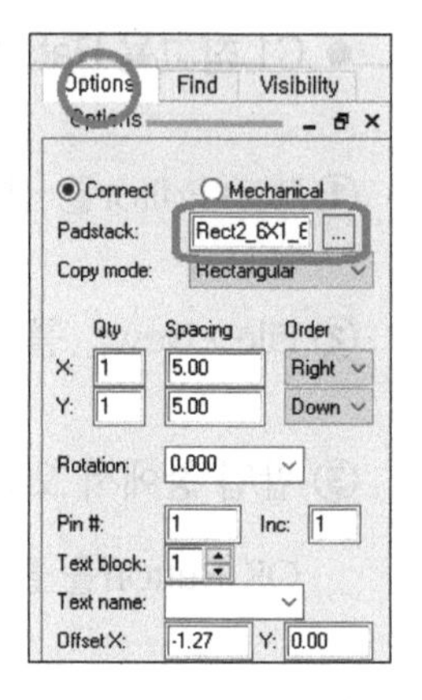

⑩ Data Sheet를 참조하여 command〉 창에 x 1.8 0 Enter, x -1.8 0 Enter를 하여 배치한다. (회로도에서 해당 심벌의 1번 Pin이 + 극성임을 확인)

⑪ RMB 〉 Done을 선택한다.

⑫ RMB 〉 Quick Utilities 〉 Grids... 선택, Body Outline을 그리기 위해 오른쪽 그림과 같이 설정, OK Button을 클릭한다.

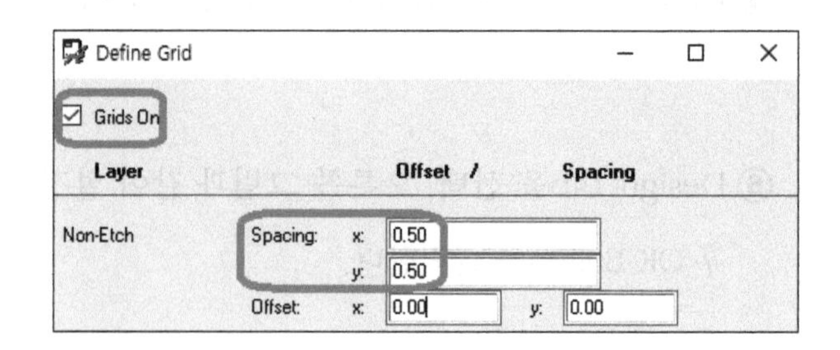

⑬ Add 〉 Line을 선택, 오른쪽 Options Tab을 클릭, 오른쪽 그림과 같이 설정한다.

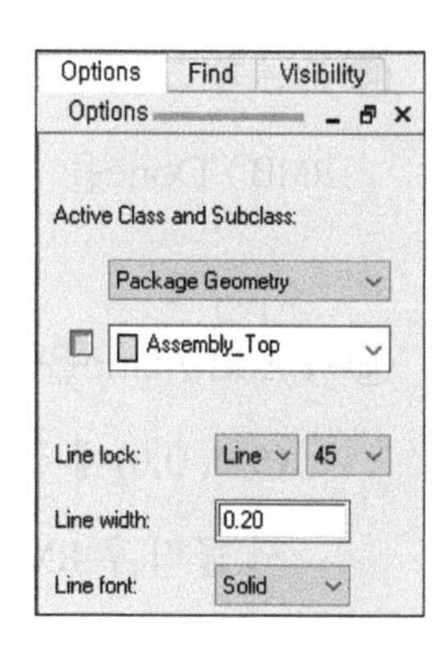

⑭ 오른쪽 그림과 같이 좌푯값에서 차례로 클릭한 후 RMB 〉 Next를 선택한다. Data Sheet에서 A, B의 값이 각각 4.3mm인데 여기서는 약간 크게 각각 5.0mm로 그리는 것으로 한다.

```
last pick:  -2.50 1.00
last pick:  -2.50 2.50
last pick:  1.50 2.50
last pick:  2.50 1.50
last pick:  2.50 1.00
```

⑮ 오른쪽 그림과 같이 위와 같은 좌푯값에서 차례로 클릭한 후 RMB 〉 Done을 선택한다.

```
last pick:  -2.50 -1.00
last pick:  -2.50 -2.50
last pick:  1.50 -2.50
last pick:  2.50 -1.50
last pick:  2.50 -1.00
```

⑮-1 전해 콘덴서는 극성이 있는 부품이므로 우선 Add 〉 Line을 선택, 1번 Pin 옆에 극성 표시를 위해 좌표(4.0, 0.0)에서 클릭, 좌표(5.0, 0.0)에서 클릭한 다음, RMB 〉 Next, 좌표(4.5, 0.5)에서 클릭, 좌표(4.5, -0.5)에서 클릭한 후 RMB 〉 Done을 선택한다.

⑯ Add 〉 Line을 선택, 오른쪽 Options Tab을 클릭, 오른쪽 그림과 같이 설정한다.

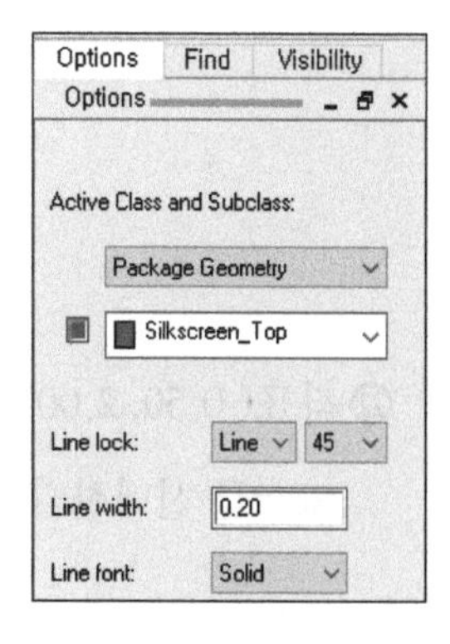

⑰ 오른쪽 그림과 같이 좌푯값에서 차례로 클릭한 후 RMB 〉 Next를 선택한다.

```
last pick:  -2.50 1.00
last pick:  -2.50 2.50
last pick:  1.50 2.50
last pick:  2.50 1.50
last pick:  2.50 1.00
```

⑱ 오른쪽 그림과 같이 위와 같은 좌푯값에서 차례로 클릭한 후 RMB 〉 Done을 선택한다.

last pick: -2.50 -1.00
last pick: -2.50 -2.50
last pick: 1.50 -2.50
last pick: 2.50 -1.50
last pick: 2.50 -1.00

⑱-1 Add 〉 Line을 선택, 1번 Pin 옆에 극성 표시를 위해 좌표(4.0, 0.0)에서 클릭, 좌표(5.0, 0.0)에서 클릭한 다음, RMB 〉 Next, 좌표(4.5, 0.5)에서 클릭, 좌표(4.5, -0.5)에서 클릭 후 RMB 〉 Done을 선택한다.

⑲ Shape 〉 Rectanglar를 선택, 오른쪽 Options Tab을 클릭, 오른쪽 그림과 같이 설정한다.

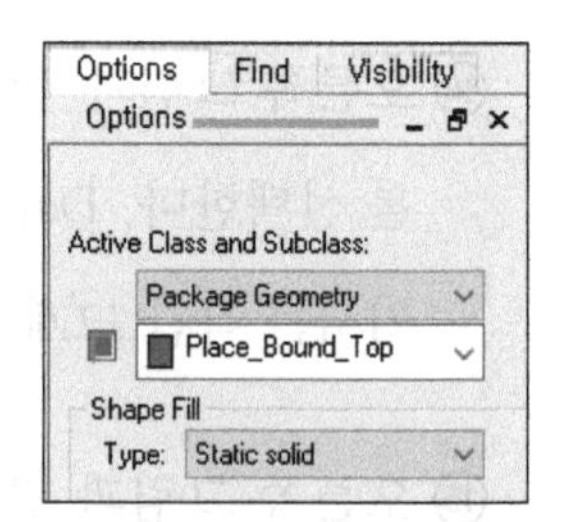

⑳ 오른쪽 그림과 같이 아래 좌푯값에서 차례로 클릭한 후 RMB 〉 Done을 선택한다.

last pick: -3.50 2.50
last pick: 5.00 -2.50

㉑ Layout 〉 Labels 〉 RefDes를 선택, 오른쪽 Options Tab을 클릭, 오른쪽 그림과 같이 설정한다.

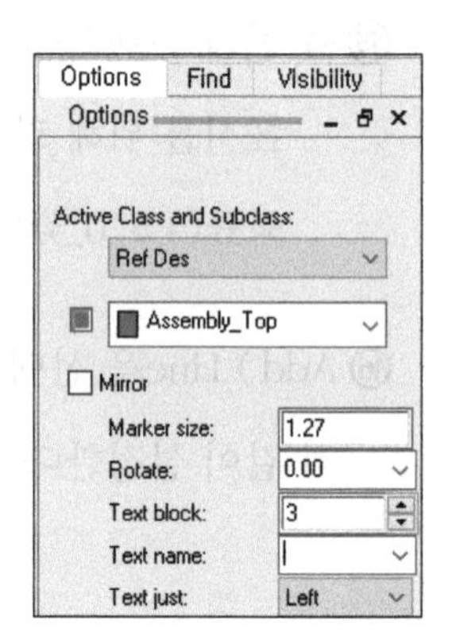

㉒ 좌표(-0.50, 2.00)에서 클릭한 후 C*를 입력, RMB 〉 Next를 선택한다.

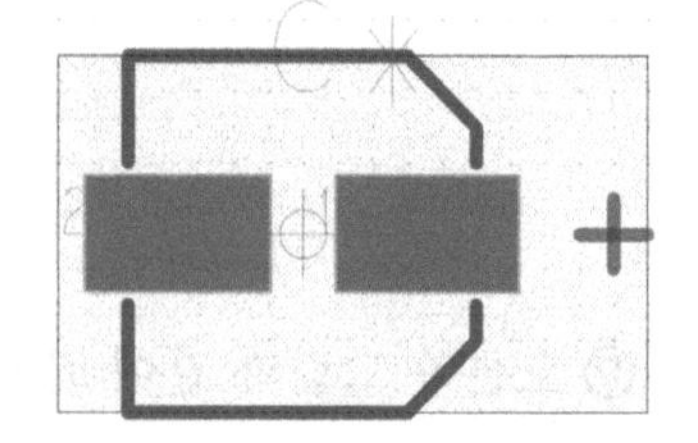

㉓ Layout 〉 Labels 〉 RefDes를 선택, 오른쪽 Options Tab을 클릭, 오른쪽 그림과 같이 설정한다.

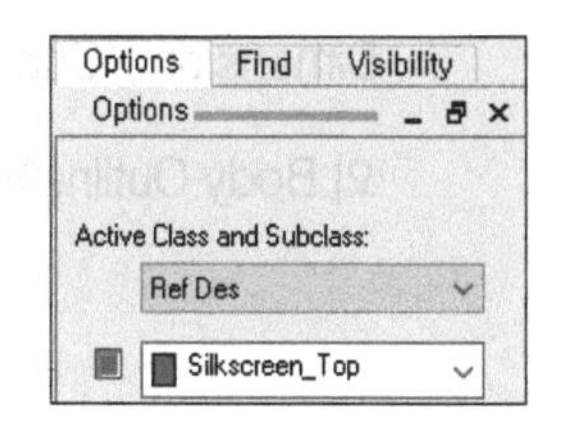

㉔ 좌표(-2.50,4.00)에서 클릭한 후 C*를 입력, RMB 〉 Done을 선택한다.

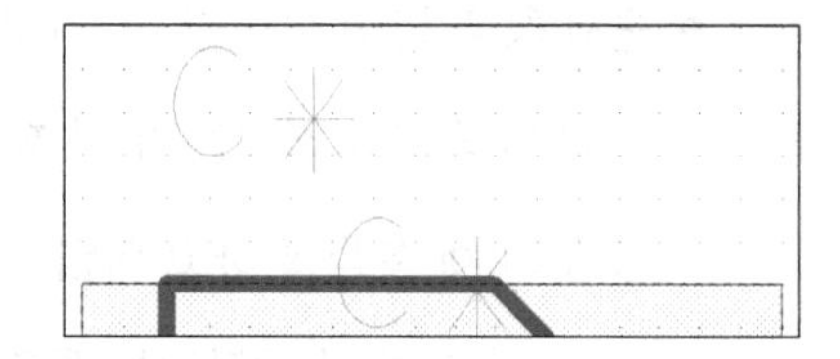

㉕ 만든 부품을 확인한 후 File 〉 Save를 선택한다. (Command 창 확인)

[참고]

- 순서 ⑨에서 오른쪽 그림과 같이 설정한 후 command〉 창에 x 1.8 0 Enter를 하여 1번 Pin의 위치를 지정하여 진행할 수도 있다.

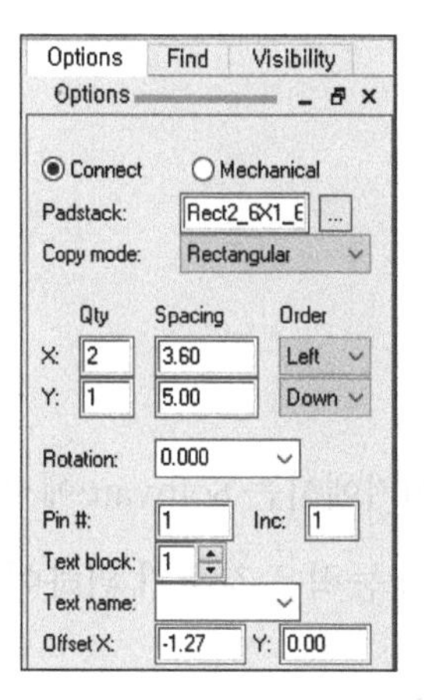

- 순서 ⑫에서 Body Outline의 크기(A, B를 각각 4.3 혹은 5.0mm)의 절반의 값으로 Grid를 설정하여 순서 ⑬을 진행하고 좌표(-2.5, 2.5)에서 시작하여 4번의 클릭으로 사각형을 그린 다음, 극성 표시를 하기 위해 Grid를 각각 0.5로 다시 설정, Add 〉 Line으로 1번 Pin 오른쪽에 +를 그린 후 다시 Pad와 겹쳐져 있는 부분을 지우기 위해 Grid를 0.1로 각각 설정하고 Edit 〉 Delete를 선택, RMB 〉 Cut를 선택한 후 좌표(-2.5, 1.0)에서 클릭, 좌표(-2.5, -1.0)에서 클릭, RMB 〉 Cut, 좌표(2.5, 1.0)에서 클릭, 좌표(2.5, -1.0)에서 클릭, RMB 〉 Cut, RMB 〉 Done을 선택한다. 1번 Pin(+) 쪽 모따기를 하기 위해

Dimension 〉 Champer를 선택, 오른쪽 그림과 같이 설정한 후 1번 Pin 위쪽과 아래쪽의 Body Outline에서 클릭 & 드래그로 모따기를 해주고 RMB 〉 Done을 선택한다.

- 순서 ⑯과 같이 설정한 후 위에서 그린 Asembly_Top위의 Body Outline과 극성 표시를 하고 Pad와 겹치는 부분 제거와 모따기 등을 하기 위해 Asembly_Top을 보이지 않게 Color 설정을 하고 작업을 진행한 후 다시 Asembly_Top을 보이게 Color 설정을 한다. 이 후 순서 ⑲부터는 동일하게 진행한다.

9-10 R1 ~ R19, C2 ~ C3(R1608,C1608) 생성

칩 저항

칩 콘덴서

여기에서는 Software에서 제공되는 것을 사용할 수도 있지만 SMD 부품에 대한 Footprint 생성 능력을 갖추기 위하여 R, C 참고용 Data Sheet를 참조하여 생성한다.

① PCB Editor를 실행한다.

② File 〉 New...를 선택한다.

③ 팝업 창에서 오른쪽 그림과 같이 설정 후 OK Button을 클릭한다.

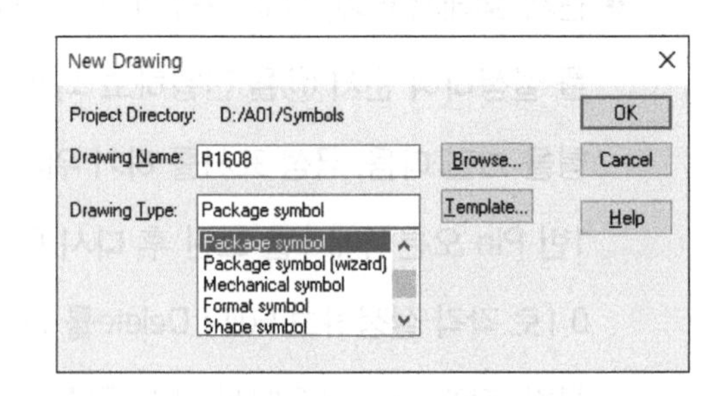

④ Setup〉Design Parameters...를 선택한다.

⑤ Display Tab을 선택하여 오른쪽 그림과 같이 그리드 옵션을 설정한다.

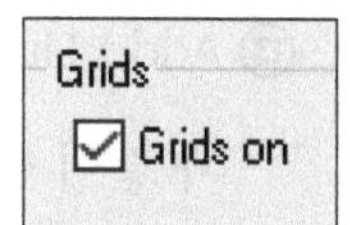

⑥ Design Tab을 선택, 오른쪽 그림과 같이 설정한 후 OK Button을 클릭한다.

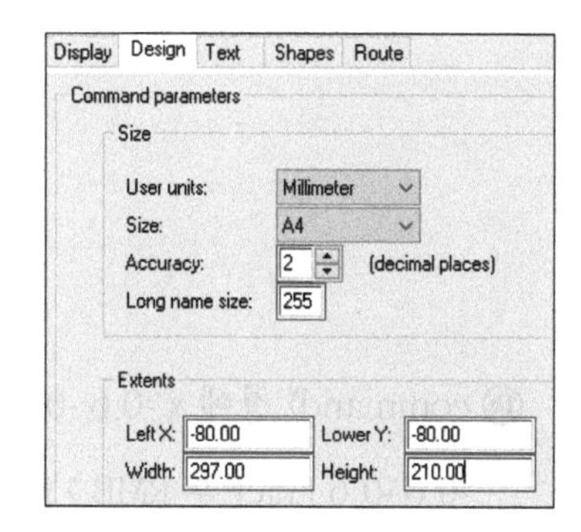

⑦ Layout 〉 Pins를 선택한다.

⑧ 화면 오른쪽의 Options Tab을 클릭한다.

⑨ Padstack: 오른쪽 사각형을 클릭하여 앞에서 만든 sq0_8x0_8을 선택한다.

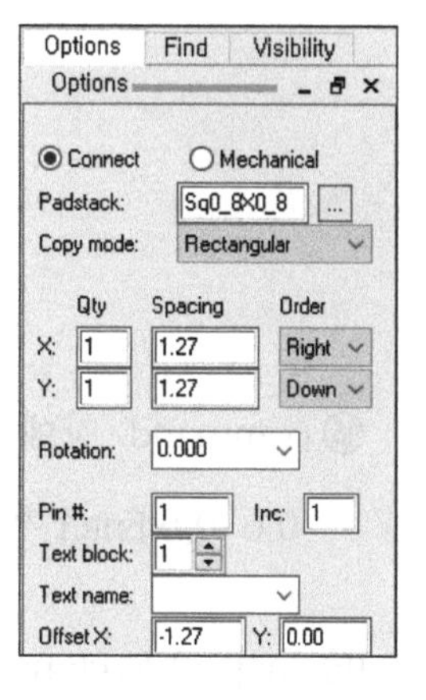

⑩ Data Sheet를 참조하여 command〉 창에 x 0 0 Enter, ix 1.6 0 Enter를 하여 배치한다.

⑪ RMB 〉 Done을 선택한다.

⑫ RMB 〉 Quick Utilities 〉 Grids... 선택, 오른쪽 그림과 같이 설정, OK Button을 클릭한다.

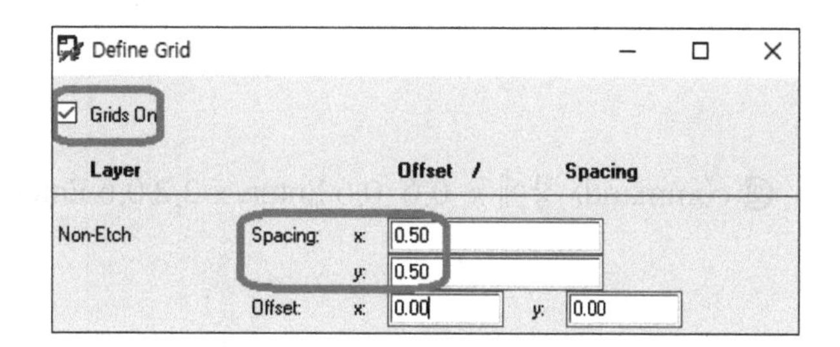

⑬ Add 〉 Line을 선택, 오른쪽 Options Tab을 클릭, 오른쪽 그림과 같이 설정한다.

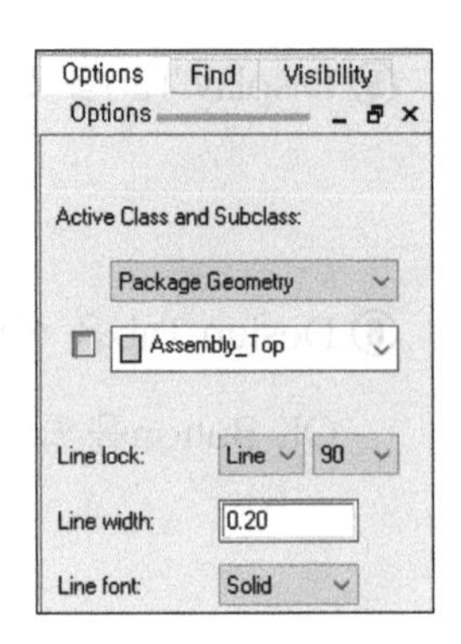

⑭ command〉 창에 x -0.6 -0.6 Enter, x -0.6 0.6 Enter, x 2.2 0.6 Enter, x 2.2 -0.6 Enter, x -0.6 -0.6 Enter 후 RMB 〉 Done을 선택한다.

⑮ Add 〉 Line을 선택, 오른쪽 Options Tab을 클릭, 오른쪽 그림과 같이 설정한다.

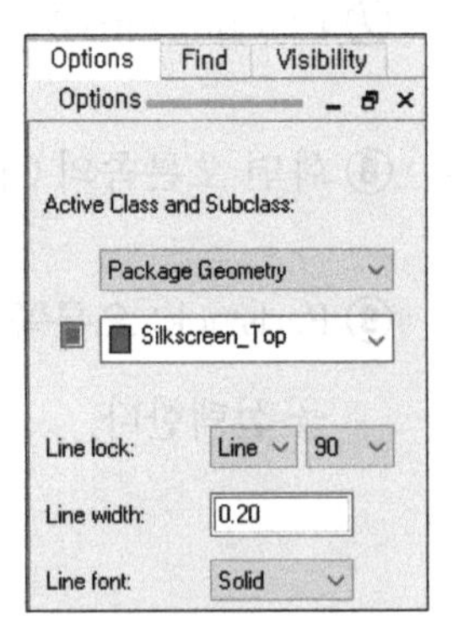

⑯ command〉 창에 x -0.6 -0.6 Enter, x -0.6 0.6 Enter, x 2.2 0.6 Enter, x 2.2 -0.6 Enter, x -0.6 -0.6 Enter 후 RMB 〉 Done을 선택한다.

⑰ Shape 〉 Rectanglar를 선택, 오른쪽 Options Tab을 클릭, 오른쪽 그림과 같이 설정한다.

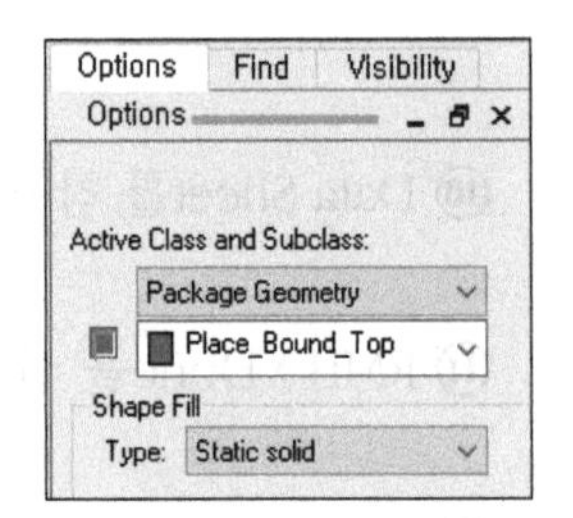

⑱ command〉 창에 x -0.6 -0.6 Enter, x 2.2 0.6 Enter 후 RMB 〉 Done을 선택한다.

⑲ Layout 〉 Labels 〉 RefDes를 선택, 오른쪽 Options Tab을 클릭, 오른쪽 그림과 같이 설정한다.

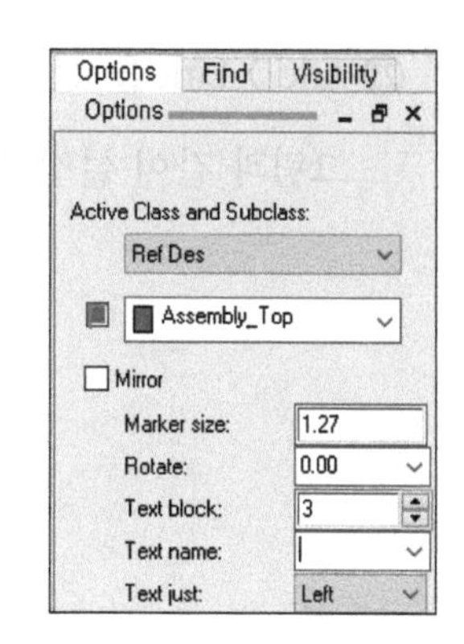

⑳ 좌표(0.50, 0.50)에서 클릭한 후 R*를 입력, RMB 〉 Done을 선택한다.

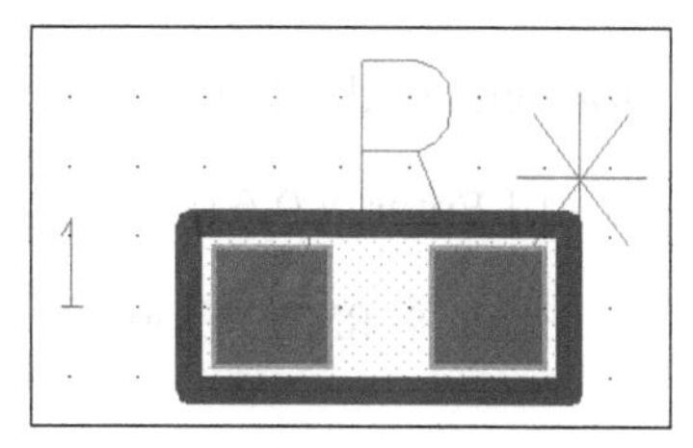

㉑ Layout 〉 Labels 〉 RefDes를 선택, 오른쪽 Options Tab을 클릭, 오른쪽 그림과 같이 설정한다.

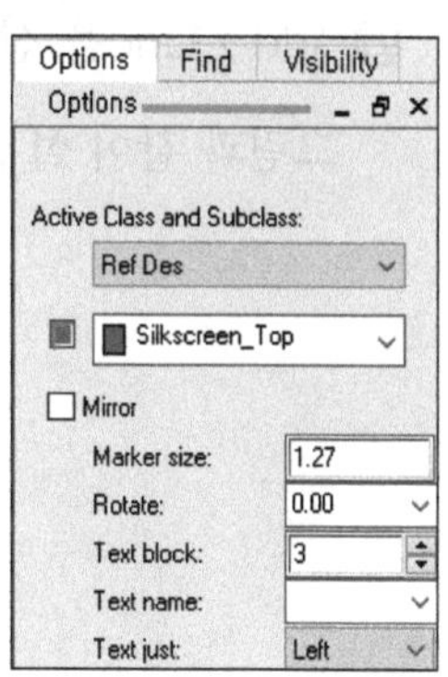

㉒ 좌표(-0.50, 0.50)에서 클릭한 후 R*를 입력, RMB 〉 Done을 선택한다.

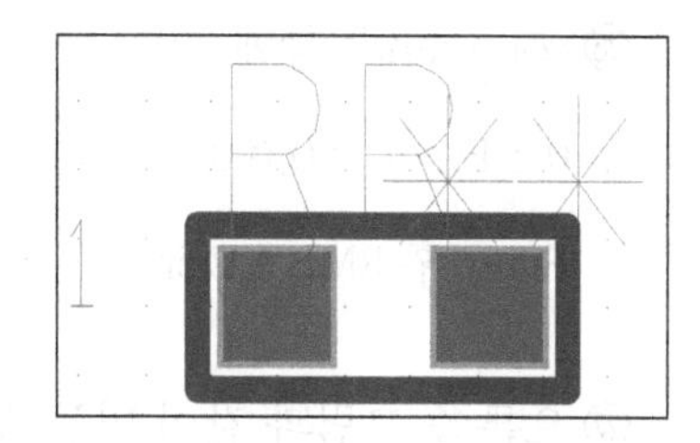

㉓ Add 〉 Line을 선택, 오른쪽 Options Tab을 클릭, 오른쪽 그림과 같이 설정한다.

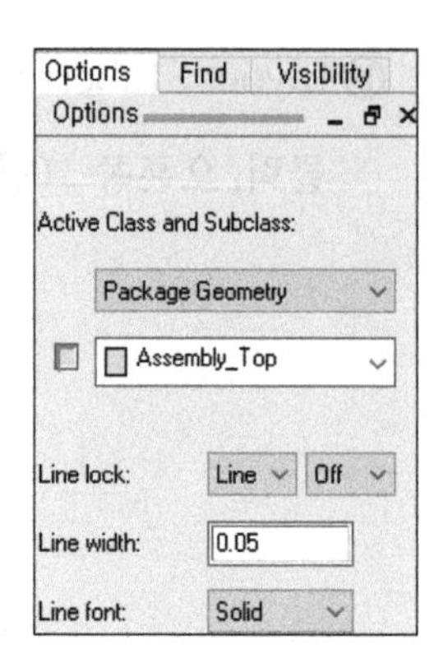

㉔ command〉 창에 x 0.8 0.5 Enter, x 0.8 0.4 Enter, x 1.0 0.3 Enter, x 0.6 0.2 Enter, x 1.0 0.1 Enter, x 0.6 0.0 Enter, x 1.0 -0.1 Enter, x 0.6 -0.2 Enter, x 0.8 -0.3 Enter, x 0.8 -0.5 Enter 후 RMB 〉 Done을 선택한다.

㉕ Add 〉 Line을 선택, 오른쪽 Options Tab을 클릭, 오른쪽 그림과 같이 설정한다.

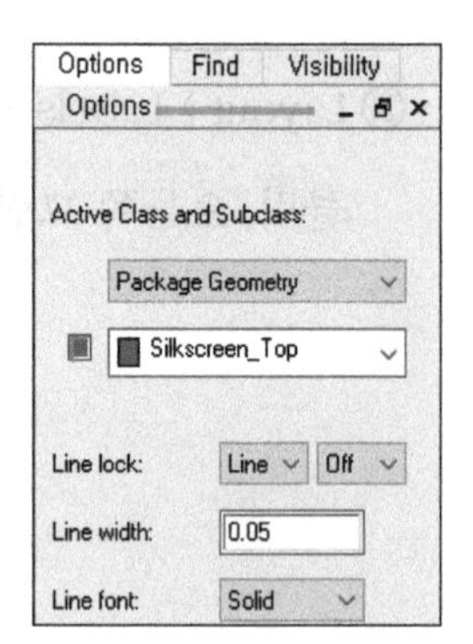

㉖ command〉 창에 x 0.8 0.5 Enter, x 0.8 0.4 Enter, x 1.0 0.3 Enter, x 0.6 0.2 Enter, x 1.0 0.1 Enter, x 0.6 0.0 Enter, x 1.0 -0.1 Enter, x 0.6 -0.2 Enter, x 0.8 -0.3 Enter, x 0.8 -0.5 Enter 후 RMB 〉 Done을 선택한다.

㉗ 오른쪽 그림과 같이 만든 부품을 확인한 후 File 〉 Save를 선택하여 저장한다. (Command 창 확인)

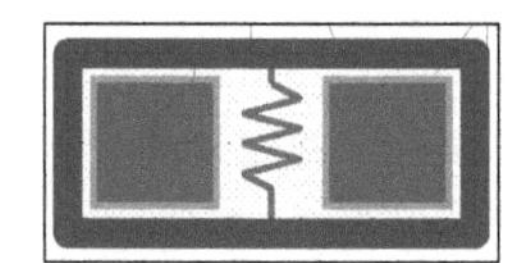

[Package Symbol Wizard를 이용하여 생성하는 방법]

① PCB Editor를 실행한다.

② File 〉 New...를 선택한다.

③ 팝업 창에서 오른쪽 그림과 같이 설정 후 OK Button을 클릭한다.

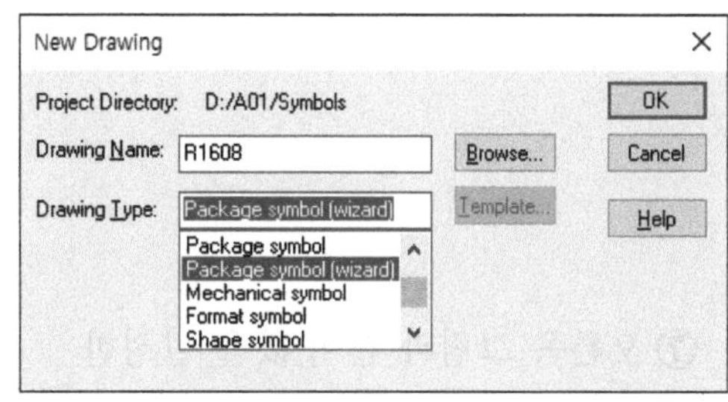

④ 오른쪽 그림과 같이 SMD DISCRETE를 선택한 후 Next Button을 클릭한다.

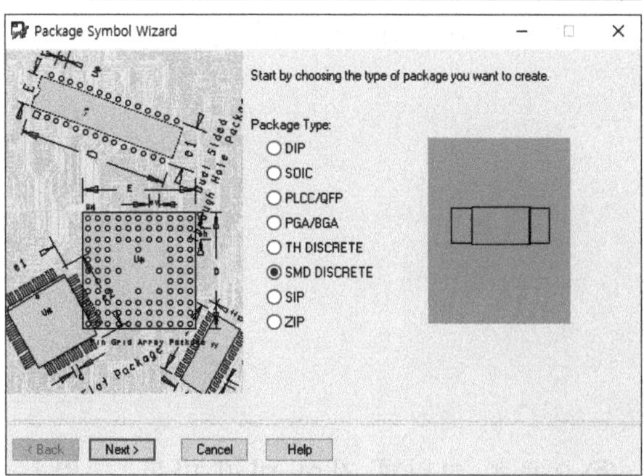

⑤ 오른쪽 그림에서 Load Templete를 클릭한 후 Next Button을 클릭한다.

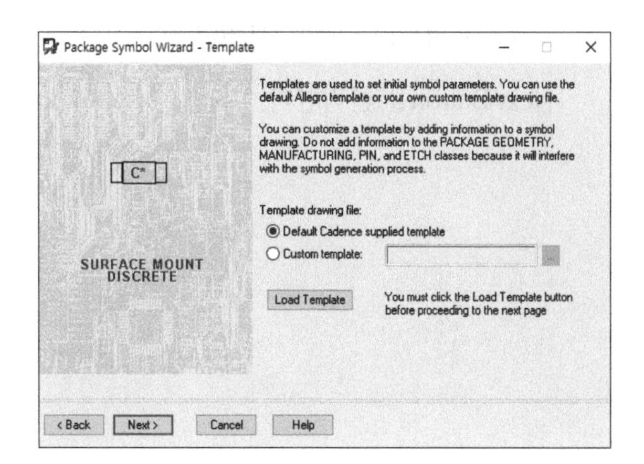

⑥ 오른쪽 그림과 같이 설정한 후 Next Button을 클릭한다.

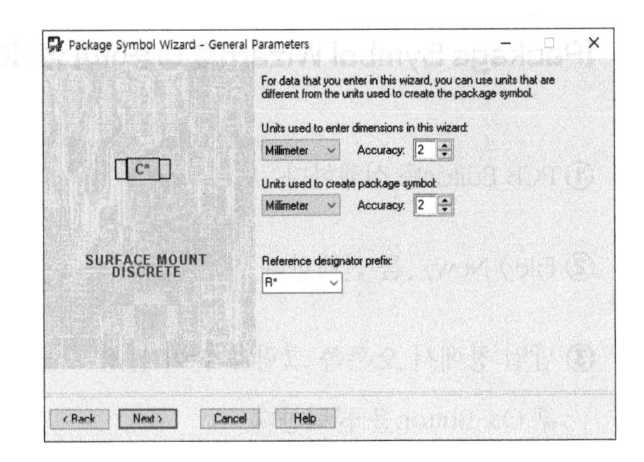

⑦ 오른쪽 그림과 같이 값을 설정한 후 Next Button을 클릭한다.

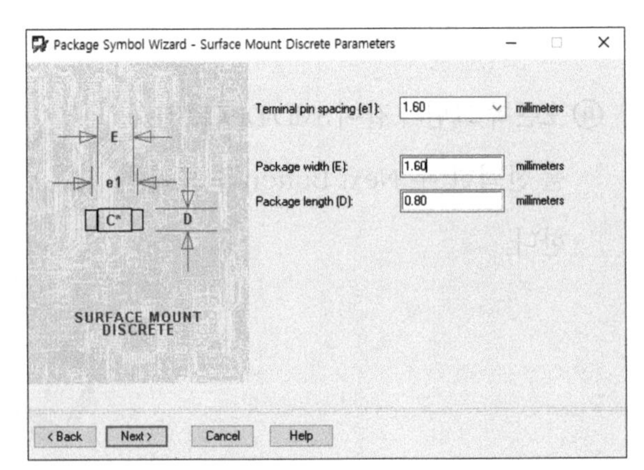

⑧ 오른쪽 그림과 같이 미리 만든 sq0_8x0_8 padstack을 설정한 후 Next Button을 클릭한다.

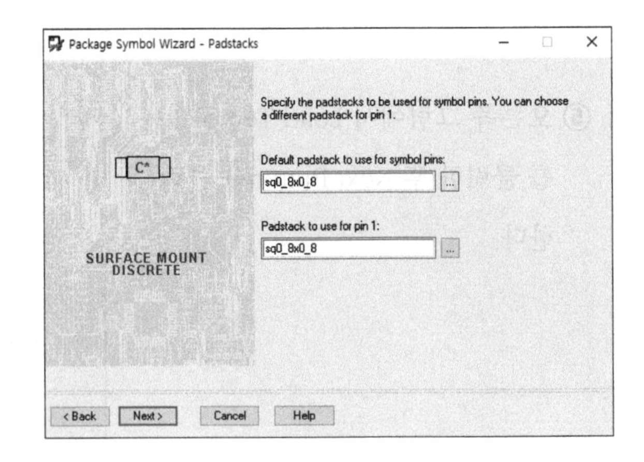

⑨ 오른쪽 그림과 같이 설정한 후 Next Button을 클릭한다.

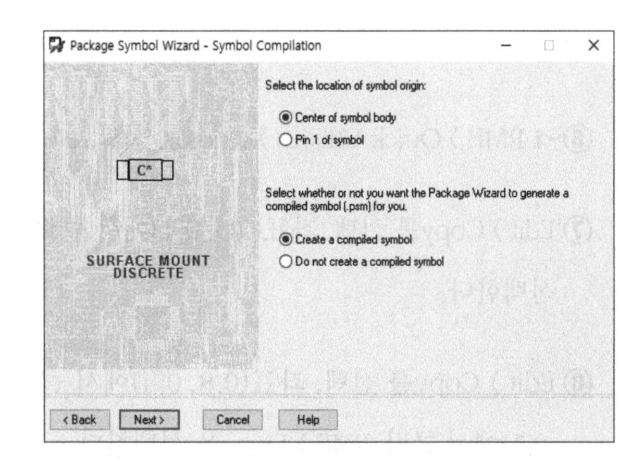

⑩ 마지막으로 Finish Button을 클릭하면 오른쪽 그림과 같이 부품이 생성된다. 이 후 저항 심벌을 그리는 과정은 위쪽 순서부터 참고하면 된다.

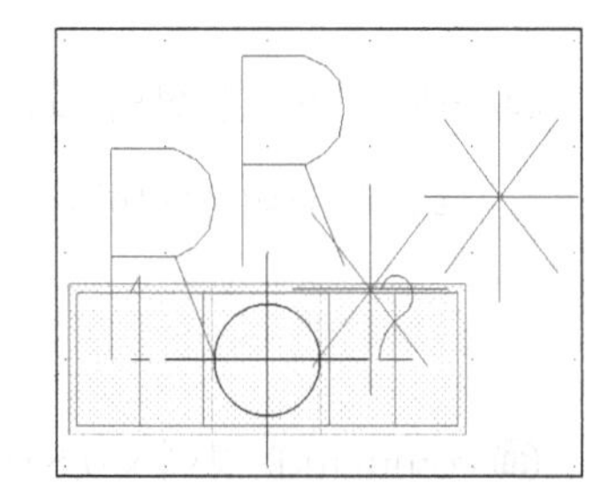

● **C1608은 위에서 생성한 R1608을 활용하여 저항 심벌을 지우고 콘덴서 심벌로 대체하여 생성해 본다.**

① 위에서 생성한 R1608에서 File 〉 Save As...를 선택하여 C1608로 저장한다.

② Delete Icon을 클릭한 후 저항 심벌과 R*을 모두 지운다.

③ Add 〉 Line을 선택, 오른쪽 Options Tab을 클릭, 오른쪽 그림과 같이 설정한다.

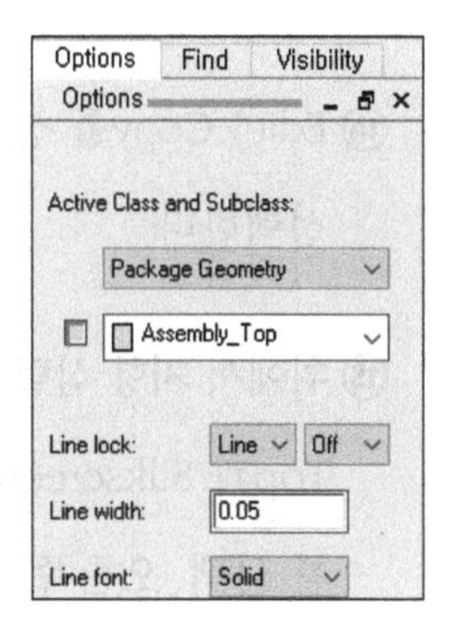

④ command〉 창에 x 0.8 0.4 Enter, iy -0.3 Enter 후 RMB 〉 Done을 선택한다.

⑤ 다시 위에서와 같이 Add 〉 Line을 선택, 위와 같은 Options를 설정한다.

⑥ command 창에 x 0.5 0.1 Enter, ix 0.6 Enter 후 RMB 〉 Done을 선택한다.

⑥-1 RMB 〉 Quick Utilities 〉 Grids... 선택, Non-Etch의 Grid를 각각 0.1로 설정한다.

⑦ Edit 〉 Copy를 선택, 좌표(0.5, 0.1)에서 클릭, 좌표(0.5, -0.1)에서 클릭, RMB 〉 Done을 선택한다.

⑧ Edit 〉 Copy를 선택, 좌표(0.8, 0.4)에서 클릭, 좌표(0.8, -0.1)에서 클릭, RMB 〉 Done을 선택한다.

⑨ Add 〉 Line을 선택, 오른쪽 Options Tab을 클릭, 오른쪽 그림과 같이 설정한다.

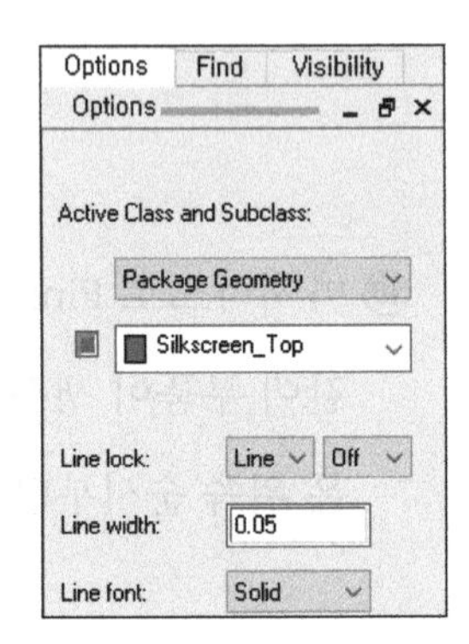

⑩ command〉 창에 x 0.8 0.4 Enter, iy -0.3 Enter 후 RMB 〉 Done을 선택한다.

⑪ 다시 위에서와 같이 Add 〉 Line을 선택, 같은 Options를 선택한다.

⑫ command〉 창에 x 0.5 0.1 Enter, ix 0.6 Enter 후 RMB 〉 Done을 선택한다.

⑬ Edit 〉 Copy를 선택, 좌표(0.5, 0.1)에서 클릭, 좌표(0.5, -0.1)에서 클릭, RMB 〉 Done을 선택한다.

⑭ Edit 〉 Copy를 선택, 좌표(0.8, 0.4)에서 클릭, 좌표(0.8, -0.1)에서 클릭, RMB 〉 Done을 선택한다.

⑮ 위에서 저항 심벌을 그린 것과 마찬가지로 Assembly_Top과 Silkscreen_Top에 Layou t〉 Labels 〉 RefDes를 선택, 오른쪽 그림과 같이 설정한다.

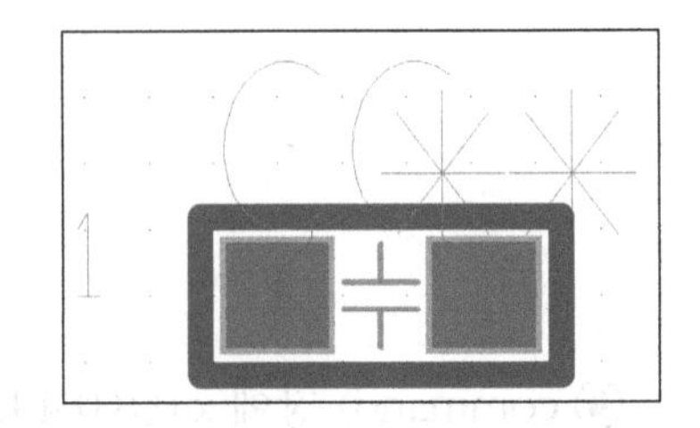

⑯ 만든 부품을 확인한 후 File 〉 Save를 선택하여 저장한다. (Command 창 확인)

9-11 J1(con2_1) 생성

● 아래 그림에 있는 Data Sheet를 참조하여 작업한다.

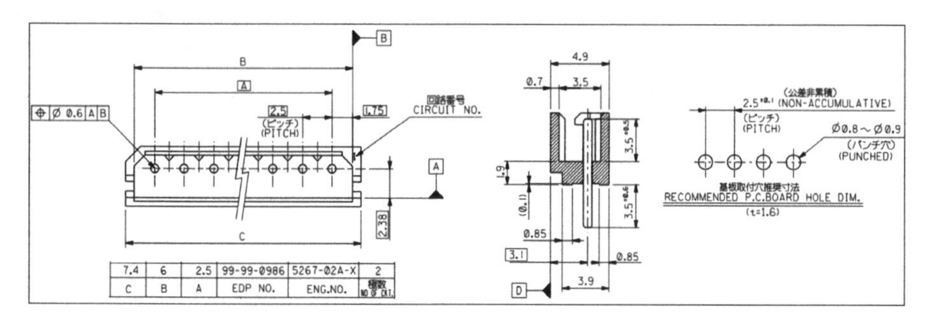

● 위의 Data Sheet에서 권고하고 있는 Drill Hole Size가 0.8mm(31mils) ~ 0.9mm(35mils) 임을 확인할 수 있다.

① PCB Editor를 실행한다.

② File 〉 New...를 선택한다.

③ 팝업 창에서 오른쪽 그림과 같이 설정 후 OK Button을 클릭한다.

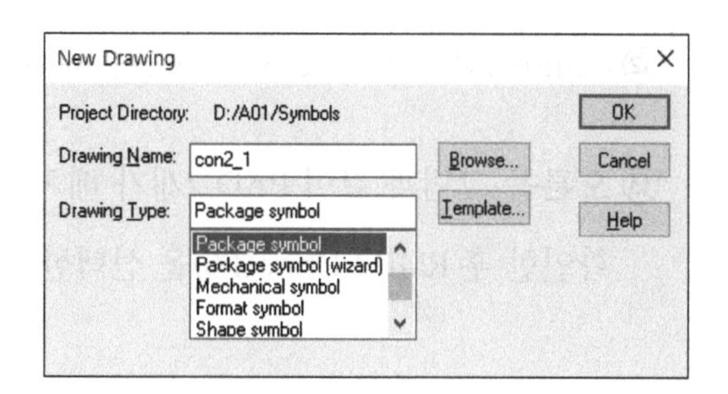

④ Setup 〉 Design Parameters...를 선택한다.

⑤ Display Tab을 선택하여 오른쪽 그림과 같이 그리드 옵션을 설정한다.

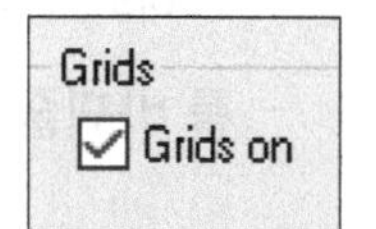

⑥ Design Tab을 선택, 오른쪽 그림과 같이 설정한 후 OK Button을 클릭한다.

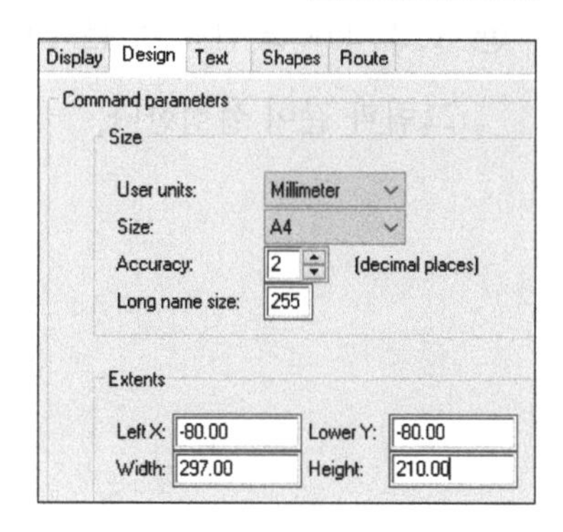

⑦ Layout 〉 Pins를 선택한다.

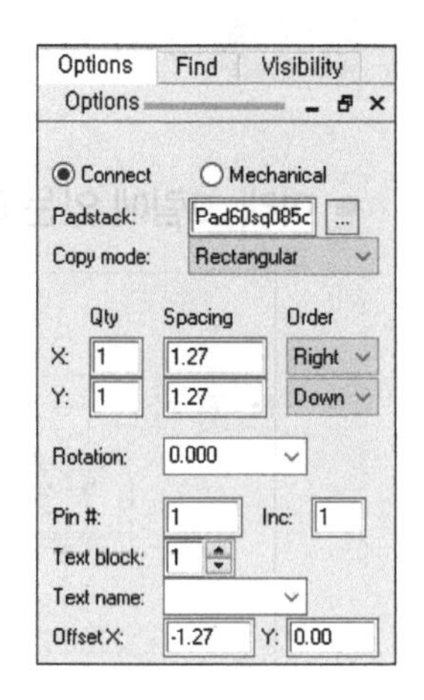

⑧ 화면 오른쪽의 Options Tab을 클릭한다.

⑨ Padstack: 오른쪽 사각형을 클릭하여 앞에서 만든 pad60sq085d를 선택한다.

⑩ Data Sheet를 참조하여 command〉 창에 x 0 0 Enter를 하여 배치한다.

⑪ Padstack: 오른쪽 사각형을 클릭하여 앞에서 만든 pad60cir085d를 선택한다.

⑫ command〉 창에 x -2.5 0 Enter를 하여 배치한다.

⑬ 오른쪽 그림과 같이 PAD 2개가 배치되는 것을 확인한 후 RMB 〉 Done(F6)을 선택한다.

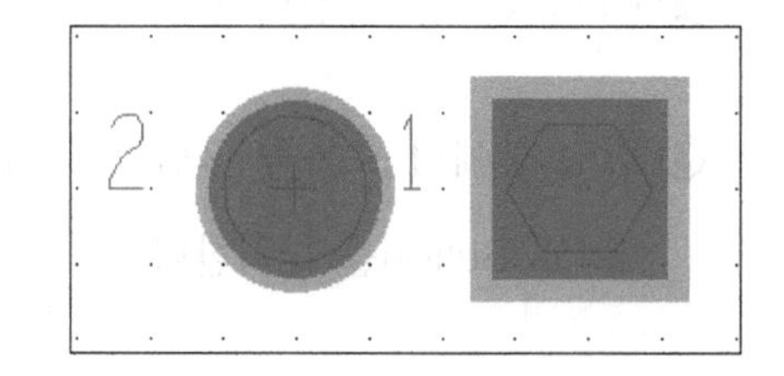

- **위의 순서 ⑨에서 Spacing을 2.5로, Order를 Left로 설정하고 2개의 Pin을 배치한 후 Tools 〉 Padstack 〉 Replace...를 선택, 오른쪽 Options Tab을 클릭하여 Padstack 형태를 바꿔줄 수도 있다.**

⑭ Add 〉 line을 선택, 오른쪽 Options Tab을 클릭, 오른쪽 그림과 같이 설정한다.

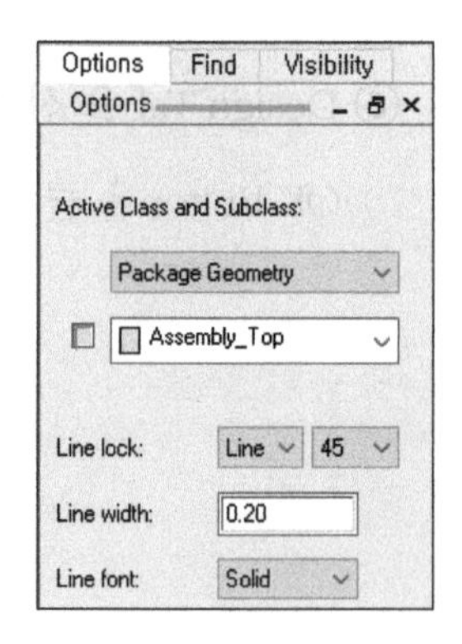

⑮ command〉 창에 x 2.45 1.80 Enter, iy -4.9 Enter, ix -7.4 Enter, iy 4.9 Enter, ix 7.4 Enter 후 RMB 〉 Done을 선택한다.

⑮-1 Dimension 〉 Champer를 선택, 오른쪽 그림과 같이 설정한 후 2번 Pin 위의 왼쪽 모서리를 클릭 & 드래그하여 모따기를 해주고 RMB 〉 Done을 선택한다.

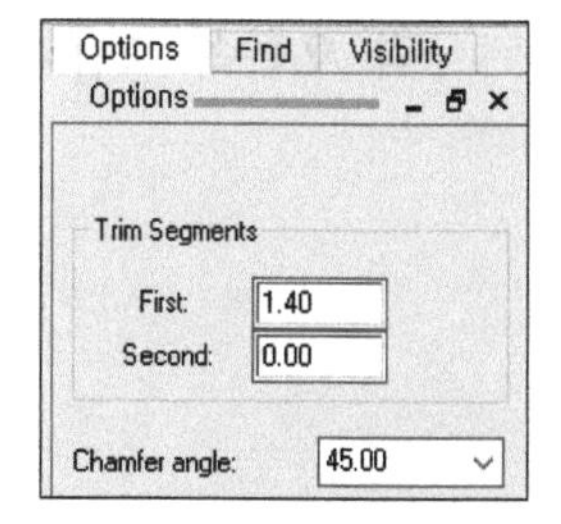

⑯ Add 〉 line을 선택, 오른쪽 Options Tab을 클릭, 오른쪽 그림과 같이 설정한다.

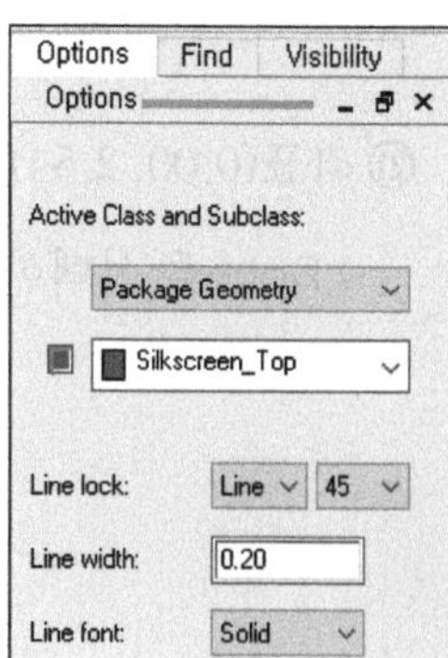

⑰ command〉 창에 x 2.45 1.80 Enter, iy -4.9 Enter, ix -7.4 Enter, iy 4.9 Enter, ix 7.4 Enter 후 RMB 〉 Done을 선택한다.

⑰-1 Dimension 〉 Champer를 선택, 순서 ⑮-1의 그림과 같이 설정한 후 2번 Pin 위의 왼쪽 모서리를 클릭 & 드래그하여 모따기를 해주고 RMB 〉 Done을 선택한다.

⑱ Edit 〉 Z-Copy Shape를 선택, 오른쪽 Options Tab을 클릭, 오른쪽 그림과 같이 설정한다.

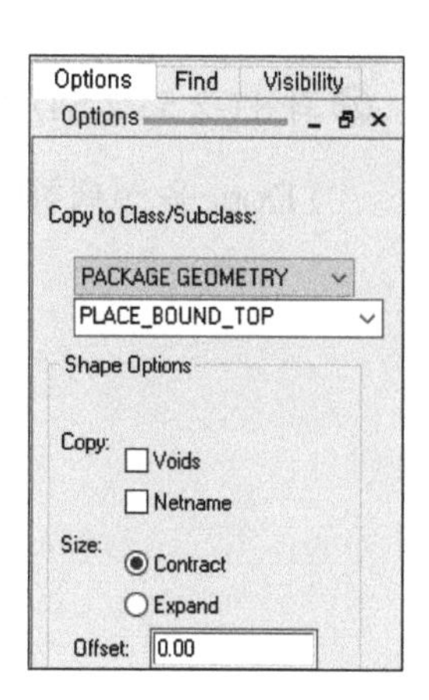

⑲ 앞에서 그린 Outline을 클릭한 후 RMB 〉 Done을 선택한다.

⑳ Layout 〉 Labels 〉 RefDes를 선택, 오른쪽 Options Tab을 클릭, 오른쪽 그림과 같이 설정한다.

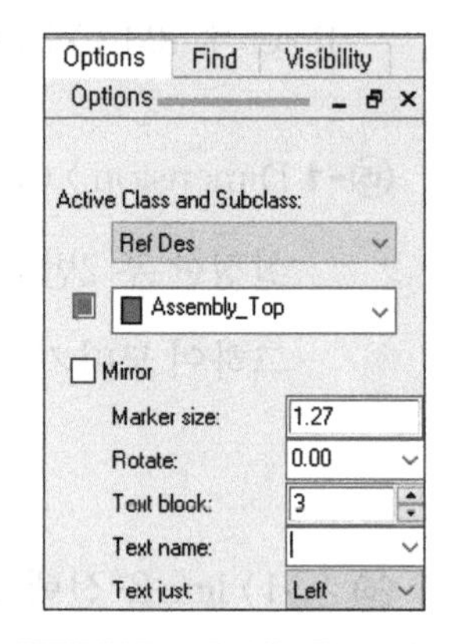

㉑ 좌표(0.00, 2.54)에서 클릭한 후 J*를 입력, RMB 〉 Done을 선택한다.

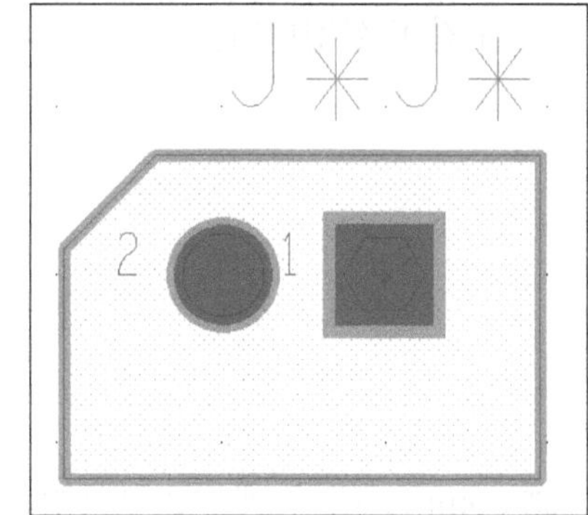

㉒ Layout 〉 Labels 〉 RefDes를 선택, 오른쪽 Options Tab을 클릭, 오른쪽 그림과 같이 설정한다.

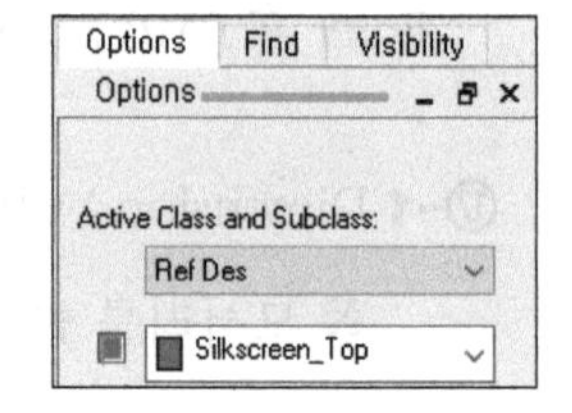

㉓ 좌표(-2.54 2.54)에서 클릭한 후 J*를 입력, RMB 〉 Done을 선택한다.

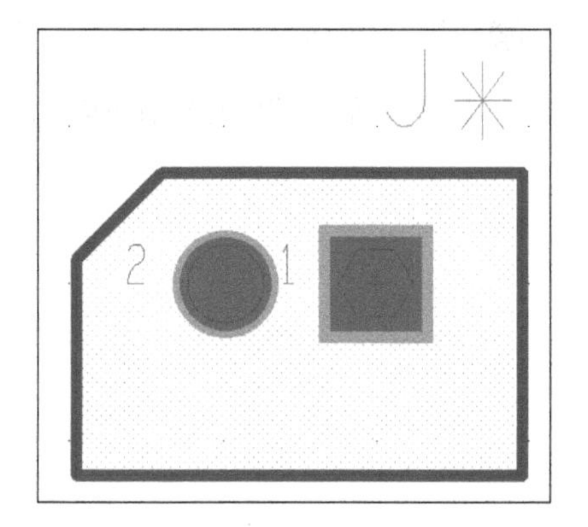

㉔ 만든 부품을 확인한 후 File 〉 Save를 선택하여 저장한다. (Command 창 확인)

9-12 J2(con3_2) 생성

- 아래 그림에 있는 Data Sheet를 참조하여 작업한다.

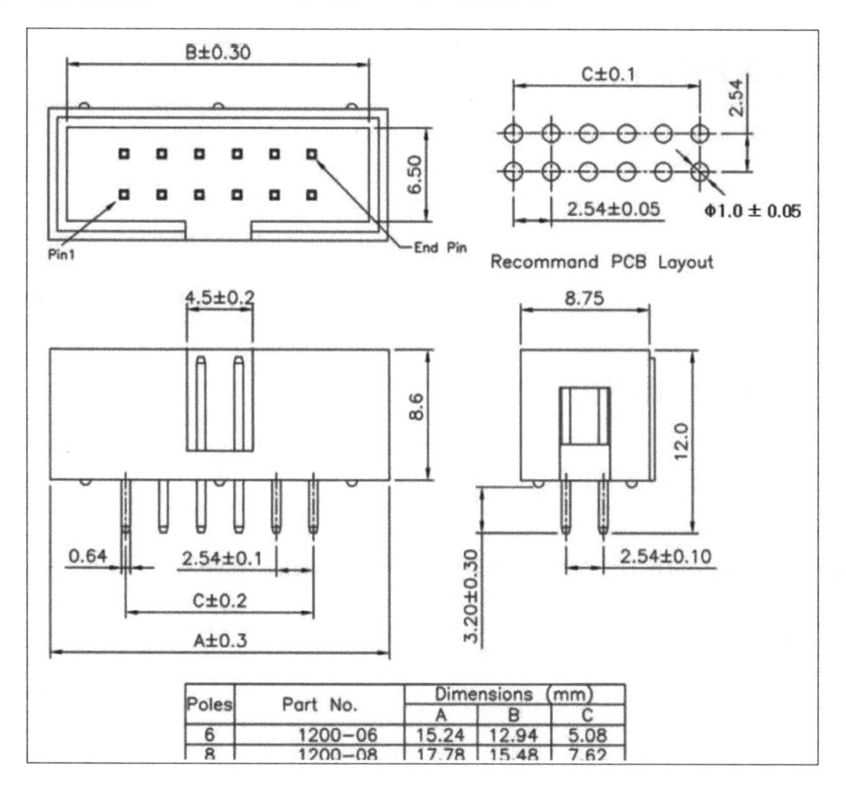

① PCB Editor를 실행한다.

② File 〉 New...를 선택한다.

③ 팝업 창에서 오른쪽 그림과 같이 설정 후 OK Button을 클릭한다.

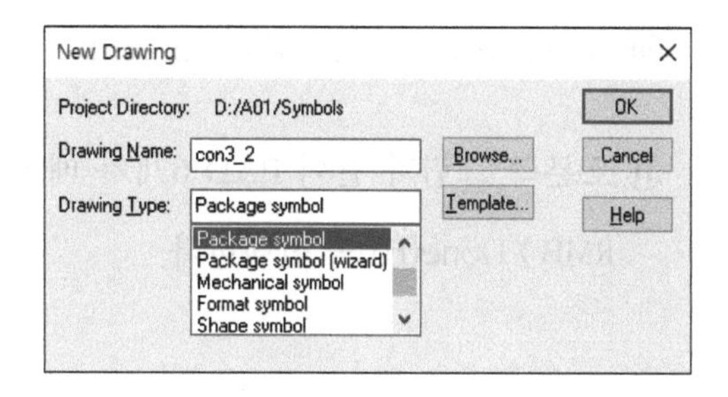

④ Setup 〉 Design Parameters...를 선택한다.

⑤ Display Tab을 선택하여 오른쪽 그림과 같이 그리드 옵션을 설정한다.

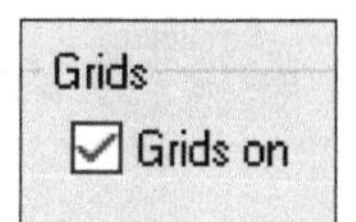

⑥ Design Tab을 선택, 오른쪽 그림과 같이 설정한 후 OK Button을 클릭한다.

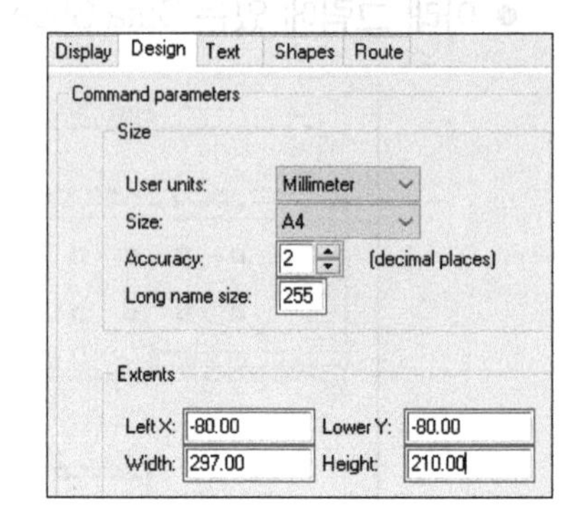

⑦ Layout 〉 Pins를 선택한다.

⑧ 화면 오른쪽의 Options Tab을 클릭한다.

⑨ Padstack: 오른쪽 사각형을 클릭하여 앞에서 만든 pad60cir100d를 선택한다.

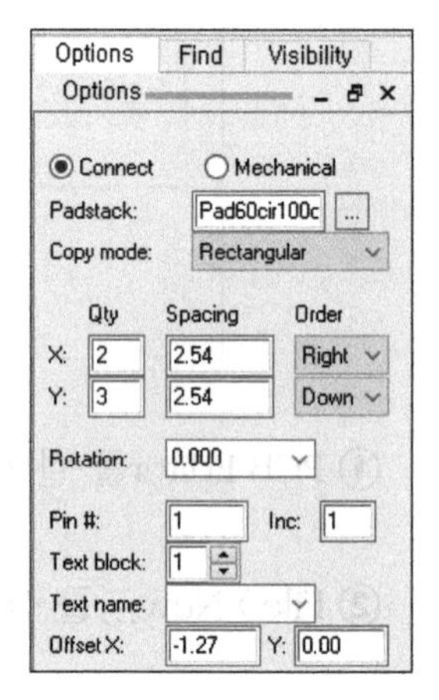

⑩ Data Sheet를 참조하여 command〉 창에 x 0 0 Enter를 하여 배치한다.

⑪ 오른쪽 그림과 같이 PAD 6개가 배치되는 것을 확인한 후 RMB 〉 Done(F6)을 선택한다.

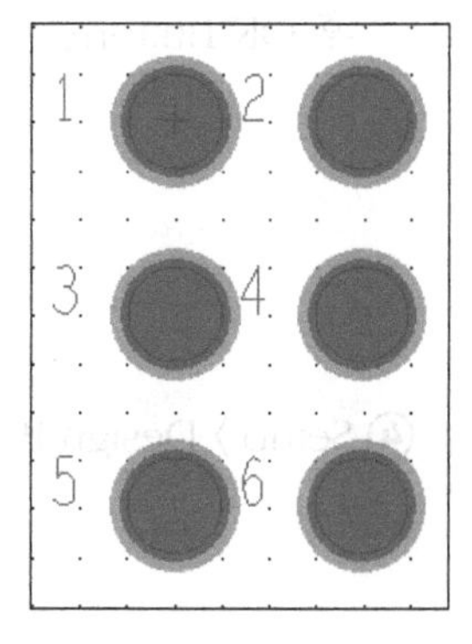

⑫ 1번 PAD를 구분하기 위하여 PAD 모양을 바꿔 준다.

⑬ Tools 〉 Padstack 〉 Replace...를 선택, 오른쪽 Options Tab을 클릭하여 오른쪽 그림과 같이 Padstack을 설정하고 Replace Button을 클릭한다.

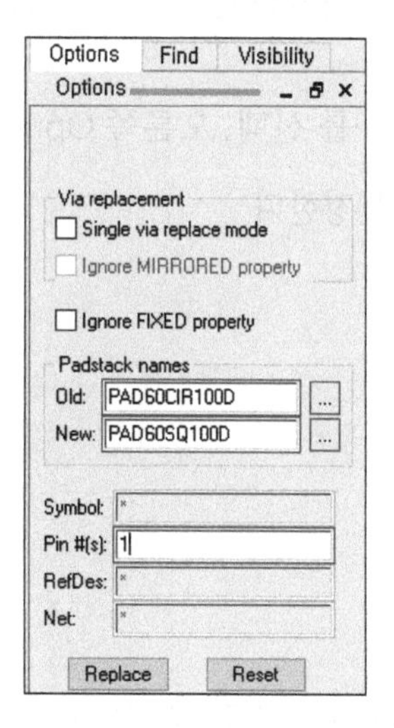

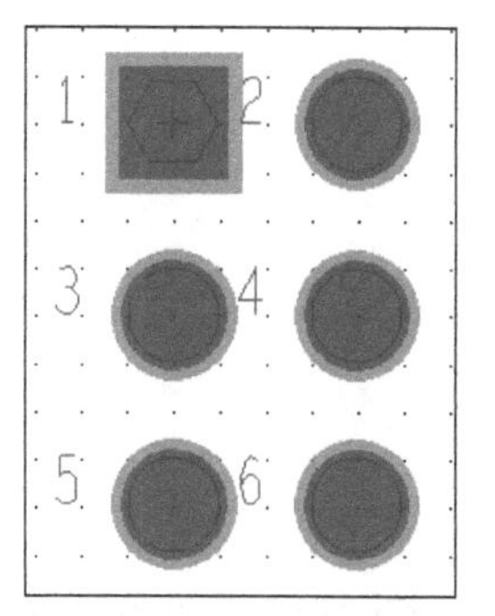

⑭ Add 〉 line을 선택, 오른쪽 Options Tab을 클릭, 오른쪽 그림과 같이 설정한다.

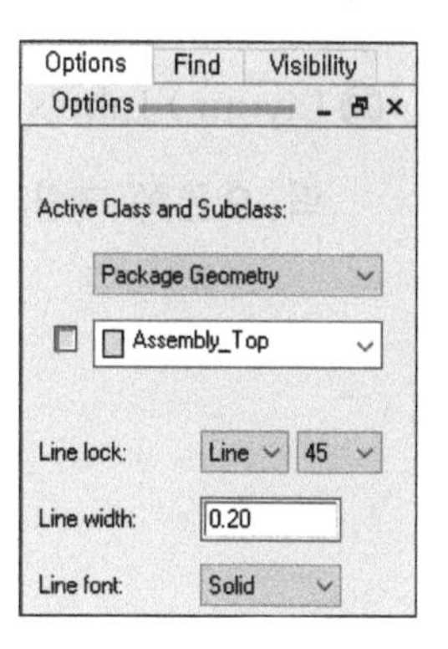

⑮ command〉 창에 x -3.1 5.08 Enter, ix 8.75 Enter, iy -15.24 Enter, ix -8.75 Enter, iy 5.37 Enter, ix 1.5 Enter, iy 4.5 Enter, ix -1.5 Enter, iy 5.37 Enter 후 RMB 〉 Done을 선택한다.

⑯ Add 〉 line을 선택, 오른쪽 Options Tab을 클릭, 오른쪽 그림과 같이 설정한다.

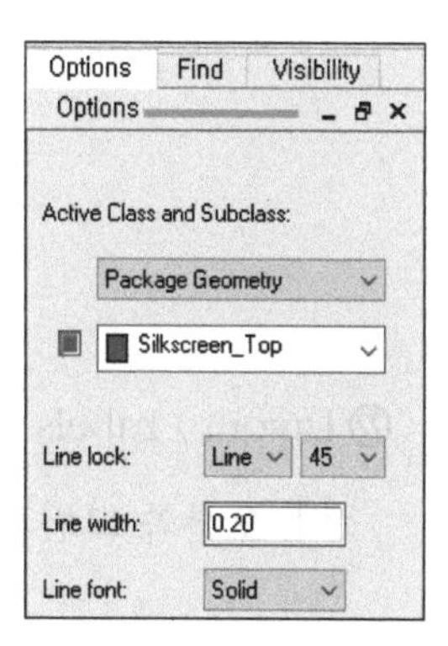

⑰ command〉 창에 x -3.1 5.08 Enter, ix 8.75 Enter, iy -15.24 Enter, ix -8.75 Enter, iy 5.37 Enter, ix 1.5 Enter, iy 4.5 Enter, ix -1.5 Enter, iy 5.37 Enter 후 RMB 〉 Done을 선택한다.

⑱ Edit 〉 Z-Copy Shape를 선택, 오른쪽 Options Tab을 클릭, 오른쪽 그림과 같이 설정한다.

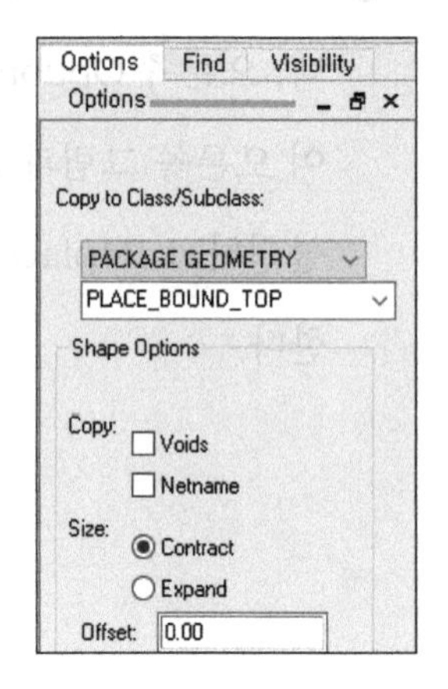

⑲ 앞에서 그린 Outline을 클릭한 후 RMB 〉 Done을 선택한다.

⑳ Layout 〉 Labels 〉 RefDes를 선택, 오른쪽 Options Tab을 클릭, 오른쪽 그림과 같이 설정한다.

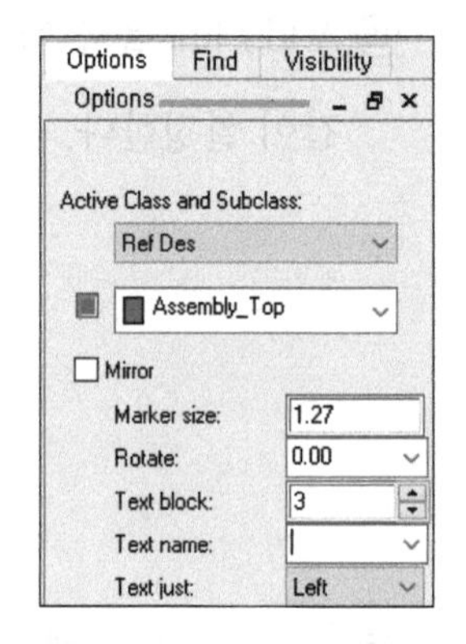

㉑ 좌표(-2.54, 5.08)에서 클릭한 후 J*를 입력, RMB 〉 Done을 선택한다.

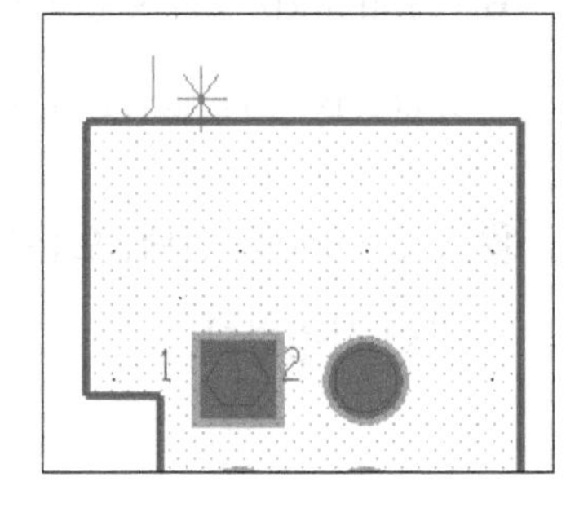

㉒ Layout 〉 Labels 〉 RefDes를 선택, 오른쪽 Options Tab을 클릭, 오른쪽 그림과 같이 설정한다.

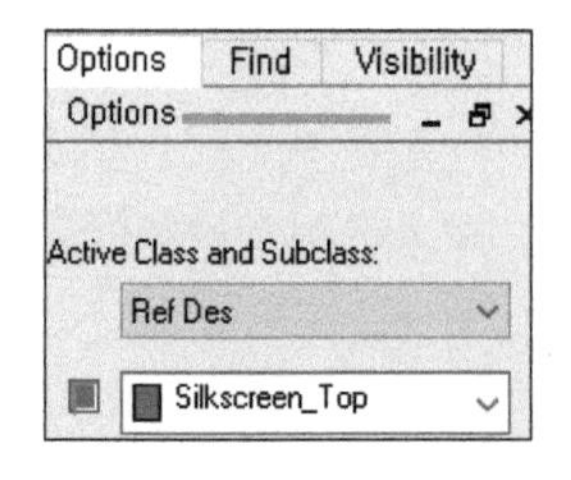

㉓ 좌표(0.00, 5.08)에서 클릭한 후 J*를 입력, RMB 〉 Done을 선택한다.

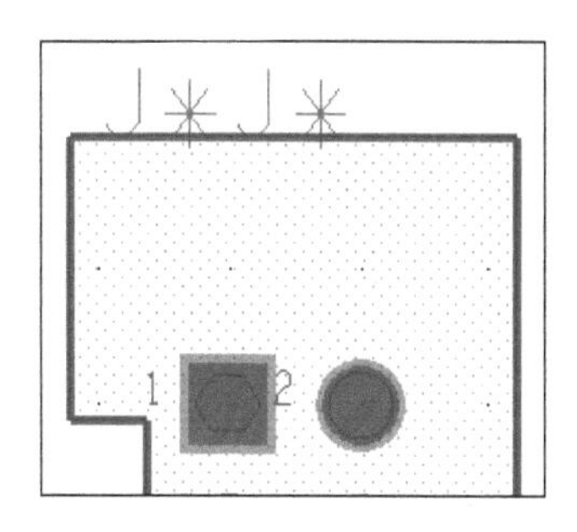

㉔ 만든 부품을 확인한 후 File 〉 Save를 선택하여 저장한다. (Command 창 확인)

9-13 Y1(XTAL16MHz) 생성

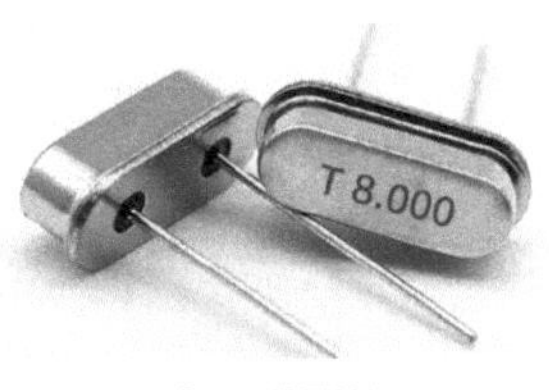

Crystal(XTAL)

● **오른쪽 그림에 있는 Data Sheet를 참조하여 작업한다.**

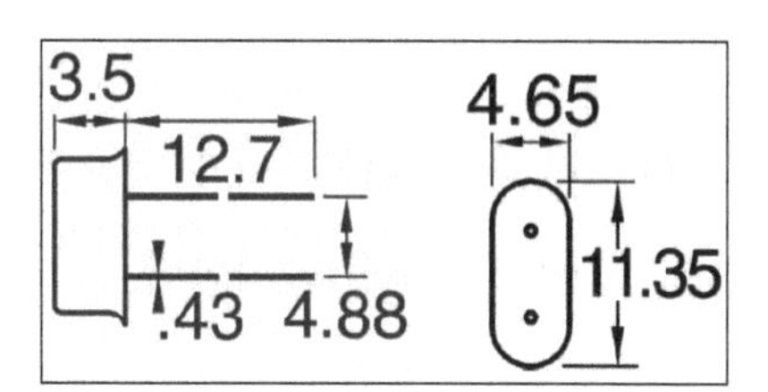

① PCB Editor를 실행한다.

② File 〉 New...를 선택한다.

③ 팝업 창에서 오른쪽 그림과 같이 설정 후 OK Button을 클릭한다.

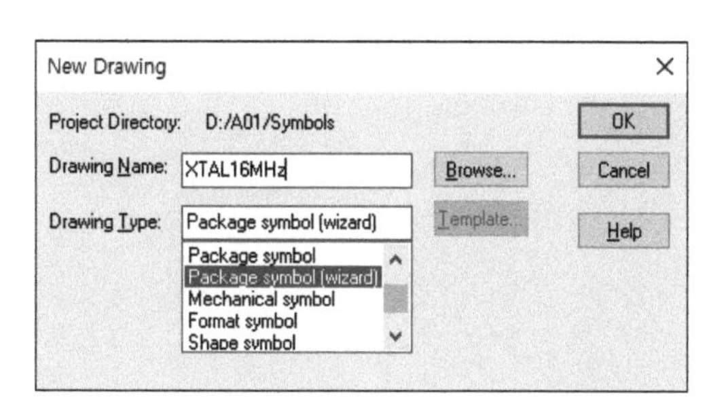

④ 오른쪽 그림과 같이 TH DISCRETE를 선택한 후 Next Button을 클릭한다.

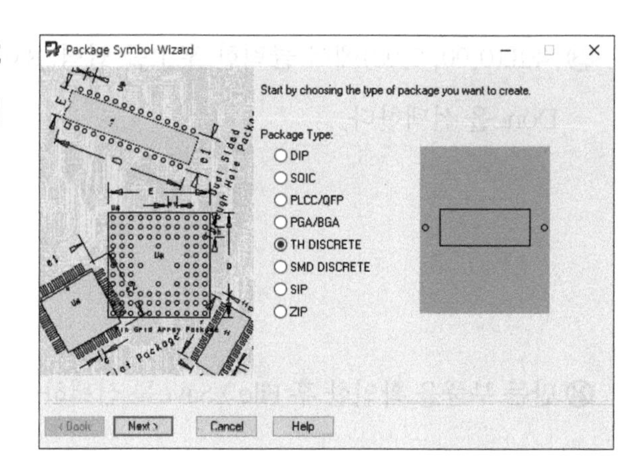

⑤ 오른쪽 그림에서 Load Templete를 클릭한 후 Next Button을 클릭한다.

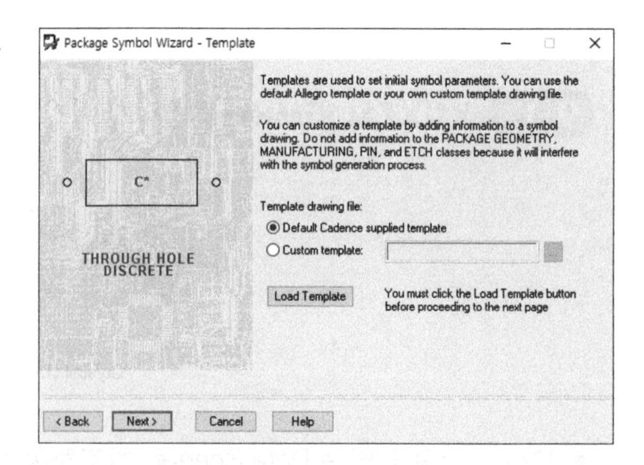

⑥ 오른쪽 그림과 같이 설정한 후 Next Button을 클릭한다.

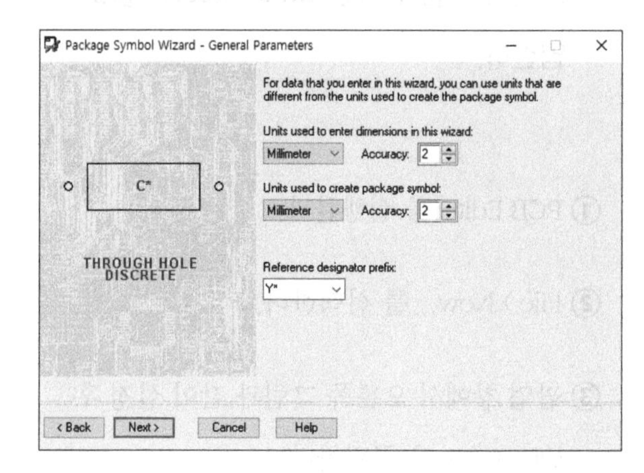

⑦ 오른쪽 그림과 같이 값을 설정한 후 Next Button을 클릭한다.

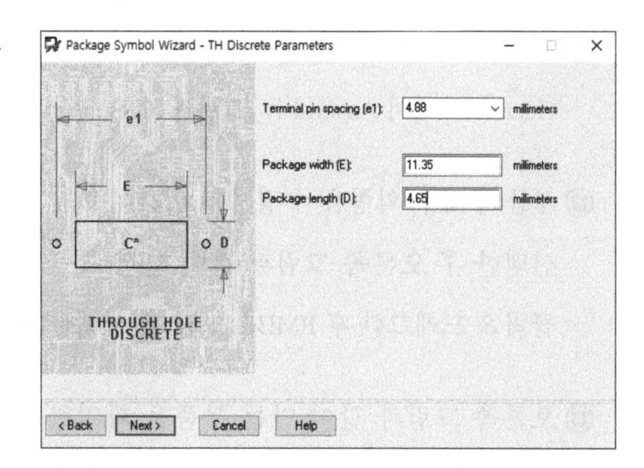

⑧ 오른쪽 그림과 같이 Pad60cir35d padstack을 설정한 후 Next Button을 클릭한다.

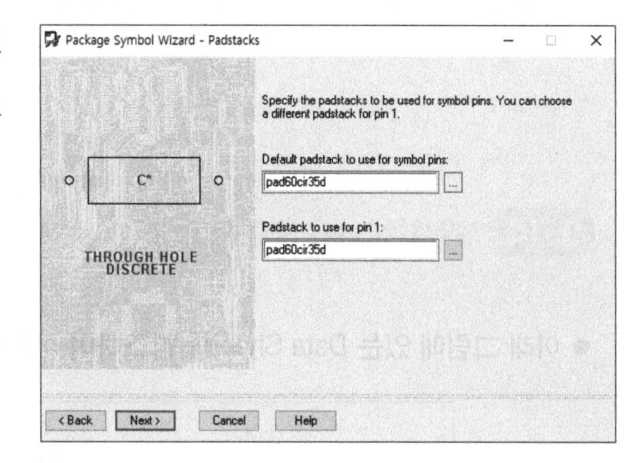

⑨ 오른쪽 그림과 같이 설정한 후 Next Button을 클릭한다.

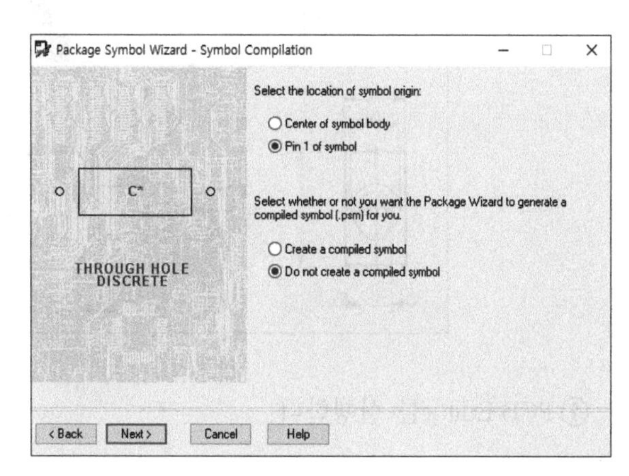

⑩ 마지막으로 Finish Button을 클릭하면 오른쪽 그림과 같이 부품이 생성된다.

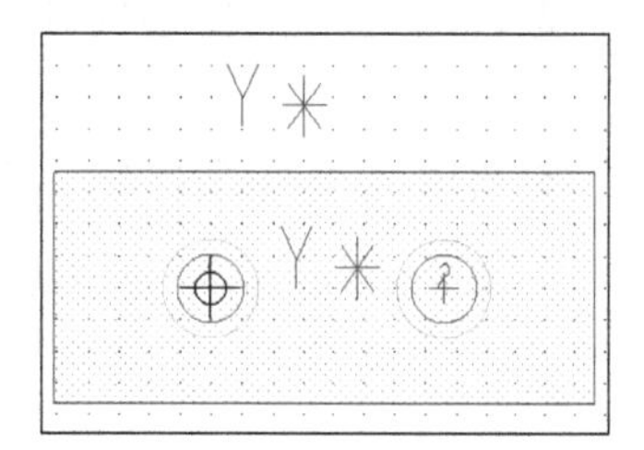

⑪ 위의 그림에는 여러 정보가 들어가 있으므로 Diplay 〉 Color/Visibility...를 선택하여 Geometry에서 Assembly_Top과 Silkscreen_Top만 선택한다.

⑫ 부품의 좌우 외형을 수정하기 위하여 Dimension 〉 Fillet을 선택한 후 오른쪽 그림과 같이 설정, 부품의 네 모서리를 클릭 & 드래그한 후 RMB 〉 Done을 선택한다.

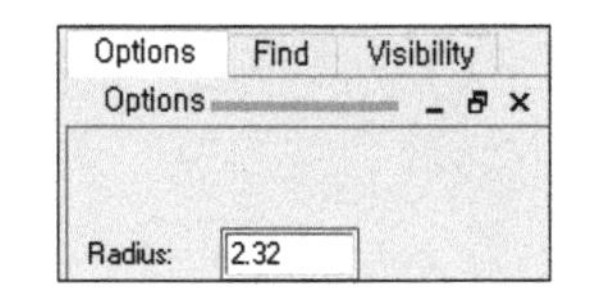

⑬ 오른쪽 그림과 같이 만든 부품을 확인한 후 File 〉 Save를 선택하여 저장한다. (Command 창 확인)

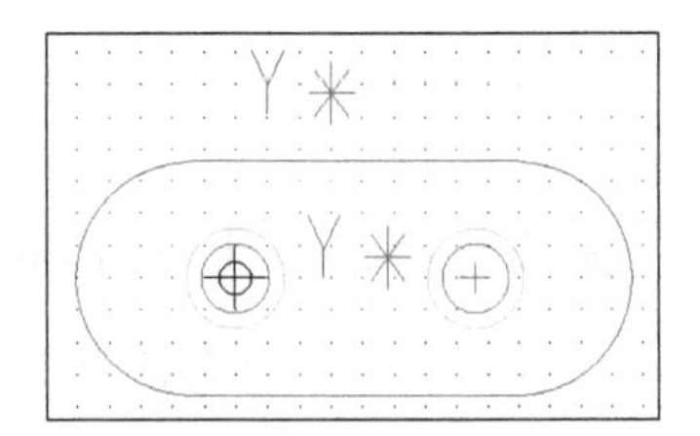

9-14 SW1(t_sw) 생성

● 아래 그림에 있는 Data Sheet를 참조하여 작업한다.

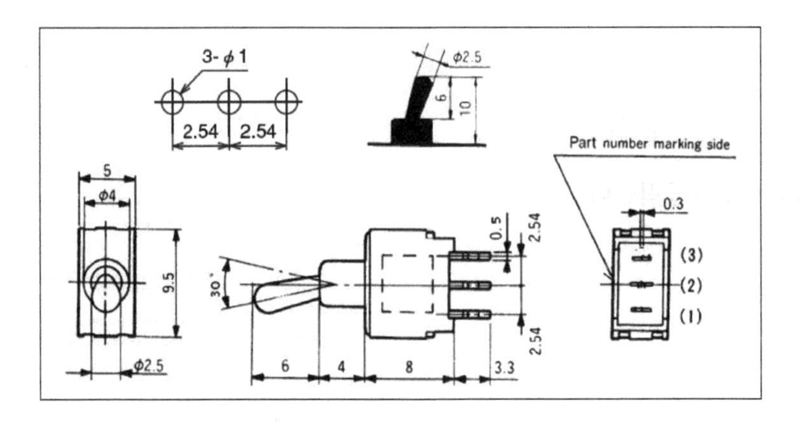

① PCB Editor를 실행한다.

② File 〉 New...를 선택한다.

③ 팝업 창에서 오른쪽 그림과 같이 설정 후 OK Button을 클릭한다.

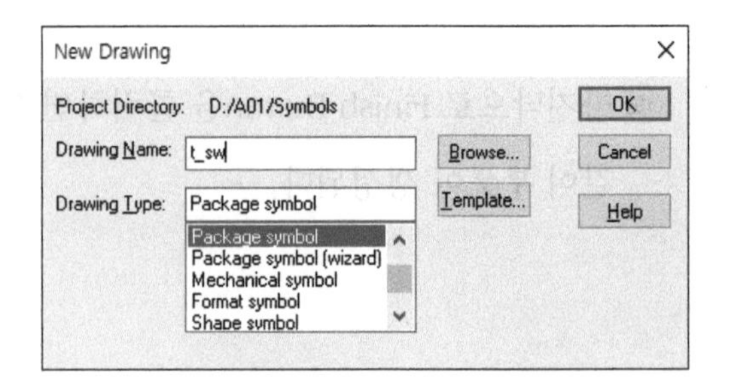

④ Setup 〉 Design Parameters...를 선택한다.

⑤ Display Tab을 선택하여 오른쪽 그림과 같이 그리드 옵션을 설정한다.

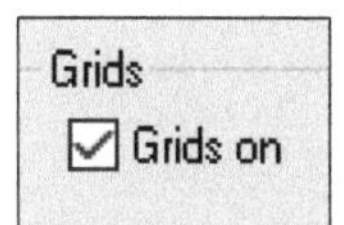

⑥ Design Tab을 선택, 오른쪽 그림과 같이 설정한 후 OK Button을 클릭한다.

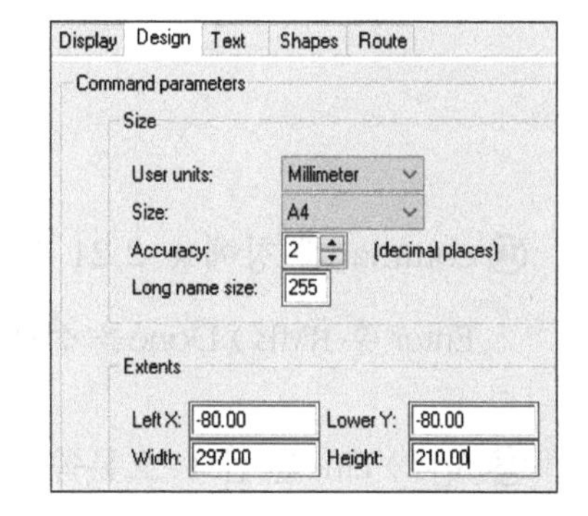

⑦ Layout 〉 Pins를 선택한다.

⑧ 화면 오른쪽의 Options Tab을 클릭한다.

⑨ Padstack: 오른쪽 사각형을 클릭하여 pad60cir38d를 선택, 오른쪽 그림과 같이 설정한다.

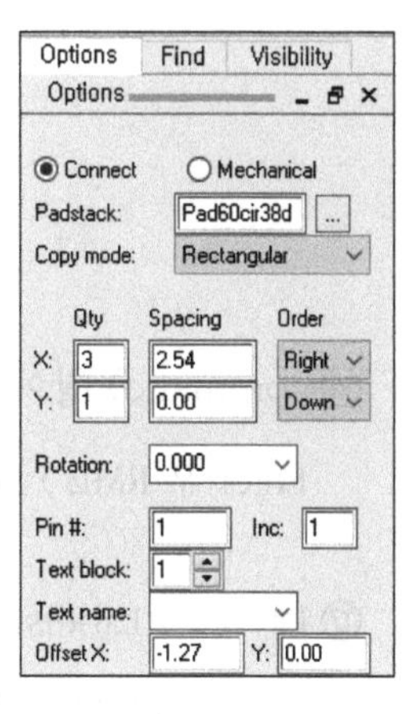

⑩ Data Sheet를 참조하여 command〉 창에 x 0 0 Enter를 하여 배치한다.

⑪ RMB 〉 Done을 선택한다.

⑫ RMB 〉 Quick Utilities 〉 Grids... 선택, 오른쪽 그림과 같이 설정, OK Button을 클릭한다.

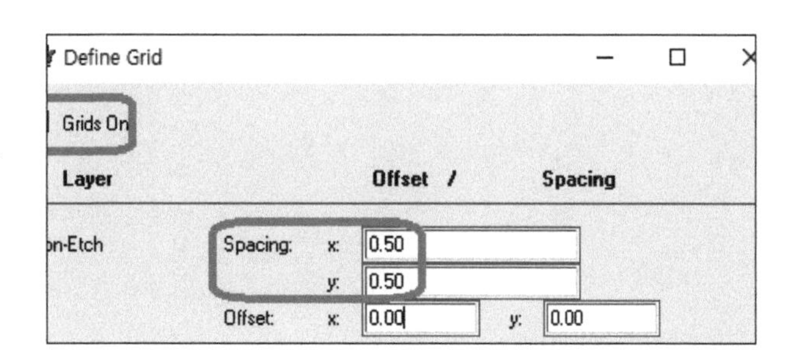

⑬ Add 〉Line을 선택, 오른쪽 Options Tab을 클릭, 오른쪽 그림과 같이 설정한다.

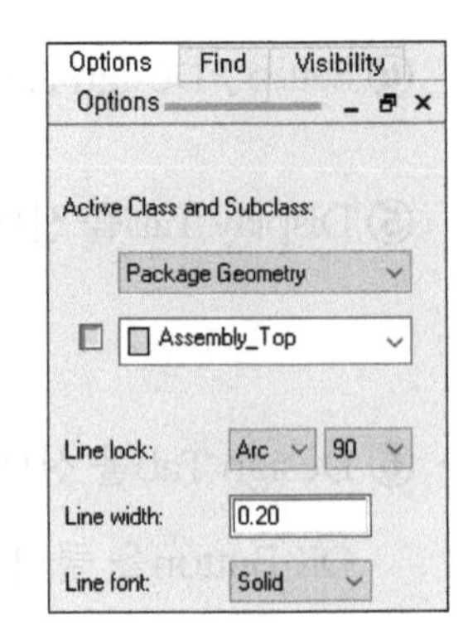

⑭ command〉 창에 x -2.21 -2.5 Enter, iy 5.0 Enter, ix 9.5 Enter, iy -5.0 Enter, ix -9.5 Enter 후 RMB 〉Done을 선택한다.

⑮ Add 〉Line을 선택, 오른쪽 Options Tab을 클릭, 오른쪽 그림과 같이 설정한다.

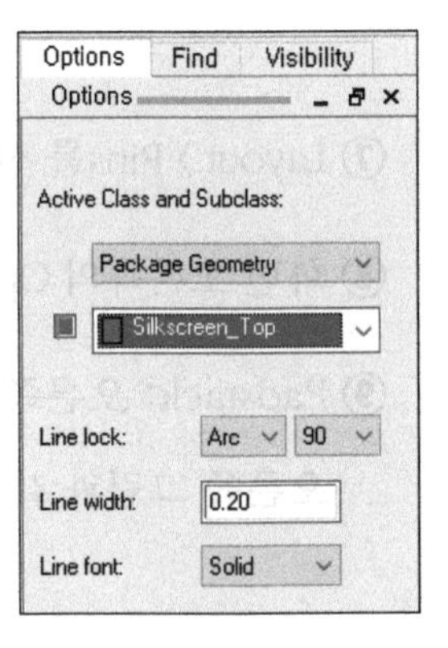

⑯ command〉 창에 x -2.21 -2.5 Enter, iy 5.0 Enter, ix 9.5 Enter, iy -5.0 Enter, ix -9.5 Enter 후 RMB 〉Done을 선택한다.

⑰ Layout 〉Labels 〉RefDes를 선택, 오른쪽 Options Tab을 클릭, 오른쪽 그림과 같이 설정한다.

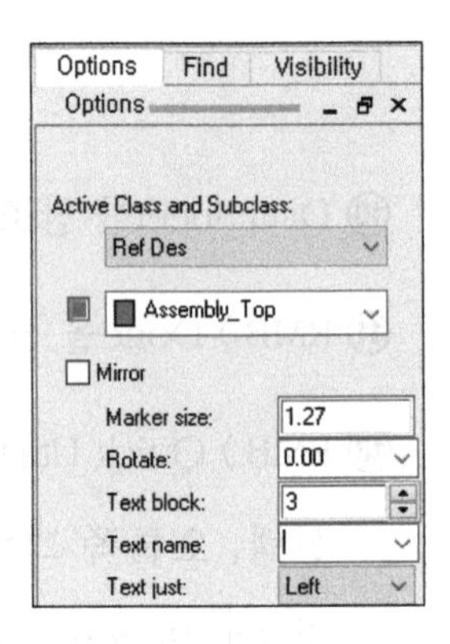

⑱ 좌표(0, 3.5) SW에서 클릭한 후 SW*를 입력, RMB 〉Done을 선택한다.

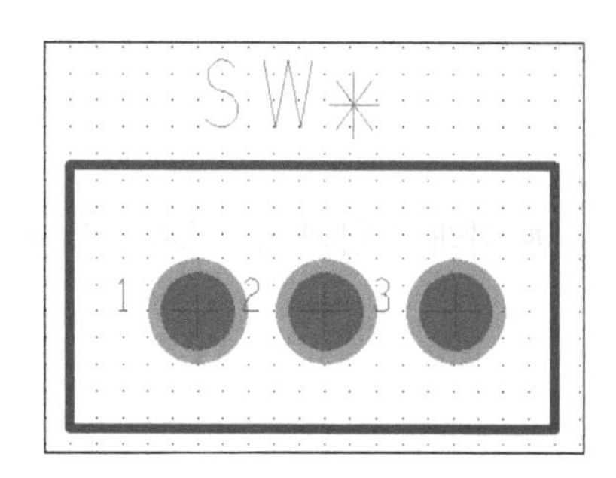

⑲ Layout 〉Labels 〉RefDes를 선택, 오른쪽 Options Tab을 클릭, 오른쪽 그림과 같이 설정한다.

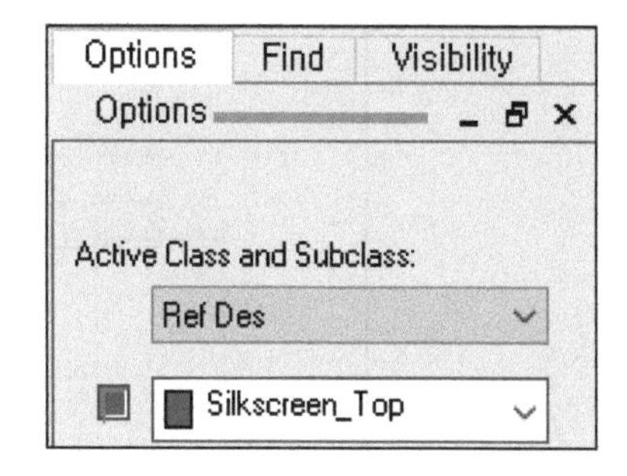

⑳ 좌표(4.00, 3.50)에서 클릭한 후 SW*를 입력, RMB 〉Done을 선택한다.

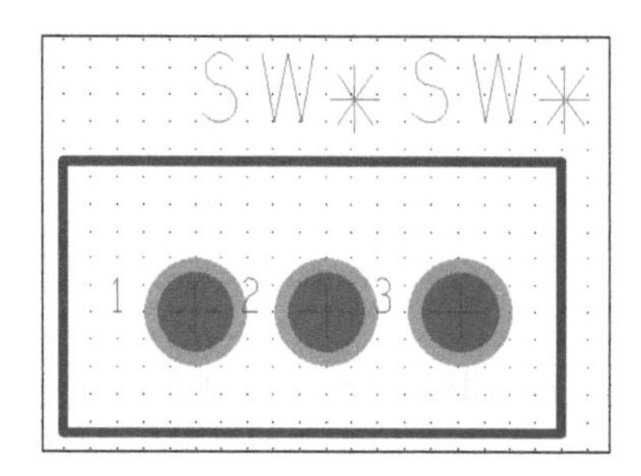

㉑ Shape 〉Rectanglar를 선택, 오른쪽 Options Tab을 클릭, 오른쪽 그림과 같이 설정한다.

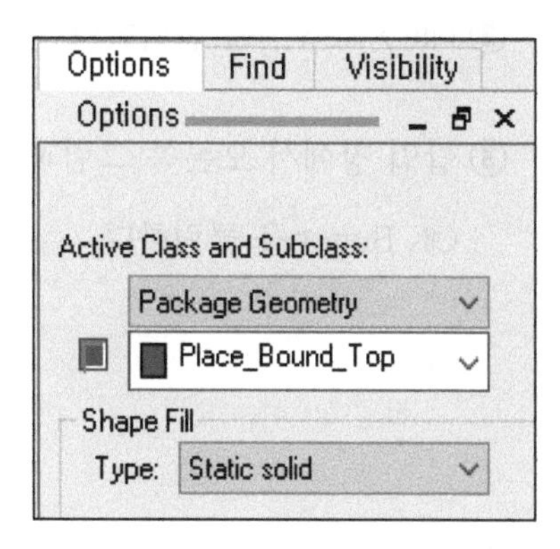

㉒ command〉 창에 x -2.21 -2.5 Enter, x 7.29 2.5 Enter, RMB 〉Done

㉓ 만든 부품을 확인한 후 File 〉Save를 선택하여 저장한다. (Command 창 확인)

9-15 SW2 ~ SW10(tact_sw) 생성

● 아래 그림에 있는 Data Sheet를 참조하여 작업한다.

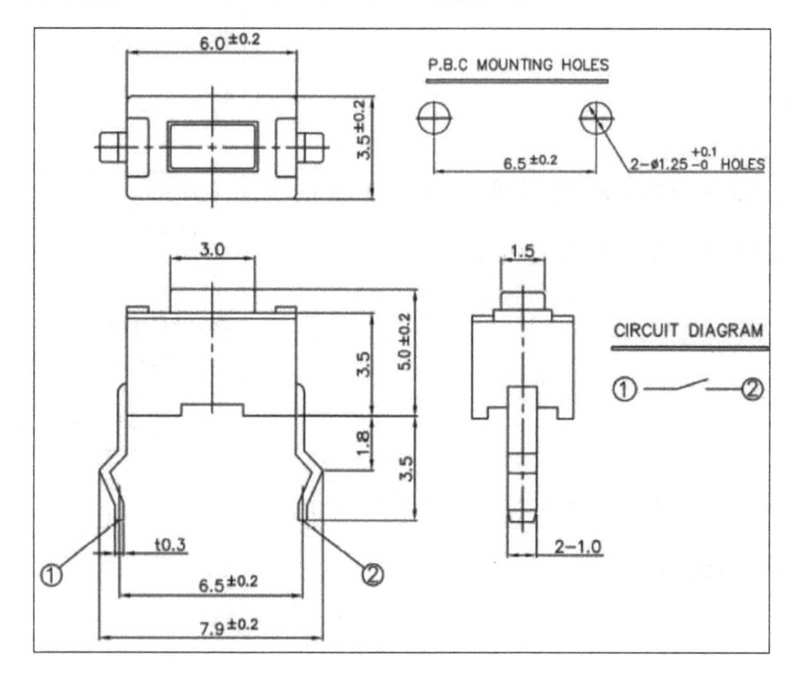

① PCB Editor를 실행한다.

② File 〉 New...를 선택한다.

③ 팝업 창에서 오른쪽 그림과 같이 설정 후 OK Button을 클릭한다.

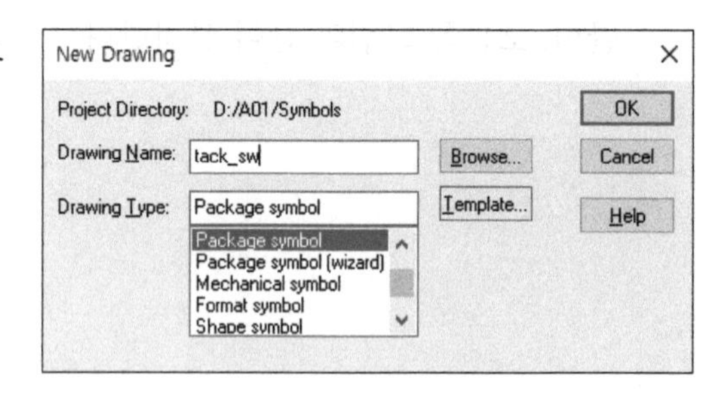

④ Setup 〉 Design Parameters...를 선택한다.

⑤ Display Tab을 선택하여 오른쪽 그림과 같이 그리드 옵션을 설정한다.

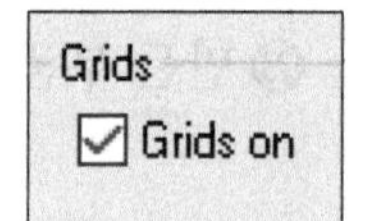

⑥ Design Tab을 선택, 오른쪽 그림과 같이 설정한 후 OK Button을 클릭한다.

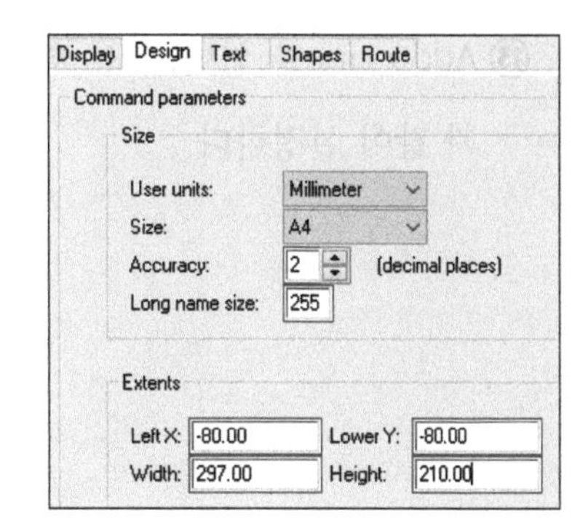

⑦ Layout 〉 Pins를 선택한다.

⑧ 화면 오른쪽의 Options Tab을 클릭한다.

⑨ Padstack: 오른쪽 사각형을 클릭하여 pad80cir125d를 선택, 오른쪽 그림과 같이 설정한다.

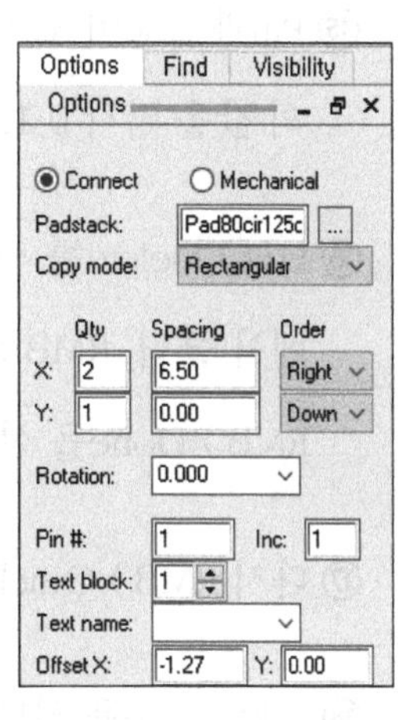

⑩ Data Sheet를 참조하여 command〉 창에 x -3.25 0 Enter를 하여 배치한다.

⑪ RMB 〉 Done을 선택한다.

⑫ RMB 〉 Quick Utilities 〉 Grids... 선택, 오른쪽 그림과 같이 설정, OK Button을 클릭한다.

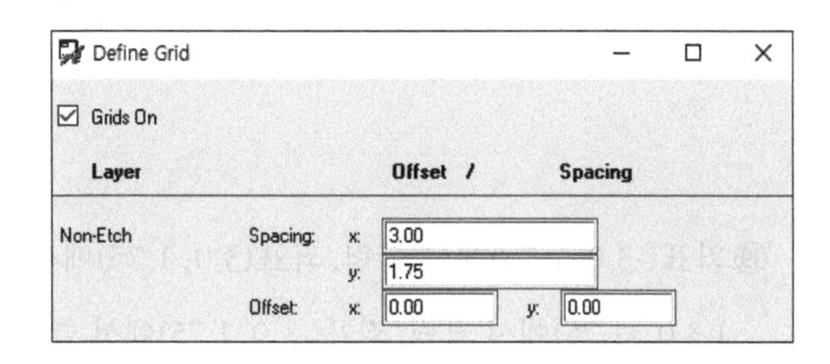

⑬ Add 〉 Line을 선택, 오른쪽 Options Tab을 클릭, 오른쪽 그림 과 같이 설정한다.

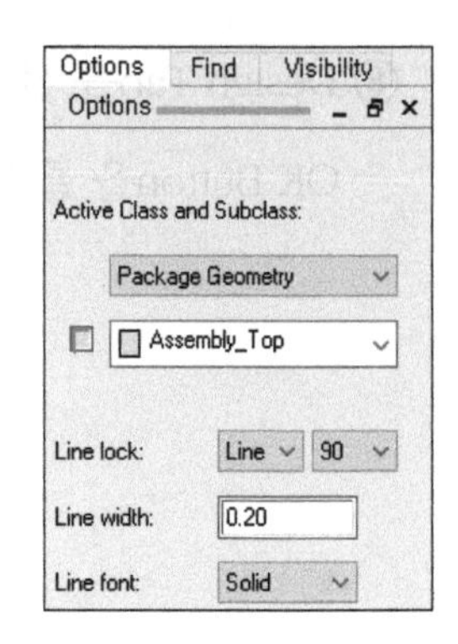

⑭ 좌표(-3.0, 1.75)에서 클릭, 좌표(3.0, 1.75)에서 클릭, 좌표(3.0, -1.75)에서 클릭, 좌표(-3.0, -1.75)에서 클릭, 좌표(-3.0, 1.75)에서 클릭한 후 RMB 〉 Done을 선택한다.

⑮ Pin과 Line이 겹치는 부분을 제거하기 위하여 RMB 〉 Quick Utilities 〉 Grids... 선택, x,y의 값을 각각 0.1로 설정한다.

⑯ Edit 〉 Delete를 선택, RMB 〉 Cut를 선택한 후 좌표(-3.0,1.5)에서 클릭, 좌표(-3.0, -1.5)에서 클릭, RMB 〉 Cut, 좌표(3.0, 1.5)에서 클릭, 좌표(3.0, -1.5)에서 클릭, RMB 〉 Cut, RMB 〉 Done을 선택한다.

⑰ 다시 RMB 〉 Quick Utilities 〉 Grids... 선택, x,y의 값을 각각 3.0, 1.75로 설정한다.

⑱ Add 〉 Line을 선택, 오른쪽 Options Tab을 클릭, 오른쪽 그림 과 같이 설정한다.

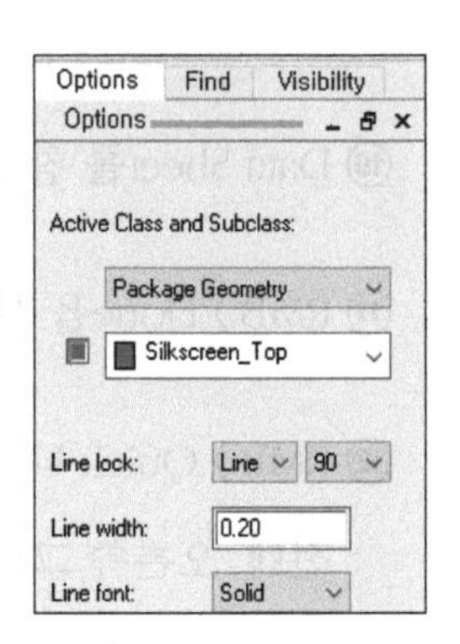

⑲ 좌표(-3.0, 1.75)에서 클릭, 좌표(3.0, 1.75)에서 클릭, 좌표(3.0, -1.75)에서 클릭, 좌표(-3.0, -1.75)에서 클릭, 좌표(-3.0, 1.75)에서 클릭한 후 RMB 〉 Done을 선택한다.

⑳ Pin과 Line이 겹치는 부분을 제거하기 위하여 RMB 〉 Quick Utilities 〉 Grids... 선택, x, y의 값을 각각 0.1로 설정한다.

㉑ Edit 〉 Delete를 선택, RMB 〉 Cut를 선택한 후 좌표(-3.0, 1.5)에서 클릭, 좌표(-3.0, -1.5)에서 클릭, RMB 〉 Cut, 좌표(3.0, 1.5)에서 클릭, 좌표(3.0, -1.5)에서 클릭, RMB 〉 Cut, RMB 〉 Done을 선택한다.

㉒ Layout 〉 Labels 〉 RefDes를 선택, 오른쪽 Options Tab을 클릭, 오른쪽 그림과 같이 설정한다.

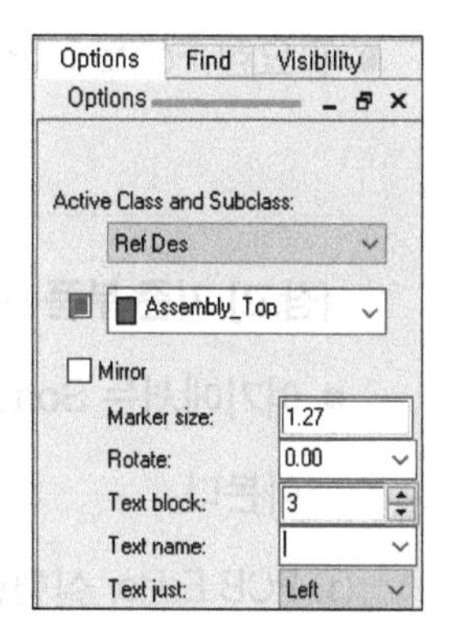

㉓ 좌표(-2.9, 2.5)에서 클릭한 후 SW*를 입력, RMB 〉 Done을 선택한다.

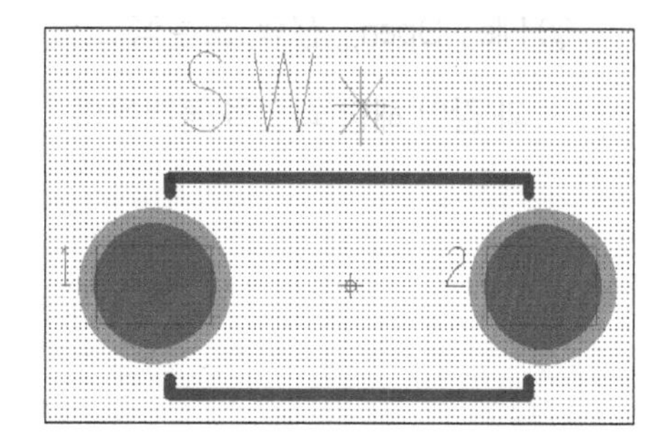

㉔ Layout 〉 Labels 〉 RefDes를 선택, 오른쪽 Options Tab을 클릭, 오른쪽 그림과 같이 설정한다.

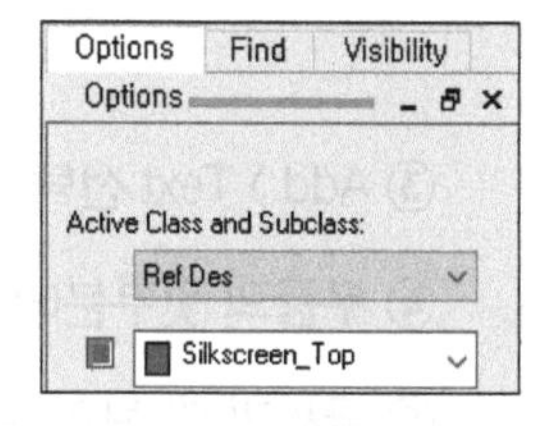

㉕ 좌표(1.00, 2.50)에서 클릭한 후 SW*를 입력, RMB 〉 Done을 선택한다.

㉖ Shape 〉 Rectanglar를 선택, 오른쪽 Options Tab을 클릭, 아래 그림과 같이 설정한다.

㉗ command〉 창에 x -4.5 -1.75 Enter, x 4.5 1.75 Enter, RMB 〉 Done

㉘ 만든 부품을 확인한 후 File 〉 Save를 선택하여 저장한다. (Command 창 확인)

● 필요한 Footprint 작업을 마쳤으니 8.9 PCB Footprint 설정으로 돌아간다.

[참고] 기존 부품 수정 (Atmega8, TQFP32A)

● 여기에서는 Software에서 제공되는 부품을 간단하게 수정하여 사용하는 방법을 알아본다.

① PCB Editor 실행한다.

② File 〉 Open... 선택, 오른쪽 그림과 같이 해당 파일을 불러온다.

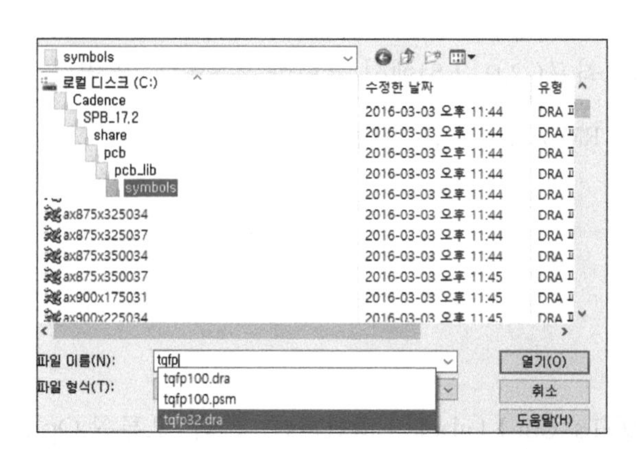

③ Add 〉 Text 선택, 오른쪽 그림과 같이 설정한다.

④ 부품의 윗부분에 U*를 입력, RMB 〉 Done을 선택한다.

⑤ 글씨가 안 보이는 경우 Color192 Icon을 클릭, Geometry 〉 Package geometry에서 Silkscreen_Top 항목을 설정하고 OK Button을 클릭한다.

⑥ File 〉 Save as... 선택하여 Symbols 폴더에 TQFP로 저장한다.

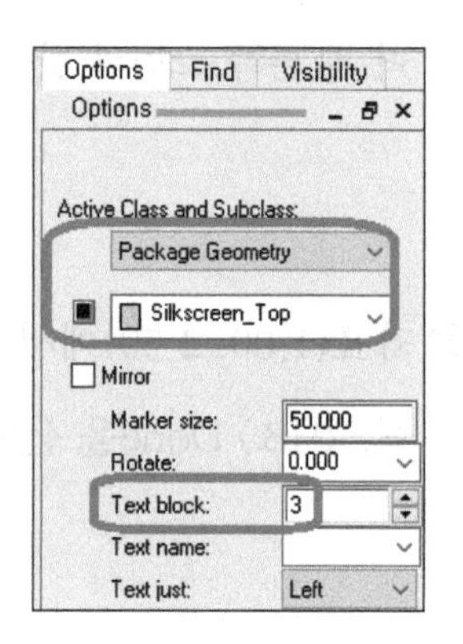

CHAPTER 10

PCB 설계 실습 (Atmega128 응용 회로, 양면 기판)

CHAPTER 10 PCB 설계 실습 (Atmega128 응용 회로, 양면 기판)

이번 장에서는 8.11에서 생성한 A01.brd File을 사용하여 주어진 PCB 설계 조건에 따라 작업한다.

- PCB Editor를 실행한 후 A01.brd File을 불러온다.
- 아래의 PCB 설계 조건에 맞게 작업한다.

10-1 PCB 설계 조건

- 설계 환경: 양면 PCB(2-Layer)
- Board Size: 85mm(가로), 75mm(세로)
- 치수 보조선: Silk Screen Layer에 표시
- Board 외곽선 모서리는 라운드 처리

· 부품 배치는 아래 그림과 같이 하고 나머지 부품들은 균형 있게 배치

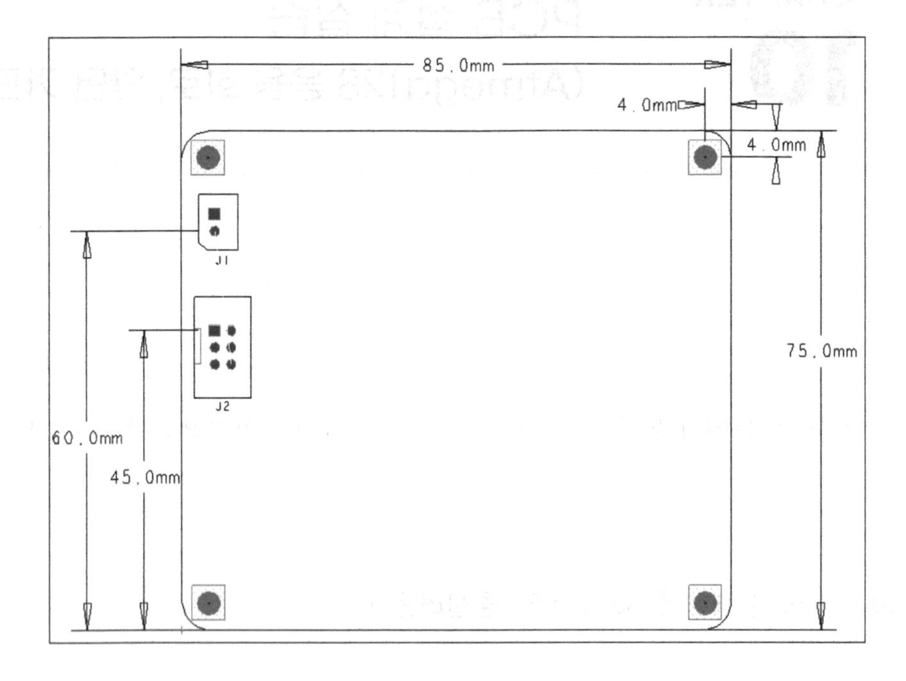

· 설계 단위는 [mm]

· 부품은 Top Layer에만 배치

· 극성이 있는 부품 등은 가급적 동일 방향으로 배치

· 부품 간 적당한 이격 거리를 확보하여 배치

· 네트(Net)의 폭(두께) 설정

네트명	두께
VCC, GND, X1, X2, MAIN_P	0.5mm
그 외 일반선	0.3mm

· 배선(Routing)은 양면 사용, 자동 배선 및 직각 배선 금지, 100% 배선

· 기구 Hole(Mounting Hole) 삽입은 윗부분 부품 배치 참조 및 비전기적 속성, 부품 참조 값은 삭제, 크기는 φ3

· Silk Data의 부품 번호는 한 방향으로 정렬, 불필요한 Data는 삭제

· Atmega128 CONTROL(line width:0.25mm, height:2mm)의 Silk Data를 Board 상단 중앙에 배치

· Copper의 설정은 Bottom Layer의 GND 신호에 처리, Board 외곽으로부터 0.1mm의 이격, 모든 네트와 Copper와의 Clearance는 0.5mm, 단열판과 GND 네트 사이의 연결선의 두께는 0.5mm로 설정

· Via의 설정

Via의 종류	속성	
	Drill Hole Size	Pad Size
Power Via(전원선 연결)	0.4mm	0.8mm
Standard Via(그 외 연결)	0.3mm	0.6mm

· DRC(Design Rule Check)에서 Default 값(Clearance: 0.254mm)에 위배되지 않아야 하고 반드시 통과되어야 하며 검사한 로그 파일은 하드디스크에 저장

· PCB 제조에 필요한 Gerber Data 파일(RX274-X Format) 생성 및 출력

10-2 PCB 설계를 위한 유용한 Tip

· Setup 〉 Design Parameters...를 선택하여 Design, Shape Tab을 이용하여 필요한 옵션을 설정한다.

· Setup 〉Grids...를 선택하여 필요한 옵션을 설정한다.

· Setup 〉 Cross Section...을 선택하여 필요한 옵션을 설정한다.

· Shape 〉 Rectangular...를 선택하여 주어진 Board 외곽선에 대한 옵션을 설정한다.

· Outline 〉 Copy Shape를 선택하여 필요한 사항들을 설정한다.

· Place 〉 Components Manually...를 선택하여 요구 사항에 맞는 기구 Hole과 J1, J2 커넥터를 배치한다.

- 필요시 RMB 〉 Quick Utilities 〉 Grids 선택하여 치수 보조선 삽입을 위한 옵션을 설정한다.
- Manufacture 〉 Dimension Environment를 선택한 후 RMB 〉 Parameters를 이용하여 필요한 옵션을 설정한다.
- Manufacture 〉 Dimension Environment를 선택한 후 RMB 〉 Linear dimension을 이용하여 필요한 옵션을 설정한다.
- 요구 사항에 맞게 치수 보조선을 삽입한다.
- Setup 〉 Design Parameters를 신댁하여 Silk Data의 요구 사항에 맞는 글씨 크기를 설정한 후 Add 〉 Text 선택하여 필요한 옵션을 설정하고 배치한다.
- Setup 〉 Constrains...를 선택하여 요구 사항에 맞는 설계 규칙과 Power_Via, Default_Via, Spacing 등 필요한 옵션을 설정한다.
- Setup 〉 Colors...를 선택하여 부품 배치 전에 필요한 정보가 나타나도록 Layers, Nets Tab을 이용하여 Color 옵션을 설정한다.
- Place 〉 Components Manually...를 선택하여 나머지 부품들을 균형 있게 배치한다.
- Route 〉 Connect를 선택하여 필요한 옵션을 설정한 후 배선을 한다.
- Shape 〉 Rectangular를 선택하여 필요한 옵션을 설정한 후 요구 사항에 맞게 Copper 작업을 한다.
- 필요시 Route 〉 Create Fanout 선택하여 SMD 부품 등에 있는 GND 신호를 GND Plane에 연결시킬 수 있다.

[참고] Create Fanout

이 기능은 표면 실장 부품(SMD: Surface Mount Device)을 사용하는 경우 회로의 연결을 위해 전원(VCC or GND) 층에 Via를 형성하여 진행하게 되는데 이러한 처리를 하기 위한 것이다. 본 교재 Chap 10에서 SMD를 사용한 PCB 설계 부분에서 이 기능을 활용할 수 있다.

똑같은 패턴으로 많은 곳에 적용할 때는 Route 〉 Via Structure 〉 Create 〉 Standard를 사용하여 Via Structure를 생성한 후 Auto Export 체크 박스를 활성화시켜 형성된 패턴을 드래그하여 .xml 파일로 저장한 후 Route 〉 Create Fanout을 실행하여 Option 창에서 적용하는 방법이 있고, 본 교재 실습의 경우 그냥 Route 〉 Create Fanout을 실행하여 Option 창의 옵션을 설정한 후 해당 부품을 드래그하여 적용하는 방법도 있다.

- Check 〉 Design Status... 선택하여 DRC를 수행하여 Board 상태를 확인한 후 이상이 있으면 수정한다.
- 부품 번호 크기 설정을 위해 Edit 〉 Change Objects를 선택하여 필요한 옵션을 설정, 진행한 후 요구 사항에 맞게 정리한다.
- Manufacture 〉 Customize Drill Table...을 선택하여 작업 상태를 확인한다.
- Manufacture 〉 Create Drill Table..을 선택하여 진행한다.
- Expert 〉 NC Parameters...를 선택하여 필요한 옵션을 설정한다.
- Expert 〉 NC Drills...를 선택하여 필요한 옵션을 설정한다.
- Expert 〉 Gerber...를 선택하여 필요한 옵션을 설정한다.
- Setup 〉 Design Parameters...를 선택하여 요구 사항에 맞게 값이 설정되어 있는지 확인한다.
- Expert 〉 Gerber...를 선택하여 요구 사항에 맞게 작업한다.
- 모든 작업이 완료되었으면 요구 사항에 맞게 결과물을 출력한다

CHAPTER 11

PCB 설계 실습 (평면도면)

CHAPTER 11

PCB 설계 실습 (평면도면)

이번 장에서는 두 장으로 구성된 평면도면 생성에 대하여 다뤄 보고 이 두 도면을 사용하여 양면 기판과 4층 기판을 완성함으로써 PCB 설계 능력을 키워 본다.

11-1 회로도(99진 카운터 회로)

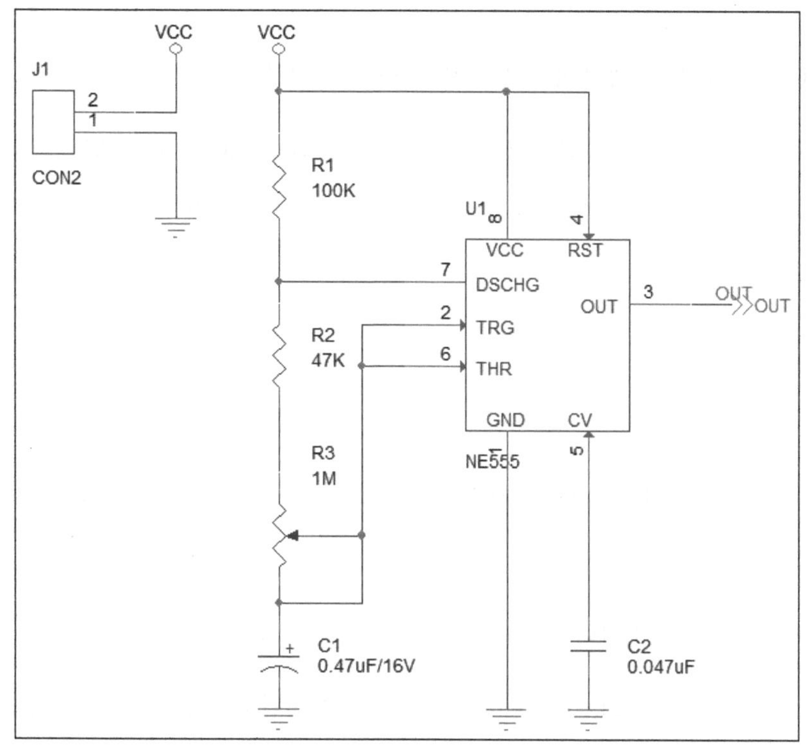

회로도[page1]

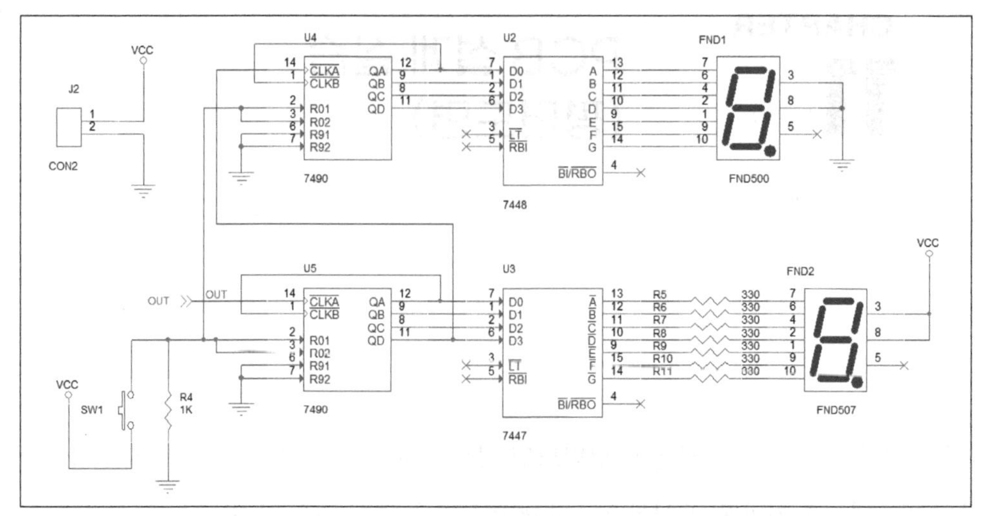

회로도[page2]

11-2 새로운 프로젝트 시작

① OrCAD Capture를 실행하여 초기 화면 상태로 들어간다.

② File 〉 New 〉 Project...를 선택하여 D Drive 아래 project02 폴더를 만들고 counter_99로 파일명을 입력하여 작업한다. (D:\project02\counter_99)

11-3 환경 설정

① 회로도 작성에 적합한 작업 환경을 설정하기 위하여 작업 창의 메뉴에서 Options 〉 Preference...를 선택한다.

② Preference 팝업 창이 나타나면 Grid 등 필요한 옵션을 설정한다.

③ Options 〉 Schematic Page Properties...를 선택하여 단위와 용지 크기를 설정한다.

11-4 평면도면 추가

① 오른쪽 그림과 같이 Project Manager 의 SCHEMATIC1 위에서 RMB 〉 New Page를 선택한다.

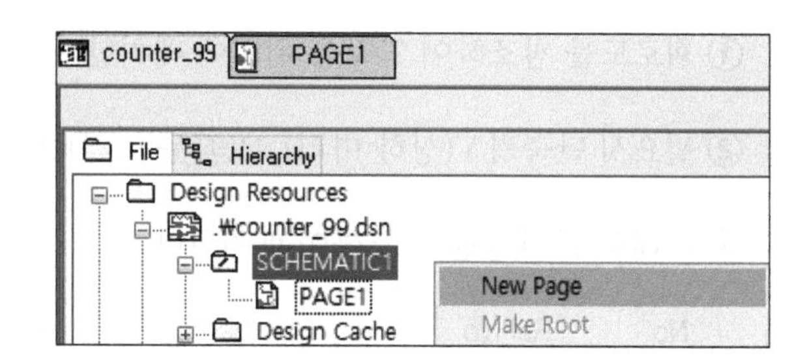

② 오른쪽 그림과 같이 Name: 칸에 PAGE2(필요시 변경)를 확인하고 OK Button을 클릭한다.

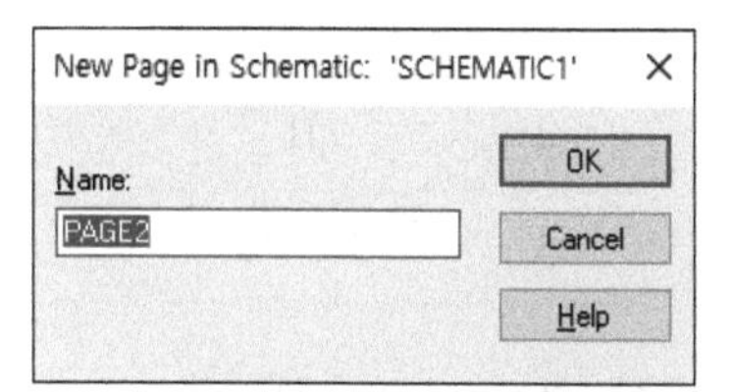

③ 오른쪽 그림과 같이 추가된 PAGE2가 보인다.

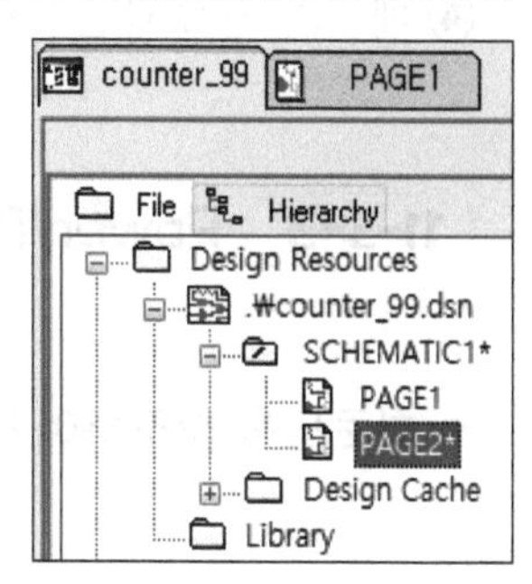

11-5 회로도 작성(PAGE1)

이번 작업은 PAGE1과 PAGE2로 되어 있는 회로도 중 PAGE1 회로를 대상으로 하기에 필요시 화면의 Project Manager 창에서 SCHEMATIC1 아래의 PAGE1을 더블클릭하여 PAGE1을 활성화시킨다.

11-5-1 Library 사용 및 추가

이번 작업에서는 Capture에서 기본적으로 제공하는 Library를 사용하여 작업한다. 필요시 Library를 추가하여 작업한다. (추가 시 수정)

11-5-2 부품 배치

① 회로도를 참조하여 알맞은 위치에 배치한다.

② 필요시 단축키 V(상하 미러), H(좌우 미러), R(회전)를 사용한다.

③ 아래의 표 내용을 참조하여 배치한다.

No	Ref No	Part Name	No	Ref No	Part Name
1	U1	ne555	4	R3	resistor var
2	J1	con2	5	C1	cap pol
3	R1~R2	r	6	C2	cap np

④ 배치가 완료되면 Esc를 누르거나 RMB 〉 End Mode를 선택하여 종료한다.

11-5-3 Power/Ground 심벌 배치

- 회로도를 참조하여 Power와 Ground 심벌을 배치한다.

11-5-4 부품 편집

Capture Library에서 제공되는 NE555 부품의 Pin 배치가 회로도에 사용되는 것과 같지 않기 때문에 이를 수정하여 사용하는 방법을 알아본다.

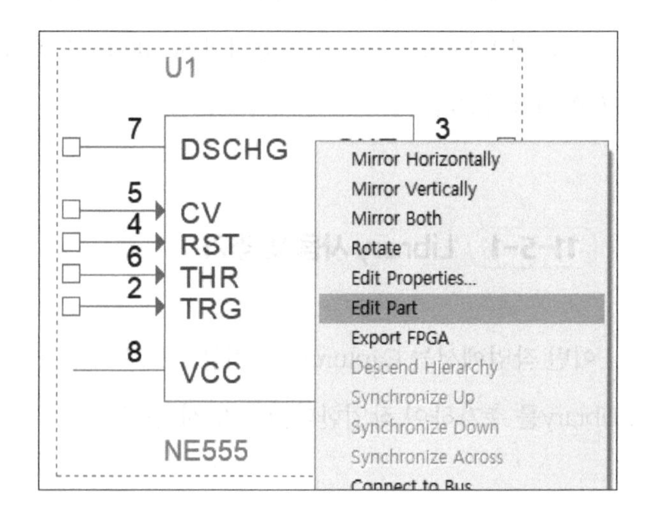

① 오른쪽 그림과 같이 위에서 배치한 NE555 부품을 클릭한 다음 RMB 〉 Edit Part를 선택한다.

② 부품 편집 팝업 창이 나타나면 오른쪽 그림과 같이 툴 팔레트에서 Select Icon을 선택한다.

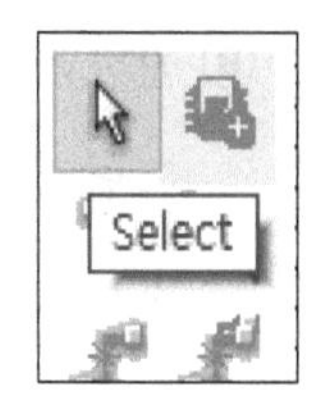

③ Mouse 휠을 스크롤하여 심벌을 화면의 중간 부분으로 위치시킨다.

④ 오른쪽 그림과 같이 심벌 아랫부분의 원으로 되어 있는 곳을 클릭한 다음 RMB 〉 Edit Properties...를 선택한다.

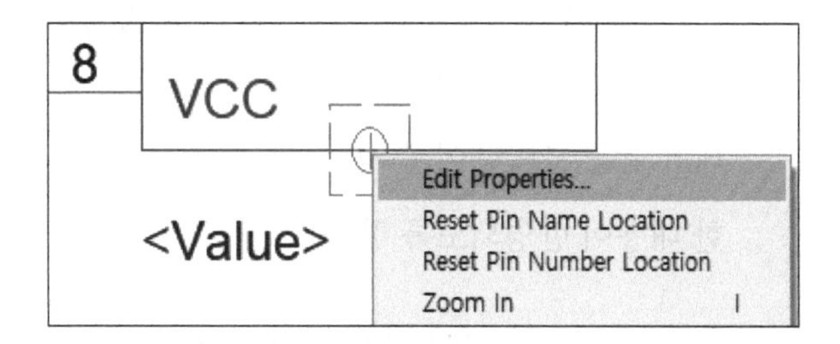

⑤ 오른쪽과 같이 Pin Properties 팝업 창이 나타나면 Shape 〉 Line, Pin Visible 항목의 Check Box를 On 하고 OK Button을 누른다.

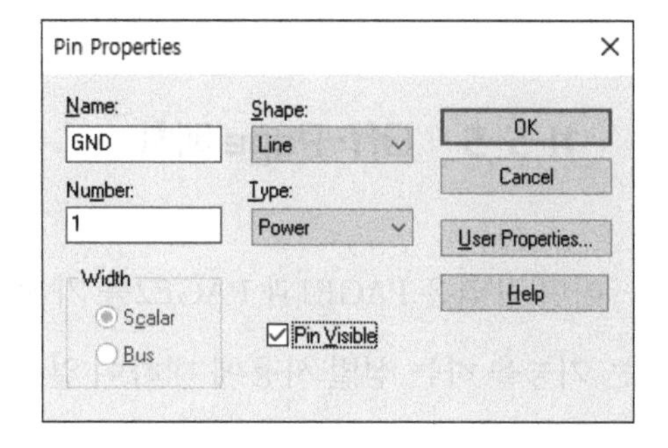

⑥ 오른쪽 그림과 같이 Pin 이름, Pin 모양 그리고 Pin 번호가 표시되어 나오는지 확인하고 다음 순서로 간다.

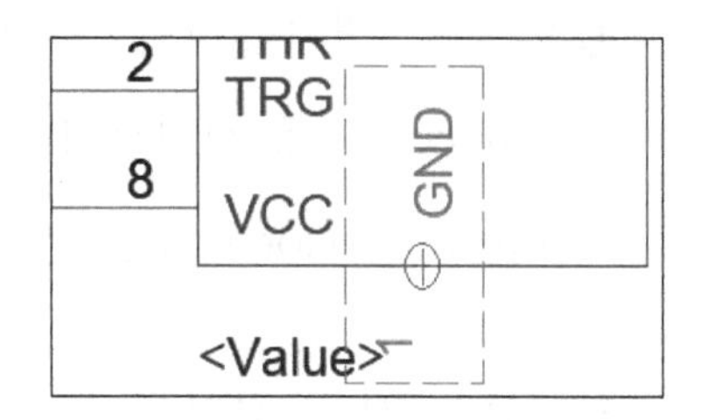

⑦ 오른쪽 그림과 같이 Pin을 클릭, 드래그하여 이동 배치하고, VCC 등 Pin 이름은 클릭 후 RMB 〉 Ratate를 이용하여 배치한다. Value 값도 오른쪽으로 이동 배치한다. Snap To Grid Icon을 이용하여 Pin 이름 위치를 조절할 수 있다.

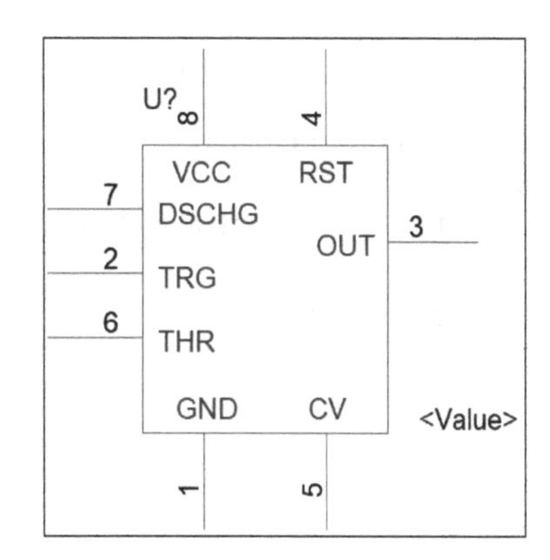

⑧ 원하는 작업이 다 되었으면 오른쪽 그림과 같이 화면의 우측 창 닫기 Button을 클릭한다.

⑨ 오른쪽 그림과 같이 Save Part Instance 팝업 창이 나타나면 Update Current Button을 클릭하여 수정한 내용이 반영되도록 한다.

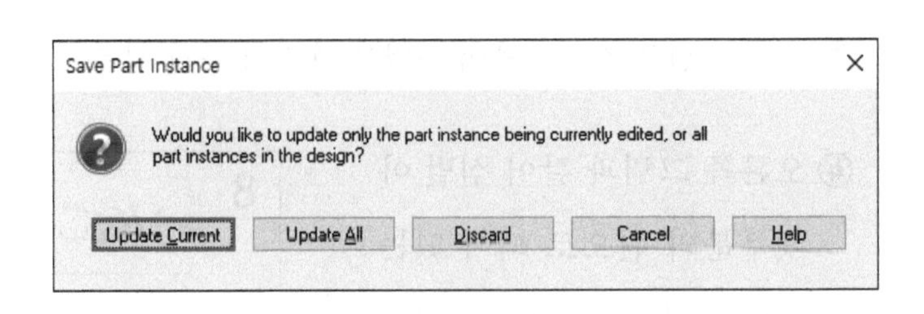

⑩ Undo Warning 팝업 창이 나타나면 Yes Button을 클릭한다.

11-5-5 Off-Page 배치

이번 작업은 PAGE1과 PAGE2를 가지고 진행하므로 각 PAGE 간 신호선을 연결할 수 있는 기능을 하는 심벌 사용에 대하여 알아본다.

① 오른쪽 그림처럼 작업 창의 메뉴에서 Place 〉 Off-Page Connector...를 선택하거나 툴 팔레트에서 Place off-page connector Icon을 클릭한다.

② 오른쪽 그림과 같이 Place Off-Page Connector 팝업 창이 나타나면 OFFPAGELEFT-R을 선택한 후 미리보기 창을 확인한 다음 OK Button을 클릭한다.

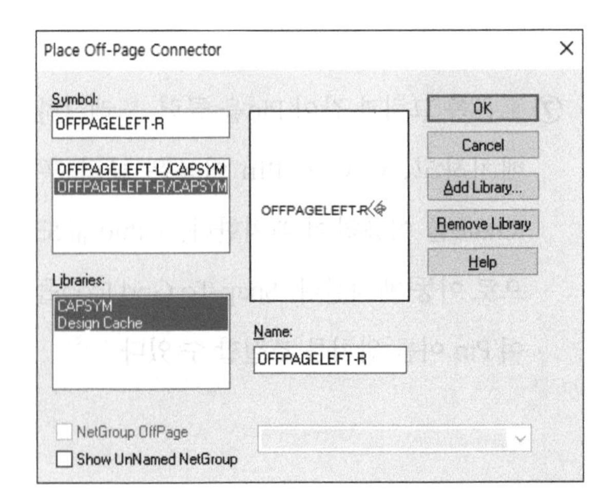

③ 오른쪽 그림과 같이 심벌이 Mouse에 붙어 나타나는데 원하는 배치를 위해 RMB 〉 Mirror Horizontally를 선택하여 배치한 후 Esc Key를 누른다.

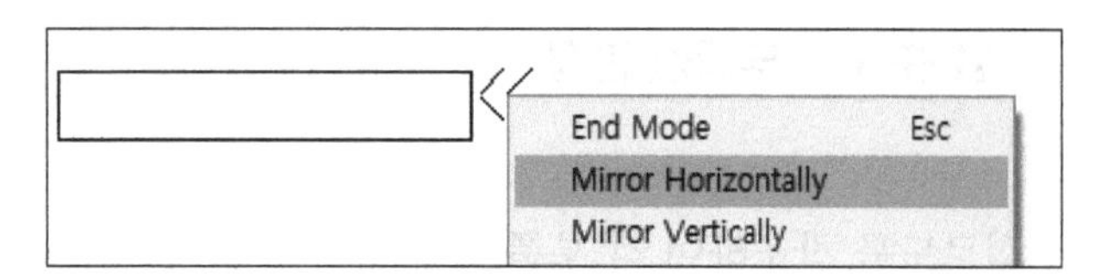

④ 필요한 경우 회로도를 보고 부품을 다시 배치한다.

⑤ 아래 그림은 최종적으로 배치된 것을 보여 준다.

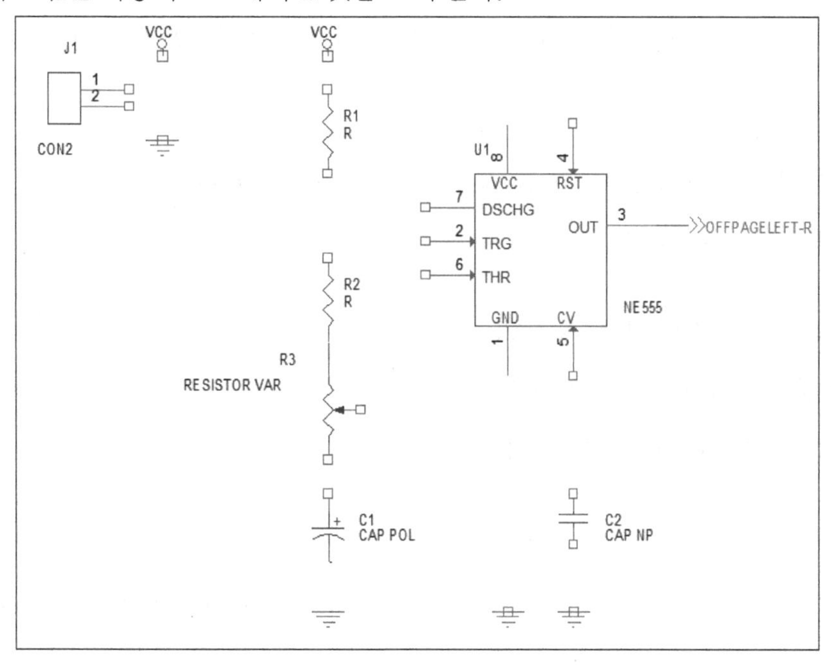

11-5-6 배선

① 오른쪽 그림과 같이 툴 팔레트에서 Place Wire (W) Icon을 선택하거나 Place 〉 Wire를 선택한다.

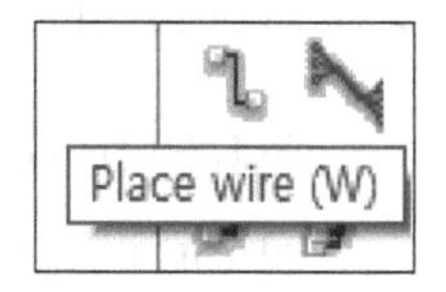

② 회로도를 참조하여 필요시 Zoom to region Icon을 활용하여 배선한다.

③ 배선이 다 되었으면 Esc Key를 누른다.

11-5-7 부품값 편집

회로도를 참조하여 각 부품들에 대하여 정확하게 값을 입력한다.

11-5-8 Net Alias 지정

이 작업은 PCB 설계를 할 때 Design Rule 등에 적용하기 쉽게 하기 위하여 Net에 이름을 부여하는 것이며 설계자의 의도에 따라 특정한 Net에 대하여 지정할 수 있다.

① 오른쪽 그림처럼 작업 창의 메뉴에서 Place 〉 Net Alias...를 선택하거나 툴 팔레트에서 Place net alias(N) Icon을 클릭한다. 단축키로 N을 눌러도 된다.

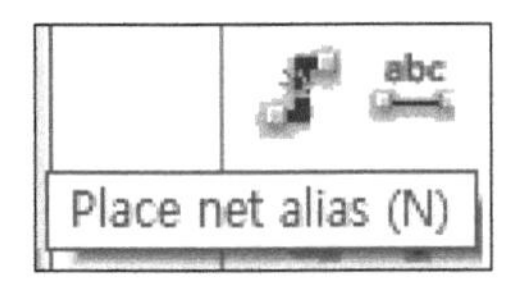

② 오른쪽 그림과 같이 Place Net Alias 팝업 창이 나타나면 빈칸에 OUT을 입력한 후 OK Button을 클릭한다.

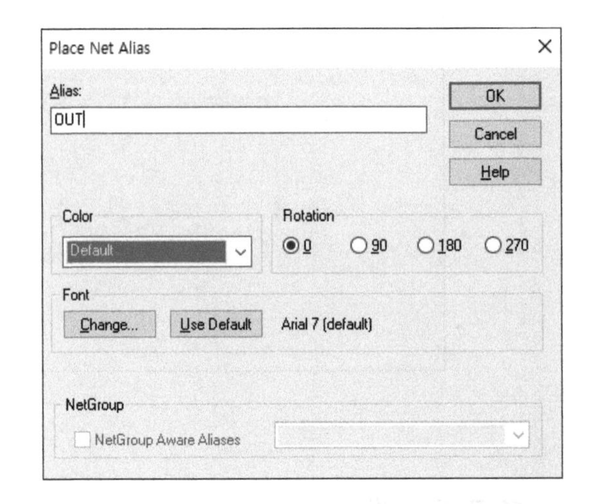

③ Mouse에 Alias가 붙은 채로 나타나게 되는데 지정하고 싶은 Net, 여기서는 NE555의 3번 Pin인 OUT Net 위에서 클릭하여 지정하고 Esc를 누르면 오른쪽 그림과 같이 지정된다.

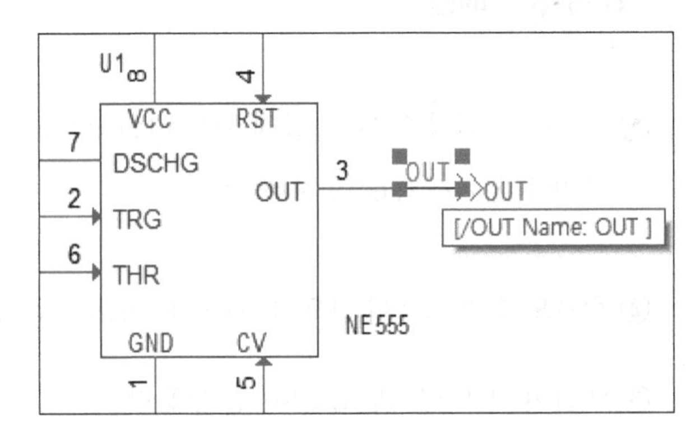

11-6 Library 및 Part 만들기(Capture)

이번 작업에서는 새로운 Library를 만들고 7-Segment Display(FND) 부품을 가지고 Data Sheet를 활용하여 회로도용 심벌을 만들어 보면서 Data Sheet 활용에 대한 이해력을 높이고 필요시 새로운 Part들을 만들어 사용할 수 있는 능력을 갖출 수 있도록 하는 중요한 작업이다.

11-6-1 New Library 만들기

① 오른쪽 그림과 같이 작업창의 메뉴에서 File 〉 New 〉 Library를 선택한다.

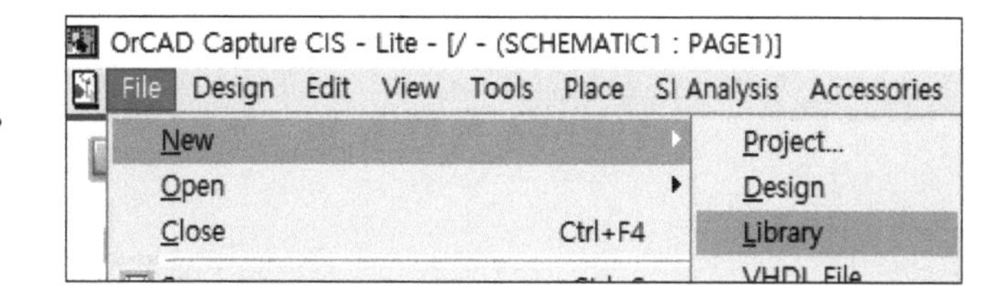

② 오른쪽 그림과 같이 Add to Project 창에 현재 작업 중인 경로가 표시되어 나타나는데, 그대로 진행할 것이므로 OK Button을 클릭한다.

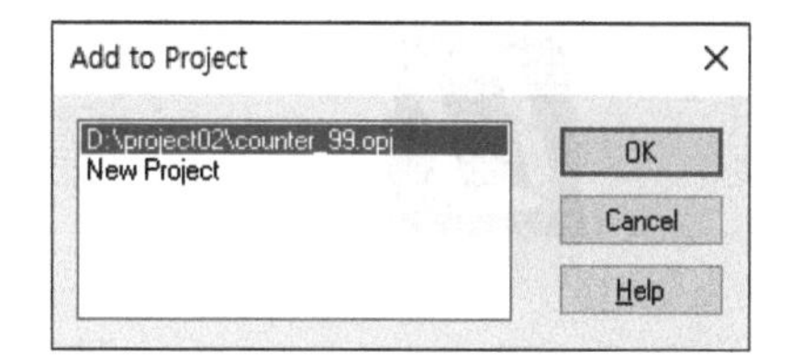

③ 위 작업이 수행되면 오른쪽 그림과 같이 Project Manager 창에서 만들어진 Library를 볼 수 있다.

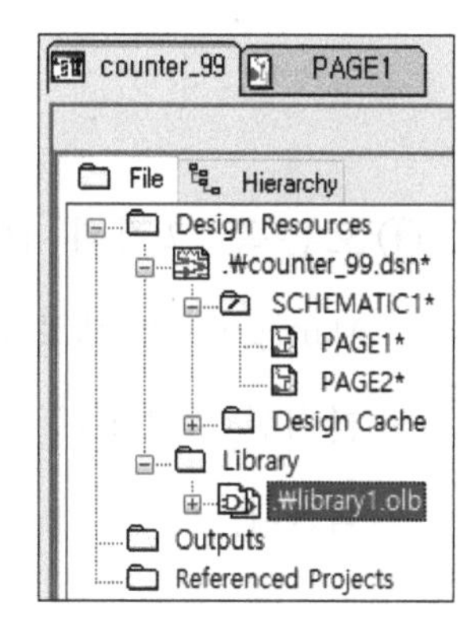

11-6-2 FND 500/507 만들기

아래 그림은 FND의 Pin 정보와 회로도에서 연결될 7447(7448) 심벌의 Pin 배치이다. 7447 IC의 출력이 FND의 입력과 연결되도록 회로도를 작성하려고 하니 FND의 심벌의 왼쪽에 입력 Pin들을 배치하는 개념을 가지고 FND500 심벌을 만든다.

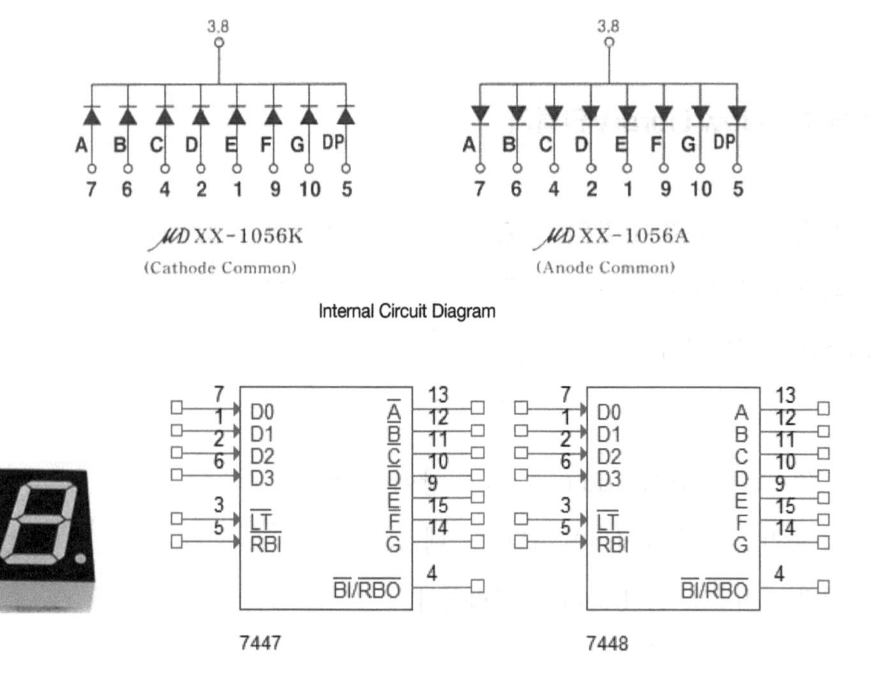

FND 외형과 7447/7448 심벌의 Pin 배치도

① 오른쪽 그림과 같이 Project Manager에서 새로 만든 Library를 클릭한 후 RMB 〉 New Part를 선택한다.

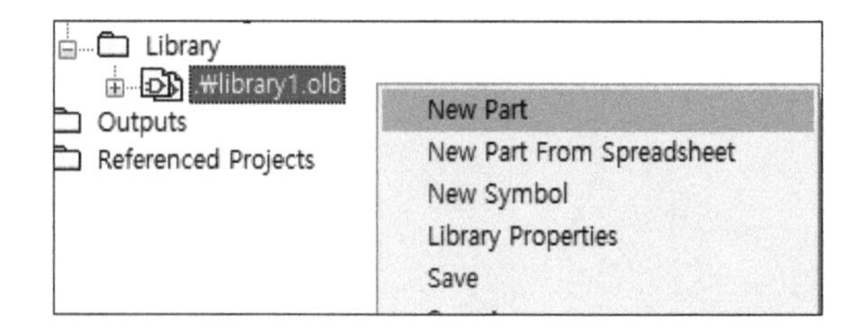

② 오른쪽 그림과 같이 New Part Properties 창에서 Name: FND1056, Part References Prefix: FND를 입력하고 OK Button을 클릭한다.

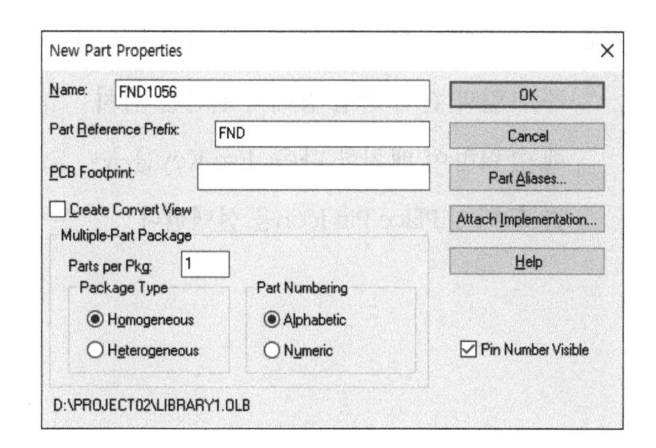

③ 오른쪽 그림과 같이 Pin 등을 배치할 수 있는 사각형이 나타나면 모서리를 클릭하여 선택한 후 아래 방향으로 3칸 드래그한다.

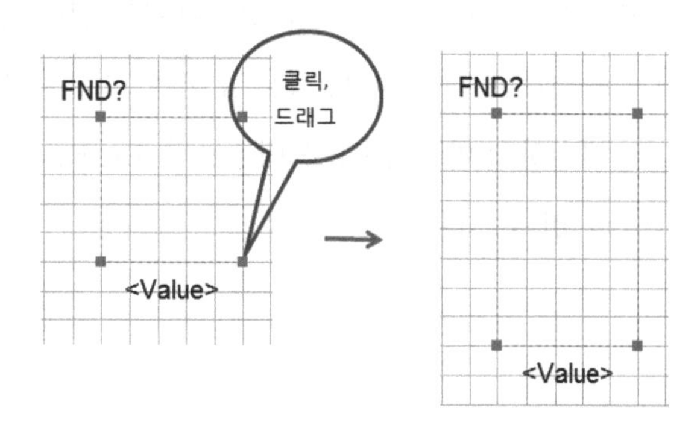

④ 오른쪽 그림과 같이 작업 창의 메뉴에서 Place 〉 Pin...을 선택하거나 툴 팔레트에서 Place pin Icon을 클릭한다.

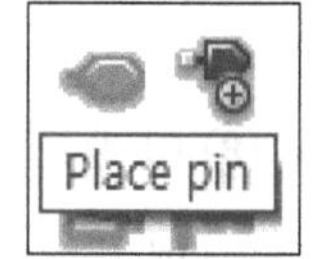

⑤ 오른쪽 그림과 같이 Place Pin 팝업 창이 나타나면 Data Sheet를 참조하여 Name: A, Number: 7을 입력하고 Shape: Line, Type: Passive로 설정한 후 OK Button을 클릭한다.

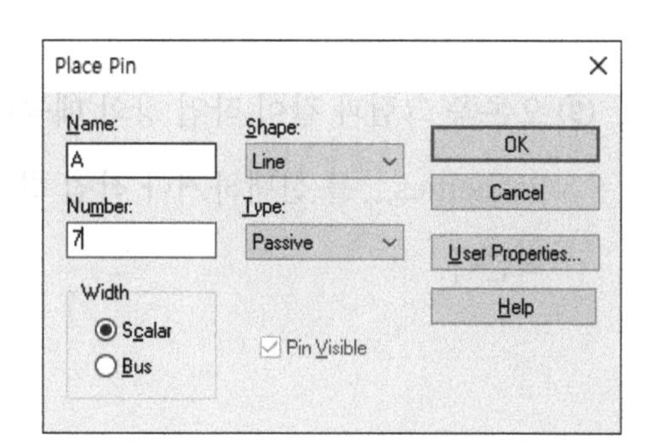

⑥ Mouse에 Pin이 붙은 채로 나타나고 오른쪽 그림과 같이 작업 창에서 원하는 위치에 클릭하여 배치한 다음, Esc Key를 누른 후 다시 Place Pin Icon을 선택한다.

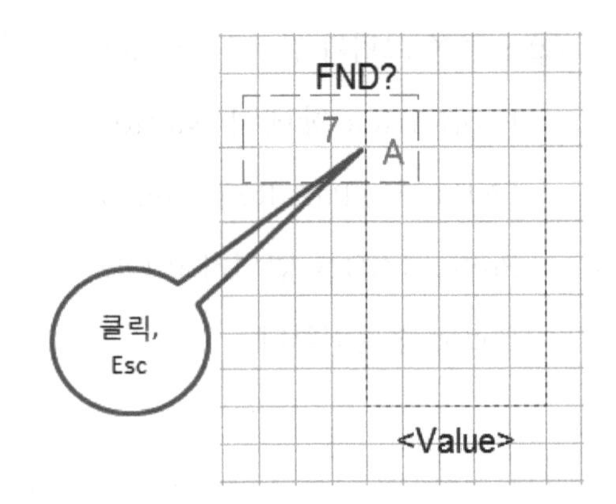

⑦ 다시 Place Pin 창이 나오면 위에서 진행한 순서대로 나머지 Pin들도 오른쪽 그림처럼 배치하고 마지막 Pin을 배치한 후 Esc Key를 두 번 누른다.

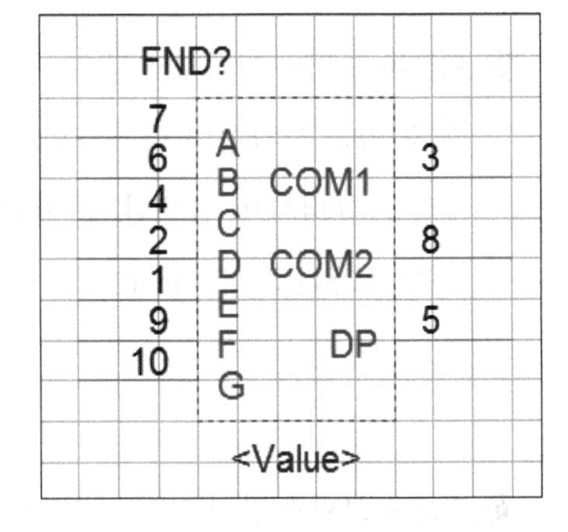

⑧ 이제 Pin Name은 보이지 않게 설정하고 대신 그래픽을 그려 넣기 위하여 아래 순서에 따라 진행한다.

⑨ 오른쪽 그림과 같이 작업 창의 메뉴에서 Option 〉 Part Properties...를 선택하거나 작업 창의 빈 곳을 더블클릭한다.

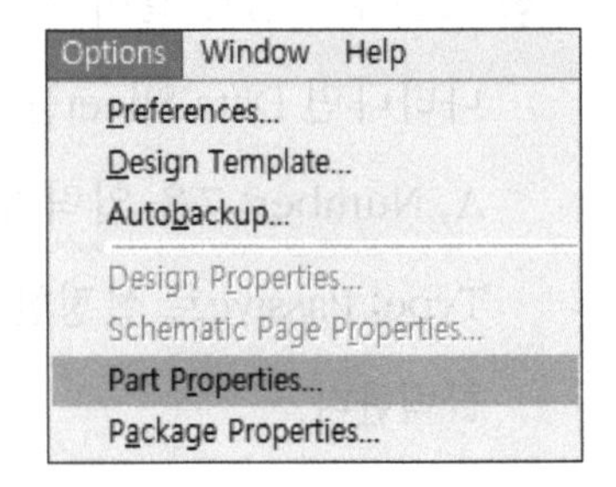

⑩ 오른쪽 그림과 같이 User Properties 팝업 창이 나타나면 PinNameVisible을 클릭한 후 아래의 콤보 상자를 열어 False를 선택한 다음 OK Button을 클릭한다.

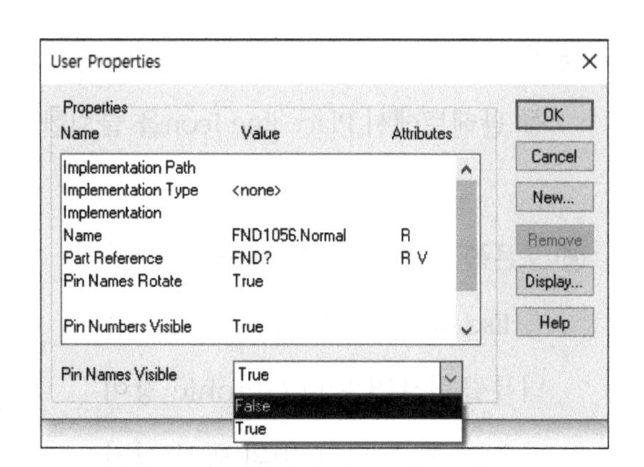

⑪ 오른쪽 그림과 같이 Pin Name이 보이지 않게 나타난다.

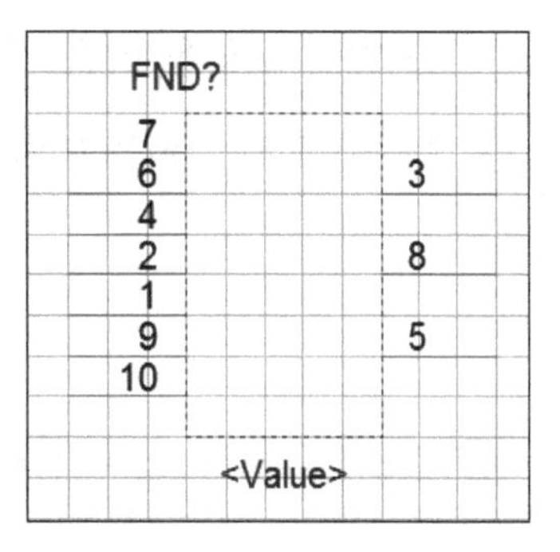

⑫ 그래픽을 그리기 위해 오른쪽 그림과 같이 작업 창의 메뉴에서 Place 〉 Rectangle을 선택하거나 툴 팔레트에서 Place rectangle Icon을 클릭한다.

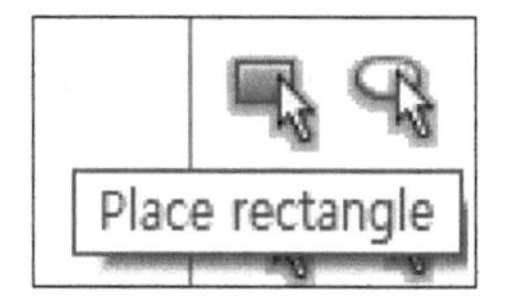

⑬ 오른쪽 그림과 같이 작업 창의 심벌에 사각형 점선으로 표시된 영역대로 클릭, 드래그하여 사각형을 그린 후 Esc Key를 두 번 누른다.

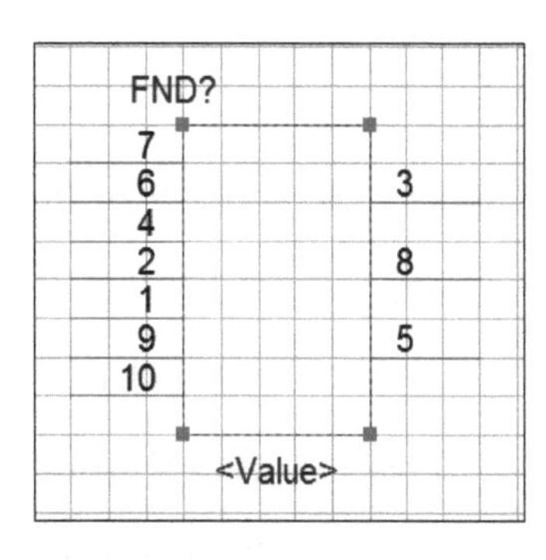

⑭ Graphic을 세밀하게 그리기 위해 오른쪽 그림과 같이 툴 팔레트의 Snap To Grid Icon을 클릭하여 적색으로 표시되도록 한다.

⑮ 오른쪽 그림과 같이 작업 창의 메뉴에서 Place 〉 Line을 선택하거나 툴 팔레트에서 Place line Icon을 클릭한다.

⑯ 오른쪽 그림과 같이 Line을 그린 다음 Esc Key를 두 번 누른 후 Line을 더블클릭하면 Edit Graphic 창이 나오는데 Line Width의 콤보 상자를 열어 Line을 굵은 것으로 지정한 후 OK Button을 클릭한다.

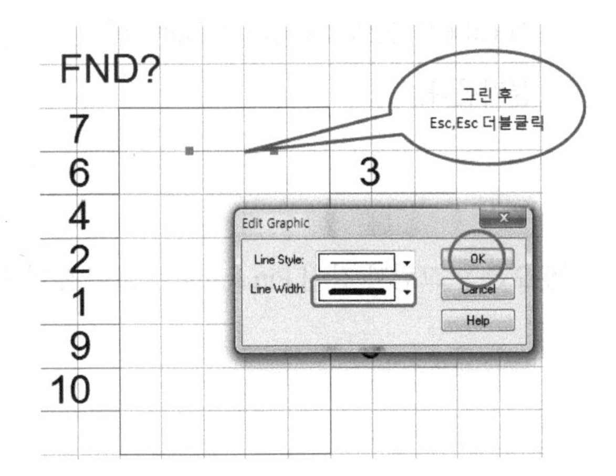

⑰ 오른쪽 그림과 같이 위에서 그린 굵은 선이 선택된 상태에서 Ctrl+C(복사하기), Ctrl+V(붙여넣기), Ctrl+V(붙여넣기)를 하여 아래에 위치시킨 다음 Esc Key를 누른다.

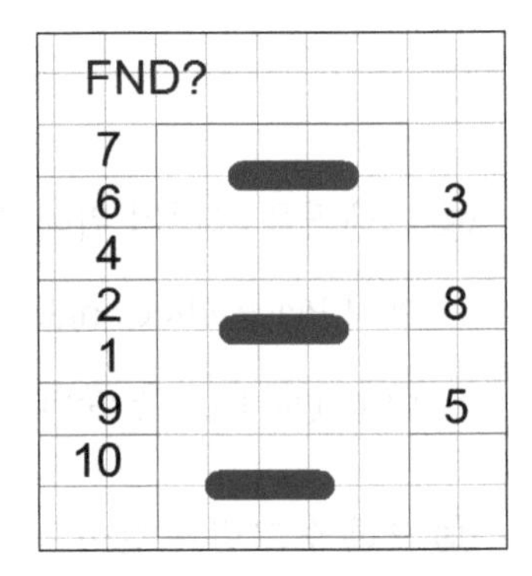

⑱ 다시 툴 팔레트에서 Place line Icon을 활성화시킨 다음, 오른쪽 그림처럼 사선으로 Line을 그리고 Esc Key를 두 번 누른 후 Line을 더블클릭하여 Line을 굵게 지정하고 Ctrl+C(복사하기), Ctrl+V(붙여넣기)를 여러 번 하여 오른쪽 그림처럼 배치한 다음 Esc Key를 누른다.

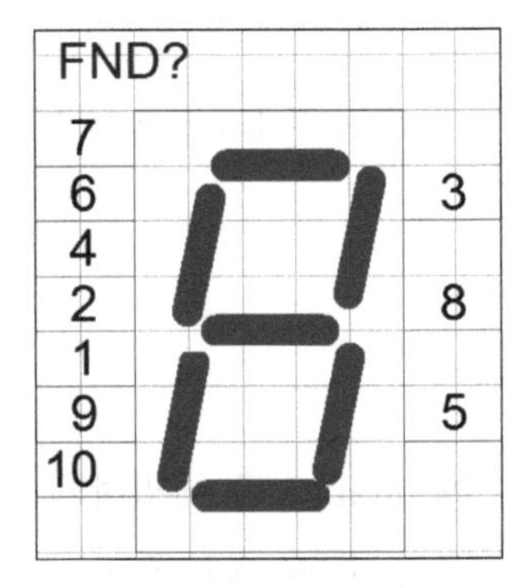

⑲ FND의 Dot Point를 그리기 위해 툴 팔레트에서 오른쪽 그림과 같이 Place ellipse Icon을 클릭한다.

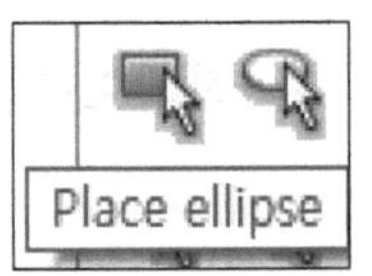

⑳ 오른쪽 그림처럼 Shift Key를 누른 채로 클릭, 드래그 하여 원을 그린 다음 Esc Key를 두 번 누른다.

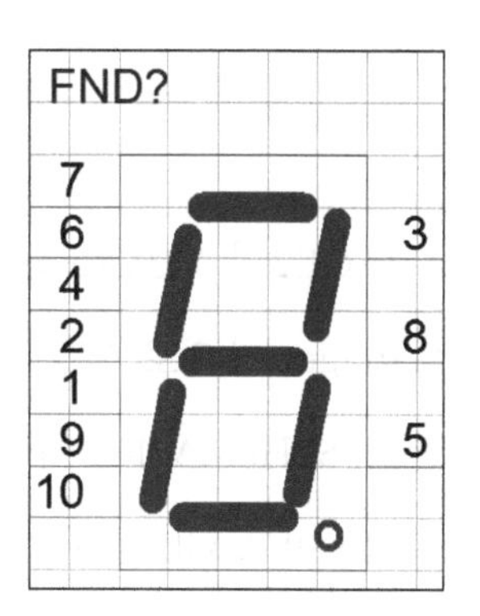

㉑ 다시 원을 더블클릭한 후 오른쪽 그림처럼 Edit Filled Graphic 창에서 Fill Style > Solid, Line Width: 굵은 선을 선택하고 OK Button을 누른다.

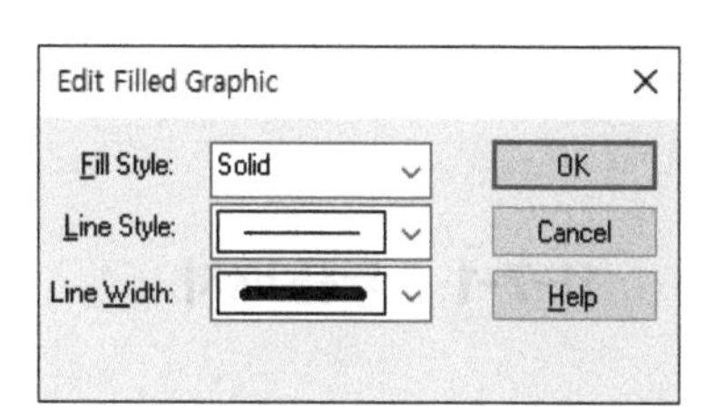

㉒ 오른쪽 그림은 완성된 FND 심벌이다.

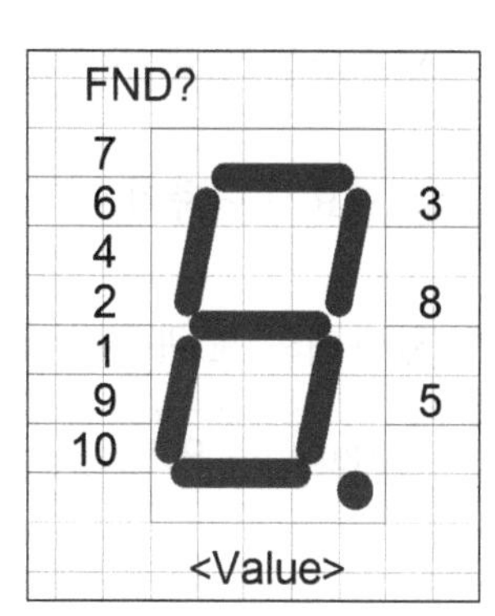

㉓ 툴 팔레트에서 Snap To Grid Icon을 다시 클릭하여 원래의 상태로 한다.

㉔ 작업 창의 메뉴에서 File > Save를 하여 저장한다.

㉕ 오른쪽 그림과 같이 만든 부품을 확인할 수 있다.

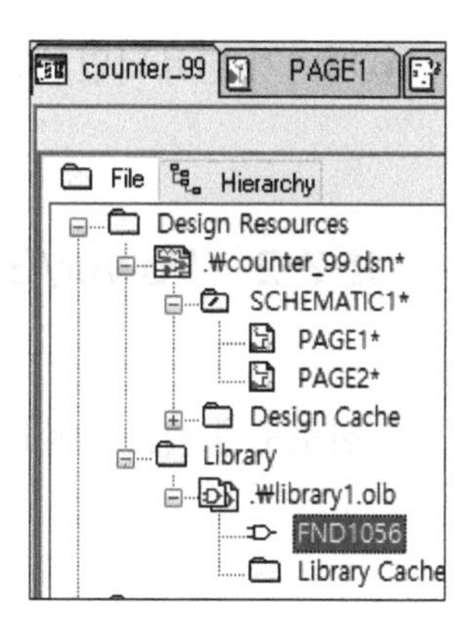

11-7 회로도 작성(PAGE2)

PAGE2의 회로도 작성을 위해 Project Manager 창으로 이동하여 오른쪽 그림과 같이 SCHEMATIC1 아래의 PAGE2을 더블 클릭하여 PAGE2를 활성화시킨다.

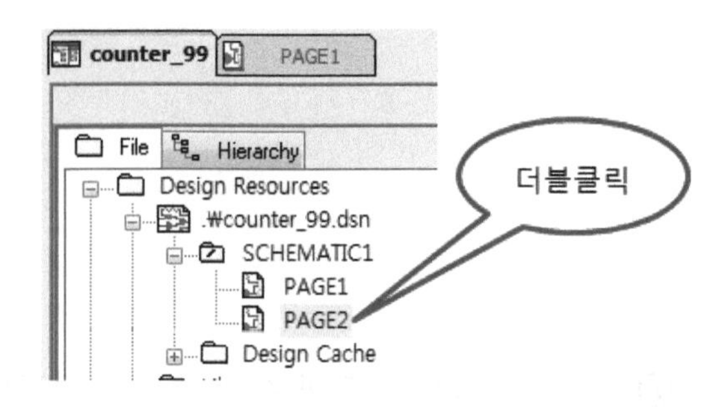

11-7-1 부품 배치

① 회로도를 참조하여 알맞은 위치에 배치한다.

② 필요시 단축키 V(상하 미러), H(좌우 미러), R(회전)를 사용한다.

③ 아래의 표 내용을 참조하여 배치한다.

No	Ref No	Part Name	No	Ref No	Part Name
1	U2	7448	5	J2	con2
2	U3	7447	6	R4~R11	r
3	U4,5	7490	7	FND1,2	fnd1056
4	SW1	sw PUSHBUTTON	8	-	-

④ 배치가 완료되면 Esc를 누르거나 RMB > End Mode를 선택하여 종료한다.

11-7-2 Power/Ground 심벌 배치

- 회로도를 참조하여 Power와 Ground 심벌을 배치한다.

11-7-3 Off-Page 배치

위의 PAGE1 회로도에서 Off-Page를 사용하였으므로 PAGE2 회로도에도 신호 연결을 위한 Off-Page를 배치하여야 한다.

① 오른쪽 그림처럼 작업 창의 메뉴에서 Place 〉 Off-Page Connector...를 선택하거나 툴 팔레트에서 Place off-page connector Icon을 클릭한다.

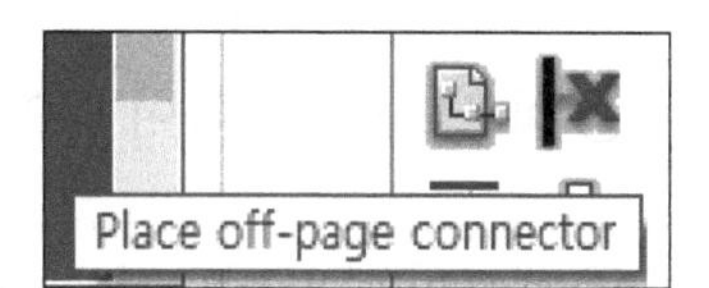

② 오른쪽 그림과 같이 Place Off-Page Connector 팝업 창이 나타나면 OFFPAGELEFT-L을 선택한 다음, 미리보기 창을 확인한 후 OK Button을 클릭한다.

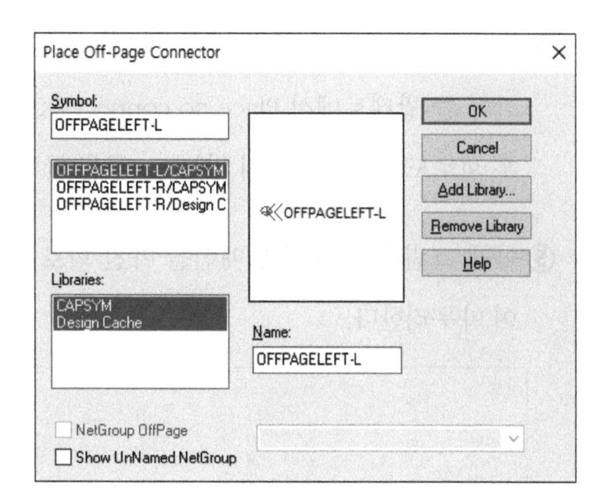

③ 오른쪽 그림과 같이 심벌이 Mouse에 붙어 나타나는데 원하는 배치를 위해 RMB 〉 Mirror Horizontally를 선택하여 배치한 다음, 더블클릭하여 OUT으로 변경한 후 Esc Key를 누른다.

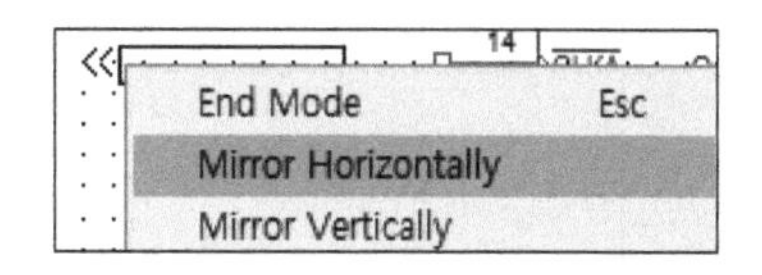

④ 필요한 경우 회로도를 보고 부품을 다시 배치한다.

11-7-4 배선

① 오른쪽 그림과 같이 툴 팔레트에서 Place Wire (W) Icon을 선택하거나 Place 〉 Wire를 선택한다.

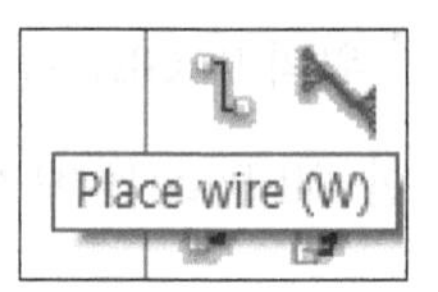

② 회로도를 참조하여 필요시 Zoom to region Icon을 활용하여 배선한다.

③ 배선이 다 되었으면 Esc Key를 누른다.

④ 사용하지 않는 Pin들을 처리하기 위하여 오른쪽 그림과 같이 툴 팔레트에서 Place no connect (X) Icon을 클릭한 후 회로도에서 사용하지 않는 Pin들을 클릭한다.

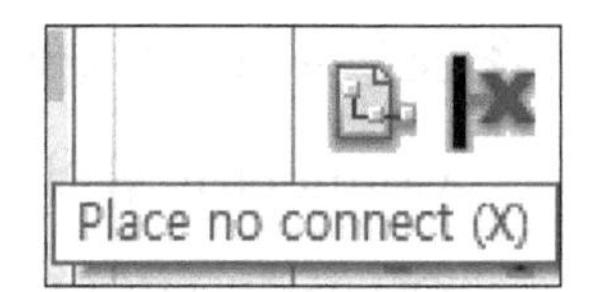

⑤ 아래 그림과 같이 최종 배선을 마친 회로도를 참조하여 부족한 부분이 있으면 보충하여 마무리한다.

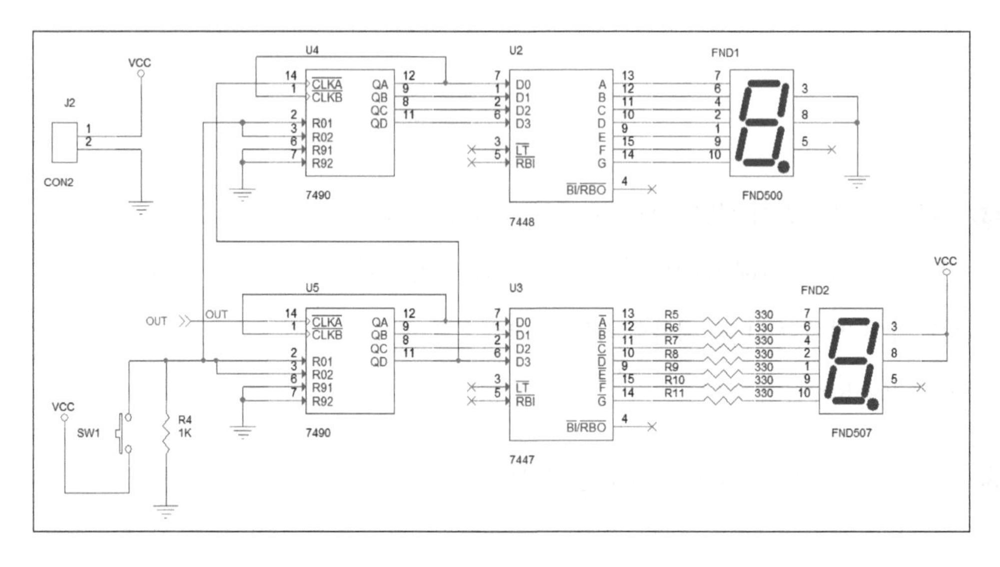

11-7-5 부품값 편집

회로도를 참조하여 각 부품들에 대하여 값을 입력한다.

11-7-6 Net Alias 지정

① 작업 창의 메뉴에서 Place 〉 Net Alias...를 선택하거나 툴 팔레트에서 Place net alias(N) Icon을 클릭한 후 오른쪽 그림과 같이 U5의 14번 Pin에 OUT이라고 지정한다.

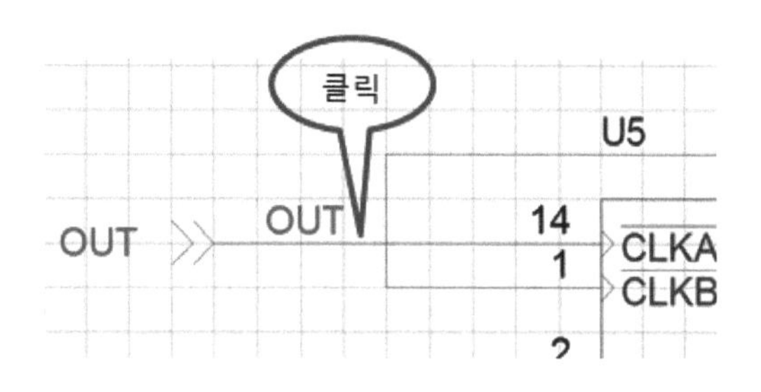

② Net Alias 지정을 마쳤으면 파일을 저장한다.

③ FND Part를 만들기 위해 Chap 12를 진행한다.

CHAPTER 12

7-Segment Display Part 만들기 (PCB Symbol)

CHAPTER 12

7-Segment Display Part 만들기 (PCB Symbol)

PCB 작업에 필요한 부품 중에서 7-Segment Display(FND) 부품을 Data Sheet를 활용하여 직접 새로운 Part를 만들어 사용할 수 있는 능력을 갖추기 위하여 과정을 따라 하면서 익힌다.

- **오른쪽 그림의 Data Sheet를 참조하여 FND500(507) 심벌을 만든다.**

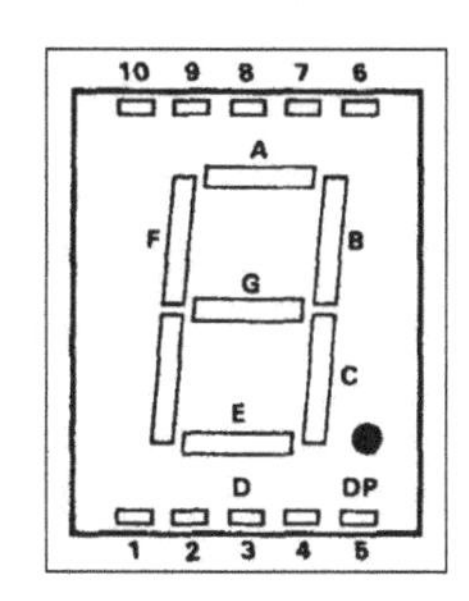

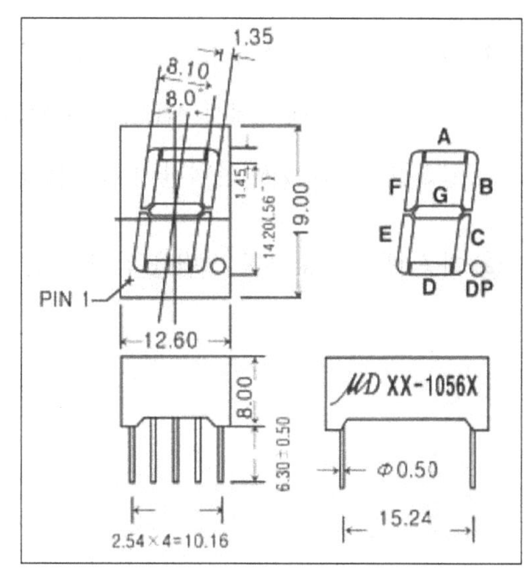

Package Dimension [Unit: mm(inch)]

12-1 환경 설정

① 우선 OrCAD PCB Editor를 실행한 후 메뉴의 작업 창에서 File 〉 New...를 선택하여 저장 경로를 D:\project02\allegro로 설정하고 Package symbol의 이름은 FND1056으로 설정하여 작업한다. (필요시 폴더 생성)

② Setup 〉 Design Parameters...를 선택하여 Design Tab 등에서 단위 등 필요한 값들을 설정하고 OK Button을 클릭한다.

③ Setup 〉 Grids...를 선택하여 오른쪽 그림과 같이 Grids On의 Check Box를 On, Non-Etch 항목의 값을 x(2.54), y(2.54)로 설정하고 OK Button을 클릭한다.

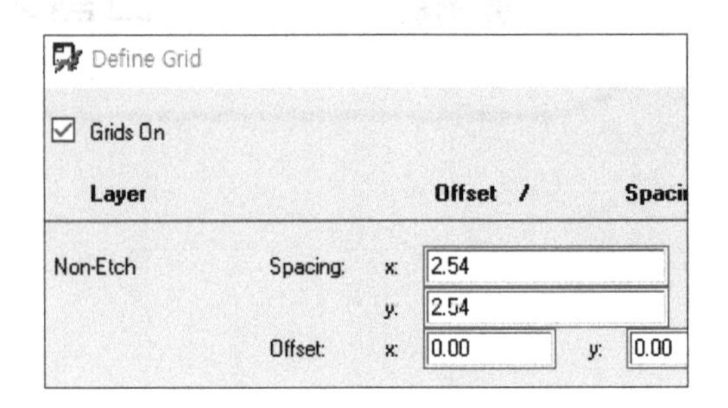

12-2 Pin 배치

① 위의 Data 시트를 참조하여 Layout 〉 Pins...를 선택하거나 툴 팔레트에서 Add Pin Icon을 클릭한 후 필요한 Padstack을 선택하여 작업한다.

② 최종 배치는 오른쪽 그림을 참조한다.

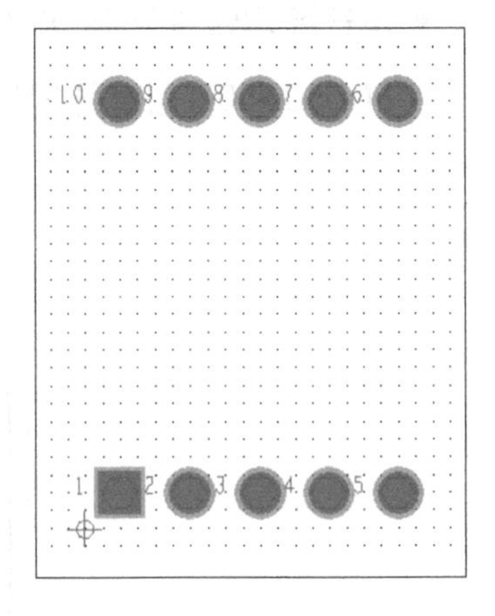

12-3 Drawing 정보 작성

① Data 시트와 오른쪽 그림을 참조하여 Silkscreen_Top 등 필요한 옵션을 선택하여 작업한다.

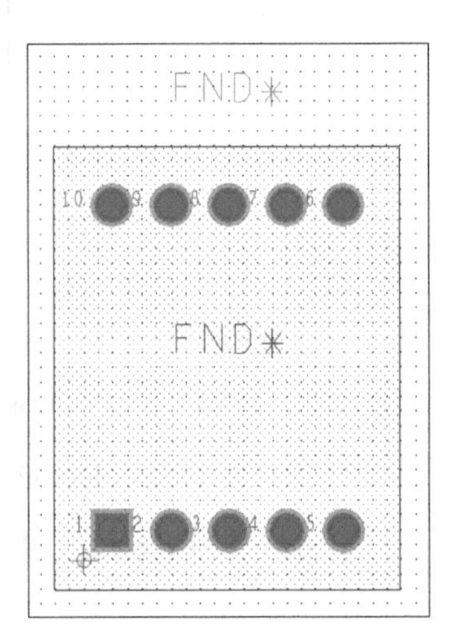

② 작업이 완료되면 File 〉 Save를 선택하여 저장한다.

12-4 Footprint 경로 지정

① 작업 창의 메뉴에서 Setup 〉 User Preferences...를 선택한다.

② 아래 그림과 같이 User Preferences Editor 팝업 창이 나타나면 Paths\Library를 선택한 후 오른쪽으로 와 padpath의 Value Button을 클릭한다.

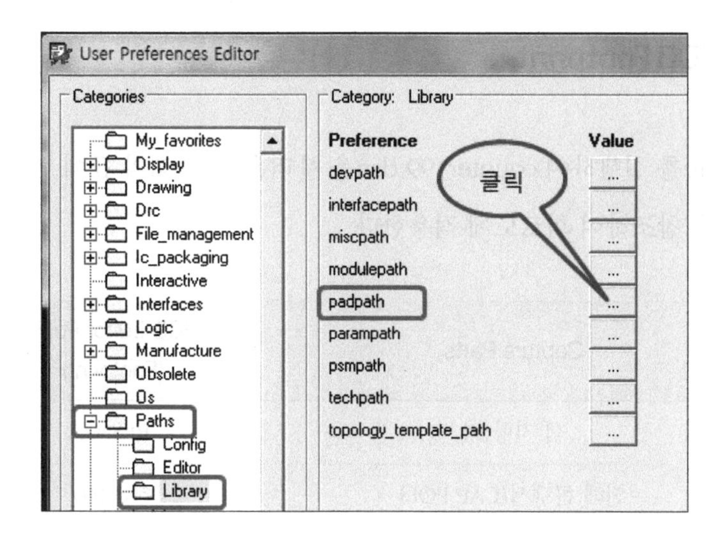

③ 오른쪽 그림과 같이 padpath Items 팝업 창이 나타나면 New (Insert) Button을 클릭한다.

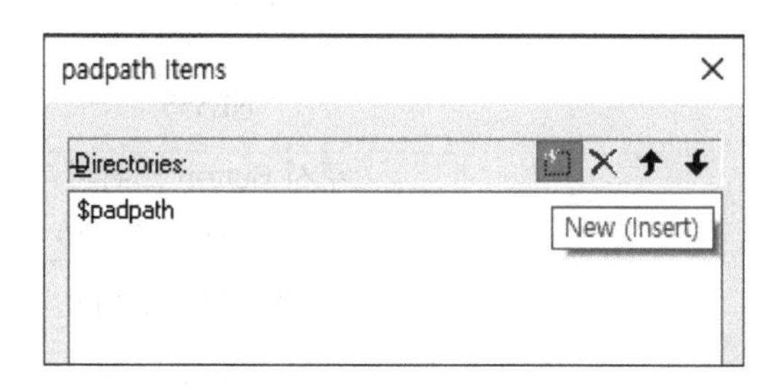

④ 오른쪽 그림과 같이 빈칸이 나타나면 오른쪽 Button을 클릭하여 경로를 D:\project02\allegro\로 지정한 후 OK Button을 클릭한다.

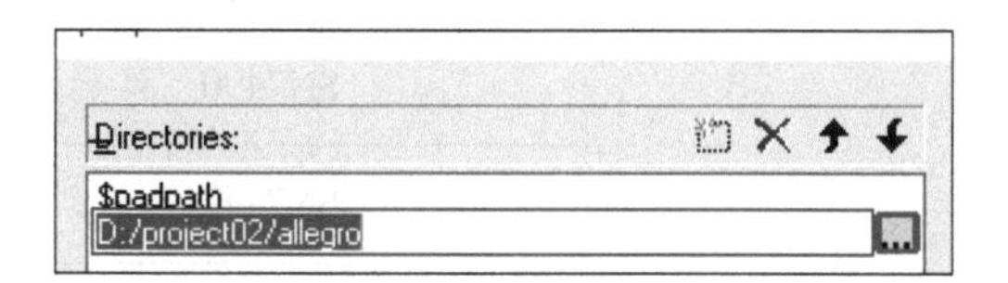

⑤ 다시 User Preferences Editor 팝업 창이 나타나면 Paths\Library를 확인하고 오른쪽으로 와 psmpath의 Value Button을 클릭한 다음, 위의 순서 ③, ④를 진행하고 최종적으로 OK Button을 클릭한 후 User Preferences Editor 창에서 OK Button을 누른다.

⑥ 작업 창에서 File 〉 Exit를 선택하여 종료한다.

12-5 PCB Editor 사용 전 작업

12-5-1 PCB Footprint

OrCAD Capture를 실행하여 counter_99.dsn을 불러온 후 아래의 표에 있는 각 부품에 대한 Footprint 값을 참조하여 회로도에 적용한다.

순번	Capture Parts	PCB Editor Parts (Footprint)
1	색 저항(R)	RES400
2	전해 콘덴서(CAP POL)	CAP196
3	콘덴서(CAP NP)	CAPCK05
4	NE555	DIP8_3
5	푸시 Button 스위치 (SW PUSHBUTTON)	JUMPER2
6	발광다이오드(LED)	CAP196
7	2Pin 콘넥터(CON2)	JUMPER2
8	SN7490	DIP14_3
9	SN7447	DIP16_3
10	SN7448	DIP16_3

11	FND	FND1056
12	가변저항(R)	RESADJ

12-5-2 DRC(Design Rules Check)

① 회로도의 해당 부품에 대한 Footprint 지정을 마치면 Tools 〉 Design Rules Check...를 선택하여 DRC를 진행한다.

② DRC 수행 후 문제가 있으면 수정하여 보완한다.

12-5-3 NC Pin 처리

현재 회로도에서 사용된 부품 중 7490 IC의 경우 사용하지 않는 Pin들이 회로도에 나와 있지 않다. 그렇기 때문에 별도로 처리해 주어야 하는데 다음 순서에 따라 진행한다. 오른쪽 그림은 7490의 Connection Diagram이다.

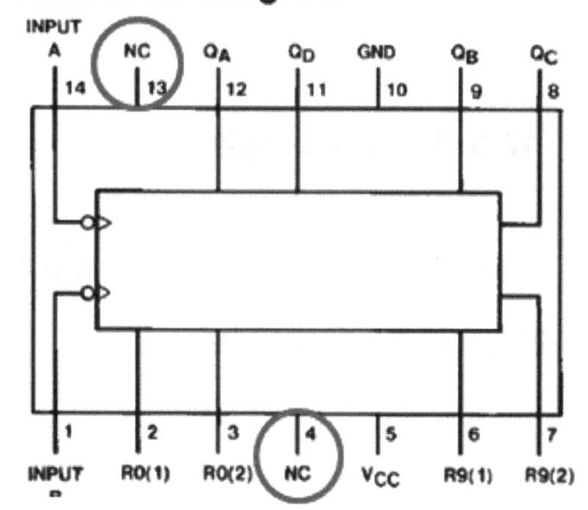

① PAGE2 회로도에서 U4(7490)를 더블클릭한다.

② 오른쪽 그림과 같이 창이 열리면 New Property... Button을 클릭하고 Undo Warning 메지지가 나오면 Yes Button을 클릭한 후 Name: NC, Value: 4,13을 입력하고 OK Button을 클릭한다. (7490의 NC Pin이 4번과 13번이다)

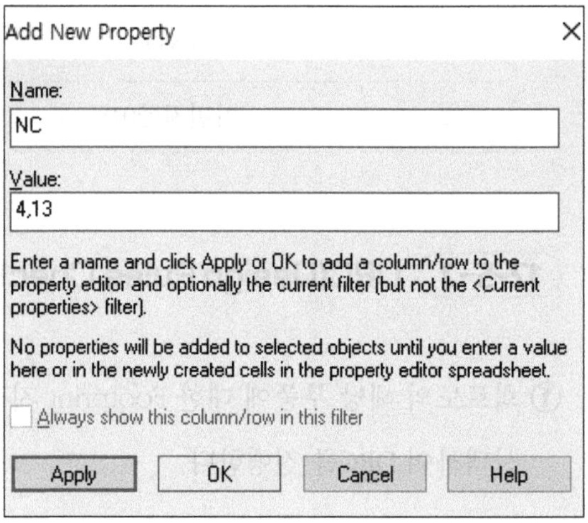

Add New Property

Name:

NC

Value:

4,13

Enter a name and click Apply or OK to add a column/row to the property editor and optionally the current filter (but not the <Current properties> filter).

No properties will be added to selected objects until you enter a value here or in the newly created cells in the property editor spreadsheet.

Always show this column/row in this filter

Apply OK Cancel Help

③ PAGE2 회로도에서 U5(7490)를 더블클릭한다.

④ 창이 열리면 New Property... Button을 클릭하고 Undo Warning 메지지가 나오면 Yes Button을 클릭한 후 Name: NC, Value: 4,13을 입력하고 OK Button을 클릭한다.

⑤ 파일을 저장한다.

12-5-4 Netlist 생성

정상적으로 회로도 작업이 끝나면 PCB 설계를 하기 위해 Tools 〉 Create Netlist...를 선택하여 필요한 파일을 생성한다.

CHAPTER 13

PCB 설계 실습 (counter_99 회로)

CHAPTER 13 / PCB 설계 실습 (counter_99 회로)

이번 장에서는 12.4.4에서 생성한 counter_99.brd File을 사용하여 주어진 PCB 설계 조건에 따라 작업한다.

- **PCB Editor를 실행한 후 counter_99.brd File을 불러온다.**
- **아래 PCB 설계 조건에 맞게 작업한다.**

13-1 PCB 설계 조건

- 설계 환경: 양면 PCB(2-Layer), 4-Layer
- Board Size: 2-Layer [165mm(가로), 75mm(세로)]
- Board Size: 4-Layer [최적의 크기 결정]
- 치수 보조선: Silk Screen Layer에 표시
- 부품 배치는 아래 그림과 같이 하고 나머지 부품들은 균형 있게 배치

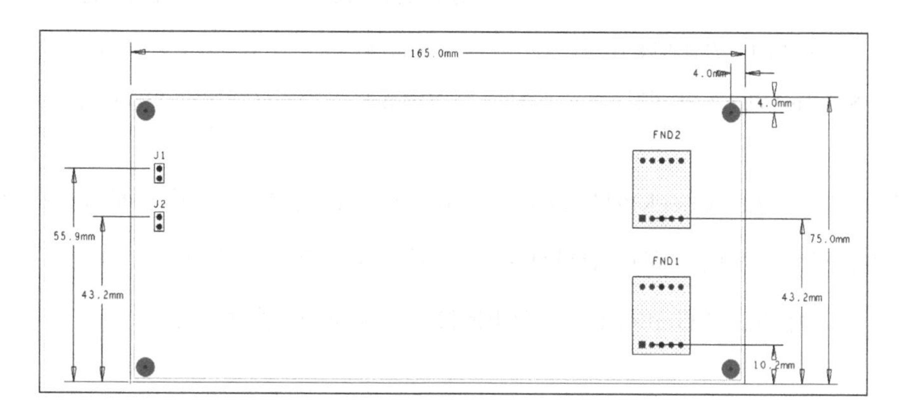

· 설계 단위는 [mm]
· 부품은 Top Layer에만 배치
· 동일 부품, 극성이 있는 부품 등은 가급적 동일 방향으로 배치
· 부품 간 적당한 이격 거리를 확보하여 배치
· 네트(Net)의 폭(두께) 설정

네트명	두께
VCC, GND	0.5mm
그 외 일반선	0.3mm

· 배선(Routing)은 양면 사용, 자동 배선 및 직각 배선 금지, 100% 배선
· 기구 Hole(Mounting Hole) 삽입은 윗부분 부품 배치 참조 및 비전기적 속성, 부품 참조 값은 삭제, 크기는 φ3
· Silk Data의 부품 번호는 한 방향으로 정렬, 불필요한 Data는 삭제
· Counter_99(line width:0.25mm, height:2mm)의 Silk Data를 Board 상단 중앙에 배치
· Copper의 설정은 Bottom Layer의 GND 신호에 처리, Board 외곽으로부터 0.1mm의 이격, 모든 네트와 Copper와의 Clearance는 0.5mm, 단열판과 GND 네트 사이의 연결선의 두께는 0.5mm로 설정
· Via의 설정

Via의 종류	속성	
	Drill Hole Size	Pad Size
Power Via(전원선 연결)	0.4mm	0.8mm
Standard Via(그 외 연결)	0.3mm	0.6mm

· DRC(Design Rule Check)에서 Default 값(Clearance: 0.254mm)에 위배되지 않아야 하고 반드시 통과되어야 하며 검사한 로그 파일은 하드디스크에 저장
· PCB 제조에 필요한 Gerber Data 파일(RX274-X Format) 생성 및 출력

CHAPTER 14

병렬 4비트 가산기 회로 (계층 도면)

CHAPTER
14

병렬 4비트 가산기 회로 (계층 도면)

이번 장에서는 병렬 4비트 가산기 회로에 사용된 반가산기, 전가산기의 블록을 만들어 계층 도면 작성이 어떻게 진행되는가를 알 수 있도록 구성하였다.

14-1 회로도

이번에 따라하면서 진행할 회로도는 아래 그림과 같이 3개로 되어 있으니 순서에 따라 진행하도록 한다.

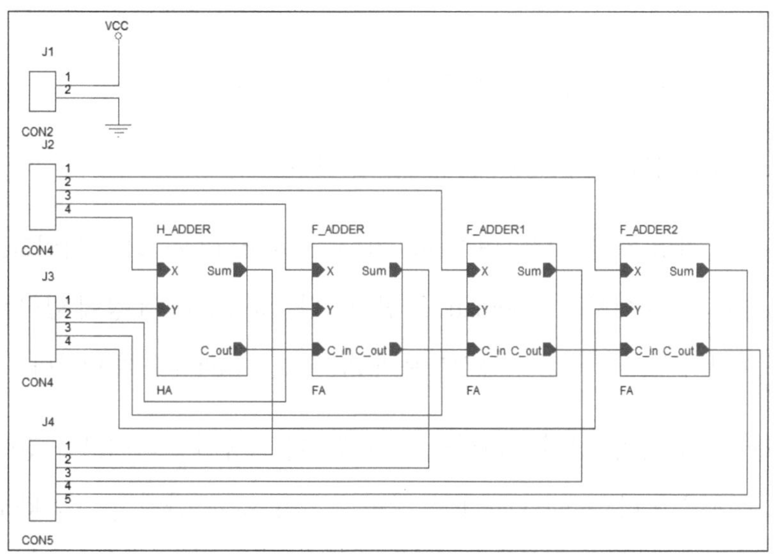

상위 계층 회로도

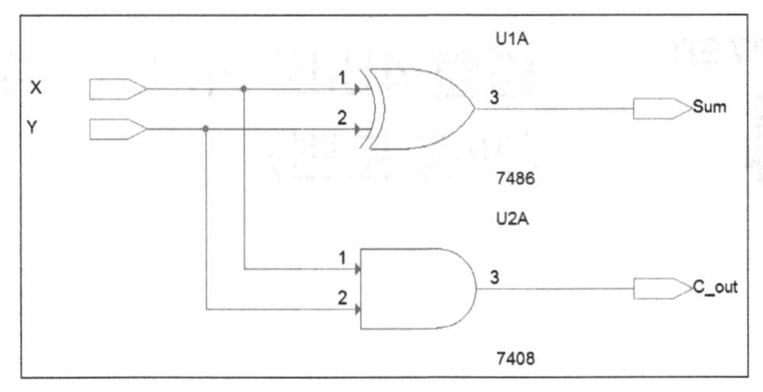

하위 계층 회로도, FA

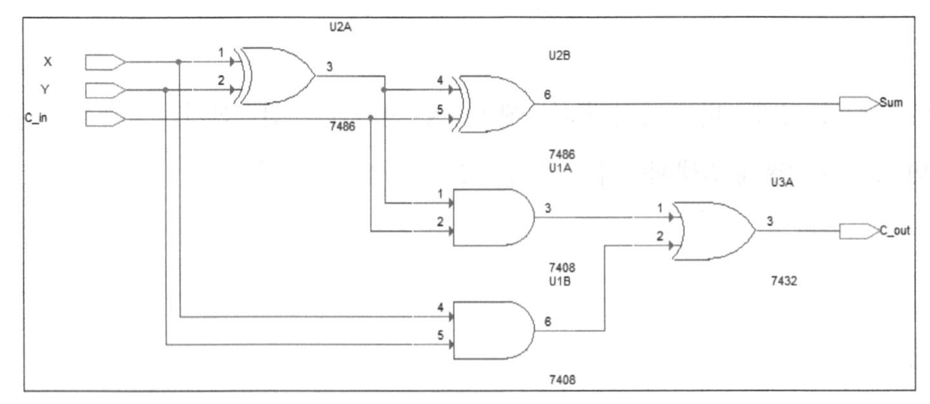

하위 계층 회로도, HA

14-2 새로운 프로젝트 시작

① OrCAD Capture를 실행하여 초기 화면 상태로 들어간다.

② 작업 창의 메뉴에서 File > New > Project...를 선택한다.

③ New Project 팝업 창이 나타나면 Name 칸에 "p_4bit_adder"라고 입력하고, Create a New Project Using에서는 Schematic을 선택한다. New Project 창에 입력한 내용을 확인한 후 이상이 없으면 오른쪽 아랫부분의 Browse... Button을 클릭한다.

④ Select Directory 팝업 창이 나타나면 프로젝트가 저장될 드라이브를 정한 후 Create Dir... Button을 눌러 Create Directory 창이 나오면 Name 칸에 "p_4_adder"이라고 입력한 후 OK Button을 클릭한다.

⑤ Select Directory 창의 탐색기에 생성된 p_4_adder Directory를 확인한 다음 해당 Directory를 더블클릭하여 경로가 d:\p_4_adder로 된 것을 다시 확인한 후 OK Button을 클릭한다.

⑤ 처음의 New Project 창의 Location 난에 위에서 지정한 경로 설정이 된 것을 확인한 후 이상이 없으면 OK Button을 클릭한다.

⑥ 회로도를 작성할 수 있는 기본 화면이 나타나는 것을 확인하고 PAGE1의 윗부분을 더블클릭하여 최대 크기로 한다.

14-3 환경 설정

① 작업 창의 메뉴에서 Options 〉 Preference...를 선택한다.

② Preference 팝업 창이 나타나면 Grid Display Tab을 클릭한 후 Visible의 Check Box를 On 한 후, Schematic Page Grid 쪽의 Grid Style에서 Lines 항목을 선택한 다음 확인 Button을 클릭한다.

③ 편집 창의 Grid가 바둑판 모양으로 되어 있는 것을 확인한다.

④ 작업 창의 메뉴에서 Options 〉 Schematic Page Properties...를 선택한다.

⑤ Schematic Page Properties 창의 Page Size Tab을 선택한 다음 Units는 Millimeters, New Page Size는 A4로 선택한 후 확인 Button을 클릭한다.

14-4 회로도 작성

회로도를 작성하기에 앞서 회로도에 사용될 Library를 추가해야 한다. 업체에서 제공되는 Library를 그냥 사용하는 경우에는 한 번 추가해 놓으면 별도로 추가하지 않아도 된다. 만약 프로그램을 처음 실행한 경우라면 앞부분에서 설명한 Library 추가를 참고하여 진행한다.

14-4-1 상위 회로도 작성

① 오른쪽 그림과 같이 작업 창의 메뉴에서 Place 〉 Hierarchical Block...을 선택한다.

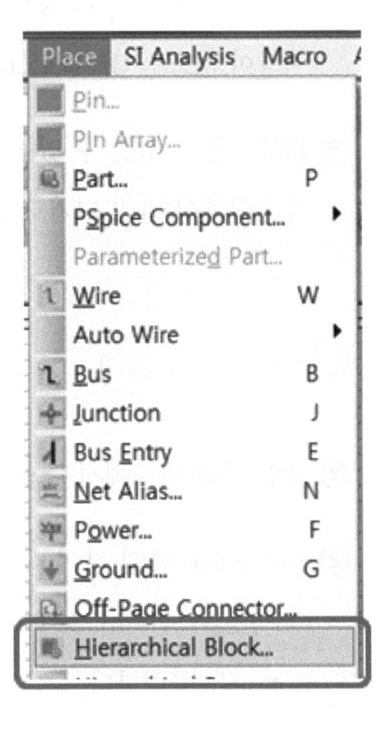

② 오른쪽 그림과 같이 Place Hierachical Block 팝업 창이 나타나면 Reference에 F_ADDER, Implementation Type에 Schematic View, Implementation Name에 FA를 입력한 후 OK Button을 클릭한다.

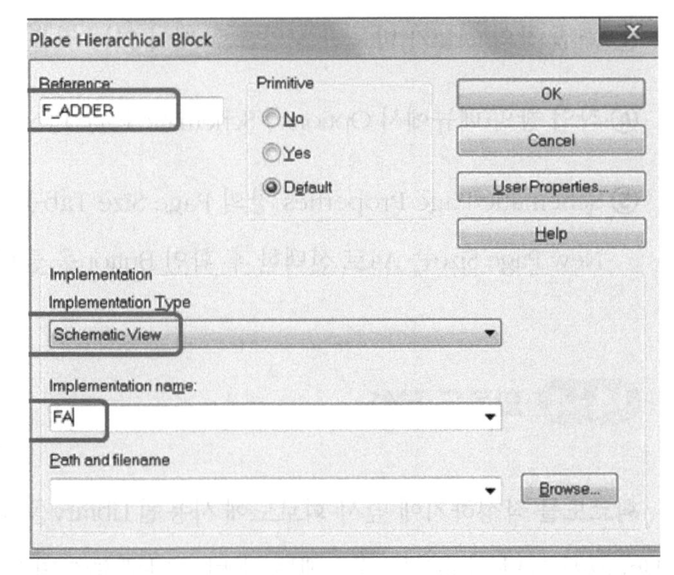

③ 작업 창의 중간 왼쪽 부분에 Mouse 포인터를 위치한 후 클릭, 드래그하여 오른쪽 그림과 같이 사각형을 그린다.

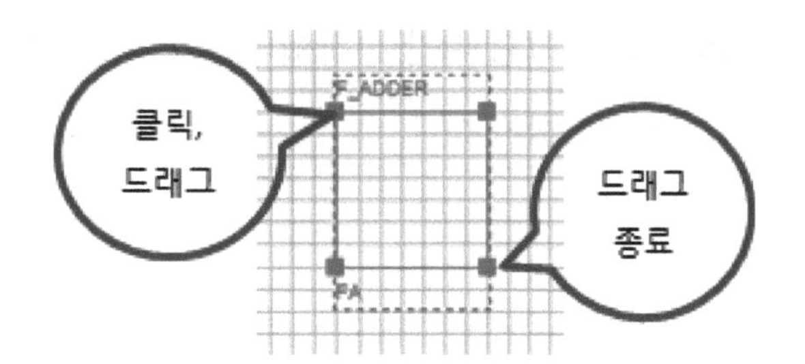

④ 작업 창의 메뉴에서 Place 〉 Hierachical Pin...을 선택한다.

⑤ 오른쪽 그림과 같이 Place Hierachical Pin 팝업 창이 나타나면 Name에 X, Type에 Input을 선택한 후 OK Button을 클릭한다.

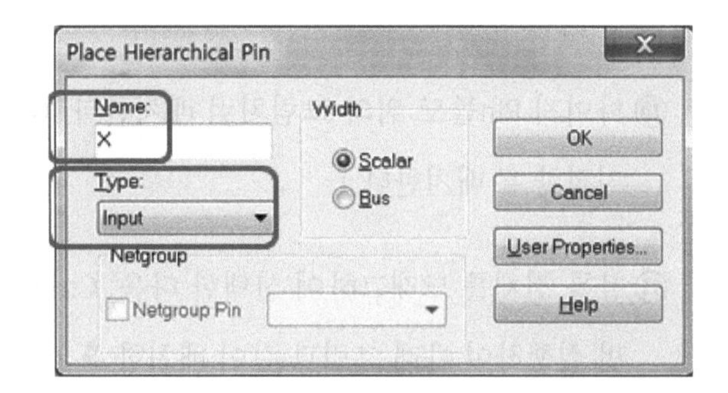

⑥ 오른쪽 그림과 같이 작업 창에서 X를 클릭하여 배치한 후 Esc Key를 누른다.

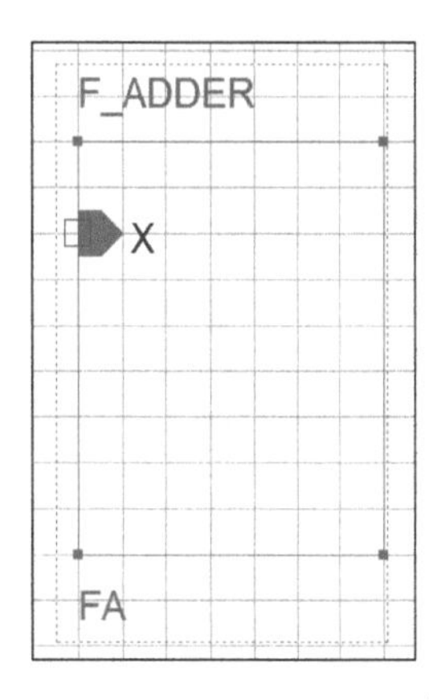

⑦ 다시 작업 창의 메뉴에서 Place 〉 Hierachical Pin...을 선택한다.

⑧ Place Hierachical Pin 팝업 창이 나타나면 Name에 Y, Type에 Input을 선택한 후 OK Button을 클릭한다.

⑨ 오른쪽 그림과 같이 작업 창에서 Y를 클릭하여 배치한 후 Esc Key를 누른다.

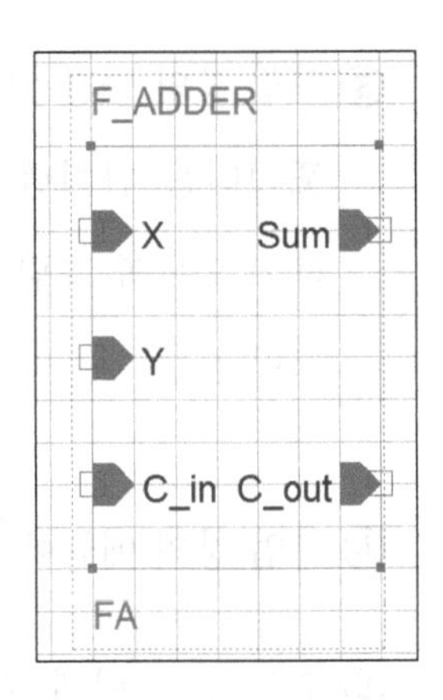

⑩ 나머지 Pin들도 위의 그림처럼 배치한다. (C_in은 Input, Sum과 C_out은 Output으로 지정한 후 배치한다.)

⑪ 블록 전체를 드래그하여 선택한 다음, Ctrl+C(복사하기)를 하고 Ctrl+V(붙여넣기)를 2번 실행하여 아래 그림과 같이 배치한 후 Esc Key를 누른다.

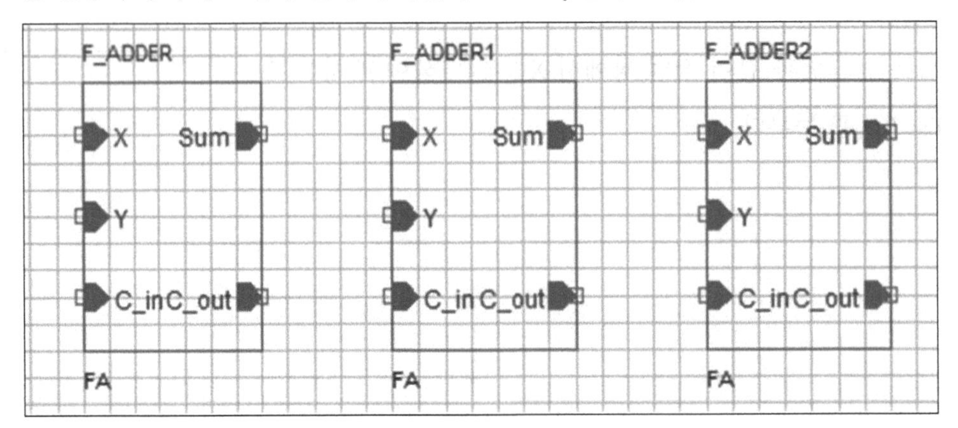

⑫ 위에서 F_ADDER를 만든 방법을 참고하여 오른쪽 그림과 같이 H_ADDER를 만든다. H_ADDER는 입력이 2개(X, Y)이고 출력이 2개(Sum, C_out)이다.

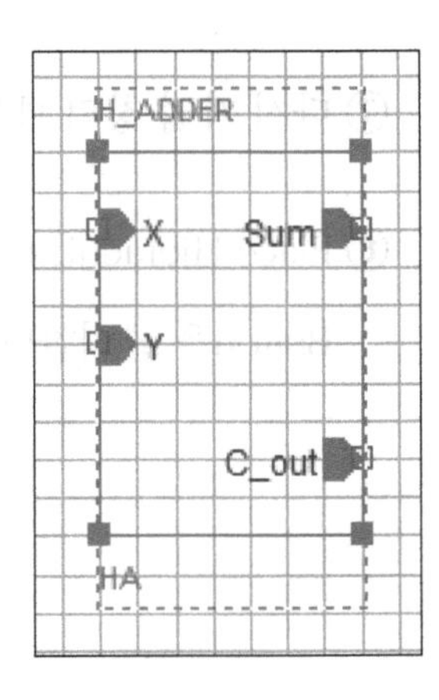

⑬ 작업 창에서 Place 〉 Part...를 선택하여 회로도를 보고 con2, con4, con5를 배치한다.

⑭ 회로도를 보며 VCC, GND를 배치한다.

⑮ 아래 그림과 같이 배치한 후 배선 작업을 완료한다.

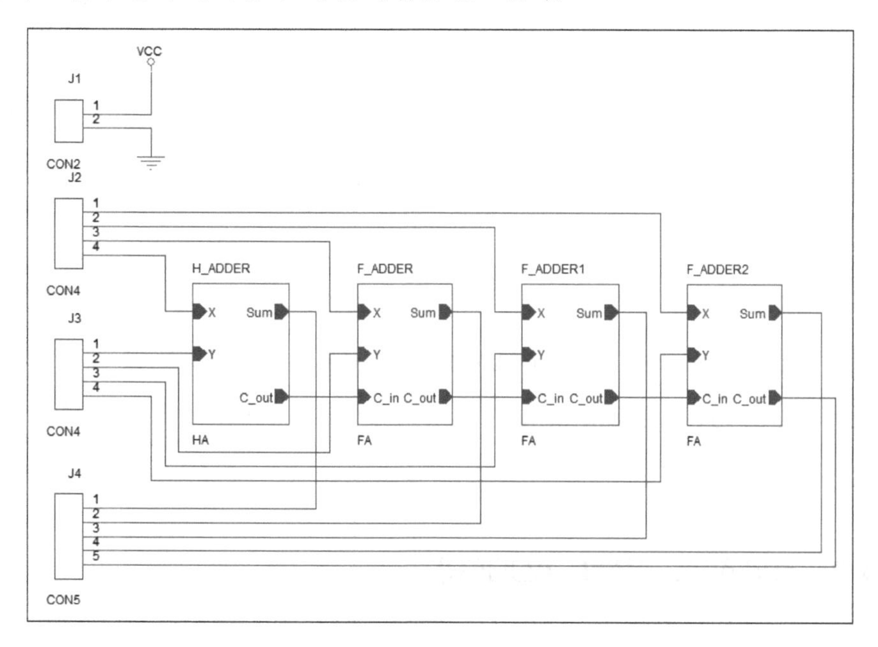

14-4-2 하위 회로도 작성(H_ADDER)

① 오른쪽 그림과 같이 H_ADDER를 클릭하여 선택한 후 RMB 〉 Descend Hierarchy를 선택한다.

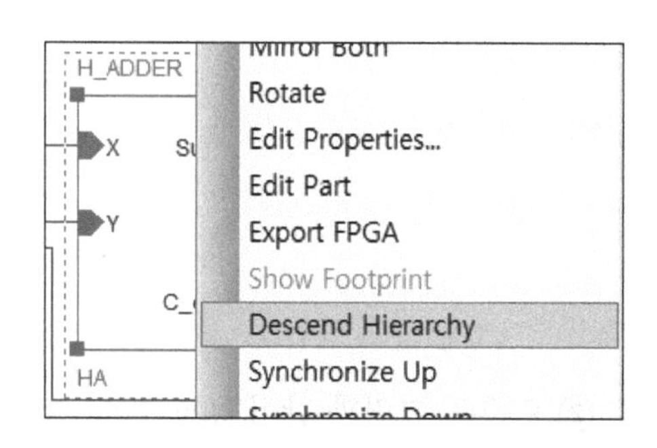

② 오른쪽 그림과 같이 New Page in Schematic 'HA' 팝업 창이 나타나면 Name에 H_ADDER라고 입력한 후 OK Button을 클릭한다.

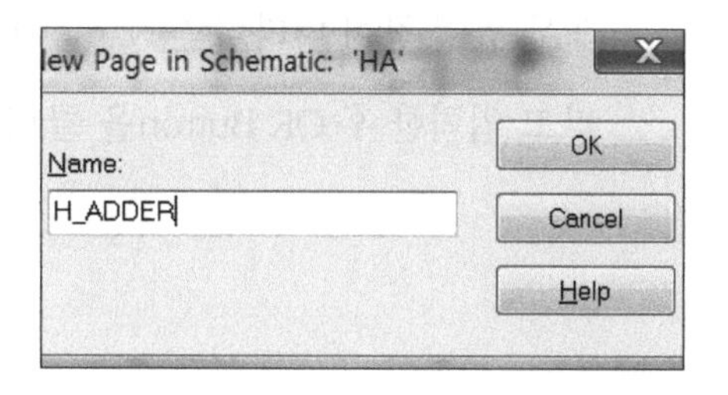

③ 새로운 작업 창이 나타나면 작업 창의 메뉴에서 Place 〉 Part...를 선택하여 7486과 7408을 배치한 후 아래 그림과 같이 회로도를 완성한다.

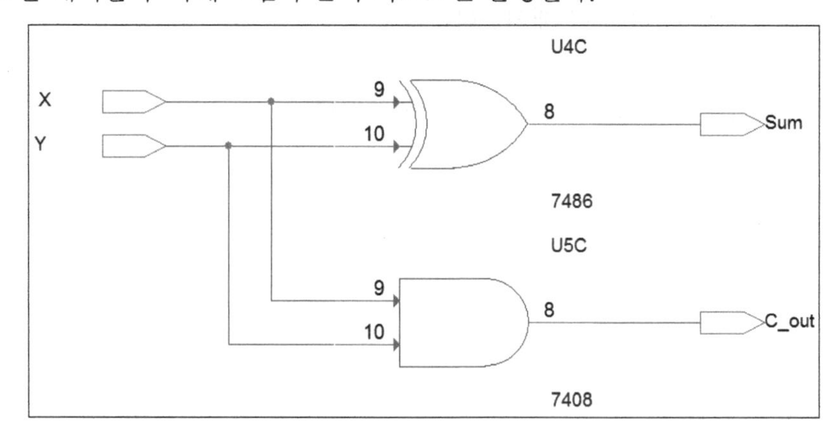

④ 오른쪽 그림과 같이 작업 창에서 RMB 〉 Ascend를 선택하여 상위 회로도로 이동한다.

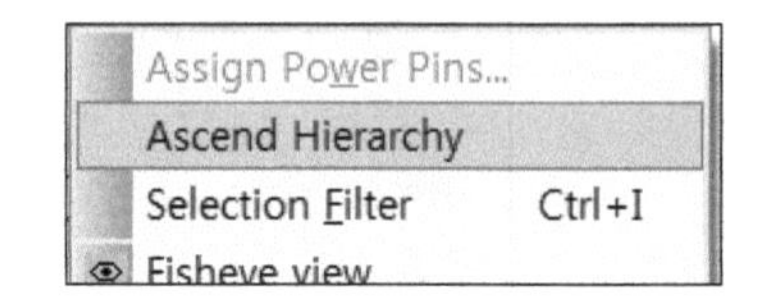

14-4-3 하위 회로도 작성(F_ADDER)

① 오른쪽 그림과 같이 F_ADDER를 클릭하여 선택한 후 RMB 〉 Descend Hierarchy를 선택한다.

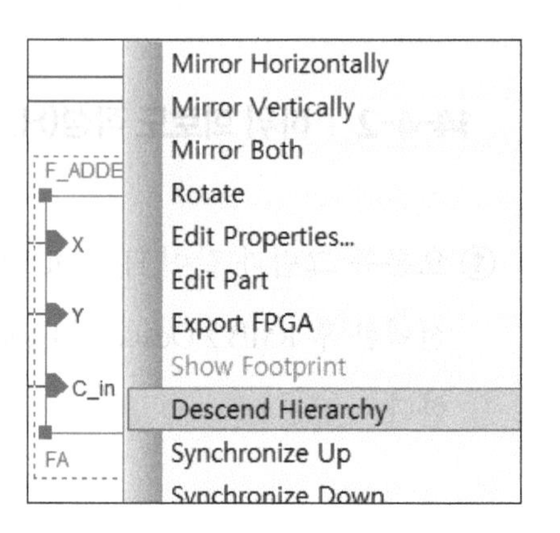

② 오른쪽 그림과 같이 New Page in Schematic 'FA' 팝업 창이 나타나면 Name에 F_ADDER라고 입력한 후 OK Button을 클릭한다.

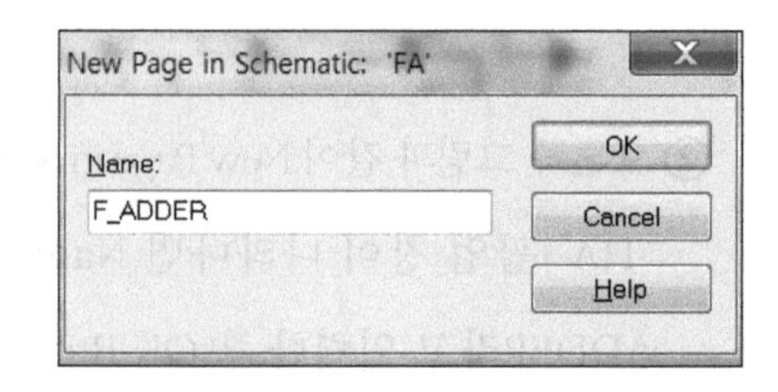

③ 새로운 작업 창이 나타나면 작업 창의 메뉴에서 Place 〉 Part...를 선택하여 7486과 7408, 7432를 배치한 후 아래 그림과 같이 회로도를 완성한다.

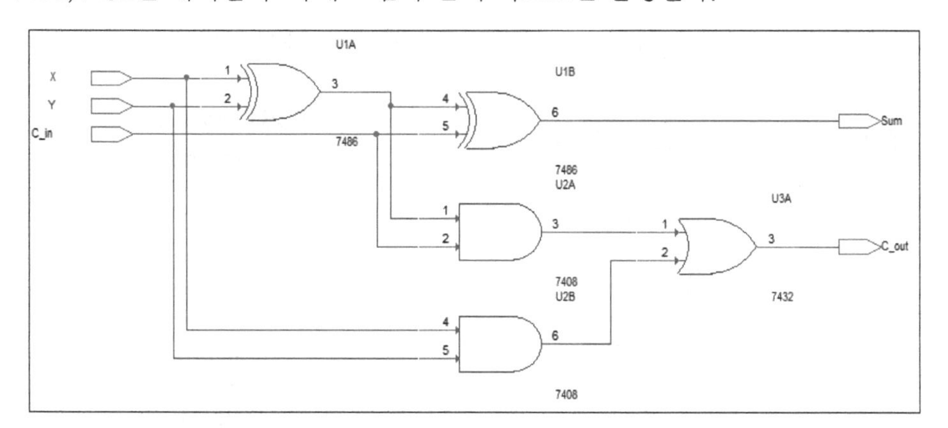

④ 오른쪽 그림과 같이 작업 창에서 RMB 〉 Ascend를 선택하여 상위 회로도로 이동한다.

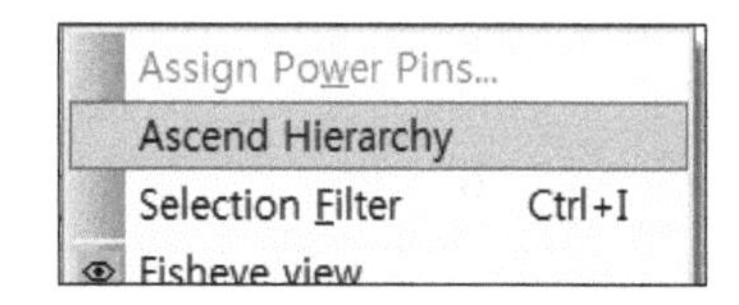

⑤ 작업 창의 메뉴에서 File 〉 Save를 한 후 회로도의 F_ADDER1을 클릭하여 선택한 후 RMB 〉 RMB 〉 Descend Hierarchy를 선택하여 하위 회로도로 이동하는지 확인한다.

⑥ RMB 〉 Ascend를 선택하여 상위 회로도로 이동한다.

⑦ 회로도의 F_ADDER2를 클릭하여 선택한 후 RMB 〉 RMB 〉 Descend Hierarchy를 선택하여 하위 회로도로 이동하는지 확인한다.

⑧ RMB 〉 Ascend를 선택하여 상위 회로도로 이동한다.

14-5 PCB Footprint

아래의 표를 참고하여 Footprint 값을 입력한 후 File 〉Save하여 저장한다.

순번	Capture Parts	PCB Editor Parts (Footprint)
1	2Pin 콘넥터(CON2)	JUMPER2
2	4Pin 콘넥터(CON4)	JUMPER4
3	5Pin 콘넥터(CON5)	JUMPER5
4	7408	DIP14_3
5	7432	DIP14_3
6	7486	DIP14_3

14-6 Annotating

회로도에 사용된 부품들에 대하여 일련번호를 부여하기 위한 것으로 필요한 경우 Tools 〉Annotate...를 선택한 후 작업을 한다.

14-7 DRC(Design Rules Check)

① 회로도의 해당 부품에 대한 Footprint 지정과 부품의 일련번호 과정을 마치면 Tools 〉Design Rules Check...를 선택하여 DRC를 진행한다.

② DRC 수행 후 문제가 있으면 수정하여 보완한다.

14-8 Netlist 생성

정상적으로 회로도 작업이 끝나면 PCB 설계를 하기 위해 Tools 〉 Create Netlist...를 선택하여 필요한 파일을 생성한다.

14-9 PCB 설계 실습(p_4bit_adder)

이번 장에서는 위에서 생성한 p_4bit_adder.brd File을 사용하여 주어진 PCB 설계 조건에 따라 작업한다.

- **PCB Editor를 실행한 후 p_4bit_adder.brd File을 불러온다.**

14-9-1 PCB 설계 조건

· 설계 환경: 양면 PCB(2-Layer), 4-Layer

· Board Size: 부품 배치를 고려하여 최적의 Board 크기 설정

· 치수 보조선: Silk Screen Layer에 표시

· 부품들은 균형 있게 배치

· 설계 단위는 [mm]

· 부품은 Top Layer에만 배치

· 동일 부품, 극성이 있는 부품 등은 가급적 동일 방향으로 배치

· 부품 간 적당한 이격 거리를 확보하여 배치

· 네트(Net)의 폭(두께) 설정

네트명	두께
VCC, GND	0.5mm
그 외 일반선	0.3mm

· 배선(Routing)은 양면 사용, 자동 배선 및 직각 배선 금지, 100% 배선
· 기구 Hole(Mounting Hole) 삽입은 윗부분 부품 배치 참조 및 비전기적 속성, 부품 참조 값은 삭제, 크기는 $\varphi 3$
· Silk Data의 부품 번호는 한 방향으로 정렬, 불필요한 Data는 삭제
· P_4BIT(line width:0.25mm, height:2mm)의 Silk Data를 Board 상단 중앙에 배치
· 양면 기판 Copper의 설정은 Bottom Layer의 GND 신호에 처리, Board 외곽으로부터 0.1mm의 이격, 모든 네트와 Copper와의 Clearance는 0.5mm, 단열판과 GND 네트 사이의 연결선의 두께는 0.5mm로 설정
· Via의 설정

Via의 종류	속성	
	Drill Hole Size	Pad Size
Power Via(전원선 연결)	0.4mm	0.8mm
Standard Via(그 외 연결)	0.3mm	0.6mm

· DRC(Design Rule Check)에서 Default 값(Clearance: 0.254mm)에 위배되지 않아야 하고 반드시 통과되어야 하며 검사한 로그 파일은 하드디스크에 저장
· PCB 제조에 필요한 Gerber Data 파일(RX274-X Format) 생성 및 출력

[Data Sheet 및 부품 정보 Site]

https://www.alldatasheet.co.kr

https://www.datasheet4u.com

https://www.datasheetlocator.com

https://www.devicemart.co.kr/main/index

https://www.ic114.com/WebSite/theme/001/default.aspx

https://www.partsworld.co.kr/

https://www.eleparts.co.kr/main/index

[IPC-2221 & 2222 and Through-hole Pad Stacks, IPC-7251 etc Site]

https://www.pcblibraries.com/forum/fabrication_forum55.html

https://www.pcblibraries.com

혼자서도 잘 할 수 있는 PCB 설계

2023년 8월 13일 1판 1쇄 인 쇄
2023년 8월 25일 1판 1쇄 발 행

지 은 이 : 홍 춘 선
펴 낸 이 : 박 정 태

펴 낸 곳 : **광 문 각**

10881
파주시 파주출판문화도시 광인사길 161
광문각 B/D 4층
등 록 : 1991. 5. 31 제12-484호
전 화(代) : 031-955-8787
팩 스 : 031-955-3730
E - mail : kwangmk7@hanmail.net
홈페이지 : www.kwangmoonkag.co.kr

ISBN : 978-89-7093-064-0 93560

값 : 23,000원

※ 교재와 관련된 자료는 광문각 홈페이지 (www.kwangmoonkag.co.kr) 자료실에서 다운로드 할 수 있습니다.